应用型高校产教融合系列教材

数理与统计系列

大学物理学

（上册）

秦立国　徐红霞　任莉　邵辉丽　王顺治 ◎ 主编

清華大学出版社
北京

内容简介

本书的编写参照国家教育部高等学校大学物理课程教学指导委员会《理工科类大学物理课程教学基本要求》(2023版)和教育部《高等学校课程思政建设指导纲要》(教高〔2020〕3号)。

本书分为三篇：力学；电磁学；热学。主要内容有：质点运动学，牛顿运动学，动量守恒和能量守恒，刚体和定轴转动；静电场，静电场中的导体和电介质，恒定磁场，电磁感应，电磁场；气体动理论，热力学基础。

本书可作为普通高等学校理工科非物理学类专业的大学物理课程的本科教材，对于爱好大学物理的读者也有一定的参考价值。

图书在版编目(CIP)数据

大学物理学. 上册 / 秦立国等主编. -- 北京 ：清华大学出版社，2024. 12. --(应用型高校产教融合系列教材).
ISBN 978-7-302-67607-2
Ⅰ. O4
中国国家版本馆CIP数据核字第20248X83L2号

责任编辑：冯　昕　赵从棉
封面设计：何凤霞
责任校对：薄军霞
责任印制：刘　菲

出版发行：清华大学出版社
网　　址：https://www.tup.com.cn，https://www.wqxuetang.com
地　　址：北京清华大学学研大厦A座　　**邮　　编**：100084
社 总 机：010-83470000　　**邮　　购**：010-62786544
投稿与读者服务：010-62776969，c-service@tup.tsinghua.edu.cn
质量反馈：010-62772015，zhiliang@tup.tsinghua.edu.cn
印 装 者：小森印刷霸州有限公司
经　　销：全国新华书店
开　　本：185mm×260mm　　**印　　张**：19.5　　**字　　数**：471千字
版　　次：2024年12月第1版　　**印　　次**：2024年12月第1次印刷
定　　价：59.00元

产品编号：107137-01

应用型高校产教融合系列教材

总编委会

主　　任：李　江

副 主 任：夏春明

秘 书 长：饶品华

学校委员（按姓氏笔画排序）：

王　迪　王国强　王金果　方　宇　刘志钢　李媛媛
何法江　辛斌杰　陈　浩　金晓怡　胡　斌　顾　艺
高　瞩

企业委员（按姓氏笔画排序）：

马文臣　勾　天　冯建光　刘　郴　李长乐　张　鑫
张红兵　张凌翔　范海翔　尚存良　姜小峰　洪立春
高艳辉　黄　敏　普丽娜

编 委 会

主　　任： 王国强

学校委员（按姓氏笔画排序）：

王慧琴　平云霞　伍　歆　苏淑华　李　路

李宜阳　张修丽　陈光龙　殷志祥

企业委员（按姓氏笔画排序）：

丁古巧　李　军　张良均　张治国　董永军

丛书序

FOREWORD

教材是知识传播的主要载体、教学的根本依据、人才培养的重要基石。《国务院办公厅关于深化产教融合的若干意见》明确提出，要深化“引企入教”改革，支持引导企业深度参与职业学校、高等学校教育教学改革，多种方式参与学校专业规划、教材开发、教学设计、课程设置、实习实训，促进企业需求融入人才培养环节。随着科技的飞速发展和产业结构的不断升级，高等教育与产业界的紧密结合已成为培养创新型人才、推动社会进步的重要途径。产教融合不仅是教育与产业协同发展的必然趋势，更是提高教育质量、促进学生就业、服务经济社会发展的有效手段。

上海工程技术大学是教育部“卓越工程师教育培养计划”首批试点高校、全国地方高校新工科建设牵头单位、上海市“高水平地方应用型高校”试点建设单位，具有 40 多年的产学合作教育经验。学校坚持依托现代产业办学、服务经济社会发展的办学宗旨，以现代产业发展需求为导向，学科群、专业群对接产业链和技术链，以产学研战略联盟为平台，与行业、企业共同构建了协同办学、协同育人、协同创新的“三协同”模式。

在实施“卓越工程师教育培养计划”期间，学校自 2010 年开始陆续出版了一系列卓越工程师教育培养计划配套教材，为培养出具备卓越能力的工程师作出了贡献。时隔 10 多年，为贯彻国家有关战略要求，落实《国务院办公厅关于深化产教融合的若干意见》，结合《现代产业学院建设指南(试行)》《上海工程技术大学合作教育新方案实施意见》文件精神，进一步编写了这套强调科学性、先进性、原创性、适用性的高质量应用型高校产教融合系列教材，深入推动产教融合实践与探索，加强校企合作，引导行业企业深度参与教材编写，提升人才培养的适应性，旨在培养学生的创新思维和实践能力，为学生提供更加贴近实际、更具前瞻性的学习材料，使他们在学习过程中能够更好地适应未来职业发展的需要。

在教材编写过程中，始终坚持以习近平新时代中国特色社会主义思想为指导，全面贯彻党的教育方针，落实立德树人根本任务，质量为先，立足于合作教育的传承与创新，突出产教融合、校企合作特色，校企双元开发，注重理论与实践、案例等相结合，以真实生产项目、典型工作任务、案例等为载体，构建项目化、任务式、模块化、基于实际生产工作过程的教材体系，力求通过与企业的紧密合作，紧跟产业发展趋势和行业人才需求，将行业、产业、企业发展的新技术、新工艺、新规范纳入教材，使教材既具有理论深度，能够反映未来技术发展，又具有实践指导意义，使学生能够在学习过程中与行业需求保持同步。

系列教材注重培养学生的创新能力和实践能力。通过设置丰富的实践案例和实验项目，引导学生将所学知识应用于实际问题的解决中。相信通过这样的学习方式，学生将更加具备竞争力,成为推动经济社会发展的有生力量。

本套应用型高校产教融合系列教材的出版,既是学校教育教学改革成果的集中展示,也是对未来产教融合教育发展的积极探索。教材的特色和价值不仅体现在内容的全面性和前沿性上,更体现在其对于产教融合教育模式的深入探索和实践上。期待系列教材能够为高等教育改革和创新人才培养贡献力量,为广大学生和教育工作者提供一个全新的教学平台,共同推动产教融合教育的发展和创新,更好地赋能新质生产力发展。

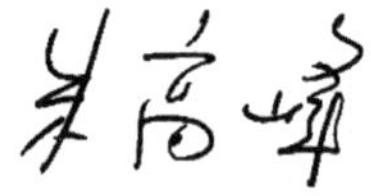

中国工程院院士、中国工程院原常务副院长

2024 年 5 月

前言

PREFACE

物理学研究物质的基本结构、基本相互作用和最普遍的运动规律，是一切自然科学和工程技术的基础。以物理学为基础的大学物理课程是高等学校理工科非物理学类各专业学生的一门重要的通识性必修基础课。

作为一门古老的基础学科，物理学从古至今都对人类的文明和科技进步起到了不可估量的作用。物理学为科学技术提供科学原理，能够指导技术路线的选择和技术方案的改进，有助于培养技术人员的科学品格和创新能力。物理学的学习使技术人员的眼光远、层次高且后劲足。物理学是科技人才素质教育的基础。世界工科大学都无一例外将物理学作为重要的基础课程。

教育发展、科技创新、人才培养是实现高水平科技自立自强的迫切要求，是建设世界科技强国的必由之路。人才培养，归根结底是要培养高水平创新人才。对于培养学生的科学思维，培养学生创新能力，激发学生求知热情、探索精神，培养学生理论联系实际以及终身学习的科学素养，大学物理课程都具有不可替代的重要作用。

2020 年，教育部颁发了《高等学校课程思政建设指导纲要》(教高〔2020〕3 号)。2023 年，教育部高等学校大学物理课程教学指导委员会编制了《理工科类大学物理课程教学基本要求》(2023 版)。为了适应国家教育兴国战略、人才强国战略、创新驱动发展战略的需要，结合多年的教学实践，我们编写了这套大学物理教材。本教材的特色之一是突出物理理论的工程应用特色，强调理论与实际相结合；特色之二是突出物理学的科学思想方法、引入物理学家科学精神的介绍以及中国物理学史等育人内容，将价值引领贯穿在专题或者习题中。

《大学物理学》教材分为上、下两册，按照工科优秀物理教材的体系结构，上册为力学、电磁学和热学 3 篇，下册为波动与波动光学以及近代物理基础 2 篇，包括机械振动、波动、波动光学、狭义相对论基础及量子物理基础 5 章。

本教材由上海工程技术大学数理与统计学院大学物理教学团队和江苏影速集成电路装备股份有限公司合作编写。编写分工为：徐红霞和秦立国负责力学篇(第 1～4 章)；任莉负责电磁学篇的电学(第 5 章和第 6 章)；王顺治负责电磁学篇的磁学(第 7 章和第 8 章)；邵辉丽负责热学篇(第 9 章和第 10 章)；张修丽负责机械振动和波动(第 11 章和第 12 章)；陈光龙负责波动光学(第 13 章)；刘烨负责狭义相对论基础(第 14 章)；汪丽莉负责量子物理基础(第 15 章)；企业专家崔国栋博士(江苏影速集成电路装备股份有限公司)负责教材中每个章节的有关产教融合内容的指导和审核。全书由徐红霞和秦立国组织策划，由徐红霞和陈光龙统稿，对全书进行了审阅和校对。

本书在注重学生的工程意识和工程能力培养的基础上，增加了“物理应用”内容，不仅注重学生的科学思维的培养，设置有章节前的思考模块、章节中的讨论模块以及章节后的开放类型练习题，还注重学生的价值引领，在篇章中增加了物理学的科学思想、科学方法以及物理学家科学精神的阅读材料或者相关习题，并有意识地融入了中国物理学史部分内容。在本书的编写过程中，我们参考和借鉴了许多国内外的相关教材、书籍以及互联网信息资源，在此向所有给予启迪、提供素材的作者们表示谢意。

由于编者水平有限，书中难免存在错误和不妥之处。我们衷心希望广大读者在使用过程中批评指正，提出宝贵意见，以便再版时及时改进。

编　者

2024 年 10 月于上海工程技术大学

目 录

CONTENTS

第1篇 力 学

第1篇

力学

世界是物质的，物质是运动的，整个世界就是永恒运动着的物质世界。物质的运动形式多种多样，有机械运动、分子热运动、电磁运动、原子和原子核运动以及其他微观粒子的运动等，其中最简单、最普遍的运动形式是机械运动（mechanical motion）。在物理学中，把物体之间或同一物体各部分之间的相对位置随时间的变化称为机械运动。力学（mechanics）就是研究机械运动及其规律的物理学分支。

按照研究内容的不同，力学可分为运动学（kinematics）、动力学（dynamics）和静力学（statics）。运动学研究物体运动的规律（本书第1章），动力学研究引起物体运动的原因（本书第2章和第3章），而静力学研究物体平衡时的规律（在理论力学中重点讨论，本书不作详细讨论）。

本书的第1～3章属于质点力学，其研究对象为质点；第4章属于刚体力学，其研究对象为刚体。

第1章　质点运动学

运动学的主要任务是研究物体的位置随时间变化的规律，并不涉及引起运动变化的原因。

本章的主要内容涉及三个概念（质点 、参考系、坐标系）、四个物理量（位置矢量、位移、速度、加速度）以及三种运动（直线运动、曲线运动、圆周运动），进而阐述运动描述的相对性。

1.1　质点　参考系　坐标系

【思考 1-1】

(1) 为什么引入质点？什么情况下可将物体视为质点？如果物体不能视为质点，如何研究其运动规律？

(2) 如何解释诗句“卧看满天云不动，不知云与我俱东”和“坐地日行八万里，巡天遥看一千河”中的物理现象？

(3) 为什么引入参考系？什么是坐标系？坐标系和参考系有什么联系？

(4) 你知道哪些坐标系？你了解它们吗？

1.1.1　质点

任何物体都有一定的大小和形状。当物体运动时，其各部分的位置变化一般是不同的，物体的运动情况非常复杂。

一般来说，在研究物体的运动时，如果物体的大小远小于研究问题的范围，物体的大小、形状对运动无影响或影响可以忽略，那么这时的物体可以视为只有质量、没有形状和大小的几何点，称为质点（particle）。或者，当物体的各部分具有相同的运动规律时，物体也可以简化为质点。

2019 年 1 月 3 日，中国嫦娥四号月球探测器顺利着陆在月球背面，成为人类首颗成功软着陆月球背面的探测器，并通过鹊桥中继星传回了世界第一张近距离拍摄的月背影像图。探测器在空中的姿态不断被调整，但对远离它的观察者来说，因为探测器离观察者的距离远大于探测器本身的大小，所以在讨论其飞行轨道时，可忽略其大小和形状。图 1-1-1 为将嫦娥四号月球探测器视为质点的飞行轨道示意图（此飞行轨道的参考系是地球吗？请读者思考）。

同样地，地球半径约为 6.373×10^{3} km，日地间距约为 1.53×10^{8} km。当讨论地球绕太阳的运动时，地球上的各点相对于太阳的运动可以看成是相同的，此时的地球可视为大小和形状均可忽略的质点，如图 1-1-2 所示。但是，当讨论地球的自转时，由于地球的各个不同部分在转动过程中具有不同的轨道，因此这时的地球不可视为质点。

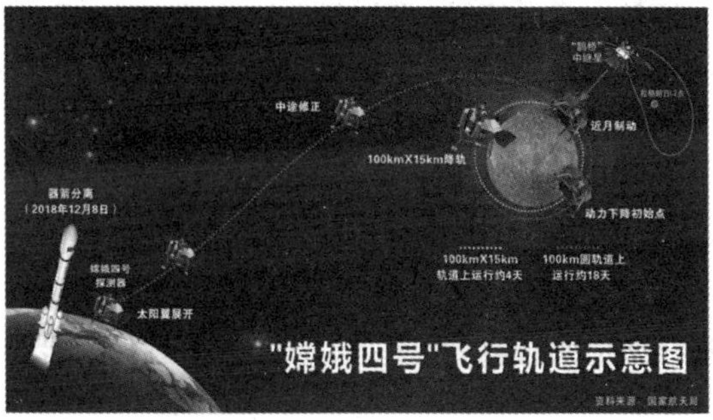

图 1-1-1

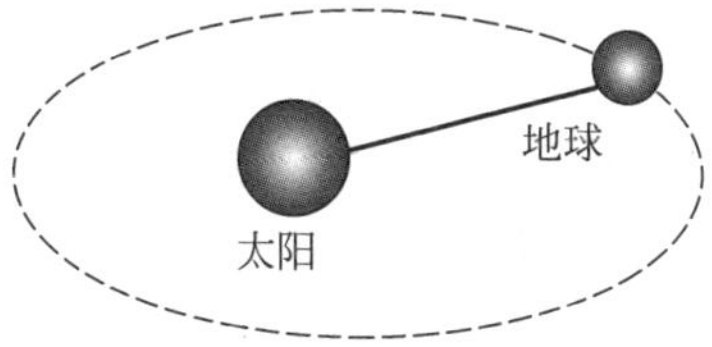

图 1-1-2

一个物体能否当作质点，与其大小无关，而是取决于研究问题的性质。

当一个物体不能视为质点时，可将其看成由许多质点构成的集合——质点系。如果了解了其中每一个质点的运动规律及其运动合成规律，从理论上讲，该质点系的规律就可循。前面提到的刚体则是一个特殊的质点系，在外力作用下，刚体产生的形变可以忽略(即刚体内的任意两质点间的距离保持不变)。第 4 章将专门讨论刚体运动的具体规律。

力学的研究思路是：

$$\text{质点}\xrightarrow{\text{集合}}\text{质点系}\xrightarrow{\text{特例}}\text{刚体}$$

【物理研究方法——理想化方法】

自然界发生的一切物理现象和物理过程一般都是比较复杂的，如果不分主次地考虑一切因素，不仅会增加研究的难度，而且也不能得出精确的结果，因此在物理研究中产生了理想化方法①。理想化方法在自然科学研究中占有重要地位，在科技史上多次被一些著名科学家运用，是一种重要的科学研究方法。

在物理学中，理想化方法主要表现为以下三种形式：理想模型、理想过程和理想实验。

所谓理想模型，是指在原型(物理实体、物理系统、物理过程)的基础上，经过科学抽象而建立起来的一种研究客体。它忽略了原型的次要因素，集中突出了原型中起主导作用的因素；摒弃了次要矛盾，突出了主要矛盾。质点的概念就是在研究物体复杂运动时，考虑主要因素，忽略次要因素而引入的一个理想化的力学模型。物理学中有很多这样的理想模型，除了质点，还有刚体 、理想流体、理想气体 、弹簧振子、点电荷、电流元、黑体等。

所谓理想过程，是指在研究物体的运动过程中忽略次要因素，只保留主要因素，将物体状态与运动的过程理想化。如匀速直线运动、自由落体运动、简谐振动、简谐波、完全弹性碰撞，以及理想气体状态变化的等温过程、等压过程、等容过程、绝热过程和卡诺循环等。

所谓“理想实验”，又叫作“假想实验”“抽象的实验”“思想实验”或“思维实验”，它是人们在思想中塑造的理想过程，是一种逻辑推理的思维过程和理论研究的重要方法。如伽利略

---

① 冯杰. 大学物理专题研究[M]. 北京：北京大学出版社，2011：12-20.

的惯性实验、爱因斯坦的理想火车等。

1.1.2 参考系

所有的物体都在不停地运动,没有绝对不动的物体,有诗云:“坐地日行八万里,巡天遥看一千河”。运动是绝对的,但是对运动的描述是相对的。要想描述物体如何运动,必须事先选定一个作为参考的物体。用来描述物体运动而选作参考的物体称为参考系(reference system)。选定的参考系不同,对同一物体运动的描述可能有不同的结果。也就是说,运动的描述是相对的。

需要强调的是:第一,在描述物体的运动时,必须指明参考系,不同参考系对物体运动的描述不同;第二,在运动学中,参考系的选择是任意的,主要根据问题的性质和研究方便而定;第三,常用参考系有太阳参考系、地心参考系、地面参考系、质心参考系等。若不指明参考系,则认为以地面为参考系。

1.1.3 坐标系

为了定量描述物体的运动,在选定的参考系上建立的带有标尺的数学坐标称为坐标系(coordinate system)。坐标系是固结于参考系上的一个数学抽象,是量化(具有大小和方向)的参考系。

常见的坐标系有时间坐标系(只含时间轴的坐标系)和空间坐标系(如笛卡儿坐标系,即直角坐标系、平面极坐标系、柱面坐标系、球面坐标系、自然坐标系等)。

坐标系的选择是任意的,主要根据研究问题的方便程度而定。坐标系的选择不同,描述物体运动的方程一般是不同的。

【练习 1-1】

1-1-1 在大学物理课程中,常用的空间坐标系为直角坐标系和平面极坐标系。在你的数学课程中,它们的坐标轴以及坐标是如何规定的?在什么情形下使用它们更方便?

1-1-2 什么叫矢量?矢量的加法、减法和乘法的法则各是怎样的?在直角坐标系中如何表示矢量及其运算法则?查看相关的参考书,熟悉矢量的有关知识,这将对学习大学物理非常有帮助。

1-1-3 为了更好地理解矢量,研究以下问题:

(1) 求两个矢量相加的最大值和最小值,并用图表示出来。

(2) 如果三个矢量 $\boldsymbol{a}_1$、$\boldsymbol{a}_2$ 和 $\boldsymbol{a}_3$ 的大小相等,三者方向的夹角依次为 120°,求这三个矢量的和。

(3) 在直角坐标系中,取 $\boldsymbol{i}$、$\boldsymbol{j}$、$\boldsymbol{k}$ 分别为 Ox 轴、Oy 轴、Oz 轴的单位矢量,a_x、a_y、a_z 分别为 $\boldsymbol{a}$ 在 Ox 轴、Oy 轴、Oz 轴的分量大小,b_x、b_y、b_z 分别为 $\boldsymbol{b}$ 在 Ox 轴、Oy 轴、Oz 轴的分量大小,利用矢量运算的定义推导下列各表达式:

$$\boldsymbol{a}+\boldsymbol{b}=(a_x+b_x)\boldsymbol{i}+(a_y+b_y)\boldsymbol{j}+(a_z+b_z)\boldsymbol{k}$$

$$\boldsymbol{a}-\boldsymbol{b}=(a_x-b_x)\boldsymbol{i}+(a_y-b_y)\boldsymbol{j}+(a_z-b_z)\boldsymbol{k}$$

$$\boldsymbol{a}\cdot\boldsymbol{b}=a_xb_x+a_yb_y+a_zb_z$$

$$\boldsymbol{a}\times\boldsymbol{b}=(a_yb_z-b_ya_z)\boldsymbol{i}+(a_zb_x-b_za_x)\boldsymbol{j}+(a_xb_y-b_xa_y)\boldsymbol{k}$$

(4) 将长度分别为 a 与 b 的两矢量 $\boldsymbol{a}$ 与 $\boldsymbol{b}$ 的尾对尾放在一起时，它们相交成 θ 角。证明这两个矢量的和的大小满足余弦定理，即 $|\boldsymbol{a}+\boldsymbol{b}|=\sqrt{a^2+b^2+2ab\cos\theta}$。

(5) 证明 $\boldsymbol{a}\cdot(\boldsymbol{b}\times\boldsymbol{a})$ 为零对任何矢量 $\boldsymbol{a}$ 与 $\boldsymbol{b}$ 成立。

1-1-4 除了"卧看满天云不动，不知云与我俱东"和"坐地日行八万里，巡天遥看一千河"之外，中国有很多描述运动相对性的诗词歌赋，你还知道哪些？

1.2 描述质点运动的物理量

【思考 1-2】

为了保证飞行安全和飞行效率，空中交通管制部门利用技术手段和设备对飞机在空中飞行的情况进行监视和管理，必须能够时时确定空中每一架飞机的空间位置、运动快慢、运动方向以及运动变化情况。同样，高速火车的指挥调度中心也必须时时确定每一列火车在铁轨上的空间位置、运动快慢、运动方向以及运动变化情况。讨论用哪些物理量能够描述空中的飞机、海洋上的轮船以及轨道上的机车的运动，并填写表 1-2-1。

表 1-2-1 描述对象及其对应的物理量

描述对象	物理量	定义	表达式	矢量性	物理意义	直角坐标系中的表达式
位置						
位置变化						
位置变化快慢(率)						
速度变化快慢(率)						
运动路径						

1.2.1 描述质点在某时刻位置的矢量——位置矢量

要确定一个质点的位置，首先需要明确一个参考系，并在该参考系上确定一个坐标系（通常是直角坐标系，见图 1-2-1）。根据从坐标原点 O 到质点所在位置 P 点的有向线段 $\boldsymbol{r}$，可以确定质点相对坐标原点的位置，称 $\boldsymbol{r}$ 为位置矢量(position vector)，简称位矢。

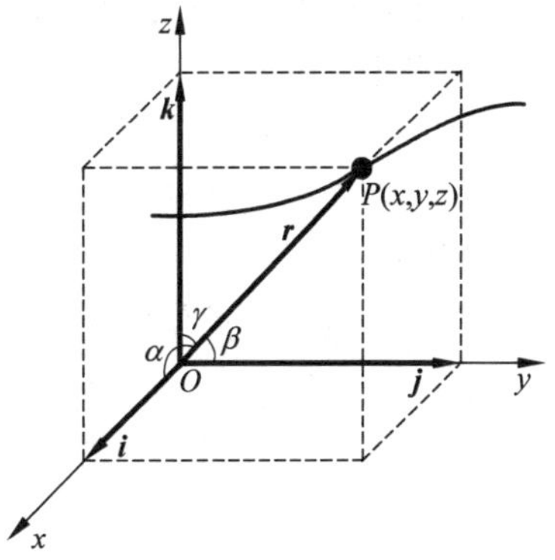

图 1-2-1

在直角坐标系中，质点的位置 P 点也可以用其唯一的坐标 (x,y,z) 表示。如取 $\boldsymbol{i}$、$\boldsymbol{j}$、$\boldsymbol{k}$ 分别为 Ox 轴、Oy 轴、Oz 轴的单位矢量，则位矢 $\boldsymbol{r}$ 的矢量表达式为

$$\boldsymbol{r}=x\boldsymbol{i}+y\boldsymbol{j}+z\boldsymbol{k} \tag{1-2-1}$$

位矢 $\boldsymbol{r}$ 的大小(其模)为

$$r=|\boldsymbol{r}|=\sqrt{x^2+y^2+z^2} \tag{1-2-2}$$

位矢 $\boldsymbol{r}$ 的方向余弦表示为

$$\begin{cases}\cos\alpha = \dfrac{x}{r} = \dfrac{x}{\sqrt{x^2+y^2+z^2}} \\ \cos\beta = \dfrac{y}{r} = \dfrac{y}{\sqrt{x^2+y^2+z^2}} \\ \cos\gamma = \dfrac{z}{r} = \dfrac{z}{\sqrt{x^2+y^2+z^2}}\end{cases} \tag{1-2-3}$$

式中，α、β、γ 分别为位矢 $\boldsymbol{r}$ 与 Ox 轴、Oy 轴、Oz 轴的夹角。

1.2.2 运动方程

当质点相对参考系运动时，用来确定质点位置的位矢 $\boldsymbol{r}$ 将随时间 t 变化，且是时间 t 的单值连续函数。记作

$$\boldsymbol{r} = \boldsymbol{r}(t) \tag{1-2-4a}$$

称之为质点的运动方程(equation of kinematics)。

在直角坐标系中，运动方程的表达式为

$$\boldsymbol{r}(t) = x(t)\boldsymbol{i} + y(t)\boldsymbol{j} + z(t)\boldsymbol{k} \tag{1-2-4b}$$

在 Ox 轴、Oy 轴、Oz 轴的分量表达式分别为

$$\begin{cases} x = x(t) \\ y = y(t) \\ z = z(t)\end{cases} \tag{1-2-5}$$

若把式(1-2-5)中的时间参数 t 消去，得到的是只含空间坐标的函数方程 $f(x,y,z)=0$，其对应的空间曲线正是质点的运动轨迹。因此称 $f(x,y,z)=0$ 为质点运动的轨迹方程(equation of trajectory)。

质点运动所描绘的曲线称为质点的运动轨迹。在直角坐标系中，运动轨迹是直线的运动称为直线运动；运动轨迹是曲线的运动称为曲线运动。运动学的重要任务之一就是找出各种具体运动所遵循的运动方程。

【讨论 1-2-1】 写出下列运动在直角坐标系中的运动方程和轨迹方程：

(1) 平抛运动；

(2) 斜抛运动；

(3) 匀速率圆周运动。

【分析】

(1) 取质点的初始位置为直角坐标系的坐标原点，并设水平向右为 Ox 轴的正方向，竖直向下为 Oy 轴的正方向。若质点在初始时刻以初速度 $\boldsymbol{v}_0$ 沿 Ox 轴的正方向水平抛出，则这样的运动称为平抛运动。此种情形下，运动方程的分量表达式为

$$\begin{cases} x = v_0 t \\ y = \dfrac{1}{2}gt^2\end{cases}$$

该运动的轨迹方程为

$$y = \frac{g}{2v_0^2}x^2$$

(2) 建立与(1)相类似的坐标系,但是取 Oy 轴的正方向为竖直向上。若质点在初始时刻以初速度$\boldsymbol{v}_0$ 抛出,已知$\boldsymbol{v}_0$ 与 Ox 轴正方向的夹角为 α,则这样的运动称为斜抛运动。此种情形下,运动方程的分量表达式为

$$\begin{cases} x = v_0 t\cos\alpha \\ y = v_0 t\sin\alpha - \dfrac{1}{2}gt^2 \end{cases}$$

该运动的轨迹方程为

$$y = x\tan\alpha - \frac{g}{2v_0^2\cos^2\alpha}x^2$$

以上四式中的 g 均为重力加速度。以后若遇到类似情况,重力加速度同样用 g 表示,本书不再特别指明。

(3) 若某一质点绕直角坐标系的坐标原点在 xOy 平面内做半径为 R 的圆周运动,且质点在单位时间内转过的圆心角均为 ω(ω 为大于零的常量),则这样的圆周运动称为匀速率圆周运动。若质点在初始时刻的初始位置在 Ox 轴上,则其运动方程的分量表达式可写为

$$\begin{cases} x = R\cos(\omega t) \\ y = R\sin(\omega t) \end{cases}$$

该运动的轨迹方程为

$$x^2 + y^2 = R^2$$

2004 年,中国探月工程立项实施,确定了"绕、落、回"三步走战略规划。九天揽月星河阔,十六春秋绕落回。2007 年嫦娥一号首次实现中国自主研制的卫星进入月球轨道并获得全月图。2020 年嫦娥五号首次完成月球样品自动取样返回探测。图 1-1-1 所示为 2019 年发射的嫦娥四号月球探测器的飞行轨迹示意图。请读者查阅资料,自行分析中国各个月球探测器的运动轨迹及其相对应的参考系。

1.2.3 描述质点位置变化的大小和方向的矢量——位移矢量

如图 1-2-2 所示,质点沿曲线运动,t 时刻质点在 A 点,$t+\Delta t$ 时刻在 B 点,则有向线段 $\overrightarrow{AB}$ 既反映了质点位置变化的大小,又反映了位置变化的方向,称之为质点运动的位移矢量(displacement vector),简称为位移,用 $\Delta\boldsymbol{r}$ 表示。

若 A 点对应的位矢为 $\boldsymbol{r}(t)$,B 点对应的位矢为$\boldsymbol{r}(t+\Delta t)$,则根据矢量法则得

$$\Delta\boldsymbol{r} = \boldsymbol{r}(t+\Delta t) - \boldsymbol{r}(t) \tag{1-2-6}$$

显然,位移 $\Delta\boldsymbol{r}$ 等于末时刻的位矢 $\boldsymbol{r}(t+\Delta t)$减去初始时刻的位矢 $\boldsymbol{r}(t)$,即位移等于位矢的增量。图 1-2-2 中,位移矢量 $\Delta\boldsymbol{r}(=\overrightarrow{AB})$反映了质点在 Δt 时间内的位置移动的大小和方位。

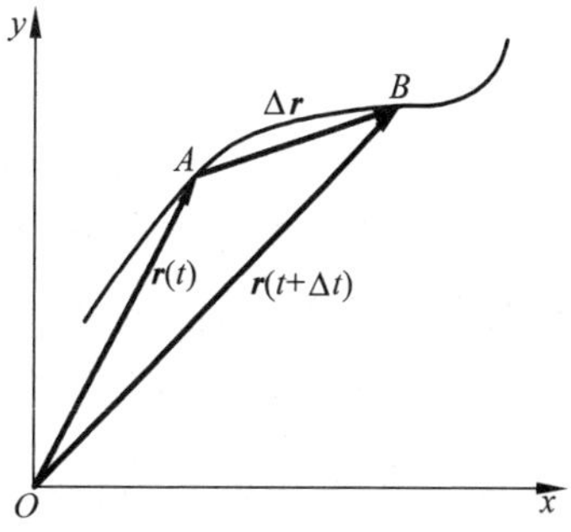

图 1-2-2

【讨论 1-2-2】

(1) 位置矢量和位移矢量有何不同?

(2) 位移的大小$|\Delta\boldsymbol{r}|$ 和路程 Δs 相等吗?

(3) $|\Delta\boldsymbol{r}|$和 Δr 的意义有何不同?

(4) 位移在直角坐标系中如何表示?

【分析】

(1) 位置矢量反映质点的空间位置,是某时刻质点相对于参考点的矢量(图 1-2-3 中的 $\boldsymbol{r}_A$ 和 $\boldsymbol{r}_B$);而位移矢量反映的是质点位置矢量的变化,是质点的初始位置指向末了位置的矢量(图 1-2-3 中的 $\Delta\boldsymbol{r}$)。位矢是状态矢量,位移则是过程矢量。

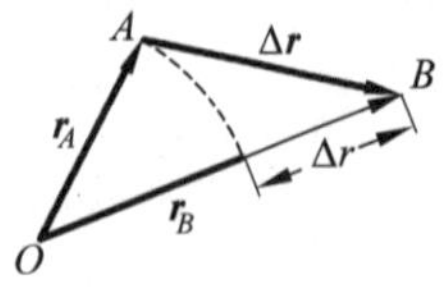

图 1-2-3

(2) 位移是矢量,表示质点位置变化的净效果,与质点运动轨迹无关,只与始末点的位置有关。路程是标量,是质点通过的实际路径的长度,与质点运动轨迹有关。当质点经一闭合路径回到原来的起始位置时,其位移为零,但路程不为零。质点的位移和路程是两个完全不同的物理量。只有当质点做单向直线运动时或时间趋于无限小时,位移的大小才和路程相等。其他情况时,位移的大小和路程不相等。

(3) 符号"Δ"为希腊文 delta 的大写,它代表其后面物理量的变化或增量,即相应物理量的末值减去初值。

$|\Delta\boldsymbol{r}|$ 表示位置矢量的"差之模",即位移(位矢增量)的大小。在图 1-2-3 中,$|\Delta\boldsymbol{r}|=|\boldsymbol{r}_B-\boldsymbol{r}_A|$。

Δr 表示位置矢量的"模之差",即位矢的径向增量。在图 1-2-3 中,$\Delta r=|\boldsymbol{r}_B|-|\boldsymbol{r}_A|=r_B-r_A$。

$|\Delta\boldsymbol{r}|$ 和 Δr 一般不相等,即 $\Delta r\neq|\Delta\boldsymbol{r}|$。从图 1-2-3 中可以看出,两者表示两段不同线段的长度。

(4) 在直角坐标系中,若质点在 t_1 时刻的位置坐标记为(x_1,y_1,z_1),在 t_2 时刻的位置坐标记为(x_2,y_2,z_2),则在 $\Delta t=t_2-t_1$ 时间内的位移的表达式为

$$\begin{aligned}\Delta\boldsymbol{r}&=\boldsymbol{r}_2-\boldsymbol{r}_1=(x_2-x_1)\boldsymbol{i}+(y_2-y_1)\boldsymbol{j}+(z_2-z_1)\boldsymbol{k}\\&=\Delta x\boldsymbol{i}+\Delta y\boldsymbol{j}+\Delta z\boldsymbol{k}\end{aligned}\tag{1-2-7a}$$

其中的 Δx、Δy、Δz 分别为位移在 Ox 轴、Oy 轴、Oz 轴的三个分量的大小,即

$$\begin{cases}\Delta x=x_2-x_1\\\Delta y=y_2-y_1\\\Delta z=z_2-z_1\end{cases}\tag{1-2-7b}$$

位移的大小为

$$\begin{aligned}|\Delta\boldsymbol{r}|&=\sqrt{(\Delta x)^2+(\Delta y)^2+(\Delta z)^2}\\&=\sqrt{(x_2-x_1)^2+(y_2-y_1)^2+(z_2-z_1)^2}\end{aligned}\tag{1-2-7c}$$

式(1-2-7a)表明,质点的位移等于质点在 Ox 轴、Oy 轴和 Oz 轴上的分量位移的矢量和,其方向可由位移矢量与坐标轴夹角的方向余弦值确定。图 1-2-4 是二维平面中位移矢量在直角坐标系的示意图。

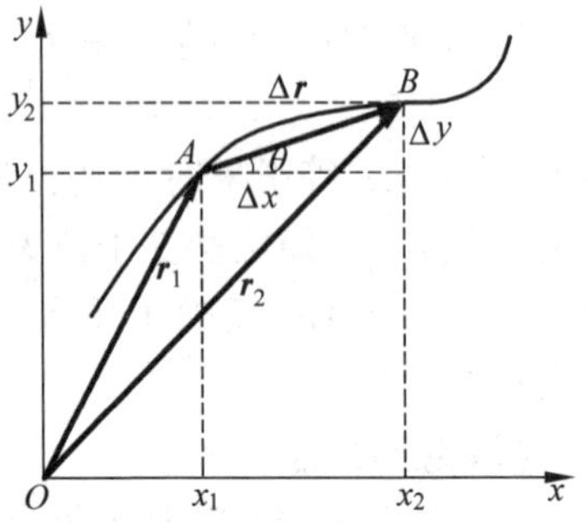

图 1-2-4

1.2.4 位移对时间的变化率——速度

设某架飞机在北京时间 8:30 从上海虹桥机场起飞,11:00 到达北京首都机场,航程约

为 1300km。在这段时间内(假设视为一维直线运动)的位移大小为 1300km,路程为 1300km。若该飞机在 12:45 又从首都机场起飞,按原路在 15:00 返回上海虹桥机场。在 8:30 到 15:00 这段时间内,飞机的位移为零,路程为 2600km。

由以上可见,在不同的时间段内,描述同一架飞机的路程和位移的结果是不同的。这种不同可以用单位时间内的路程和位移的变化来描述。反映位置对时间变化率的物理量称为速率或速度。

表 1-2-2 示出某些典型速度大小的量级。

表 1-2-2　某些典型速度大小的量级

典 型 速 度	量级/(m/s)
光速(真空中)	3.0×10^{8}
已知类星体最快的退行速度	2.7×10^{8}
电子绕核的运动速度	2.2×10^{8}
太阳绕银河系中心的运动速度	2.0×10^{5}
地球绕太阳的运动速度	3.0×10^{4}
第二宇宙速度	1.1×10^{4}
第一宇宙速度	7.8×10^{3}
子弹出口速度	约 7×10^{2}
地球的自转(赤道上的一点)速度	4.6×10^{2}
空气分子热运动的平均速度(室温)	4.5×10^{2}
空气中的声速(0℃)	3.3×10^{2}
民航喷气客机飞行速度	2.7×10^{2}
人的步行速度	1.3
蜗牛爬行速度	约 10^{-3}
冰河移动速度	约 10^{-6}
头发生长速度	3×10^{-9}
大陆漂移速度	约 10^{-9}

质点的位移 $\Delta\boldsymbol{r}$ 与发生这段位移所经历的时间 Δt 之比定义为平均速度(average velocity)。用$\bar{\boldsymbol{v}}$ 表示,有

$$\bar{\boldsymbol{v}}=\frac{\Delta\boldsymbol{r}}{\Delta t} \tag{1-2-8a}$$

质点的路程 Δs 与发生这段路程所经历的时间 Δt 之比定义为平均速率(average speed)。用 $\bar{v}$ 表示,有

$$\bar{v}=\frac{\Delta s}{\Delta t} \tag{1-2-8b}$$

平均速率取决于质点在这段时间内运动的总路程,但平均速度并不依赖于质点所走过的实际路程,而只依赖于它的起点和终点的位置。平均速率是标量。平均速度却是矢量,其方向与位移 $\Delta\boldsymbol{r}$ 的方向相同。一般情况下,平均速度的大小和平均速率不相等。

可以看出,上述飞机在两个时间段的平均速度的大小和平均速率不相等,生活中还有很多实例可以说明这个结果,请读者自行分析。

在上述飞行过程中,飞机有加速过程,有减速过程,有静止在跑道的状态,飞机的速度表

指示不断在变化。要想描述飞机的瞬间运动变化，需要定义新的物理量。

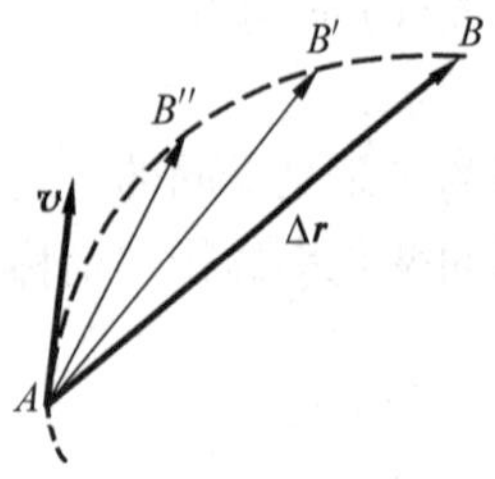

图 1-2-5

如图 1-2-5 所示，质点沿曲线路径（AB 虚线）运动，当 Δt 趋于零时，B 点趋于 A 点，平均速度的极限可以表示质点在 t 时刻通过 A 点时的瞬时速度(instantaneous velocity)，简称速度，用$\boldsymbol{v}$ 表示，有

$$\boldsymbol{v}=\lim_{\Delta t\to 0}\frac{\Delta \boldsymbol{r}}{\Delta t}=\frac{\mathrm{d}\boldsymbol{r}}{\mathrm{d}t} \tag{1-2-9a}$$

式(1-2-9a)表明，速度等于位置矢量对时间的一阶导数，其方向沿着运动轨迹上质点所在处的切线方向，并指向前进的一侧。

为求出质点在 t 时刻通过 A 点的瞬时速度，令 Δt 趋于零，由图 1-2-5 可见，这样做的结果有三个：位置矢量 $\boldsymbol{r}_B$ 移向 $\boldsymbol{r}_A$ 而使位移 $\Delta\boldsymbol{r}$ 缩小到零；平均速度$\bar{\boldsymbol{v}}=\dfrac{\Delta \boldsymbol{r}}{\Delta t}$的方向趋于质点的轨迹上 A 点的切线方向；平均速度趋向 t 时刻质点通过 A 点的瞬时速度。

瞬时速度的大小称为瞬时速率(instantaneous speed)。表示为

$$v=|\boldsymbol{v}|=\lim_{\Delta t\to 0}\frac{|\Delta \boldsymbol{r}|}{\Delta t}=\lim_{\Delta t\to 0}\frac{\Delta s}{\Delta t}=\frac{\mathrm{d}s}{\mathrm{d}t} \tag{1-2-9b}$$

式(1-2-9b)表明，瞬时速率也等于路程对时间的一阶导数。

【讨论 1-2-3】

(1) 速度与速率的区别和联系。

(2) 速度在直角坐标系中的表达式。

【分析】

(1) 速度是矢量，具有矢量性、瞬时性、相对性。速率是标量。

一般情况下，平均速度的大小不等于平均速率，但瞬时速度的大小等于瞬时速率。即

$$|\bar{\boldsymbol{v}}|\neq\bar{v},\quad |\boldsymbol{v}|=v$$

在国际单位制(SI)中，速度的单位为米每秒(m/s)。

(2) 速度在直角坐标系中的表达式为

$$\boldsymbol{v}=\frac{\mathrm{d}\boldsymbol{r}}{\mathrm{d}t}=\frac{\mathrm{d}x}{\mathrm{d}t}\boldsymbol{i}+\frac{\mathrm{d}y}{\mathrm{d}t}\boldsymbol{j}+\frac{\mathrm{d}z}{\mathrm{d}t}\boldsymbol{k} \tag{1-2-10a}$$

若速度在 Ox 轴、Oy 轴、Oz 轴的三个分速度的大小分别记为 v_x、v_y、v_z，则有

$$\boldsymbol{v}=v_x\boldsymbol{i}+v_y\boldsymbol{j}+v_z\boldsymbol{k} \tag{1-2-10b}$$

图 1-2-6 是二维平面中速度、分速度与速度分量在直角坐标系的关系示意图。将式(1-2-10a)和式(1-2-10b)相比较，可得速度分量与相应坐标的关系式，即

$$v_x=\frac{\mathrm{d}x}{\mathrm{d}t},\quad v_y=\frac{\mathrm{d}y}{\mathrm{d}t},\quad v_z=\frac{\mathrm{d}z}{\mathrm{d}t} \tag{1-2-10c}$$

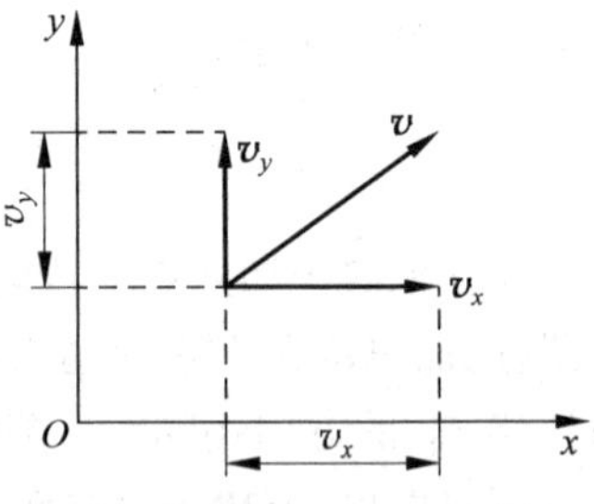

图 1-2-6

速度的大小为

$$v=|\boldsymbol{v}|=\sqrt{v_x^2+v_y^2+v_z^2} \tag{1-2-11}$$

速度的方向余弦表示为

$$\begin{cases}\cos\alpha' = \dfrac{v_x}{\sqrt{v_x^2+v_y^2+v_z^2}} \\ \cos\beta' = \dfrac{v_y}{\sqrt{v_x^2+v_y^2+v_z^2}} \\ \cos\gamma' = \dfrac{v_z}{\sqrt{v_x^2+v_y^2+v_z^2}}\end{cases} \tag{1-2-12}$$

式中，α'、β'、γ'分别为速度矢量与Ox 轴、Oy 轴、Oz 轴的夹角。

1.2.5 速度对时间的变化率——加速度

在飞机起飞、平飞和降落的过程中，飞机速度的变化是不同的，既有大小的变化，也有方向的变化。描述速度对时间的变化率的物理量称为加速度(acceleration)。

如图 1-2-7 所示，质点沿曲线路径(AB 虚线)运动，质点在 A 点的速度记为$\boldsymbol{v}(t)$，在 B 点的速度记为$\boldsymbol{v}(t+\Delta t)$，则在时间 Δt 内的速度增量 $\Delta\boldsymbol{v}=\boldsymbol{v}(t+\Delta t)-\boldsymbol{v}(t)$。用$\dfrac{\Delta\boldsymbol{v}}{\Delta t}$ 可粗略地描述质点在时间 Δt 内的速度变化的快慢，称为平均加速度(average acceleration)。用 $\bar{\boldsymbol{a}}$ 表示，有

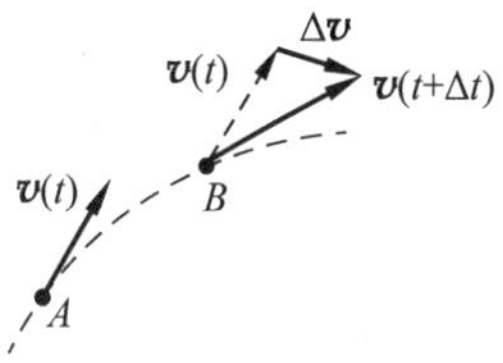

图 1-2-7

$$\bar{\boldsymbol{a}}=\frac{\boldsymbol{v}(t+\Delta t)-\boldsymbol{v}(t)}{\Delta t}=\frac{\Delta\boldsymbol{v}}{\Delta t} \tag{1-2-13}$$

令 Δt 趋于零时，得到平均加速度的极限，可精确描述质点的速度变化，称为质点通过该点的瞬时加速度(instantaneous acceleration)，简称加速度。用 $\boldsymbol{a}$ 表示，有

$$\boldsymbol{a}=\lim_{\Delta t\to 0}\frac{\Delta\boldsymbol{v}}{\Delta t}=\frac{\mathrm{d}\boldsymbol{v}}{\mathrm{d}t}=\frac{\mathrm{d}^2\boldsymbol{r}}{\mathrm{d}t^2} \tag{1-2-14}$$

式(1-2-14)表明，加速度等于速度对时间的一阶导数，或位置矢量对时间的二阶导数。如果速度的大小或方向中的任一个改变，或者两者均变，质点就一定有加速度。

加速度的方向就是在时间 Δt 趋近于零时，速度增量 $\Delta\boldsymbol{v}$ 的极限方向。加速度既反映了速度方向变化的快慢，又反映了速度大小变化的快慢，因此加速度方向与速度方向一般不同。

表 1-2-3 所示为某些常见事件的加速度值。

表 1-2-3 某些常见事件的加速度值

事　件	加速度/(m/s^2)
电梯启动	1.9
飞机起飞	4.9
地球表面自由落体	9.8
月球表面自由落体	1.7
太阳表面自由落体	2.7×10^2
使人昏晕	约 70
火箭升空	50～100
子弹在枪膛中的运动	约 5×10^5
质子在加速器中的运动	10^{13}～10^{14}

【讨论 1-2-4】

(1) 加速度方向与速度方向一般不同。在以下情形时,质点各做什么运动?

① 加速度与速度的夹角为 0°或 180°;

② 加速度与速度的夹角恒等于 90°;

③ 加速度与速度的夹角小于 90°;

④ 加速度与速度的夹角大于 90°。

(2) 加速度在直角坐标系中的表达式。

【分析】

(1) 质点做直线运动时,加速度方向要么与速度方向一致(两者夹角为 0°),此时做加速运动;要么与速度方向相反(两者夹角为 180°),此时做减速运动。

加速度方向与速度方向有夹角时,质点做曲线运动,这时加速度方向总是指向轨迹曲线凹的一边。加速度方向与速度方向的夹角小于 90°时,质点做加速运动;加速度方向与速度方向的夹角大于 90°时,质点做减速运动。加速度方向与速度方向的夹角恒为 90°时,质点做匀速率圆周运动。

加速度具有矢量性、瞬时性、相对性等性质。在 SI 中,加速度的单位为米每二次方秒($\mathrm{m/s^2}$)。

(2) 加速度在直角坐标系中的表达式为

$$\begin{aligned}\boldsymbol{a}&=\frac{\mathrm{d}\boldsymbol{v}}{\mathrm{d}t}=\frac{\mathrm{d}^2\boldsymbol{r}}{\mathrm{d}t^2}=\frac{\mathrm{d}^2x}{\mathrm{d}t^2}\boldsymbol{i}+\frac{\mathrm{d}^2y}{\mathrm{d}t^2}\boldsymbol{j}+\frac{\mathrm{d}^2z}{\mathrm{d}t^2}\boldsymbol{k}\\&=\frac{\mathrm{d}v_x}{\mathrm{d}t}\boldsymbol{i}+\frac{\mathrm{d}v_y}{\mathrm{d}t}\boldsymbol{j}+\frac{\mathrm{d}v_z}{\mathrm{d}t}\boldsymbol{k}\end{aligned}\tag{1-2-15a}$$

若加速度在 Ox 轴、Oy 轴、Oz 轴的三个分加速度的大小分别记为 a_x、a_y、a_z,则有

$$\boldsymbol{a}=a_x\boldsymbol{i}+a_y\boldsymbol{j}+a_z\boldsymbol{k}\tag{1-2-15b}$$

将式(1-2-15a)和式(1-2-15b)相比较,可得加速度分量与相应速度分量,以及与相应坐标的关系式,即

$$a_x=\frac{\mathrm{d}v_x}{\mathrm{d}t}=\frac{\mathrm{d}^2x}{\mathrm{d}t^2},\quad a_y=\frac{\mathrm{d}v_y}{\mathrm{d}t}=\frac{\mathrm{d}^2y}{\mathrm{d}t^2},\quad a_z=\frac{\mathrm{d}v_z}{\mathrm{d}t}=\frac{\mathrm{d}^2z}{\mathrm{d}t^2}\tag{1-2-15c}$$

加速度的大小为

$$a=|\boldsymbol{a}|=\sqrt{a_x^2+a_y^2+a_z^2}\tag{1-2-16}$$

加速度的方向余弦表示为

$$\begin{cases}\cos\alpha''=\dfrac{a_x}{a}=\dfrac{a_x}{\sqrt{a_x^2+a_y^2+a_z^2}}\\[2ex]\cos\beta''=\dfrac{a_y}{a}=\dfrac{a_y}{\sqrt{a_x^2+a_y^2+a_z^2}}\\[2ex]\cos\gamma''=\dfrac{a_z}{a}=\dfrac{a_z}{\sqrt{a_x^2+a_y^2+a_z^2}}\end{cases}\tag{1-2-17}$$

式中,α''、β''、γ''分别为加速度矢量与 Ox 轴、Oy 轴、Oz 轴的夹角。

1.2.6 运动学的两类问题

运动学有两类问题。

第一类问题是已知质点的运动方程 $\boldsymbol{r}=\boldsymbol{r}(t)$，通过微分方法求解质点在任一时刻的位矢 $\boldsymbol{r}$、速度 $\boldsymbol{v}$ 和加速度 $\boldsymbol{a}$ 等相关问题。参看例 1-2-1。

第二类问题是已知质点的加速度 $\boldsymbol{a}(t)$ 以及初始速度和初始位置，通过积分方法求解质点的速度 $\boldsymbol{v}(t)$ 及其运动方程 $\boldsymbol{r}=\boldsymbol{r}(t)$ 等相关问题。参看例 1-2-2。

例 1-2-1 一质点的运动方程为 $x=4t^2$，$y=2t+4$，其中 x 和 y 的单位为 m，t 的单位为 s。试求：

(1) 质点的运动轨迹；

(2) 质点在第一秒内的位移；

(3) 质点分别在 $t=0$ 和 $t=1\text{s}$ 时各自的速度和加速度。

解：(1) 根据质点运动方程的分量表达式 $x=4t^2$ 和 $y=2t+4$ 消去时间参数 t，可得质点的运动轨迹方程为

$$x=(y-4)^2$$

此为抛物线方程，即质点的运动轨迹为抛物线。

(2) 运动方程的矢量表达式为

$$\boldsymbol{r}=x\boldsymbol{i}+y\boldsymbol{j}=4t^2\boldsymbol{i}+(2t+4)\boldsymbol{j}$$

当 $t=0$ 时，位矢 $\boldsymbol{r}_0=4\boldsymbol{j}$；$t=1\text{s}$ 时，位矢 $\boldsymbol{r}_1=4\boldsymbol{i}+6\boldsymbol{j}$。则在第一秒内的位移为

$$\Delta\boldsymbol{r}=\boldsymbol{r}_1-\boldsymbol{r}_0=4\boldsymbol{i}+2\boldsymbol{j}$$

在第一秒内的位移大小为

$$|\Delta\boldsymbol{r}|=\sqrt{4^2+2^2}\,\text{m}=4.47\text{m}$$

该段位移与 Ox 轴的夹角可用其方向余弦($\cos\theta=4/\sqrt{20}=0.89$)判断，请读者自行确定。

(3) 根据速度的定义式可得该质点的速度为

$$\boldsymbol{v}=\frac{\mathrm{d}\boldsymbol{r}}{\mathrm{d}t}=8t\boldsymbol{i}+2\boldsymbol{j}$$

根据加速度的定义式可得质点的加速度为

$$\boldsymbol{a}=\frac{\mathrm{d}\boldsymbol{v}}{\mathrm{d}t}=8\boldsymbol{i}$$

则在 $t=0$ 时，有 $\boldsymbol{v}_0=2\boldsymbol{j}\,\text{m/s}$，$\boldsymbol{a}_0=8\boldsymbol{i}\,\text{m/s}^2$；$t=1\text{s}$ 时，有 $\boldsymbol{v}_1=8\boldsymbol{i}+2\boldsymbol{j}\,\text{m/s}$，$\boldsymbol{a}_1=8\boldsymbol{i}\,\text{m/s}^2$。

本题中，质点的运动轨迹是抛物线，虽然速度的大小和方向随着时间不断地变化，但是其加速度为恒矢量。

例 1-2-2 一质点沿 Ox 轴运动，其加速度为 $a=12t+4$，其中 a 和 t 的单位均采用国际单位制(SI)①。已知 $t=0$ 时，质点位于 $x_0=10\text{m}$ 处，初速度 $v_0=0$。试求其位置坐标关于时间的函数表达式。

解：在本题目中，因为质点只沿 Ox 轴运动，其加速度 $a=12t+4$ 实际指的是在 Ox 轴

---

① 在本书中，如不特意说明，物理量的单位采用国际单位制(SI)。力学中有三个基本量，即长度、质量、时间，它们的基本单位分别为米(m)、千克(kg)、秒(s)。

的加速度分量a_x。本题以下速度和加速度的有关表达式同样代表的是在Ox轴的分量式。

根据加速度的定义式，有$a=\mathrm{d}v/\mathrm{d}t=12t+4$，对此式分离变量得

$$\mathrm{d}v=(12t+4)\mathrm{d}t$$

根据题目的已知条件，对上式两边分别积分得

$$\int_0^v \mathrm{d}v=\int_0^t (12t+4)\mathrm{d}t$$

$$v=6t^2+4t\ \text{(SI)}$$

再根据速度的定义式，有$v=\mathrm{d}x/\mathrm{d}t=6t^2+4t$，对此式分离变量得

$$\mathrm{d}x=(6t^2+4t)\mathrm{d}t$$

根据题目的已知条件，对上式两边分别积分得

$$\int_{x_0}^x \mathrm{d}x=\int_0^t (6t^2+4t)\mathrm{d}t$$

$$x=2t^3+2t^2+x_0=2t^3+2t^2+10\ \text{(SI)}$$

【练习 1-2】

1-2-1 一电子沿Ox轴运动的位置由$x=16t\mathrm{e}^{-t}$(SI)给出。当电子瞬间静止时，它距坐标原点多远?

1-2-2 一质点沿Ox轴运动，其加速度a与位置坐标x的关系为$a=0.5+1.5x^2$(SI)。如果质点在原点处的速度为零，试求其在任意位置处的速度。

1-2-3 一艘正在沿Ox轴做直线行驶的电艇，在发动机关闭后，其加速度方向与速度方向相反，大小与速度平方成正比，即$\mathrm{d}v/\mathrm{d}t=-Kv^2$，式中$K$为大于零的常量。并设发动机关闭时的速度为$v_0$。求：

(1) 电艇在关闭发动机后，其速度与时间的关系；

(2) 电艇在关闭发动机后，其行驶的距离与时间的关系；

(3) 电艇在关闭发动机后又行驶x距离时的速度。

1-2-4 云雾室是研究基本粒子的常用设备，其中充满大量的过饱和气体。当粒子穿过云雾室时，在粒子经过的路径上产生带电的离子，离子作为凝结核心会使过饱和气体凝结成液滴。观测者可以通过观测液滴形成的可见路径，测量粒子的物理性质。设云雾室中粒子的运动方程为$x=a-b\mathrm{e}^{-\alpha t}$，其中$a$、$b$、$\alpha$都为正的常量。若把粒子进入云雾室时记为计时原点，试讨论该粒子的运动状况(速度和加速度，初始状态和极限状态，运动的总距离)。

1-2-5 讨论椭圆规的原理。图 1-2-8 中，$OA=BA=AC$，OA以ω的旋转速度绕O点做匀速率转动，B、C分别沿Oy轴、Ox轴运动，BC上有一点P。已知$BP=a$，$PC=b$，求P点的轨迹方程。

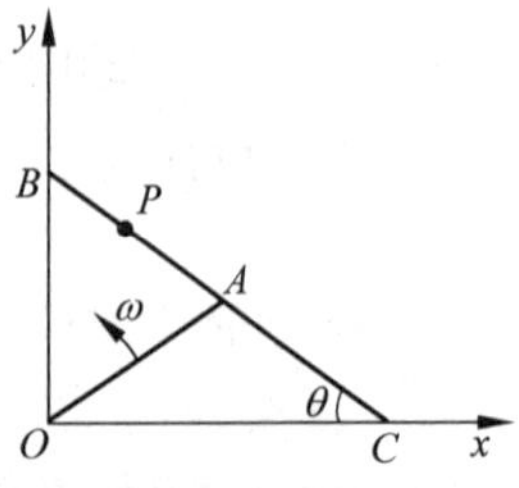

图 1-2-8

1-2-6 假如从某一点O以同样的速率，沿着同一竖直面内各个不同方向同时抛出几个物体。试证在任意时刻，这几个物体总是散落在某一个圆周上(这是一种喷雾器的工作原理)。

1-2-7 北斗卫星导航系统(以下简称北斗系统)是中国着眼于国家安全和经济社会发展需要，自主建设运行的全球卫星导航系统，是为全球用户提供全天候、全天时、高精度的定位、导航和授时服务的国家重要时空基础设施。导航定位常用“距离

后方交会”法(即已知 3 个点的平面坐标及 3 个点到一个未知点的水平距离,就可求解出未知点的位置)。把 3 个已知点搬入太空成为 3 颗人造卫星,再同时测得未知点与 3 颗卫星的距离,就能求解出未知点的位置。当需要解算出某一方位信息时,相当于需要知道 3 个位置量和一个时间量,就需要同时接收到 4 颗以上的卫星信号才有可能进行定位。请用本节所学的知识解释这种定位方法。全球定位系统(Global Positioning System,GPS)是美国研制发射的一种以人造地球卫星为基础的高精度无线电导航定位系统,采用的就是这种单向、终端自定位技术方案。我国研制的北斗系统的定位方式与 GPS 有一定的不同,读者可到北斗系统的官方网站查阅并加以了解。

1.3 圆周运动

【思考 1-3】

写出描述圆周运动的各个物理量在下面不同坐标系的表达式(表 1-3-1)。

表 1-3-1 各个物理量在不同坐标系的表达式

物 理 量	直角坐标系	平面极坐标系	自然坐标系
位置矢量			
位移			
速度			
加速度			

1.3.1 圆周运动的平面极坐标系(角量)描述

对于做平面圆周运动的质点,有时用平面极坐标系(polar coordinate system)能更简便地描述其位置以及运动快慢等。

平面极坐标系如图 1-3-1 所示,P 点对应唯一的极坐标(r,θ)。当质点做半径为 R 的平面圆周运动时,如图 1-3-2 所示,取圆心为极坐标系的坐标原点。由于圆周的半径 R 一定,因此质点在 P 处的位置由极坐标 θ 唯一确定,我们把极坐标 θ 称为质点的角位置,并规定逆时针方向为正。

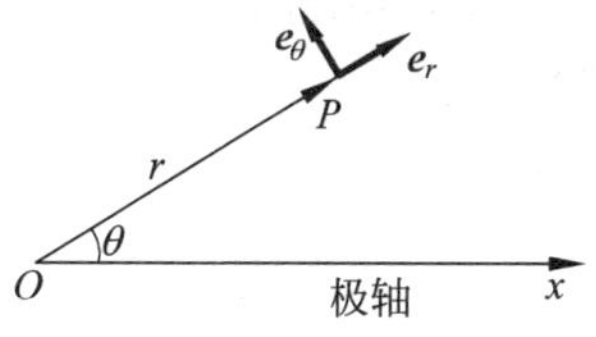

图 1-3-1

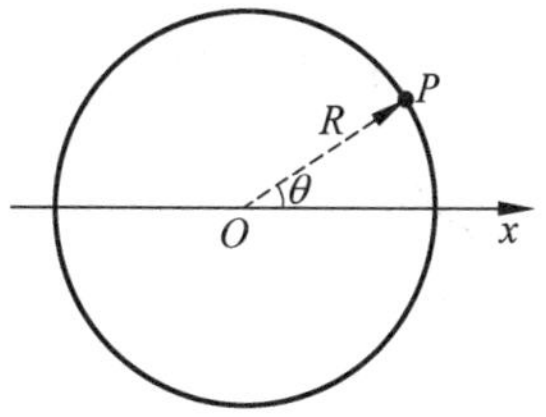

图 1-3-2

当质点运动时,其角位置 $\theta=\theta(t)$是时间 t 的单值连续函数。$\theta=\theta(t)$又称为角运动方程。

若质点在 t 时刻的角位置记为$\theta(t)$,在 $t+\Delta t$ 时刻的角位置记为$\theta(t+\Delta t)$,则称 $\Delta\theta=$

$\theta(t+\Delta t)-\theta(t)$为质点的角位移(angular displacement),它反映了质点在 Δt 时间内的位置变化。

质点在相同时间内的角位移有大有小,描述角位置变化快慢的物理量称为角速度(angular velocity)。

角位置对时间的变化率(单位时间内的角位移)定义为平均角速度,记作

$$\bar{\omega}=\frac{\Delta\theta}{\Delta t} \tag{1-3-1a}$$

平均角速度在 Δt 趋于零时的极限称为瞬时角速度,简称角速度,记作

$$\omega=\lim_{\Delta t\to 0}\frac{\Delta\theta}{\Delta t}=\frac{\mathrm{d}\theta}{\mathrm{d}t} \tag{1-3-1b}$$

即角速度等于角位置对时间的一阶导数。

质点在相同时间内的角速度变化也有多有少,描述角速度变化快慢的物理量称为角加速度(angular acceleration)。

角速度对时间的变化率(单位时间内的角速度变化)定义为平均角加速度,记作

$$\bar{\beta}=\frac{\Delta\omega}{\Delta t} \tag{1-3-2a}$$

平均角加速度在 Δt 趋于零时的极限称为瞬时角加速度,简称角加速度,记作

$$\beta=\frac{\mathrm{d}\omega}{\mathrm{d}t}=\frac{\mathrm{d}^2\theta}{\mathrm{d}t^2} \tag{1-3-2b}$$

即角加速度等于角速度对时间的一阶导数,或角位置对时间的二阶导数。

注意 角位置和角位移的单位为弧度(rad),角速度的单位为弧度每秒(rad/s),角加速度的单位为弧度每二次方秒($\mathrm{rad/s^2}$)。

【讨论 1-3-1】

匀速率圆周运动在直角坐标系的描述。

【分析】

如图 1-3-3 所示,质点以恒定的角速度 ω 绕坐标原点做半径为 R 的匀速率圆周运动。已知初始时刻质点在 Ox 轴上,t 时刻质点在 A 点,其位置矢量与 Ox 轴的夹角 $\theta=\omega t$。则质点在如图 1-3-3 所示的直角坐标系的运动方程为

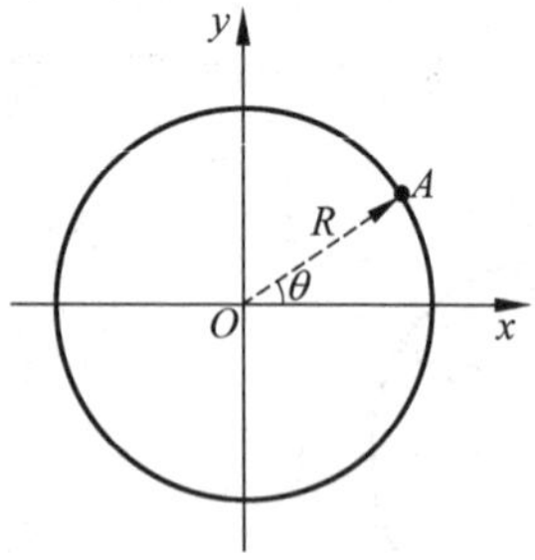

图 1-3-3

$$\boldsymbol{r}=R\cos(\omega t)\boldsymbol{i}+R\sin(\omega t)\boldsymbol{j}$$

其分量式为

$$x=R\cos(\omega t)$$
$$y=R\sin(\omega t)$$

该质点运动的轨迹方程为

$$x^2+y^2=R^2$$

质点的速度为

$$\boldsymbol{v}=\frac{\mathrm{d}\boldsymbol{r}}{\mathrm{d}t}=-\omega R\sin(\omega t)\boldsymbol{i}+\omega R\cos(\omega t)\boldsymbol{j}$$

质点的速度大小为

$$v=\sqrt{(-\omega R\sin(\omega t))^2+(\omega R\cos(\omega t))^2}=\omega R$$

从速度矢量和速度大小的两个表达式可以看出,匀速率圆周运动的速度大小虽然为常量,但

由于速度方向随时间变化，因此速度矢量是时间 t 的函数。可以证明 $\boldsymbol{v}\cdot\boldsymbol{r}=0$，表明做圆周运动的质点的速度与其位置矢量（即圆的半径）垂直，即做圆周运动的质点的速度方向沿圆周轨迹的切向。

质点的加速度为

$$\boldsymbol{a}=\frac{\mathrm{d}\boldsymbol{v}}{\mathrm{d}t}=-\omega^2R\cos(\omega t)\boldsymbol{i}-\omega^2R\sin(\omega t)\boldsymbol{j}$$

其加速度大小为

$$a=\sqrt{(-\omega^2R\cos(\omega t))^2+(-\omega^2R\sin(\omega t))^2}=\omega^2R$$

从加速度矢量和加速度大小的两个表达式可以看出，做匀速率圆周运动的加速度的大小也为常量。但由于恒有 $\boldsymbol{a}=-\omega^2\boldsymbol{r}$，可知做匀速率圆周运动的质点的加速度方向总是指向圆心，与速度方向垂直。也就是说，做匀速率圆周运动的质点的加速度没有速度方向的分量，意味着该加速度只改变速度的方向，不改变速度的大小。

做一般圆周运动的质点，其速度方向总是沿圆周的切向，其加速度方向总是指向圆内，但一般不再指向圆心。当加速度沿圆周切向的分量与速度同方向时，质点做加速圆周运动；当加速度沿圆周切向的分量与速度反方向时，质点做减速圆周运动。

1.3.2 圆周运动的自然坐标系描述

1. 自然坐标系

在研究质点的平面曲线运动时，有时采用自然坐标系（natural coordinates）更简便。自然坐标系的原点固接于质点，沿质点运动轨迹的切向和法向建立两个相互垂直的坐标轴，如图 1-3-4 所示。并且规定，切向轴以质点的前进方向为正，法向轴以指向曲线凹侧的方向为正，两轴的单位矢量分别记作 $\boldsymbol{\tau}$ 和 $\boldsymbol{n}$。

需要强调的是，自然坐标系的坐标原点随质点的运动而移动，坐标轴的方向也随时间变化，因此其两坐标轴的单位矢量 $\boldsymbol{\tau}$ 和 $\boldsymbol{n}$ 不再是恒矢量。

2. 圆周运动在自然坐标系的描述

如图 1-3-5 所示，在质点的运动轨迹上取一固定点 O，由质点在某时刻所处的位置距离 O 的路径长度 s 可确定质点的位置。位置 s 有正负之分。

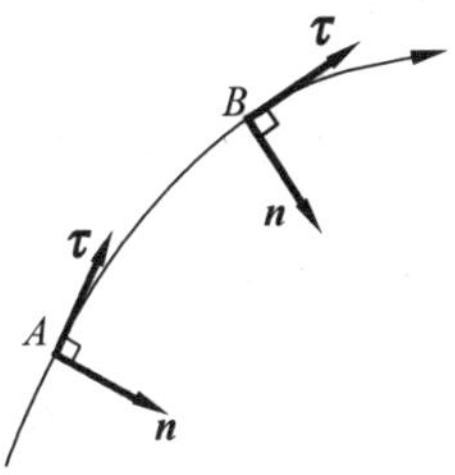

图 1-3-4

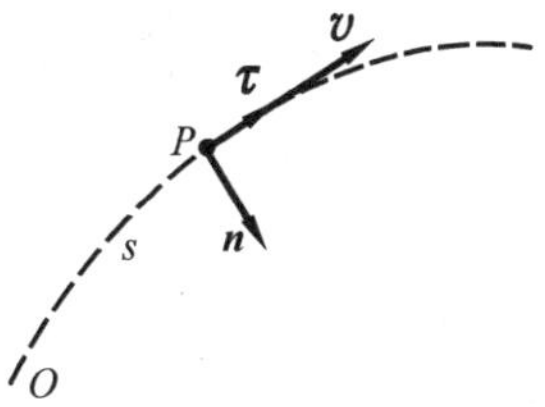

图 1-3-5

若质点在 t_1 时刻的位置记为 s_1，在 t_2 时刻的位置记为 s_2，则质点在 $\Delta t=t_2-t_1$ 时间内的位置变化为路程 $\Delta s=s_2-s_1$。

质点的速度总是沿着自然坐标系的切线轴的正向，大小 $v=\dfrac{\mathrm{d}s}{\mathrm{d}t}$，则其速度在自然坐标系

中的表达式为

$$\boldsymbol{v}=|\boldsymbol{v}|\boldsymbol{\tau}=\frac{\mathrm{d}s}{\mathrm{d}t}\boldsymbol{\tau} \tag{1-3-3}$$

于是,质点的加速度在自然坐标系中的表达式可进一步写为

$$\boldsymbol{a}=\frac{\mathrm{d}\boldsymbol{v}}{\mathrm{d}t}=\frac{\mathrm{d}}{\mathrm{d}t}(v\boldsymbol{\tau})=\left(\frac{\mathrm{d}v}{\mathrm{d}t}\right)\boldsymbol{\tau}+v\frac{\mathrm{d}\boldsymbol{\tau}}{\mathrm{d}t} \tag{1-3-4}$$

以圆周运动为例,下面讨论加速度在自然坐标系的表达式。

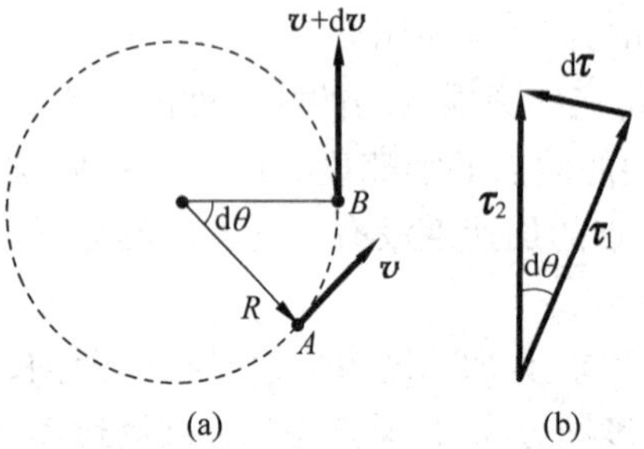

图 1-3-6

如图 1-3-6(a)所示,质点做半径为 R 的圆周运动。若 t 时刻质点在 A 点,速度为$\boldsymbol{v}$,$t+\mathrm{d}t$ 时刻质点在 B 点,速度为$\boldsymbol{v}+\mathrm{d}\boldsymbol{v}$,则质点在 $\mathrm{d}t$ 时间内的角位移为 $\mathrm{d}\theta$,路程为 $\mathrm{d}s$,且有 $\mathrm{d}s=R\mathrm{d}\theta$。$A$、$B$ 两点处的切向单位矢量分别记为$\boldsymbol{\tau}_1$ 和$\boldsymbol{\tau}_2$,可构成如图 1-3-6(b)所示的等腰(两腰的大小均为 1)矢量三角形。由于 $\mathrm{d}\theta$ 很小,$\mathrm{d}\boldsymbol{\tau}$ 的方向可视为与$\boldsymbol{\tau}_1$垂直,即指向图 1-3-6(a)中 A 点的法向轴的正方向。又因为 $\mathrm{d}\boldsymbol{\tau}$ 的大小等于 $\mathrm{d}\theta$,则有

$$\frac{\mathrm{d}\boldsymbol{\tau}}{\mathrm{d}t}=\frac{\mathrm{d}\theta}{\mathrm{d}t}\boldsymbol{n}=\frac{\mathrm{d}\theta}{\mathrm{d}s}\frac{\mathrm{d}s}{\mathrm{d}t}\boldsymbol{n}=\frac{v}{R}\boldsymbol{n}$$

代入式(1-3-4),可得

$$\boldsymbol{a}=\frac{\mathrm{d}v}{\mathrm{d}t}\boldsymbol{\tau}+\frac{v^2}{R}\boldsymbol{n} \tag{1-3-5}$$

如图 1-3-7 所示,将做圆周运动的质点的加速度 $\boldsymbol{a}$ 沿自然坐标系的切向和法向分别投影,其切向分量称为切向加速度(tangential acceleration),记作 $\boldsymbol{a}_\tau$;其法向分量称为法向加速度(normal acceleration),记作 $\boldsymbol{a}_n$。加速度在自然坐标系的表达式为

$$\boldsymbol{a}=\boldsymbol{a}_\tau+\boldsymbol{a}_n \tag{1-3-6}$$

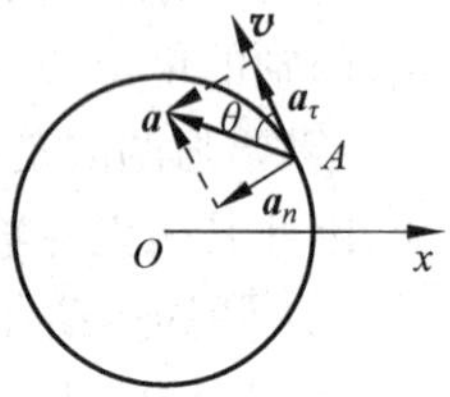

图 1-3-7

比较式(1-3-5)和式(1-3-6),可以得到

$$\boldsymbol{a}_\tau=\frac{\mathrm{d}v}{\mathrm{d}t}\boldsymbol{\tau},\quad \boldsymbol{a}_n=\frac{v^2}{R}\boldsymbol{n} \tag{1-3-7a}$$

式(1-3-7a)表明,圆周运动的切向加速度大小 $a_\tau=\dfrac{\mathrm{d}v}{\mathrm{d}t}$,方向沿切向轴,它只描述质点的速度大小变化的快慢,不反映速度方向的变化;圆周运动的法向加速度大小 $a_n=\dfrac{v^2}{R}$,方向沿法向轴,即指向圆心,它只描述质点的速度方向变化的快慢,不反映速度大小的变化。

圆周运动的加速度的大小在自然坐标系的表示为

$$a=|\boldsymbol{a}|=\sqrt{a_\tau^2+a_n^2}=\sqrt{\left(\frac{\mathrm{d}v}{\mathrm{d}t}\right)^2+\left(\frac{v^2}{R}\right)^2} \tag{1-3-7b}$$

加速度与其切向加速度的夹角 θ(图 1-3-7)可由其正切函数值确定,即

$$\theta=\arctan\frac{a_n}{a_\tau} \tag{1-3-7c}$$

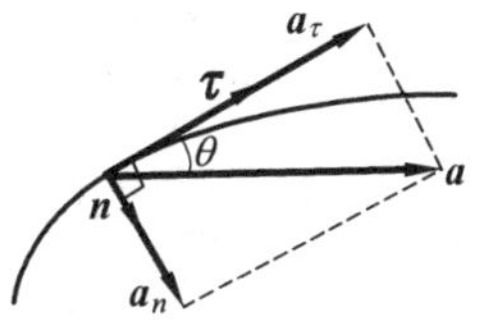

图 1-3-8

式(1-3-6)也适用于一般的曲线运动。如图 1-3-8 所示，一般曲线运动的加速度也可正交分解为切向加速度和法向加速度，两个分加速度的表达式分别为

$$\begin{cases} a_\tau = \dfrac{\mathrm{d}v}{\mathrm{d}t} \\ a_n = \dfrac{v^2}{\rho}\text{（}\rho\text{ 为曲线运动轨迹的曲率半径）} \end{cases} \tag{1-3-8a}$$

加速度的大小为

$$a = |\boldsymbol{a}| = \sqrt{a_\tau^2 + a_n^2} = \sqrt{\left(\frac{\mathrm{d}v}{\mathrm{d}t}\right)^2 + \left(\frac{v^2}{\rho}\right)^2} \tag{1-3-8b}$$

一般曲线运动的加速度总是指向曲线的凹侧，加速度与其切向加速度的夹角 θ(图 1-3-8)也可由其正切函数值确定，即

$$\theta = \arctan \frac{a_n}{a_\tau} \tag{1-3-8c}$$

1.3.3 角量和线量的关系

本节以圆周运动为例，给出描述质点运动的角量和线量的关系。

以圆心为坐标原点，质点做如图 1-3-9 所示的圆周运动。若质点在 dt 时间内从 A 点运动到 B 点，其角位移记为 dθ，路程记为 ds，则有

$$\mathrm{d}s = R\,\mathrm{d}\theta \tag{1-3-9}$$

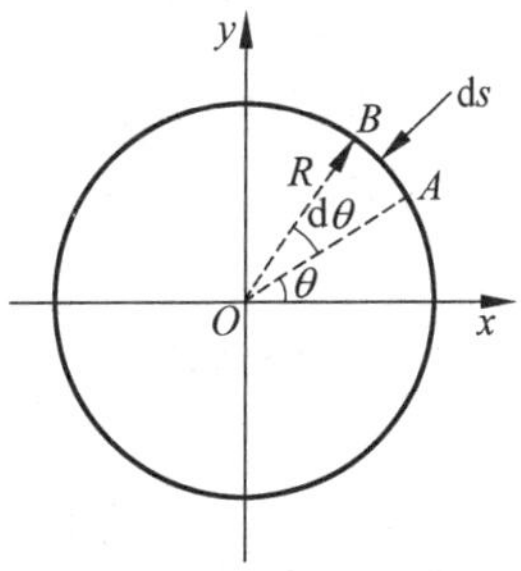

图 1-3-9

质点的线速度与角速度的关系式为

$$v = \frac{\mathrm{d}s}{\mathrm{d}t} = \frac{R\,\mathrm{d}\theta}{\mathrm{d}t} = R\omega \tag{1-3-10}$$

质点的法向加速度、切向加速度和加速度的大小分别为

$$a_n = \frac{v^2}{R} = R\omega^2 \tag{1-3-11a}$$

$$a_\tau = \frac{\mathrm{d}v}{\mathrm{d}t} = \frac{R\,\mathrm{d}\omega}{\mathrm{d}t} = R\beta \tag{1-3-11b}$$

$$a = \sqrt{a_\tau^2 + a_n^2} = \sqrt{(R\omega^2)^2 + (R\beta)^2} \tag{1-3-11c}$$

分析质点做圆周运动的运动学也有两类问题，参看例 1-3-1 和例 1-3-2。

例 1-3-1 一质点做半径为 0.1m 的圆周运动，其角位置 $\theta=2+4t^2$，其中 θ 和 t 均采用国际单位制(SI)。

(1) 求任意时刻质点的法向加速度和切向加速度；

(2) 当切向加速度的大小恰为总加速度大小的一半时，质点的角位置 θ 为多少？

(3) 当 t 等于多少时，质点的切向加速度和法向加速度的大小相等？

解： 这是质点运动学的第一类问题，已知质点的角运动方程，用求导方法求解质点在任一时刻的角速度和角加速度，进而求得质点的切向加速度和法向加速度。

(1) 由于$\omega=\frac{d\theta}{dt}=8t$,$\beta=\frac{d\omega}{dt}=8$,所以质点的法向加速度大小为

$$a_n=\omega^2R=64Rt^2=6.4t^2\text{(SI)}$$

质点的切向加速度大小为

$$a_\tau=R\beta=8R=0.8\text{m/s}^2$$

(2) 当切向加速度的大小恰为总加速度大小的一半时,由$a=\sqrt{a_\tau^2+a_n^2}=2a_\tau$得$a_n^2=3a_\tau^2$。将(1)中结果代入,解得$t^2=\frac{\sqrt{3}}{8}$,则有$\theta=2+4t^2=\left(2+\frac{\sqrt{3}}{2}\right)\text{rad}$。

(3) 当法向加速度和切向加速度的数值相等时,即$a_n=a_\tau$时,将(1)中结果代入可得$t=\sqrt{1/8}\,\text{s}=0.35\text{s}$。

例 1-3-2 一质点从静止开始做半径为R的圆周运动,其角加速度随时间t的变化规律为$\beta=12t^2-6$(SI),求:

(1) 质点的角速度;

(2) 质点的角运动方程(设质点在初始时刻的角位置θ_0为零)。

解:这是质点运动学的第二类问题,已知质点的角加速度β以及初始角速度和初始角位置,通过积分方法求解质点的角速度及其角运动方程等。

(1) 因为$\beta=\frac{d\omega}{dt}=12t^2-6$,根据已知条件,通过分离变量,可得积分表达式

$$\int_0^\omega d\omega=\int_0^t(12t^2-6)dt$$

两边分别积分,解得

$$\omega=4t^3-6t\ \text{(SI)}$$

(2) 又因为$\omega=\frac{d\theta}{dt}=4t^3-6t$,根据已知条件,通过分离变量,可得积分表达式

$$\int_0^\theta d\theta=\int_0^t(4t^3-6t)dt$$

两边分别积分,解得

$$\theta=t^4-3t^2\ \text{(SI)}$$

【练习 1-3】

1-3-1 分析线量$\boldsymbol{r}$、$\boldsymbol{v}$、$\boldsymbol{a}$之间的关系以及角量θ、ω、β之间的关系,比较两组量的相似性。推导表 1-3-2 中的匀速率圆周运动和匀变速率圆周运动的有关公式,与表 1-3-3 中的匀速直线运动和匀变速直线运动的有关公式作比较,并分析它们类似的原因。

表 1-3-2 匀速率圆周运动和匀变速率圆周运动的有关公式

物理量	匀速率圆周运动	匀变速率圆周运动
角位置	$\theta=\theta_0+\omega_0t$	$\theta=\theta_0+\omega_0t+\frac{\beta}{2}t^2$ $\omega^2=\omega_0^2+2\beta(\theta-\theta_0)=\omega_0^2+2\beta\Delta\theta$
角位移	$\Delta\theta=\theta-\theta_0=\omega_0t$	$\Delta\theta=\omega_0t+\frac{\beta}{2}t^2$

续表

物　理　量	匀速率圆周运动	匀变速率圆周运动
角速度	$\omega=\omega_0$(为常量)	$\omega=\omega_0+\beta t$
角加速度	$\beta=0$	β 为常量

表 1-3-3　匀速直线运动和匀变速直线运动的有关公式

物　理　量	匀速直线运动	匀变速直线运动
位置	$x=x_0+v_0t$	$x=x_0+v_0t+\frac{a}{2}t^2$ $v^2=v_0^2+2a(x-x_0)=v_0^2+2a\Delta x$
位移	$\Delta x=x-x_0=v_0t$	$\Delta x=v_0t+\frac{a}{2}t^2$
速度	$v=v_0$(为常量)	$v=v_0+at$
加速度	$a=0$	a 为常量

1-3-2　某发动机工作时，主轴边缘一点做圆周运动的方程为 $\theta=t^3+4t+3$(SI)，问：

(1) 当 $t=2\text{s}$ 时，该点的角速度和角加速度分别为多大?

(2) 若主轴半径 $r=0.2\text{m}$，则当 $t=1\text{s}$ 时，该点的速度和加速度分别为多大?

1-3-3　一质点沿半径为 R 的圆周运动，质点所经过的弧长与时间的关系为

$$S=bt+\frac{1}{2}ct^2$$

式中，b、c 为大于零的常量。求从 $t=0$ 开始到切向加速度与法向加速度大小相等时所经历的时间。

1-3-4　质点在重力场中作斜上抛运动(忽略空气阻力)，已知初速度的大小为 v_0，与水平方向成 α 角。

(1) 质点从抛出至到达与抛出点同一高度的过程中，$\mathrm{d}v/\mathrm{d}t$ 和 $\mathrm{d}\boldsymbol{v}/\mathrm{d}t$ 是否有变化?

(2) 其法向加速度是否变化?

(3) 其运动轨迹在何处的曲率半径最小? 并求解质点到达与抛出点同一高度时的切向加速度、法向加速度以及该时刻质点所在处轨迹的曲率半径。已知法向加速度与轨迹曲率半径之间的关系为 $a_n=v^2/\rho$。

1-3-5　试说明质点做何种运动时，将出现下述各种情况(其中 a_τ、a_n 分别表示切向加速度和法向加速度的大小，且 $v\neq0$)。

(1) $a_\tau\neq0, a_n\neq0$;

(2) $a_\tau\equiv0, a_n\equiv0$;

(3) $a_\tau\equiv0, a_n\neq0$;

(4) $a_\tau\neq0, a_n\equiv0$。

1-3-6　一质点从静止出发，绕半径为 R 的圆周做匀变速圆周运动，角加速度为 β。当该质点走完一周回到出发点时，求其所经历的时间以及此时的加速度。

1-3-7　一飞轮由静止开始绕其轴做匀角加速度转动，求其角位置为 θ 时的法向加速度与切向加速度的比值(设质点在 $t=0$ 时的初始角位置 $\theta_0=0$)。

1-3-8 质点 P 在水平面内沿一半径 $R=2\mathrm{m}$ 的圆轨道转动。在 $t=0$ 时角速度为 ω_0，此后质点做减速转动。已知其角加速度的大小与角速度 ω 的关系为 $\beta=-k\omega^2$，其中比例系数 k 为大于 0 的常量。则当质点的角速度变为 $\omega_0/2$ 时，求：

(1) 质点所经过的时间；

(2) 质点所经过的角位移。

1-3-9 老练的飞行员常常关注的飞行难点就是转弯太急。在转弯过程中，当飞行员的头朝向曲线中心(即头与法向加速度同向)时，大脑的血压会降低，并导致大脑功能部分丧失。有几个警示信号需要提醒飞行员特别注意：当法向加速度为 $2g$ 或 $3g$ 时，飞行员会感到增重；在法向加速度约达 $4g$ 时，飞行员会产生黑视，且视野变小，出现“管视”；如果法向加速度继续保持或者增加，视觉就会丧失，随后意识也会丧失，即出现所谓“超重昏厥”。如果 F-22 战斗机飞行员以 $v=2500\mathrm{km/h}$ 的速率飞过曲率半径为 $r=5.80\mathrm{km}$ 的圆弧，试计算其法向加速度为多少个 g(g 为重力加速度)？这时的飞行员是否有危险？

1-3-10 一个离地面高度为 h 的直立雨伞，张开后其边缘圆周的半径为 R。当伞绕伞柄以匀角速度 ω 旋转时，求证：其上水滴沿边缘飞出后落在地面的轨迹是半径为 $r=R\sqrt{1+2h\omega^2/g}$ 的圆周。由此能否设计一种用于草坪上或农田灌溉的旋转式洒水器？给出定性的设计方案。

1.4 相对运动

1.4.1 运动描述的相对性

所有的物体都在不停地运动，没有绝对不动的物体，运动是绝对的。但运动的描述是相对的，只有相对于确定的参考系才能具体描述物体的运动。一般而言，选择的参考系不同，对同一物体运动的描述也不相同。

比如，地面上的观察者看到飞机从上海起飞，在首都机场落地，但飞机上的乘客(设固定在飞机座位上)看到的飞机却是静止的。

1.4.2 伽利略变换

下面讨论在两个不同参考系中对同一个质点的运动描述间的关系(变换)。

如图 1-4-1 所示，有两个参考系，$S(Oxyz)$系和 $S'(O'x'y'z')$系。当 $t=t'=0$ 时，两坐标系完全重合。从 $t=0$ 开始，S'系相对 S 系以速度 u 沿其 Ox 轴正向做匀速直线运动。

如图 1-4-2 所示，在 t 时刻，运动的质点 P 在 S 系中的位置矢量为 $\boldsymbol{r}$，对应坐标为(x,y,z)；在 S'系中的位置矢量为 $\boldsymbol{r}'$，对应坐标为(x',y',z')。两位置矢量(或运动方程)间的关系为 $\boldsymbol{r}'=\boldsymbol{r}-\boldsymbol{R}$，即

$$\boldsymbol{r}'=\boldsymbol{r}-\boldsymbol{u}t \tag{1-4-1}$$

其分量式为

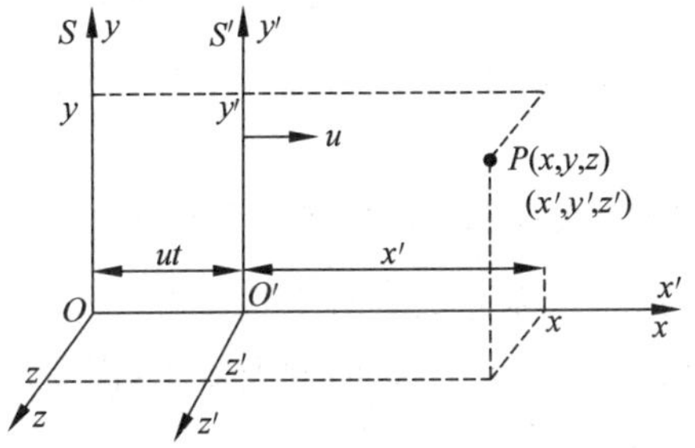

图 1-4-1

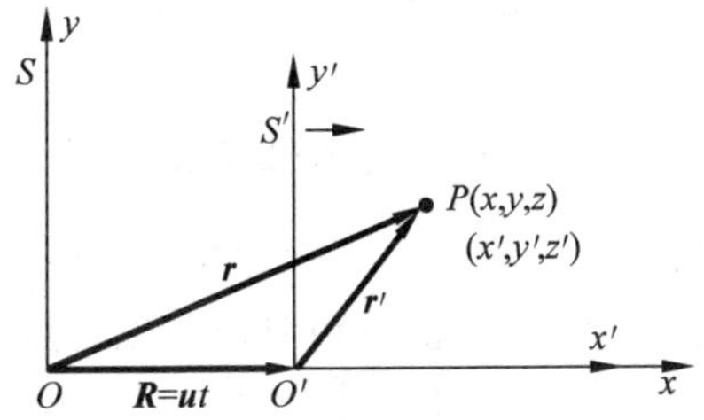

图 1-4-2

$$\begin{cases} x' = x - ut \\ y' = y \\ z' = z \end{cases} \tag{1-4-2}$$

式(1-4-2)称为伽利略坐标(正)变换式(Galilean coordinate transformation)。

对式(1-4-1)求导,可得伽利略速度(正)变换式(Galilean velocity transformation)

$$\boldsymbol{v}' = \boldsymbol{v} - \boldsymbol{u} \tag{1-4-3}$$

其分量式为

$$\begin{cases} v'_x = v_x - u \\ v'_y = v_y \\ v'_z = v_z \end{cases} \tag{1-4-4}$$

式中,$\boldsymbol{v}$ 为质点相对于参考系 S 的速度,称为绝对速度(absolute velocity);$\boldsymbol{v}'$为质点相对于参考系 S'的速度,称为相对速度(relative velocity);$\boldsymbol{u}$ 为参考系 S'相对于参考系 S 平动的速度,称为牵连速度(velocity of following)。

对式(1-4-3)再次求导,可得伽利略加速度(正)变换式(Galilean acceleration transformation)

$$\boldsymbol{a}' = \boldsymbol{a} \tag{1-4-5}$$

其分量式为

$$\begin{cases} a'_x = a_x \\ a'_y = a_y \\ a'_z = a_z \end{cases} \tag{1-4-6}$$

【讨论 1-4-1】

在伽利略变换中,在参考系 S 中测得一质点在 Δt 时间内的位移为 $\Delta\boldsymbol{r}$,若参考系 S'相对于参考系 S 分别做速度 $\boldsymbol{u}$ 不同的匀速直线运动,那么不同速度 $\boldsymbol{u}$ 的参考系 S'测量该质点的运动位移 $\Delta\boldsymbol{r}'$和经历的时间间隔 $\Delta t'$是否相同?由此可以得出什么结论?这些结论是绝对的吗?

【分析】

当参考系 S'相对于参考系 S 沿 Ox 轴正向以不同的速度 $\boldsymbol{u}$ 做匀速直线运动时,由伽利略的坐标变换式(1-4-1)可知,$|\Delta\boldsymbol{r}'| = |\Delta\boldsymbol{r}|$ 恒成立,同时均默认有 $\Delta t' = \Delta t$。也就是说,同一长度的测量结果与参考系的相对运动无关,同一时间间隔的测量结果也与参考系的相对

运动无关。1687 年,牛顿在他的《自然哲学的数学原理》一书中对时间和空间作如下表述 :

绝对的、真实的、纯数学的时间,就其自身和其本质而言,是永远均匀流动的,不依赖于任何外界事物。

绝对的空间,就其本性而言,是与任何外界事物无关而永远是相同和不动的。

我们把这种对长度测量和时间测量的绝对性的认识称为绝对时空观。应该指出的是,在低速($v \ll c$)情况下,伽利略变换是成立的。但在高速情况下,它们就失效了,需要应用相对论时空观。相对论时空观在《大学物理学(下册)》的第 14 章介绍。

【练习 1-4】

1-4-1 飞机在降落的过程中经常遇到左侧风(风朝向飞机左侧)或者右侧风(风朝向飞机右侧),如何让飞机的机头在降落过程中始终对准跑道?

1-4-2 风切变指风矢量(包括风向、风速)在空中水平或垂直距离上的变化。风切变主要由锋面(冷暖空气的交界面)、逆温层、雷暴、复杂地形地貌和地面摩擦效应等因素引起。对飞机飞行和着陆安全威胁最大的是低空风切变,即发生在着陆进场或起飞爬升阶段的风切变。查阅有关风切变的资料,利用相对运动的有关知识讨论风切变对飞行安全的影响和威胁。

1-4-3 人在雨中怎样行走才能使淋到的雨量最少?

第2章 牛顿运动定律

第1章质点运动学讨论了如何描述质点的机械运动，引入位置矢量和速度描述质点的运动状态，引入位移和加速度描述质点运动状态的变化，但没有涉及质点的运动状态发生变化的原因。从本章开始研究引起质点运动状态变化的原因，即质点的动力学理论。质点动力学的任务是研究物体之间的相互作用，以及这种相互作用所引起的物体运动状态发生变化的规律。其中牛顿运动定律是质点动力学的基础，以此建立起来的宏观物体运动规律的动力学理论又称为牛顿力学。本章重点讨论牛顿运动定律的内容及其对质点运动的初步应用。

2.1 牛顿三大运动定律

【思考2-1】

(1) 在牛顿运动定律的建立过程中，亚里士多德、伽利略、牛顿都做出了重要贡献。查阅资料，了解三位科学家的科学贡献以及他们的时代局限性。

(2) 讨论伽利略的惯性实验的合理性。

2.1.1 牛顿第一定律(惯性定律)

牛顿第一定律(Newton's first law)：不受外力时，任何物体都将保持静止或匀速直线运动状态，直到有外力迫使它改变这种状态。

牛顿第一定律蕴含了两个重要概念。

一是物体的"惯性"(inertia)。任何物体都具有惯性，即在不受外力作用时，任何物体都将保持静止或匀速直线运动状态。因此牛顿第一定律又称为惯性定律(law of inertia)。

二是"力"(force)的概念。力是物体运动状态变化的原因。如果没有力作用在物体上，它就会保持原来的运动状态不变。也就是说，如果物体是静止的，它就保持静止；如果物体正在运动，它将以相同的速度继续做直线运动。

在牛顿第一定律中还定义了一种特殊的参考系——惯性系(inertial frames)。如果物体在一个参考系中不受其他物体作用，而保持静止或匀速直线运动，则这个参考系称为惯性系。关于惯性系的问题，后面将具体讨论。

牛顿第一定律是从大量实验事实中概括总结出来的，它不能直接用实验来验证，因为在自然界中不受力作用的物体是不存在的。我们之所以确信牛顿第一定律的正确性，是因为由其所推导出的其他结果都和实验事实相符合。从长期实践和实验中总结归纳出的一些基本规律（常称为原理、公理、基本假说等），虽不能用实验方法直接验证其正确性，但以它们为基础推导出的定律或定理等都与实践和实验相符合，由此人们公认这些基本规律是正确的。并以此为基础，研究其他有关问题，甚至建立新的学科。应用这种科学的、唯物的研究问题的方法总结出新的规律，在科学发展史上屡见不鲜。比如，物理学中的牛顿第一定律、能量守恒定律、热力学第二定律以及爱因斯坦的狭义相对论的两个基本原理等都属于这类基本规律。正是在牛顿设想的高山大炮思想实验的基础上，经过人类长期不断的探索和创造，人造卫星、空间站以及其他各类空间飞行器才得以成功遨游太空，人类的脚步逐渐踏上越来越遥远的星际空间。

2.1.2 牛顿第二定律

牛顿第一定律指出，力是物体运动状态变化的原因。牛顿第二定律用于阐明作用于物体的外力与描述物体运动状态的物理量（动量）的变化之间的关系。

物体的质量 m 与其运动速度 $\boldsymbol{v}$ 的乘积叫作物体的动量，用 $\boldsymbol{p}$ 表示，即

$$\boldsymbol{p}=m\boldsymbol{v} \tag{2-1-1}$$

显然，动量 $\boldsymbol{p}$ 是一个矢量，其方向与速度 $\boldsymbol{v}$ 的方向相同。动量与速度都是表征物体运动状态的量，但动量较之速度，其含义更为广泛，意义更为重要。当外力作用于物体并引起运动状态变化时，物体速度的变化还与其质量的大小有关，即外力的作用与动量随时间的变化率相关。

牛顿第二定律（Newton's second law）：动量为 $\boldsymbol{p}$ 的物体，在外力 $\boldsymbol{F}$ 的作用下，其动量随时间的变化率等于作用于物体的外力 $\boldsymbol{F}$。

当物体的质量为常量时，牛顿第二定律可表述为：当物体受到外力作用时，它所获得的加速度的大小与外力的大小成正比，且与物体的质量成反比；加速度的方向与外力的方向相同。

牛顿第二定律的数学表达式为

$$\boldsymbol{F}=\frac{\mathrm{d}\boldsymbol{p}}{\mathrm{d}t} \tag{2-1-2a}$$

而 $\boldsymbol{p}=m\boldsymbol{v}$，当物体的质量 m 不随时间 t 变化时，有 $\boldsymbol{F}=\frac{\mathrm{d}\boldsymbol{p}}{\mathrm{d}t}=m\frac{\mathrm{d}\boldsymbol{v}}{\mathrm{d}t}$，即牛顿第二定律可写为

$$\boldsymbol{F}=m\boldsymbol{a} \tag{2-1-2b}$$

需要说明的是，当物体在低速情况下运动时，即物体的运动速率 v 远小于光速 c（光在真空中的传播速率）时，物体的质量可以视为不依赖于速度的常量。若物体运动的速率 v 接近于光速 c，则物体的质量就依赖于其速度，《大学物理学（下册）》的第 14 章将给出相对论的动力学方程。

对牛顿第二定律需要强调以下三点。

1. 牛顿第二定律只适用于质点的运动

牛顿第二定律除了适用于质点之外，对于做平动的物体也适用。如果一个物体在运动

过程中，其上各质点的运动情况完全相同，则这样的运动称为平动。物体的平动常常看作是质点的运动，此时这个质点的质量就是整个物体的质量。以后如不特别指明，在论及物体的平动时，都是把物体当作质点来处理的。如果运动的物体不可视为质点，则可以将物体视为有限个或者无限个质点组成的质点系，其中每个质点运动都遵循牛顿运动定律，可利用叠加原理进一步研究物体的整体运动。

2. 力的叠加原理

如果一个物体同时受到几个力的作用，那么这个物体的运动和这几个力都有关系。实验证明：几个力共同作用的总效果，与它们的合力的作用效果相同。这称为力的叠加原理。

牛顿第二定律中的力 $\boldsymbol{F}$ 应理解为这几个力的合力（即这几个力的矢量和，也称为合外力），即有 $\boldsymbol{F}=\sum_i \boldsymbol{F}_i$。

3. 惯性质量

牛顿第二定律中引入了质量（mass）的概念。由牛顿第二定律知，在相同的外力作用下，物体所获得的加速度与其质量成反比。这就是说，在相同的外力作用下，质量大的物体获得的加速度小，意味着质量大的物体保持其原有运动状态的能力强，即它的惯性大。因此牛顿第二定律中的质量被称为**惯性质量**（inertial mass），其本质是描述物体惯性大小的量度。除了惯性质量，还有引力质量，2.2 节将讲述它们的不同。

【讨论 2-1-1】

分别写出牛顿第二定律在直角坐标系和自然坐标系的表达式。

【分析】

在直角坐标系中，牛顿第二定律的矢量表达式可写为

$$\boldsymbol{F}=\sum_i \boldsymbol{F}_i=m\boldsymbol{a}=ma_x\boldsymbol{i}+ma_y\boldsymbol{j}+ma_z\boldsymbol{k} \tag{2-1-3a}$$

其分量表达式为

$$\begin{cases} F_x=\sum_i F_{ix}=ma_x=m\dfrac{\mathrm{d}v_x}{\mathrm{d}t}=m\dfrac{\mathrm{d}^2x}{\mathrm{d}t^2} \\ F_y=\sum_i F_{iy}=ma_y=m\dfrac{\mathrm{d}v_y}{\mathrm{d}t}=m\dfrac{\mathrm{d}^2y}{\mathrm{d}t^2} \\ F_z=\sum_i F_{iz}=ma_z=m\dfrac{\mathrm{d}v_z}{\mathrm{d}t}=m\dfrac{\mathrm{d}^2z}{\mathrm{d}t^2} \end{cases} \tag{2-1-3b}$$

在自然坐标系中，牛顿第二定律的矢量表达式可写为

$$\boldsymbol{F}=\sum_i \boldsymbol{F}_i=m\boldsymbol{a}=ma_\tau\boldsymbol{\tau}+ma_n\boldsymbol{n} \tag{2-1-4a}$$

其分量表达式为

$$\begin{cases} F_\tau=\sum_i F_{i\tau}=ma_\tau=m\dfrac{\mathrm{d}v}{\mathrm{d}t} \\ F_n=\sum_i F_{in}=ma_n=m\dfrac{v^2}{\rho} \end{cases} \tag{2-1-4b}$$

由式(2-1-3)和式(2-1-4)可以看出，物体所获得的加速度与其所受的合外力具有瞬时性和矢量对应性。

瞬时性是指物体所获得的加速度与其所受的合外力是相生相灭的。物体在某一时刻受到的作用力只能决定该时刻的加速度，当合外力停止作用时，相应的加速度也就立即消失。

矢量对应性是指某方向的力只改变物体在该方向上的运动状态。或者说，沿给定坐标轴的分加速度仅由沿同一坐标轴的分力之和引起，与沿其他坐标轴的分力没有关系。比如，式(2-1-3b)表明，所有沿 Ox 轴的分力之和 $F_x=\sum_i F_{ix}$ 只产生该物体在 Ox 轴的加速度分量 a_x，而不会在 Oy 轴与 Oz 轴的方向产生加速度；反过来说，物体在 Ox 轴的加速度分量 a_x 仅由沿 Ox 轴的分力之和 $F_x=\sum_i F_{ix}$ 引起。同样，式(2-1-4b)表明，在自然坐标系中，切向加速度 a_τ 仅由沿切向的分力之和 $F_\tau=\sum_i F_{i\tau}$(常称为切向力)引起，法向加速度 a_n 仅由沿法向的分力之和 $F_n=\sum_i F_{in}$(常称为法向力，对圆周运动又称为向心力)引起。

2.1.3 牛顿第三定律

牛顿第三定律(Newton's third law)：两个物体之间的作用力和反作用力沿同一直线，大小相等，方向相反，分别作用在两个物体上。

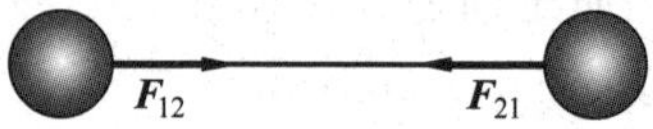

图 2-1-1

如图 2-1-1 所示，若作用力和反作用力分别记为 $\boldsymbol{F}_{12}$ 和 $\boldsymbol{F}_{21}$，则牛顿第三定律的数学表达式可写为

$$\boldsymbol{F}_{12}=-\boldsymbol{F}_{21} \tag{2-1-5}$$

对牛顿第三定律需要强调如下几点。

(1) 牛顿第三定律科学地定义了“力”，即力是物体之间的相互作用。

(2) 牛顿第三定律科学地描述了“力”。作用力和反作用力总是成对出现，且性质相同。它们同时出现、同时消失，大小相等、方向相反、沿同一条直线，作用在不同的物体上。显然，一对作用力不同于一对平衡力。

(3) 每一个实际存在的作用力都具有反作用力。

【讨论 2-1-2】

(1) 如图 2-1-2 所示，不计质量的轻绳和质量为 m 的物体之间以及与地球之间的所有作用力中，哪些是一对平衡力？哪些是一对相互作用力？

(2) 牛顿三个运动定律是否各自独立？它们的意义各是什么？

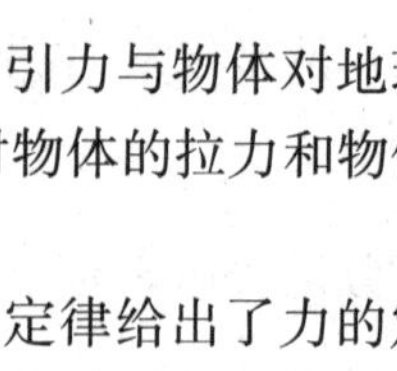

图 2-1-2

【分析】

(1) 轻绳对物体的拉力与物体对轻绳的拉力、地球对物体 m 的万有引力与物体对地球的万有引力，都属于作用力和反作用力。当物体保持静止状态时，轻绳对物体的拉力和物体所受的重力(重力与万有引力的区别见 2.2 节)属于一对平衡力。

(2) 牛顿三个运动定律给出了力的完整概念和科学定义。牛顿第三定律给出了力的定义，即力是物体之间的相互作用；牛顿第一定律给出了力的作用效果，即力是引起物体运动状态发生变化的原因；牛顿第二定律则对力的作用效果定量化，即作用于物体的外力等于其动量随时间的变化率。三个定律密切相关，各自独立，相辅相成，缺一不可。

【练习 2-1】

2-1-1 在微重力环境的空间站里，能否用实验验证牛顿第一定律？中国航天员在空间站进行了多次“天宫课堂”的太空科普课，演示微重力环境下的各种与重力环境不同的实验现象。查看 2022 年 3 月 23 日的“天宫课堂”第二课，了解太空抛物实验及其实验目的。

2-1-2 在生活中有哪些现象不遵守牛顿第一定律？你知道其中的原因吗？

2-1-3 俗话说“船到江心抛锚迟，悬崖未到早勒马”，试用惯性知识解释其中的道理。正如汽车安全带、安全气囊的设计，在工程中有很多避免或利用惯性的设计，查阅并了解它们的设计思想和设计方法。

2.2 常见的几种力

【思考 2-2】

(1) 为什么叶落归根而不飞向高空？为什么月亮不会掉下来？为什么人飞不起来？为什么水总往低处流？……这些常见的现象中蕴含着深刻的道理，你想过这些问题中的共同点吗？

(2) 美国游泳运动员迈克尔·菲尔普斯在 2008 年北京奥运会上轻松夺得 8 枚奥运金牌，一举打破 7 项世界纪录。除了与生俱来的天赋和坚持刻苦训练外，菲尔普斯在北京奥运会上能创下 8 金神话离不开游泳高科技——speedo 第四代鲨鱼皮泳衣的帮助。但一年后他在一次比赛中输给德国的“无名小将”保罗·比德尔曼，而失败的原因只是因为比德尔曼穿了更为先进的高科技泳衣。为了让游泳比赛抛弃高科技，回归本质，最终国际泳联决定对这种泳衣进行禁用。鲨鱼皮泳衣为什么如此强大？

在力学中，常见的力有万有引力、弹性力和摩擦力等。

2.2.1 万有引力和重力

1. 万有引力

万有引力定律(Law of Universal Gravitation)：在两个相距为 r，质量分别为 m_1、m_2 的质点间有万有引力(gravitation force)，其方向沿着它们的连线，其大小与它们的质量的乘积成正比，与它们之间的距离的平方成反比。

万有引力的矢量表达式可写为

$$\boldsymbol{F}=-G\frac{m_1m_2}{r^2}\boldsymbol{r}_0 \tag{2-2-1a}$$

式中，G 为万有引力常数，$G=6.67\times10^{-11}\,\mathrm{N\cdot m^2/kg^2}$；$\boldsymbol{r}_0$ 为沿两质点连线方向的单位矢量，且由施力质点指向受力质点。若只讨论万有引力的大小，则写为

$$F=G\frac{m_1m_2}{r^2} \tag{2-2-1b}$$

2. 重力

处在地球表面附近的物体，不仅受到地球引力的作用，还受到地球自转的影响。物体所受地球的引力(指向地心)的一个分力提供了物体绕地轴做圆周运动的向心力，另一个分力 P 才是引起物体向地面降落的力。这个力 P 称为**重力**(gravity)。通常情况下，可忽略地球自转的影响，这时物体的重力近似等于它所受的地球对它的万有引力，其方向竖直向下，指

向地心。重力的大小常常表示为

$$P = mg \tag{2-2-2}$$

在地表附近的重力加速度 $g \approx \frac{GM}{R^2} \approx 9.80\text{m/s}^2$。

【引力质量与惯性质量】

式(2-2-1)中的 m_1、m_2 称为质点的**引力质量**(gravitational mass)。引力质量和惯性质量的意义不同。引力质量是物体产生和感受引力这一属性的量度,而惯性质量是物体惯性大小的量度。就地球吸引物体并引起的运动来说,爱因斯坦曾指出,地球对物体的"召唤"力与引力质量有关,而物体所"回答"(因受到这种"召唤"力而引起)的运动则与惯性质量有关。若以 m_A 和 m_I 分别表示物体的引力质量和惯性质量,则根据万有引力定律和牛顿第二运动定律,有

$$\frac{GMm_A}{R^2} \approx m_I g_0 \tag{2-2-3}$$

式中,M 和 R 分别为地球的引力质量和半径;g_0 表示惯性质量为 m_I 的自由落体的加速度。因此,物体的两种质量之比为

$$\frac{m_I}{m_A} = \frac{GM}{g_0 R^2} \tag{2-2-4}$$

目前的实验证明,一切自由落体(与材料、大小无关)在同一地点的重力加速度均相同。也就是说,选择合适的单位,一切物体的惯性质量同其引力质量之比(在 20 世纪 70 年代此比值的实验精度已达 10^{-12})可认为相等。如果规定惯性质量标准件同时也是引力质量的标准件,那么对任何物体都有 $m_A = m_I$,即物体的引力质量和惯性质量相等,这是爱因斯坦建立广义相对论的实验基础之一。爱因斯坦建立的广义相对论指出,物体的惯性性质和引力性质有同一来源。在广义相对论中,有一些参量一方面表现为物体的惯性,另一方面又自然而然地表现为引力场的源泉。这个结论成功地经受了十分精确的实验检验。这类实验经历了三百多年的历史,尚在继续进行中。

2.2.2 弹性力

发生形变的物体有恢复原状的趋势,从而对与它接触的物体产生力的作用。这种物体因形变而产生的欲使其恢复原来形状的作用力称为弹性力(elastic force)。常见的弹性力有以下三种形式。

(1) 弹簧及一些弹性体,受到拉伸或压缩时对连接体的作用力,若在弹性限度内,常称为弹性力。在弹性限度内,弹性力遵从**胡克定律**(Hooke's law),即弹性力的大小与弹簧的形变(伸长或压缩)量成正比,方向指向恢复原状的方向。在图 2-2-1(a)中,弹簧的弹性力可写为

$$\boldsymbol{F} = -kx\boldsymbol{i} \tag{2-2-5}$$

式中,k 称为弹簧的劲度系数(coefficient of stiffness),即弹性系数;x 表示弹簧的形变(伸长或压缩)量;"−"号表示弹簧的弹性力方向总是指向恢复原长的方向。

(2) 绳索(或类似绳索的物体)被拉紧时产生的**弹性张力**(tension)$\boldsymbol{T}$。由于这时的绳索处于张紧状态,所以常称这样的力为张力,它的方向总是沿着绳索而指向绳索收缩的方向,

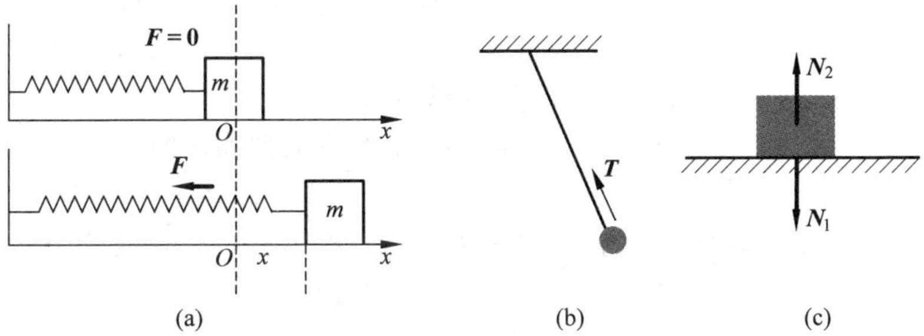

图 2-2-1

如图 2-2-1(b)所示。

(3) 放在支承面上的重物对支承面的正压力，以及支承面对重物的支持力。如图 2-2-1(c)所示，正压力 $\boldsymbol{N}_1$ 和支持力 $\boldsymbol{N}_2$ 是一对作用力和反作用力，它们都属于弹性力。

【讨论 2-2-1】

绳索常被认为是没有质量(意即与相连物体的质量相比，它的质量可忽略)的轻绳，且不可伸长，证明此时的绳中张力处处相等。

【分析】

图 2-2-2

如图 2-2-2 所示，对绳中的任何一小段，设其质量为 Δm，两边受到的张力分别为 $\boldsymbol{T}$ 和 $\boldsymbol{T}'$，取水平向右方向为正，在水平方向上应用牛顿第二定律，有

$$T' - T = \Delta ma$$

若不可伸长的绳索的质量不计，即 $\Delta m=0$ 时，无论处于任何运动状态(加速度为任何值)的绳索，其两端的张力大小 $T'=T$。也就是说，当不可伸长的绳索的质量忽略不计时，处于绳索中的张力处处相等。

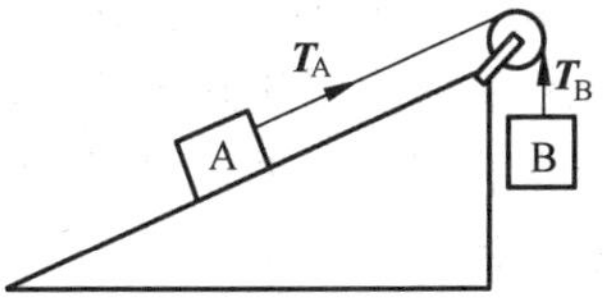

图 2-2-3

如图 2-2-3 所示，不可伸长的绳子绕在光滑的定滑轮上，当绳子和滑轮的质量都忽略不计时，根据上述结论，再结合牛顿第三定律，可知绳子以相同的张力拉两端的物体，即绳子拉物体 A 的作用力和拉物体 B 的作用力大小相等。但必须说明的是，当绳子的质量、滑轮的质量或者滑轮与绳子间的摩擦，其中任何一个不能忽略时，绳中的张力都不再相等。具体分析可参看本书第 4 章。

2.2.3 摩擦力

如果相互接触的两个物体有相对运动或者相对运动的趋势，则在接触面处产生的一种阻碍物体间相对运动的力称为摩擦力(friction force)。物体间有相对运动时产生的摩擦力称为滑动摩擦力(sliding friction force)；物体间没有相对运动，但有相对运动趋势时产生的摩擦力称为静摩擦力(static friction force)。

实验表明，静摩擦力 $\boldsymbol{F}_s$ 的大小随着引起相对运动趋势的外力 $\boldsymbol{F}$ 而变化。如果物体未动，则静摩擦力 $\boldsymbol{F}_s$ 与外力 $\boldsymbol{F}$ 在平行于表面方向的分力相互平衡。也就是说，它们的大小相等，$\boldsymbol{F}_s$ 沿着力 $\boldsymbol{F}$ 在表面方向的分力的反方向。

静摩擦力 $\boldsymbol{F}_{\mathrm{s}}$ 的最大值称为最大静摩擦力 $\boldsymbol{F}_{\mathrm{s,max}}$。$\boldsymbol{F}_{\mathrm{s,max}}$ 在数值上正比于正压力 F_{N},即

$$F_{\mathrm{s,max}}=\mu_0 F_{\mathrm{N}} \tag{2-2-6}$$

式中,μ_0 为静摩擦系数(coefficient of static friction),它与两物体的材料、接触面的粗糙程度以及干湿程度等有关。

当外力 $\boldsymbol{F}$ 平行于表面的分力的大小超过最大静摩擦力 $F_{\mathrm{s,max}}$ 时,两物体间出现相对滑动。滑动摩擦力 $\boldsymbol{F}_f$ 在数值上也与正压力 F_{N} 成正比,即

$$F_f=\mu F_{\mathrm{N}} \tag{2-2-7}$$

式中,μ 为滑动摩擦系数(coefficient of sliding friction),它除了与物体的材料、接触面的粗糙程度以及干湿程度有关外,还随着相对滑动速度的大小而变化,通常由实验测定。

在其他条件相同的情况下,一般来说,最大静摩擦系数不小于滑动摩擦系数。

2.2.4 流体阻力

2.2.3 节讨论的是固体之间的摩擦问题。当固体在流体(流体是指能流动的任何东西——通常为气体或者液体)中相对于流体运动,或不同流体间有相对运动时,也存在阻止相对运动的摩擦力,常称为流体阻力。例如,子弹在空气中飞行、雨滴在空气中下落、气流在空气中穿过、鱼类在水中游行,都会受到流体阻力的作用。固体在流体中运动时,它所受到的流体阻力与物体的大小、形状有关。为了减小流体阻力,汽车、潜艇、飞机、火箭等的外形都要精心设计,制成所谓流线型。

实验表明,流体阻力与运动物体的速度方向相反,大小随着速率大小的变化而变化。当物体的速率不太大时,阻力主要由流体的黏滞性产生。在运动物体的带动下,流体内只形成有一定层次的平稳流动(层流),这时物体受到的流体阻力与它的速率成正比。即

$$f=-\gamma v \tag{2-2-8}$$

式中,γ 为**阻力系数**(resistance coefficient),它的值与流体性质和物体的几何形状有关。

当物体穿过流体的速率超过某一限度时(但一般仍低于声速),流体的层流开始紊乱,在物体之后出现旋涡(形成湍流),这时物体受到的流体阻力正比于它的速率的平方,与黏滞性无关。物体在空气中坠落、飞行物在空中行驶或飞翔通常都属于这种情况。

一个形状粗钝(像棒球)而非细尖(像标枪)的物体在空气中下落时,其相对于空气的速率 v 快到足以使物体后面的空气变得紊乱(形成了湍流)。实验表明,这时物体受到的阻力可用下式表示:

$$f=\frac{1}{2}C\rho A v^2 \tag{2-2-9}$$

式中,C 为阻力系数(典型值的范围为 0.4~1.0),对给定的物体,它实际上并不是恒量,可由风洞实验确定;ρ 为空气的密度;A 为物体的有效横截面积(垂直于速度 $\boldsymbol{v}$ 方向的横截面积)。

当这样的粗钝的物体从高空由静止落下时,最初是加速下落。因为物体开始的速率较小,竖直向下的物体重力 $\boldsymbol{P}$ 的大小大于竖直向上的空气阻力 $\boldsymbol{f}$ 的大小。随着物体速率逐渐增大,空气阻力也逐渐增大。如果物体的下落距离足够长,则空气阻力 $\boldsymbol{f}$ 的大小最终等于重力 $\boldsymbol{P}$ 的大小,这时物体的速率不再增加,即物体就会以恒定的速率下落。此速率称为终极速率 v_{t}。

根据牛顿第二定律得

$$P-f=P-\frac{1}{2}C\rho Av^2=ma$$

式中，$a=0$ 时的速率即为下落物体(质量为 m)的终极速率 v_t，有

$$v_t=\sqrt{\frac{2P}{C\rho A}}=\sqrt{\frac{2mg}{C\rho A}} \tag{2-2-10}$$

【练习 2-2】

2-2-1 如今能源危机逐渐严重，汽油的价格不断上涨，节油成了热点话题。查阅有关资料，了解专家对汽车节油提出的建议。从减少空气阻力的角度谈谈你的观点。

2-2-2 飞机总是逆风昂头起飞，为什么？定性讨论飞机升力产生的原因。

2-2-3 超重现象和失重现象各在什么情况下发生？并举例说明。

2-2-4 快速骑自行车的人为什么总是使身体尽量向前弯曲？空中跳伞的人为什么需要在空中及时打开截面积足够大的降落伞？

2-2-5 牛顿曾经说过："如果说我看得比别人更远些，那是因为我站在巨人的肩膀上。"查阅有关资料，了解牛顿在建立牛顿三大运动三定律和万有引力定律的过程中吸收并发展了哪些"巨人"物理学家的哪些成果？从中你得到哪些启示？

2-2-6 万有引力相互作用、电磁相互作用、弱相互作用和强相互作用是迄今认识到的四种基本相互作用。课外学习了解四种相互作用，以及众多科学家对相互作用的大统一理论所做出的努力和目前的研究进展。你认为它们能够统一为一种相互作用吗？

2-2-7 北京时间 2018 年 11 月 16 日，在第 26 届国际度量衡大会(General Conference on Weights and Measures，GCWM)上通过了一项历史性的决策，对千克、安培、开尔文和摩尔的定义进行了更新，7 个基本计量标准全部使用物理常数定义，而不依赖于实体。这是国际单位制于 1960 年正式公布以来最大的一次调整。新标准于 2019 年 5 月 20 日开始实施。课外学习单位制和量纲的有关知识，了解它们在科学技术和生活中的重要性。

2-2-8 2018 年 8 月 31 日，*Nature*(《自然》)杂志刊发了中国科学院院士罗俊团队最新测得的 G 结果。罗俊团队历经 30 余年艰辛，测出了截至目前国际上最高精度的 G 值。该杂志发表评论文章称，这项实验"可谓精确测量领域卓越工艺的典范"。团队所在的引力中心从无到有，从有到强，逐步走向世界前沿，被国际同行称为"世界的引力中心"。查阅资料，了解科学史上有关测定万有引力常数的重要实验以及它们在科学史上的贡献。

2-2-9 课外阅读宋代词人辛弃疾的《木兰花慢·可怜今夕月》，请用你所学的物理知识回答词人在词中所问："飞镜无根谁系？""虾蟆故堪浴水，问云何玉兔解沉浮？若道都齐无恙，云何渐渐如钩？"

2-2-10 摩擦处处存在，有利有弊。在哪些现象和产品设计中利用了摩擦力？哪些现象和产品设计中是为了减少摩擦？学习其中的设计思想和方法，并试着给出新的产品设计。

2.3 牛顿运动定律的应用

质点动力学所讨论的问题是质点(物体)受力与运动的相互关系。其典型问题可以归结为两类：

(1) 已知作用于物体上的力,根据牛顿运动定律来分析求解物体的运动情况。这类动力学问题对应的是一种纯粹演绎的过程,它是对物理学问题或工程学问题作出成功的分析和设计的基础。

(2) 已知物体的运动情况,通过牛顿运动定律来确定作用于物体上的力。这类动力学问题包括了力学的归纳性和探索性的应用,这是发现新定律的一个重要途径。

下面通过一些实例,让读者初步掌握解决动力学问题的基本方法。应用牛顿运动定律求解力学问题,大致按照下列方法和步骤进行。

(1) 认物体,确定研究对象。

在实际问题中,一般涉及多个相互作用的物体,从中选出一个或几个物体作为研究对象,分别加以分析,这种分析方法通常叫作隔离体法。

(2) 分析力,画出各隔离体的受力图。

根据研究对象与其他物体的相互作用分析其受力情况,并画出受力图。

在力学中,明确研究对象之后,分析研究对象受力的方法是:首先,分析重力(或万有引力)。在地球表面附近的物体受到地球的万有引力称为重力,其大小为 $P=mg$,方向竖直向下。如在远离地面的高空,物体受到的万有引力大小为 $F=G\dfrac{mM}{r^2}$,其方向指向地心。其次,找出与研究对象接触的所有物体,判断它们之间有无弹性力。再次,分析研究对象与各个接触面有无相对运动或相对运动趋势,判断与各接触面之间有无摩擦力。最后,画出研究对象的受力图。对各隔离体采用同样的步骤进行。

(3) 看运动,选择合适的坐标系。

分析研究对象运动过程的特点,选取合适的坐标系(直角坐标系或自然坐标系)。

(4) 列方程,解方程。

应用牛顿运动定律,列出各隔离体的运动方程。根据建立的坐标系写出相应的分量式(投影式),进行求解。在解题过程中,应当尽量用物理量符号进行推演,得出最后结果后再代入具体数值进行计算。这样便于检查每一步的正误,所得结果的物理意义也比较明显。

(5) 进行讨论。

最后对所得的物理结果进行必要的讨论。

例 2-3-1 一质量为 m 的物体由静止开始沿竖直方向下落。物体在下落过程中受到的阻力正比于其下落速度,即 $f=-kv$,其中 k 为大于 0 的常数。试求物体的运动方程及其终极速率。

解:本例的研究对象为竖直下落的物体。物体在下落过程中所受的作用力有重力 $\boldsymbol{P}$ 和阻力 $\boldsymbol{f}$,方向如图 2-3-1 所示。取物体初始的静止下落点为坐标原点,竖直向下为 Ox 轴的正方向,则物体在 Ox 轴方向的牛顿第二定律表达式为

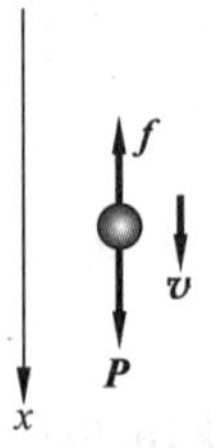

图 2-3-1

$$mg-kv=ma=m\frac{\mathrm{d}v}{\mathrm{d}t} \tag{2-3-1}$$

需要说明的是,本题中的物体只在所建的 Ox 轴方向有运动,式(2-3-1)中的物理矢量也都只有 x 轴分量。在这种情况下,为了书写简便,可以将下标 x 省去。也就是说,式(2-3-1)中的 a、v 实际代表的是 a_x、v_x,满足 $v=\dfrac{\mathrm{d}x}{\mathrm{d}t}$ 和

$a=\frac{\mathrm{d}v}{\mathrm{d}t}=\frac{\mathrm{d}^2x}{\mathrm{d}t^2}=\frac{v\mathrm{d}v}{\mathrm{d}x}$。

对式(2-3-1)分离变量，并由题中初始条件可得积分表达式为

$$\int_0^v \frac{m\mathrm{d}v}{mg-kv}=\int_0^t \mathrm{d}t$$

两边分别积分并整理得

$$v=\frac{mg}{k}(1-\mathrm{e}^{-\frac{k}{m}t}) \tag{2-3-2}$$

将式(2-3-2)(即物体的速率 v 与时间 t 的函数表达式)和 $v=\frac{\mathrm{d}x}{\mathrm{d}t}$ 联立，继续采用分离变量方法并结合初始条件，可得出积分表达式 $\int_0^x \mathrm{d}x=\int_0^t \frac{mg}{k}(1-\mathrm{e}^{-\frac{k}{m}t})\mathrm{d}t$，最后积分求解得到物体下落的运动方程

$$x=\frac{mg}{k}t-\frac{m^2g}{k^2}(1-\mathrm{e}^{-\frac{k}{m}t}) \tag{2-3-3}$$

如果物体的下落距离足够长，令 $t\to\infty$，则由式(2-3-2)可知，物体的下落速率为常量 $\left(v|_{t\to\infty}=\frac{mg}{k}\right)$。也就是说，物体经过较长时间后，将以匀速下落，此匀速运动的速率即为终极速率 $\left(由\ a=0\ 即\ mg-kv=0，也可求得终极速率值\ v|_{a=0}=\frac{mg}{k}\right)$。雨滴的下落过程与此类似，即将到达地面的雨滴就是以匀速率下落的。

例 2-3-2 如图 2-3-2(a)所示，在一只半径为 R 的半球形碗内有一质量为 m 的小球。当小球以角速度 ω 在水平面内沿光滑的碗内壁做匀速圆周运动时，它离碗底有多高？

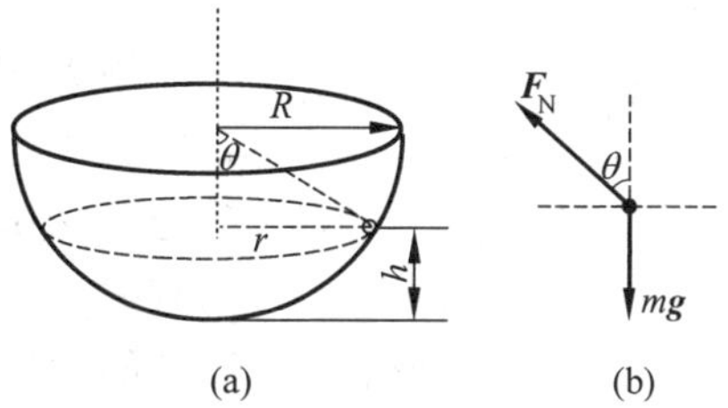

(a) (b)

图 2-3-2

解：将小球视为质点。由于碗内壁光滑，可忽略摩擦力。小球在水平面内沿光滑的碗内壁做匀速圆周运动时，受到的作用力只有重力 $\boldsymbol{P}$ 和碗的支持力 $\boldsymbol{F}_\mathrm{N}$，方向如图 2-3-2(b)所示。由牛顿运动第二定律得小球的动力学运动方程为

$$\boldsymbol{F}_\mathrm{N}+\boldsymbol{P}=m\boldsymbol{a} \tag{2-3-4}$$

由题中可知，小球在水平面内做匀速率圆周运动，因此小球在竖直方向受力平衡。即碗内壁对小球的支持力 $\boldsymbol{F}_\mathrm{N}$ 在竖直方向的分力与重力是一对平衡力。小球在水平面内做半径为 r 的匀速率圆周运动所需的向心力，则由碗内壁对小球的支持力 $\boldsymbol{F}_\mathrm{N}$ 的另一个分力——水平方向的分力提供。根据受力示意图 2-3-2(b)中的几何关系，以及法向加速度 $a_n=v^2/r=\omega^2 r$，可得式(2-3-4)在竖直方向和水平方向的分量式分别为

$$F_\mathrm{N}\cos\theta=mg \tag{2-3-5}$$

$$F_\mathrm{N}\sin\theta=ma_n=m\omega^2 r \tag{2-3-6}$$

由图 2-3-2(a)可得几何关系 $r=R\sin\theta$，$\cos\theta=\frac{R-h}{R}$，将之代入式(2-3-5)和式(2-3-6)，求解得

$$h = R - \frac{g}{\omega^2} \tag{2-3-7}$$

式(2-3-7)表明,当小球以角速度 ω 在水平面内沿光滑的碗内壁做匀速圆周运动时,它离碗底的高度与其质量无关,只与球的运动快慢(线速率或角速率的大小)有关。ω 越大,它离碗底的高度 h 也越大。

图 2-3-3(a)所示的是一个圆锥摆,摆长为 l 的细绳一端固定在天花板上,另一端悬挂质量为 m 的小球。小球经推动后在水平面内以角速度 ω 绕通过圆心 O 的竖直轴做匀速率圆周运动时,细绳和竖直方向所成的角度 $\theta(\cos\theta = g/\omega^2 l)$ 也随摆球的运动线速率或角速率的增大而增大。推导方法同本题类似,请读者自行推导。在蒸汽机发展的早期,瓦特就是根据上述圆锥摆的摆角 θ 随角速度 ω 的改变而改变的原理制成了蒸汽机的调速器。图 2-3-3(b)是调速器的示意图,现在许多机器还在使用这种类型的调速器。读者可以查阅资料,进一步了解它的调速设计以及其他类型调速器的调速原理和设计。

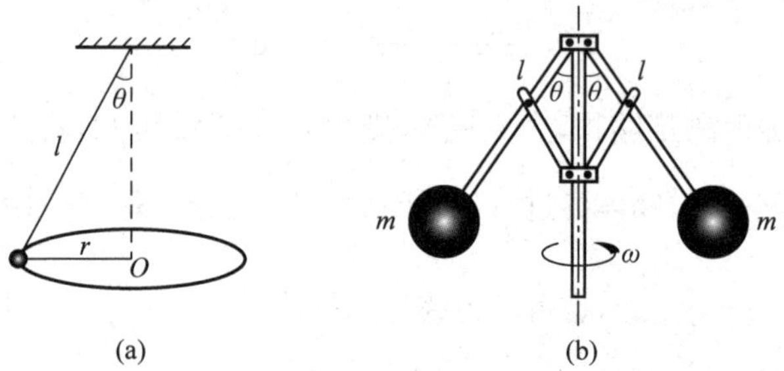

图 2-3-3

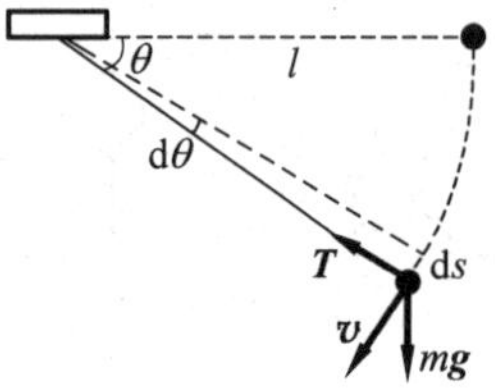

图 2-3-4

例 2-3-3 如图 2-3-4 所示,质量为 m 的小球系在一根不可伸长的细线的一端,细线的另一端固定在墙壁上的钉子上,线长为 l。拉动小球使细线保持水平静止后松手,细线向下摆动到角 θ(θ 为细线与水平方向的夹角)时,求小球的速率和线中的张力。

解:将小球视为质点,它受到的作用力有重力 $\boldsymbol{P} = m\boldsymbol{g}$ 和细绳的张力 $\boldsymbol{T}$,小球在细线向下摆动到角 θ 时的受力方向如图 2-3-4 所示。

根据牛顿第二定律,小球的动力学运动方程可写为

$$\boldsymbol{T} + \boldsymbol{P} = m\boldsymbol{a} \tag{2-3-8}$$

为列出小球运动方程的分量式,选取如下的自然坐标系。将小球所在处与速度 $\boldsymbol{v}$ 同向的摆动轨迹的切向设为切向轴正向,过小球所在处且指向圆心的方向设为法向轴正向。根据图 2-3-4 中的几何关系,运动方程式(2-3-8)在切向和法向的分量式分别为

$$mg\cos\theta = ma_\tau = m\frac{\mathrm{d}v}{\mathrm{d}t} \tag{2-3-9}$$

$$T - mg\sin\theta = ma_n = \frac{mv^2}{l} \tag{2-3-10}$$

由于圆周运动的速率 $v = \mathrm{d}s/\mathrm{d}t$,所以切向的运动方程式(2-3-9)可变化为

$$mg\cos\theta = m\frac{\mathrm{d}v}{\mathrm{d}t} = m\frac{\mathrm{d}v}{\mathrm{d}s}\frac{\mathrm{d}s}{\mathrm{d}t} = m\frac{v}{l}\frac{\mathrm{d}v}{\mathrm{d}\theta}$$

分离变量并利用初始条件，得上式的积分表达式为$\int_0^{\theta} gl\cos\theta\,d\theta=\int_0^{v} v\,dv$，两边分别积分，可求得夹角为$\theta$时小球的速率为

$$v=\sqrt{2gl\sin\theta} \tag{2-3-11}$$

将式(2-3-11)代入法向的运动方程式(2-3-10)，得细线中的张力为

$$T=mg\sin\theta+\frac{mv^2}{l}=3mg\sin\theta$$

本题也可利用动能定理或机械能守恒定律求解小球的速率，读者可尝试求解，看看结果是否与上面的结论一样。

【练习 2-3】

2-3-1 在力$\boldsymbol{F}=(40+120t)\boldsymbol{i}$(SI)的作用下，质量为10kg的质点沿着$Ox$轴做直线运动，式中$t$为时间。已知在$t=0$时，该质点在$x_0=5$m处，其速率为$\boldsymbol{v}_0=6\boldsymbol{i}$m/s。求质点在任意时刻的速度和位置。

2-3-2 已知一质量为m的质点在Ox轴上运动，质点只受到指向原点的引力的作用，引力的大小与质点离原点的距离x的平方成反比，即$f=-k/x^2$，其中k为正的比例常数。设质点在$x=A$时的速度为零，求质点在$x=A/4$处的速度大小。

2-3-3 一质量为m的小球在重力作用下，以初速度v_0且与水平方向成θ角的方向斜向上抛出，空气阻力的大小与速度的大小成正比，比例系数为km(其中k为大于0的常数)，即$f=-kmv$。求物体在任意时刻的运动速度、运动方程以及轨迹方程。

2-3-4 伞塔跳伞是跳伞运动的基础训练项目，伞塔高度常常设计为25～85m，分析伞塔高度设计的合理性。假设跳伞运动员与降落伞的总质量为70kg，运动员在空中受到的阻力与下落速度的平方成正比，比例系数约为31.9kg/m，人着陆时的安全速度为5m/s。

2-3-5 10m高台跳水的跳台前端下面的水深一般设计为4.5～5m，分析此游泳池的深度设计的合理性。模型简化：因为人体的密度和水的密度几乎相等，重力和浮力可视为相等。运动员在水中受到的阻力与下落速度的平方成正比，比例系数约为20kg/m。

2-3-6 例2-3-1给出了下落物体的终极速率。实验测得，雨滴下落的终极速率约为7.6m/s，张开的降落伞下降时的终极速率约为6m/s。按照例题的分析方法，试估算在跳伞运动中，跳伞者能够安全降落的最佳开伞时刻。

2-3-7 如图2-3-5所示，长为l的轻绳，一端系质量为m的小球，另一端系于定点O。在$t=0$时，小球位于最低位置，并具有水平速度v_0。求小球在任意位置的速率以及绳中的张力。

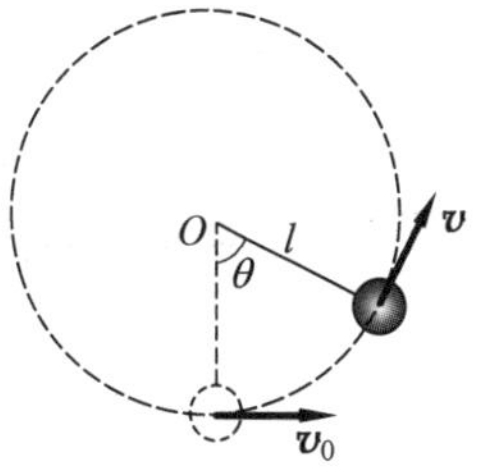

图 2-3-5

2-3-8 质量为m的汽车以速率v行驶在如图2-3-6(a)所示的圆弧形桥底和如图2-3-6(b)所示的圆弧形桥顶，求此两种情况时汽车对桥的压力，并说明大桥常常设计成拱形的原因。

2-3-9 当一桶水以角速度ω绕桶的轴线匀速转动时，分析桶内水的表面形状，并进一步讨论地球南北半球的水流的漩涡形状及其方向。

2-3-10 有些人虽说乘坐过山车时能够适应，但是想起乘坐转筒，仍然胆战心惊。转筒的基本结构是一个大圆筒，可绕其中心轴高速转动。开始乘坐前，乘客由开在侧面的门进入

(a)　　　　(b)

图　2-3-6

转筒，紧靠贴有帆布的墙并直立站在地板上。关门后，圆筒开始转动，乘客、墙和地板跟着一起旋转。当乘客的旋转速率从零逐渐增加到某一预先规定的数值后，地板突然掉下。问：当地板掉下时，乘客为什么没有随着地板一起掉下而是仍停留在旋转的圆筒壁上？这一规定速率的最小值为多少？这一速率的最小值与乘客的体重有关系吗？设乘客的衣服与帆布间的摩擦系数为 μ_s，圆筒的半径为 R。

2-3-11　一段路面水平的公路，转弯处轨道半径为 R，汽车轮胎与路面间的摩擦系数为 μ，要使汽车不致发生侧向打滑，汽车在该处的行驶速率不得大于 $\sqrt{\mu g R}$。为什么？

2-3-12　雨天或者在有冰的路面上转弯时，为什么汽车的速度要慢？

2-3-13　在 F1 赛车比赛中，车手在过弯道时通常会选择"外内外"的方式。试用牛顿运动定律解释这种选择的合理性。

提示：在赛车进行曲线运动时，由地面的摩擦力提供的向心力为 $F=mv^2/\rho$。尽管可以通过加尾翼等方式来增加下压力，但行驶时摩擦力通常差不多为定值，因此，为了提高过弯速度 v，增加曲线的曲率半径 ρ 便是一种很好的方式。也就是说，如果只是沿着内圈走最短路径，则会减小曲率半径，在过弯时则会损失速度；而如果沿着"外内外"走线，便可充分利用赛道的宽度提升自己的过弯速度。

2-3-14　已知一个质量为 m 的质点的运动方程为 $x=A\cos(\omega t+\varphi)$，其中 A、ω 和 φ 均为常数。应用学过的力学知识填写表 2-3-1，并分析该质点的运动特点及发生这种运动的原因。

表 2-3-1　运动方程

运动方程	$x=A\cos(\omega t+\varphi)$
速度	
加速度	
合外力	
质点的运动特点	
发生这种运动的原因	

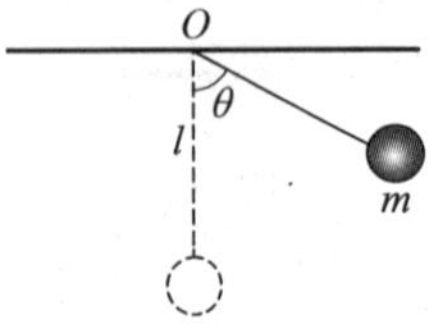

图　2-3-7

2-3-15　如图 2-3-7 所示，一摆长为 l、摆球质量为 m 的单摆，摆绳的质量不计。设相对于竖直方向做逆时针摆动时的摆角 θ(θ 为摆绳与竖直方向的夹角)为正。试用自然坐标系的牛顿运动定律讨论单摆的运动规律(摆角 θ 与时间 t 的函数表达式)。

2.4 惯性参考系　力学相对性原理

2.4.1 惯性参考系

物体的运动是绝对的，但对物体运动的描述是相对的。一个不受外力作用的物体，其速度是否变化与参考系有关。即牛顿运动定律并不是在一切参考系中都成立。

如图 2-4-1 所示，在车厢顶部用细绳挂一个质量为 m 的摆球，在车内的光滑桌面上放一个质量为 M 的皮球。在图 2-4-1(a)中，当小车相对于地面静止或做匀速直线运动时，车内的观察者看到，摆球 m 静止悬挂在竖直位置，皮球 M 静止在桌面上，这是因为它们受力平衡，符合牛顿第一定律。在图 2-4-1(b)中，当小车加速运动时，两个球的受力没变，但是车内观察者发现皮球滚向他，摆球偏离竖直位置，这时牛顿第一定律不再成立。

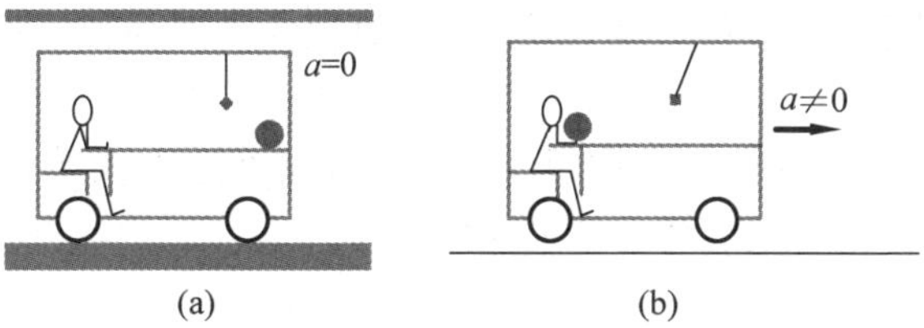

图　2-4-1

牛顿第一定律成立的参考系称为惯性参考系(inertial system)，牛顿第一定律不成立的参考系称为非惯性系(noninertial system)。

显然，相对惯性系做加速运动的参考系是非惯性系，相对惯性系做匀速直线运动的参考系是惯性系。一个参考系是否为惯性系，一般依靠观察和实验的结果来判定。

实际上，惯性系是关于参考系的一种理想模型。由于宇宙中的一切物体都在运动，物体和物体之间存在着相互作用，完全不受到作用力的物体是没有的，宇宙中并不存在严格的惯性系。实验表明，在相对地面静止的实验室参考系中，由于地球自转的速度较慢，我们在实验室内做的实验涉及的空间范围较小，由牛顿运动定律得出的结论比较符合实际。因此，实验室参考系可视为惯性系。

2.4.2 力学相对性原理

一个物体的运动状态的描述因参考系而异，动力学所描述的物体间的相互作用与物体的运动状态变化之间的关系规律是否也和参考系有关呢？是否存在一类参考系，动力学规律在这类参考系中并不依赖于具体参考系的选择呢？

伽利略在 1632 年出版的《关于托勒密和哥白尼两大世界体系的对话》一书中，对相对地面做匀速直线运动的船舱中发生的力学现象作过生动的描述：

“使船以任何速度前进，只要运动是匀速的，也不忽左忽右地摆动，当观察封闭船舱内所发生的各种力学现象(比如人的跳跃、抛物、水滴的下落、烟的上升、鱼的游动，甚至蝴蝶和苍蝇的飞行等)时，你将会发现，它们都和船静止不动时一样地发生。你也无法由其中任何一个现象来确定船是在运动还是停着不动，即使船运动得相当快。在跳跃时，你将和以前一样，在船底板上跳过相同的距离，你跳向船尾也不会比跳向船头更远些，虽然你跳到空中时，脚下的船底板向你跳的相反方向移动。你把不论什么东西扔给你的朋友时，如果你的朋友在船头而你在船尾，你所用的力并不比你们两个站在相反的位置时所用的力更大。水滴将像先前一样滴进下面的罐子，一滴也不会滴向船尾，虽然水滴在空中时，船在向前行进着。鱼在水中游向水碗前部所用的力并不比游向水碗后部大，它们同样悠闲地游向放在水碗边缘任何地方的食饵。并且，蝴蝶和苍蝇随意地到处飞行，它们也绝不会向船尾集中，并不因为它们可能长时间留在空中，脱离了船的运动，为赶上船的运动而显出累的样子。如果点着一根香，则将看到它冒的烟像一朵云一样向上升起，而不向任何一边移动。”

这些事实表明，一个相对于惯性系做匀速直线运动的参考系，在其内部所发生的一切力学过程都不受系统做匀速直线运动的影响。不可能用在一个惯性系内进行的任何力学实验来确定这个惯性系本身的运动。这个结论称为伽利略相对性原理或力学相对性原理。它可以表述为：一切惯性系在表述力学规律上都是等价的，不存在用力学实验可以定义的、特殊的、绝对的惯性系。或者说，所有的力学规律在所有惯性系中都有相同的形式。

力学相对性原理后来被爱因斯坦推广为物理学相对性原理：一切惯性系都可等效地描述物理规律(不仅仅是力学规律)，或物理规律在所有惯性系中都具有相同的表达形式。物理学相对性原理是狭义相对论的两个基本原理之一。

2.4.3 牛顿运动定律的适用范围

像其他物理定律一样，牛顿运动定律也有其适用范围。第一，牛顿力学只适用于解决物体的低速运动问题。当物体的运动速率非常大——大到接近光速时，就必须用爱因斯坦的狭义相对论代替牛顿力学。第二，牛顿力学只适用于宏观物体。当相互作用的物体属于原子结构规模(例如，研究原子内的电子运动)时，就必须用量子力学代替牛顿力学。现在的物理学家把牛顿力学视为狭义相对论和量子力学的特例。

必须指出，尽管牛顿力学是狭义相对论和量子力学两个更全面的物理理论的特例，但它的使用范围很广，适用的运动物体在尺度上从接近原子规模的非常小的物体到非常大的天体(诸如星系和星系团)。目前，对于一般的技术科学和工程实际问题，牛顿力学仍然适用。

第3章　动量守恒和能量守恒

牛顿第二定律指出，在外力作用下，质点获得加速度，其运动状态发生变化。牛顿运动定律虽然使我们能够分析许多类型的运动，但是应用牛顿运动定律需要知道作用力随时间变化的细节。在宏观的碰撞、打击以及微观的散射等问题中，力的作用时间很短，力随时间变化得很快，很难知晓其细节。对于这类问题，应用牛顿运动定律将可能非常复杂，但是如果只是关注力在一段时间内或者一个空间过程对物体的作用的总累积效果，分析起来可能更简便。

力对质点或质点系的作用需要持续一段时间。力在这段时间内对质点或质点系的作用累积的效果，是引起质点或质点系的动量发生变化或转移。力的作用需要持续一段距离，这种力对空间的累积作用将引起质点或质点系的动能或能量发生变化或转移。在一定条件下，质点系的动量或能量会保持守恒。

本章讨论的重点是质点和质点系的动量定理、动能定理，以及动量和能量的守恒问题。

3.1　质点和质点系的动量定理

【思考 3-1】

(1) 牛顿第二定律 $\boldsymbol{F}=\dfrac{\mathrm{d}\boldsymbol{p}}{\mathrm{d}t}$ 可改写为

$$\boldsymbol{F}\mathrm{d}t=\mathrm{d}\boldsymbol{p} \tag{3-1-1}$$

若质点在 t_1 时刻的动量为 $\boldsymbol{p}_1$，经历有限时间到达 t_2 时刻时，动量变为 $\boldsymbol{p}_2$，则在 $\Delta t=t_2-t_1$ 这段时间内，对式(3-1-1)两边积分得

$$\int_{t_1}^{t_2}\boldsymbol{F}\mathrm{d}t=\Delta\boldsymbol{p}=\boldsymbol{p}_2-\boldsymbol{p}_1 \tag{3-1-2}$$

式(3-1-1)和式(3-1-2)的物理意义各是怎样的？都包含哪些物理量？它们的大小和方向如何？

(2) 用式(3-1-1)或式(3-1-2)能否解释以下现象？

① 易碎物品或电子产品在运输过程中都有怎样的包装？为什么？

② 为什么在机场附近不能放风筝？机场附近为什么要安设驱鸟装置？在空中高速飞

行的庞大飞机为什么怕小小的飞鸟？

③ 宇航员的生活垃圾为什么要带回地面？如果抛在太空，会有怎样的危害？

④ 2021 年 3 月 1 日，高空抛物罪作为独立罪名正式施行。被称为“悬在城市上空的痛”的高空坠物有怎样严重的危害？

3.1.1 动量　冲量　质点的动量定理

1. 动量

物体的质量与速度的乘积定义为物体的动量(momentum)。记作

$$\boldsymbol{p}=m\boldsymbol{v} \tag{3-1-3}$$

动量是矢量，其大小等于 mv，方向就是速度的方向。动量是表征物体运动状态的状态量，其国际单位为千克米每秒(kg · m/s)。

2. 冲量

在从 t_1 时刻到 t_2 时刻的一段时间内，若质点始终受到力 $\boldsymbol{F}$ 的作用，则力 $\boldsymbol{F}$ 在时间 $\Delta t=t_2-t_1$ 内的作用积累记作

$$\boldsymbol{I}=\int_{t_1}^{t_2}\boldsymbol{F}\mathrm{d}t \tag{3-1-4}$$

式(3-1-4)称为力 $\boldsymbol{F}$ 在这段时间内的冲量(impulse)。冲量表征力持续作用一段时间的累积效应，是一个过程量。冲量说明改变物体的机械运动状态变化(即动量变化)的原因。冲量是矢量，方向为速度变化的方向。

【讨论 3-1-1】 分析力 $\boldsymbol{F}$ 分别为恒力和变力时的冲量。

【分析】

(1) 当力 $\boldsymbol{F}$ 为一恒力(a constant force)时，其大小和方向都不变。力 $\boldsymbol{F}$ 的大小随时间变化的 F-t 曲线如图 3-1-1 所示。根据式(3-1-4)得恒力 $\boldsymbol{F}$ 的冲量为

$$\boldsymbol{I}=\boldsymbol{F}(t_2-t_1)=\boldsymbol{F}\Delta t \tag{3-1-5}$$

由式(3-1-5)可知，**恒力 $\boldsymbol{F}$** 在一段时间内的冲量方向沿恒力的方向，大小为恒力大小与时间的乘积，等于图 3-1-1 中的矩形阴影面积。

(2) 当力 $\boldsymbol{F}$ 为一个变力(a varying force) 时，其大小和方向都可能随时间变化。此时，该变力的冲量 $\boldsymbol{I}$ 的大小和方向由积分$\int_{t_1}^{t_2}\boldsymbol{F}\mathrm{d}t$ 决定。当变力 $\boldsymbol{F}$ 的方向不变时，其力的大小随时间变化的 F-t 曲线如图 3-1-2 的实线所示，该实线下的面积就是变力的冲量大小(想想为什么)。

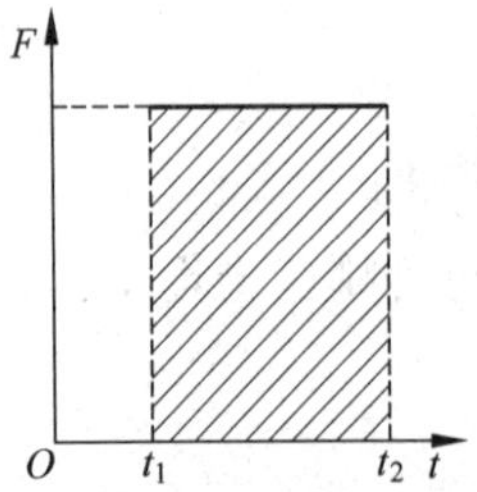

图 3-1-1

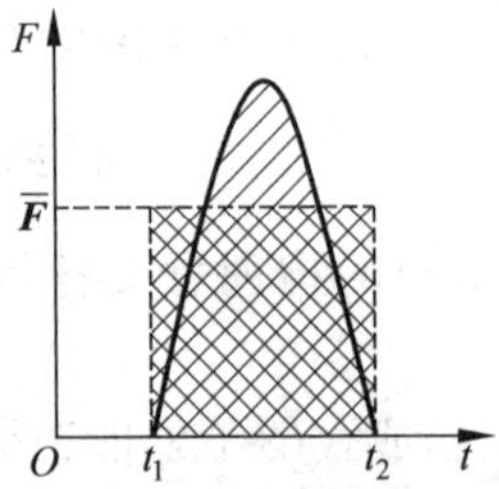

图 3-1-2

对于碰撞、打击等类问题，作用力 $\boldsymbol{F}$ 为变力且作用时间很短，其值较难确定。这种情况下，常常用力的平均值来代替。在碰撞、打击等类问题中，在相同的作用时间内，如果恒力 $\overline{\boldsymbol{F}}$ 和变力 $\boldsymbol{F}$ 的作用积累效果一样(即引起质点动量的变化相同)，则称恒力 $\overline{\boldsymbol{F}}$ 为变力 $\boldsymbol{F}$ 在 $\Delta t=t_2-t_1$ 时间内的平均冲力。显然，在 $\Delta t=t_2-t_1$ 这段时间内，由质点的动量定理可知，平均冲力 $\overline{\boldsymbol{F}}$ 的冲量等于变力 $\boldsymbol{F}$ 的冲量，即有

$$\boldsymbol{I}=\int_{t_1}^{t_2}\boldsymbol{F}\,\mathrm{d}t=\overline{\boldsymbol{F}}(t_2-t_1) \tag{3-1-6}$$

式(3-1-6)的几何意义为：图 3-1-2 中的实线曲线下的面积(即为变力 $\boldsymbol{F}$ 在 $\Delta t=t_2-t_1$ 时间内的冲量大小)等于图中的虚线曲线下的矩形面积(即为恒力 $\overline{\boldsymbol{F}}$ 在 $\Delta t=t_2-t_1$ 时间内的冲量大小)。

3. 质点的动量定理

式(3-1-1)表明，质点的动量在 $\mathrm{d}t$ 时间内的增加量，等于作用在质点上的外力 $\boldsymbol{F}$ 在这段时间内的冲量。这一结论称为质点的动量定理(theorem of momentum)。式(3-1-1)为质点动量定理的微分形式。

式(3-1-2)表明，力 $\boldsymbol{F}$ 在一段时间内对质点的作用积累(冲量)等于质点在此过程的始、末状态的动量的增量。式(3-1-2)为质点动量定理的积分形式。

【讨论 3-1-2】

(1) 理解动量、动量增量、冲量这三个物理矢量，分析它们的大小和方向，并讨论下面的问题。

一个未能打开降落伞的伞兵，在雪地上着陆时只受了点轻伤。但是，如果他在光地上着陆时，停止时间会缩短到前者的 1/10，这样的着陆是致命的。比较这两种情况的着陆，由于雪的存在，下列三个值是增大、减小还是保持不变？①伞兵的动量变化；②使伞兵停下的冲量；③使伞兵停下来的力。

(2) 写出质点的积分形式的动量定理在直角坐标系的分量式。

(3) 据报道：1962 年，一架“子爵号”客机在美国的伊利奥特市上空与一只天鹅相撞，致使客机坠毁，17 人丧生。1980 年，一架英国的“鹞式”战斗机在威尔士地区上空与一只秃鹰相撞，飞机坠毁，飞行员靠弹射装置死里逃生。小小的飞禽何以能撞毁飞机这样的庞然大物？讨论平均冲力的定义及其实际应用。

【分析】

(1) 由质点的动量定理可知，质点动量的改变是由外力和外力的作用时间两个因素，即冲量决定的。冲量的方向一般与动量的方向不同，而与动量增量的方向(即速度变化的方向)相同。

在雪地和光地上着陆时，伞兵的动量变化是一样的，使伞兵停下的冲量也是一样的。只是由于在雪地上的着陆作用时间长，雪地使伞兵停下来的力变小，因此他只受了点轻伤。由此可知，在动量变化相同时，可以通过改变冲力的作用时间，改变冲力的大小。

(2) 积分形式的动量定理(式(3-1-2))在直角坐标系的分量式为

$$\begin{cases} I_x=\int_{t_1}^{t_2}F_x\,\mathrm{d}t=mv_{2x}-mv_{1x} \\ I_y=\int_{t_1}^{t_2}F_y\,\mathrm{d}t=mv_{2y}-mv_{1y} \\ I_z=\int_{t_1}^{t_2}F_z\,\mathrm{d}t=mv_{2z}-mv_{1z} \end{cases} \tag{3-1-7}$$

由式(3-1-7)可以看出，力的冲量沿某一方向的分量，只等于动量沿该方向分量的改变量。

(3) 如果物体间的相互作用时间很短，而动量却发生了有限的变化，这时的相互作用力必然很大，这种力称为冲击力(impulsive force)。对这种情况常讨论其平均冲力。由式(3-1-6)可得冲击力的平均冲力为

$$\bar{\boldsymbol{F}}=\frac{\boldsymbol{I}}{t_2-t_1}=\frac{\int_{t_1}^{t_2}\boldsymbol{F}\mathrm{d}t}{t_2-t_1}=\frac{\boldsymbol{p}_2-\boldsymbol{p}_1}{\Delta t} \tag{3-1-8}$$

平均冲力的大小为

$$\bar{F}=\frac{1}{\Delta t}\left|\int_{t_1}^{t_2}\boldsymbol{F}\mathrm{d}t\right|=\frac{1}{\Delta t}\mid\boldsymbol{p}_2-\boldsymbol{p}_1\mid \tag{3-1-9}$$

在实际应用中，有时要利用冲力，如冲床快速地冲压钢板，通过减少力的作用时间来获得较大的冲力。有时则通过增大力的作用时间，避免较大的冲力。比如，轮船靠岸时利用橡胶轮胎作为缓冲设备；汽车气囊的设计、运动员的拳击手套和运动护垫、电子产品的包装等都是为了增加力对物体的作用时间，减少相互作用力。

【物理研究方法——数量级估算】

数量级估算法是一种半定量的物理方法。根据物理基本原理，通过粗糙的物理模型进行大致的、简单的推理或对物理量的数量级进行估算。

例如，鸟在空中飞行的速度不快，质量也不大。但相对于高速运动的飞机来说，由于飞机速度很快，鸟相对于飞机的速度很大，所以具有很大的相对动量。两者相撞时，由于作用时间很短，致使冲力很大，因此会造成严重的空难事故。为了避免这类事故发生，机场周围一般都装有驱鸟设施，也不允许放飞风筝和无人机飞行。两者的冲击力到底有多大？可以做下面的估算。设一架飞机水平飞行的速率为 3.0×10^2 m/s，与一只身长为 0.20m、质量为 0.50kg 的飞鸟相碰。设碰撞后飞鸟的尸体与飞机具有同样的速度，而原来飞鸟相对于地面的速率很小，可以忽略不计。碰撞时间可用飞鸟身长被飞机速率相除来估算，则应用动量定理可以估算出飞鸟对飞机的平均冲击力为 2.25×10^5 N。冲击力与小鸟体重的比值倍数的数量级约为 10^4。

又如，一个重约 0.58kg 的篮球从 2m 高度竖直下落撞到试验台面上，虽然两者的作用时间仅约为 0.019s，但是仪器显示，它对台面的冲击力(也等于台面对它的冲力)峰值 F_{m} 可达 575N，这比篮球自身所受的重力(约 5.7N)要大 100 倍。

人类发射的火箭散失在太空的碎片和零部件、卫星由于爆炸或故障而抛于太空的碎片以及寿命已尽的卫星残骸等都成为太空垃圾。这些太空垃圾与人造卫星一样，也是按照一定的轨道，以极大的速率(数千米每秒)绕地球旋转。这些碎片，哪怕是一颗微粒，如果与处于宇宙飞船之外的宇航员相撞，其危害也是极大的。因此，提高空间技术减少宇宙空间垃圾，以及找出治理宇宙空间垃圾的方法等都是目前面临的不可忽视的航天航空问题。

由此可见，平时看起来无足轻重的小物体，一旦高速运动起来，或与高速运动的物体相撞，都会造成严重的后果，因此千万不可忽视。

3.1.2 质点系的动量定理

当物体不能视为质点时，可以把它视为由相互作用的质点组成的系统。这样的系统称

为质点系(a system of particles)。

质点系的受力分为两类。质点系内的各质点之间的相互作用力称为内力(internal force)。若质点系内的质点 i 和质点 $j(i\neq j)$ 的相互作用力分别记为 $\boldsymbol{F}_{ij}$ 和 $\boldsymbol{F}_{ji}$，则这对内力 $\boldsymbol{F}_{ij}$ 和 $\boldsymbol{F}_{ji}$ 总是成对出现，且有 $\boldsymbol{F}_{ij}=-\boldsymbol{F}_{ji}$。质点系外的其他质点对系统内各质点的作用力称为外力(external force)，用 $\boldsymbol{F}_i$ 表示。

设质点系由 n 个质点组成。各质点的质量分别为 $m_1, m_2, \cdots, m_i, \cdots, m_n$，各质点相对于坐标原点的位置矢量分别记为 $\boldsymbol{r}_1, \boldsymbol{r}_2, \cdots, \boldsymbol{r}_i, \cdots, \boldsymbol{r}_n$，它们的速度分别记为 $\boldsymbol{v}_1, \boldsymbol{v}_2, \cdots, \boldsymbol{v}_i, \cdots, \boldsymbol{v}_n$，动量分别记为 $\boldsymbol{p}_1, \boldsymbol{p}_2, \cdots, \boldsymbol{p}_i, \cdots, \boldsymbol{p}_n$。则质点系的动量 $\boldsymbol{p}$ 就等于质点系内各质点的动量的矢量和，即

$$\boldsymbol{p}=\boldsymbol{p}_1+\boldsymbol{p}_2+\cdots+\boldsymbol{p}_n=\sum_{i=1}^{n}\boldsymbol{p}_i=\sum_{i=1}^{n}m_i\boldsymbol{v}_i=\sum_{i=1}^{n}m_i\frac{\mathrm{d}\boldsymbol{r}_i}{\mathrm{d}t} \tag{3-1-10}$$

【讨论 3-1-3】

质点系的内力和外力对质点系作用一段时间后，描述质点系的哪些物理量改变？质点系的动量变化与内力和外力都有关系吗？

【分析】

下面以由两个质点组成的质点系为例进行分析。

设质点系由质量分别为 m_1 和 m_2 的两个质点组成。它们各自受到的外力和内力分别记为 $\boldsymbol{F}_1$、$\boldsymbol{F}_{12}$ 和 $\boldsymbol{F}_2$、$\boldsymbol{F}_{21}$，受力前后的速度分别记为 $\boldsymbol{v}_{10}$、$\boldsymbol{v}_1$ 和 $\boldsymbol{v}_{20}$、$\boldsymbol{v}_2$，对这两个质点分别应用质点的动量定理得

$$\int_{t_1}^{t_2}(\boldsymbol{F}_1+\boldsymbol{F}_{12})\mathrm{d}t=m_1\boldsymbol{v}_1-m_1\boldsymbol{v}_{10}$$

$$\int_{t_1}^{t_2}(\boldsymbol{F}_2+\boldsymbol{F}_{21})\mathrm{d}t=m_2\boldsymbol{v}_2-m_2\boldsymbol{v}_{20}$$

以上两式等号两边分别相加并整理得

$$\int_{t_1}^{t_2}(\boldsymbol{F}_1+\boldsymbol{F}_2)\mathrm{d}t+\int_{t_1}^{t_2}(\boldsymbol{F}_{12}+\boldsymbol{F}_{21})\mathrm{d}t=(m_1\boldsymbol{v}_1+m_2\boldsymbol{v}_2)-(m_1\boldsymbol{v}_{10}+m_2\boldsymbol{v}_{20})$$

由于 $\boldsymbol{F}_{12}=-\boldsymbol{F}_{21}$，故上式可简化为

$$\int_{t_1}^{t_2}(\boldsymbol{F}_1+\boldsymbol{F}_2)\mathrm{d}t=(m_1\boldsymbol{v}_1+m_2\boldsymbol{v}_2)-(m_1\boldsymbol{v}_{10}+m_2\boldsymbol{v}_{20}) \tag{3-1-11}$$

式(3-1-11)表明，对于两质点组成的质点系，在一段时间内，系统所受合外力的冲量等于系统内两质点的动量之和的增量，即系统动量的增量。

对于由多个质点组成的质点系，对所有的质点应用质点的动量定理，采用以上的方法列式，且等号两边分别相加，得

$$\int_{t_1}^{t_2}\Big(\sum_{i=1}^{n}\boldsymbol{F}_i\Big)\mathrm{d}t+\int_{t_1}^{t_2}\Big(\sum_{i\neq j}^{n}\boldsymbol{F}_{ij}\Big)\mathrm{d}t=\sum_{i=1}^{n}m_i\boldsymbol{v}_i-\sum_{i=1}^{n}m_i\boldsymbol{v}_{i0}$$

由于 $\sum\limits_{i\neq j}^{n}\boldsymbol{F}_{ij}=\boldsymbol{0}$，故有

$$\int_{t_1}^{t_2}\Big(\sum_{i=1}^{n}\boldsymbol{F}_i\Big)\mathrm{d}t=\int_{t_1}^{t_2}\boldsymbol{F}\mathrm{d}t=\sum_{i=1}^{n}m_i\boldsymbol{v}_i-\sum_{i=1}^{n}m_i\boldsymbol{v}_{i0} \tag{3-1-12}$$

式中，$\boldsymbol{F}=\sum\limits_{i=1}^{n}\boldsymbol{F}_i$ 称为系统的合外力，$\sum\limits_{i=1}^{n}m_i\boldsymbol{v}_{i0}$ 和 $\sum\limits_{i=1}^{n}m_i\boldsymbol{v}_i$ 分别为系统的初动量和系统的末

动量。式(3-1-12)表明,作用于系统的合外力的冲量等于系统总动量的增量,这一结论称为质点系的动量定理(theorem of momentum for a system of particles)。

由此可见,质点系的内力仅能改变系统内某个质点(物体)的动量,但不能改变系统的总动量。用质点系的动量定理处理问题时,只涉及质点系的总动量变化,可避开内力,有时比较方便。

3.2 动量守恒定律及其应用

3.2.1 动量守恒定律简介

由式(3-1-12)可知,当系统所受的合外力为零$\left(\text{即 } \boldsymbol{F}=\sum_{i=1}^{n}\boldsymbol{F}_i=\boldsymbol{0}\right)$时,有

$$\sum_{i=1}^{n} m_i \boldsymbol{v}_i = \sum_{i=1}^{n} m_i \boldsymbol{v}_{i0} \tag{3-2-1}$$

即系统的动量总等于系统的初动量,系统的动量保持不变。这个结论称为质点系的**动量守恒定律**(law of conservation of momentum)。

对质点系的动量守恒定律,需要说明以下几点。

第一,系统动量守恒的意义是系统的动量保持不变,但是系统内任一质点(物体)的动量是有可能变化的。

第二,系统动量守恒的条件是系统的合外力为零。但当系统的内力远远大于系统的外力(有限力)时,可近似地认为系统的动量守恒。例如,碰撞过程。

第三,当系统的合外力不为零时,系统的动量不守恒。但是,如果系统在某一方向的合外力为零,则系统在该方向的动量守恒。

第四,动量守恒定律是适用于自然界一切过程的最基本的定律之一。它不但适用于宏观系统,也适用于微观粒子系统。动量守恒定律虽然是由牛顿运动定律得到的,但并不依赖于牛顿运动定律。需要注意的是,动量守恒定律只适用于惯性系。

3.2.2 动量定理和动量守恒定律的应用举例

用动量定理和动量守恒定律解决问题时,应注意分析系统是否为惯性系以及过程是否满足守恒条件。只有满足守恒条件时,才能应用动量守恒定律。

应用动量定理和动量守恒定律的基本步骤如下:

(1) 明确研究对象以及过程,确定系统的组成。

(2) 进行受力分析和守恒判断。判断哪些为系统的外力,哪些为系统的内力,进而判断系统在研究过程中动量是否守恒。

(3) 建立合适的坐标系,确定系统在研究过程的初、末两个状态的动量。

(4) 根据动量守恒与否,列出动量定理方程或者动量守恒方程,且求解方程。

(5) 对结果进行分析讨论。

例 3-2-1 如图 3-2-1 所示,质量为 m、速率为 v 的小球,以入射角 α 斜向与墙壁相碰,又以原速率沿反射角 α 方向从墙壁弹回。设小球与墙壁的碰撞时间为 Δt,求墙壁受到的平

均冲力。

解：建立如图 3-2-2 所示的直角坐标系，用 v_x、v_y 分别表示小球入射或反射速度在 Ox 轴和 Oy 轴的分速度大小，$\bar{F}_x$、$\bar{F}_y$ 分别表示墙壁在碰撞过程中对小球的平均冲力在两坐标轴的分力大小。根据动量定理在直角坐标系的表达式(式(3-1-7))，小球在碰撞过程中受到的冲量分量为

$$I_x=\bar{F}_x\Delta t=mv_x-(-mv_x)=2mv_x$$

$$I_y=\bar{F}_y\Delta t=-mv_y-(-mv_y)=0$$

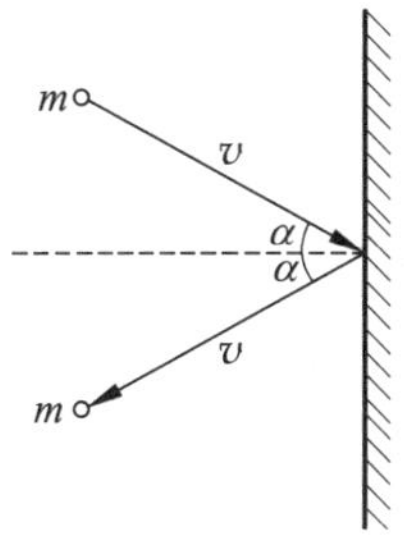

图 3-2-1

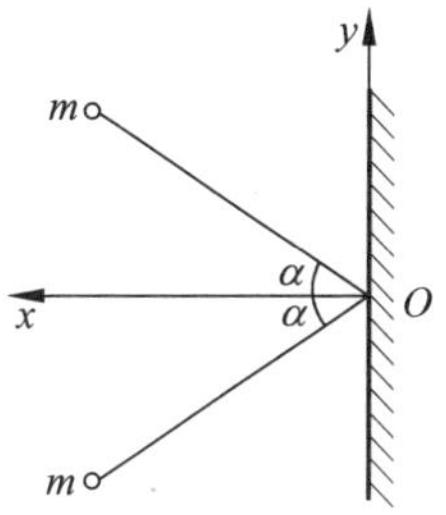

图 3-2-2

因为小球在 Oy 轴方向受到的平均冲量为零，即小球在 Oy 轴方向受到的平均冲力也为零，所以小球受到的平均冲力只有沿 Ox 轴方向的分力，大小为

$$\bar{F}=\bar{F}_x=I_x/\Delta t=2mv_x/\Delta t$$

由于 $v_x=v\cos\alpha$，故有

$$\bar{F}=\bar{F}_x=2mv\cos\alpha/\Delta t$$

该分力方向沿 Ox 轴正向。由牛顿第三定律可知，在此碰撞过程中，墙壁受到的平均冲力 $\boldsymbol{F}'$是小球受到的平均冲力 $\boldsymbol{F}$ 的反作用力，两者的大小相等，即

$$\bar{F}'=\bar{F}=\bar{F}_x=2mv\cos\alpha/\Delta t$$

两个力的方向相反，故墙壁受到的平均冲力方向沿 Ox 轴负向，即垂直墙面且指向墙内。

本题也可以作出小球在碰撞前后的动量变化矢量图，如图 3-2-3 所示。因为是特殊的矢量三角形，读者可以非常容易得到同样的结果。

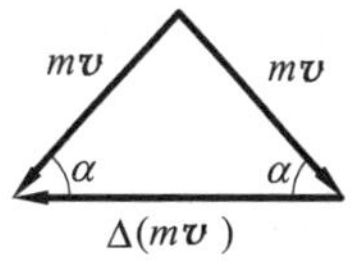

图 3-2-3

例 3-2-2 设有一个静止的原子核，衰变辐射出一个电子和一个中微子后成为一个新的原子核。已知电子和中微子的运动方向互相垂直，如图 3-2-4 所示。求新原子核的动量大小和方向。

解：在原子核的衰变过程中，只有内力作用，故系统的动量守恒。若衰变辐射出的电子和中微子的动量分别记为 $\boldsymbol{p}_e$ 和 $\boldsymbol{p}_v$，新原子核的动量记为 $\boldsymbol{p}_N$，则由动量守恒定律得

$$\boldsymbol{p}_e+\boldsymbol{p}_v+\boldsymbol{p}_N=\boldsymbol{0}$$

因为 $\boldsymbol{p}_e\perp\boldsymbol{p}_v$，故新核的动量 $\boldsymbol{p}_N$ 大小为

$$p_N=(p_e^2+p_v^2)^{\frac{1}{2}}$$

方向如图 3-2-5 所示，图中

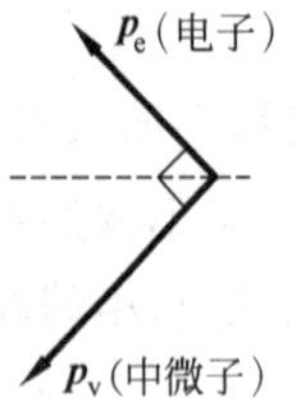

图 3-2-4

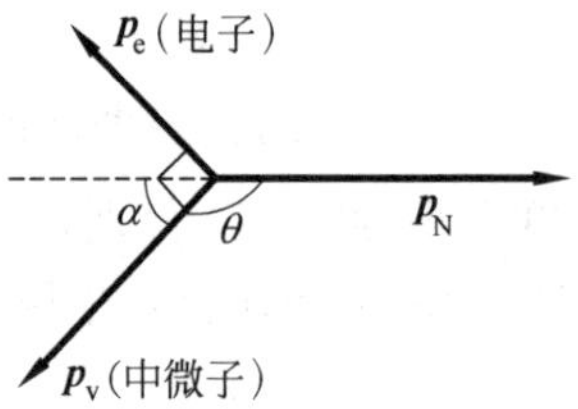

图 3-2-5

$$\theta=\pi-\alpha=\pi-\arctan\frac{p_e}{p_v}$$

【练习 3-2】

3-2-1 一物体在力 $F=-k\sin\omega t$ 的作用下沿直线运动。从计时开始,经过时间 $\Delta t=\frac{\pi}{2\omega}$后,求物体的动量增量。

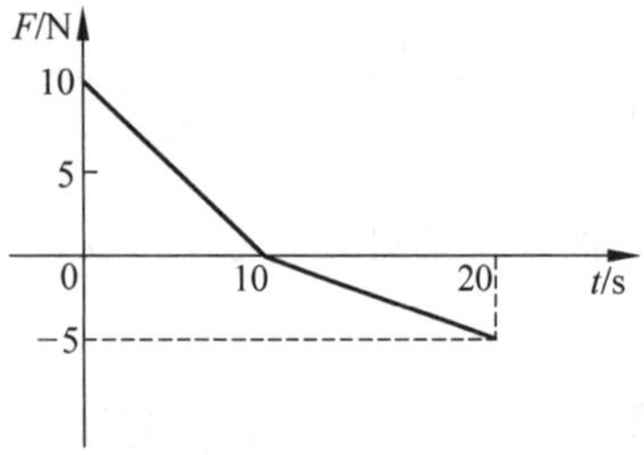

图 3-2-6

3-2-2 一质量为 5kg 的物体,其所受力 F 随时间的变化关系如图 3-2-6 所示。设物体从静止开始运动,求物体在 20s 末的速度?

3-2-3 一个足球运动员踢一个原来静止的、质量为 0.45kg 的足球的过程中,已知运动员的脚与球的接触时间为 3.0×10^{-3}s,脚踢的力为

$$F(t)=6.0\times10^{6}t-2.0\times10^{9}t^{2}\ (\mathrm{SI})$$

式中 $0\leqslant t\leqslant3.0\times10^{-3}$s。求:

(1) 运动员的脚给予足球的冲量大小;

(2) 接触期间,运动员的脚对球的平均力的大小和最大力的大小;

(3) 刚离开运动员的脚时,足球的速率。

3-2-4 2011 年 7 月 2 日下午,在杭州某住宅小区,一个 2 岁女童突然从 10 楼坠落,在楼下的吴菊萍奋不顾身地冲过去用双手接住了孩子,女童得救了,但吴菊萍的手臂瞬间被巨大的冲击力撞成粉碎性骨折。高空坠物很危险,被称为“悬在城市上空的痛”。假设女童的质量是 10kg,每层楼大概 3m 高,坠落到地面与地面的撞击时间约为 0.1s。忽略空气阻力,估算女童从 10 层楼坠落到地面时的速率以及撞击地面的平均冲力大小。讨论吴菊萍手臂受到的力并理解她的“大爱”。(忽略空气阻力,取重力加速度 $g=10\mathrm{m/s^2}$。)

3-2-5 2012 年 11 月 25 日,歼-15 舰载战斗机在中国海军“辽宁”号航母上成功完成了起飞和着舰的动作。据报道,歼-15 舰载战斗机的着舰时间只有 2.5s,着舰速度为 200km/h,钩住阻拦索后滑行距离几十米后停下。假设歼-15 在着舰时的质量为 2.0×10^{4}kg,试估算阻拦索所承受的舰载机的平均冲击力大小。

3-2-6 若一辆以 90km/h 速度行驶的汽车突然停止,当没有任何保护措施的驾乘人员与身前的汽车前端或者玻璃相撞时,受到的平均冲力大小为多少?设人的质量为 70kg,撞击时间为 0.2s。根据估算出的数值,理解汽车安装安全气囊和驾乘人员系安全带的必要性,并进一步讨论设计安全带有哪些要求以及儿童的安全座椅为什么要安装在汽车的后排座位上。

3-2-7 美国佐治亚理工学院的胡立德教授与美国疾病控制中心合作，对雨中飞舞的蚊子进行了高速摄像，以便仔细观察蚊子被雨滴击中瞬间的行为，并于 2015 年获菠萝科学奖。设雨滴的质量 $m=5\times10^{-6}$kg，雨滴下落的终极速率 $v_t=9.0$m/s，雨滴与蚊子的碰撞时间为 4ms。若雨滴击中蚊子时，蚊子栖息于无法移动的地面上，蚊子受到雨滴施予的平均冲力是蚊子重量(设蚊子的质量 $m=2\times10^{-6}$kg)的多少倍？这样的蚊子能否被雨滴砸死？胡立德教授的研究小组通过摄像发现，实际上，在与雨水碰撞的过程中，雨中飞舞的蚊子被雨滴击中时并不抵挡雨滴，而是与雨滴融为一体，顺应雨滴的趋势落下。雨滴几乎没有减速，而蚊子瞬间加速，从而化解了高速下降的雨滴带来的巨大冲击。这种在发生碰撞时的"顺势而为"在很多体育活动中有广泛的应用，试举例说明。

3-2-8 如图 3-2-7 所示，一个质量为 m 的小球自高为 y_0 处沿水平方向以速率 v_0 抛出，与地面碰撞后跳起的最大高度为 $y_0/2$，水平速率为 $v_0/2$。求小球与地面碰撞的过程中，地面施予小球的竖直冲量和水平冲量的大小。

3-2-9 运动质点质量为 m，在受到来自某方向的力作用后，它的速度 $\boldsymbol{v}$ 的大小不变，但方向改变了 θ 角，求这个力的冲量大小。

3-2-10 图 3-2-8 所示为一个摆线长度为 l 的圆锥摆，已知质量为 m 的摆球在水平面内以角速度 ω 绕竖直轴做匀速转动。在小球转动一周的过程中，求：

(1) 摆线的张力；

(2) 摆球转动的周期 T；

(3) 摆球动量增量的大小；

(4) 摆球所受重力的冲量；

(5) 摆球所受张力的冲量。

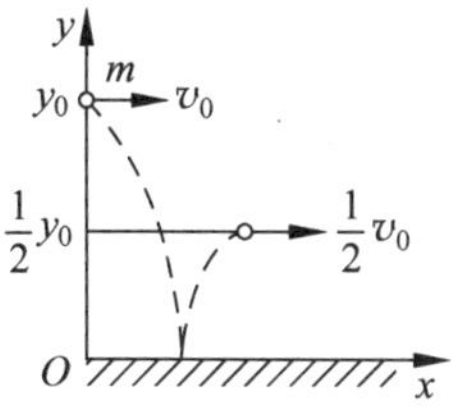

图 3-2-7

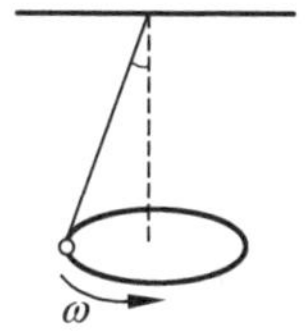

图 3-2-8

3-2-11 一个不稳定的原子核，其质量为 M，开始时是静止的。当它沿水平向右分裂出一个质量为 m、速度为 v_0 的粒子后，原子核的其余部分沿相反方向反冲，求反冲速度的大小。

3-2-12 查阅资料，了解火箭的飞行原理。

3.3 动能定理

【思考 3-3】

(1) 在恒力作用下，物体发生了位置变化，产生了一段位移。在此过程中，恒力对物体做的功如何计算？在实际问题中，物体经常受到变力作用且沿曲线运动，位移和作用力这两个矢量的大小和方向都可能随时间发生变化。借鉴高等数学中的处理非均匀问题的微元方法,思考如何处理变力的做功问题。

(2) 一质量为 m 的物体在合外力 $\boldsymbol{F}$ 的作用下,由 A 点运动到 B 点,其速度的大小由 v_1 变成 v_2。在这个过程中,合外力 $\boldsymbol{F}$ 对物体所做功的结果用哪个物理量的变化来描述?可得到什么结论?

(3) 质点系的受力分为内力和外力。3.1 节讲过,内力仅能改变系统内的某个质点的动量,但不能改变系统的总动量。内力做功会影响质点系的动能吗?一对内力的做功之和等于零吗?

3.3.1 功

1. 恒力做功

如果恒力 $\boldsymbol{F}$ 水平作用在物体(可视为质点)上,使该质点沿力 $\boldsymbol{F}$ 的方向运动一定的距离 s,如图 3-3-1(a)所示,则此恒力对质点做的功(work)为

$$W = Fs \tag{3-3-1a}$$

如果恒力 $\boldsymbol{F}$ 斜向上作用在质点上,该质点发生了位移 $\Delta\boldsymbol{r}$,如图 3-3-1(b)所示,力 $\boldsymbol{F}$ 与位移 $\Delta\boldsymbol{r}$ 有恒定的夹角 θ。因为只有沿位移方向的分力才做功,故此恒力 $\boldsymbol{F}$ 对质点所做的功为

$$W = F\cos\theta \mid \Delta\boldsymbol{r} \mid \tag{3-3-1b}$$

按照矢量标量积的定义,上式又可表示为

$$W = \boldsymbol{F} \cdot \Delta\boldsymbol{r} \tag{3-3-1c}$$

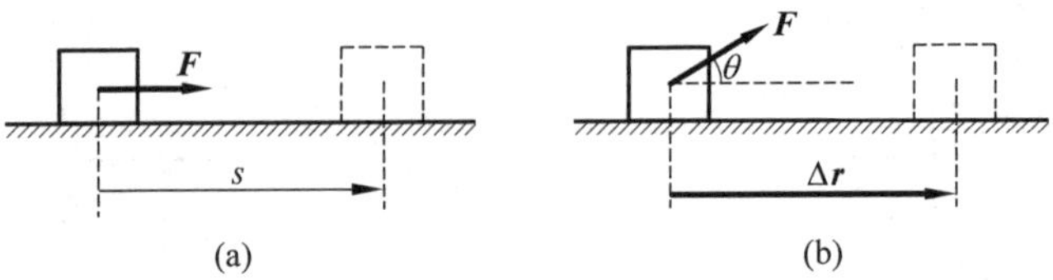

图 3-3-1

2. 变力做功

在实际中,经常遇到的问题是物体受变力作用且沿曲线运动,位移和力这两个矢量的大小和方向都可能随时间发生变化。如何处理变力做功问题?我们常采用微元法,一般分为四个步骤:①无限分割路径;②以直线段代替曲线段;③以恒力的功代替变力的功;④将各段做的功求代数和。

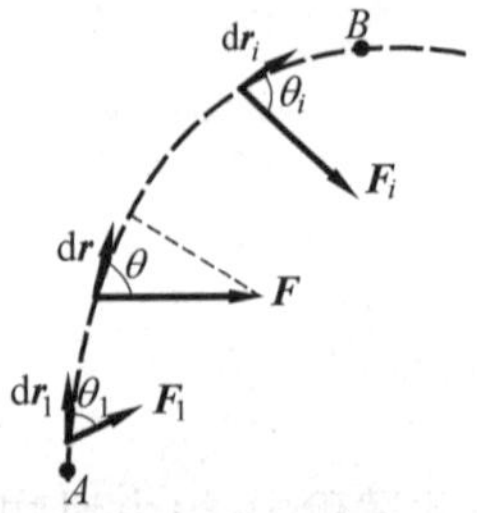

图 3-3-2

当一个变力在任意一个曲线路径上对质点做功时,路径可以分成许多微小的位移微元(以下简称位移元),如图 3-3-2 所示。在每一个位移元内,力所做的功定义为元功 $\mathrm{d}W$。由于时间极短,在任选某一位移元内,质点受力 $\boldsymbol{F}$ 可视为恒力,经过的路径微元可视为直线元,相对应的位移元 $\mathrm{d}\boldsymbol{r}$ 的大小与路程元 $\mathrm{d}s$ 的长度相等,即 $|\mathrm{d}\boldsymbol{r}| = \mathrm{d}s$。根据恒力做功的表达式(3-3-1b),力 $\boldsymbol{F}$ 在这个位移元内对质点所做的元功为

$$\mathrm{d}W = F\cos\theta \mid \mathrm{d}\boldsymbol{r} \mid = F\cos\theta\mathrm{d}s \tag{3-3-2a}$$

按照矢量标量积的定义，式(3-3-2a)可表示为

$$dW = \boldsymbol{F} \cdot d\boldsymbol{r} \tag{3-3-2b}$$

式(3-3-2b)表明，力在位移元内对质点所做的元功等于力和它所作用质点的位移元的标量积。

当质点沿路径 L 由 A 点运动到 B 点时，力 $\boldsymbol{F}$ 对质点所做的总功为

$$W = \int_L dW = \int_A^B \boldsymbol{F} \cdot d\boldsymbol{r} = \int_A^B F\cos\theta ds \tag{3-3-3}$$

式(3-3-3)是功的一般定义式。显然，当 $\boldsymbol{F}$ 为恒力时，由式(3-3-3)可以推导出式(3-3-1)各式(请读者自行推导)。

【讨论 3-3-1】

(1) 功是矢量还是标量?

(2) 在 $F\cos\theta$-s 图中，功的几何意义是什么?

(3) 合力的功与分力的功有何关系?

(4) 力做功也有快慢，用哪个物理量定量描述做功的快慢?

【分析】

(1) 式(3-3-2b)表明，力的元功等于力和位移元这两个矢量的标量积。功是标量，没有方向，只有大小，但有正负。

当 $0 \leqslant \theta < \pi/2$ 时，$dW > 0$，表明力对质点做正功；

当 $\theta = \pi/2$ 时，$dW = 0$，表明力对质点不做功；

当 $\pi/2 < \theta \leqslant \pi$ 时，$dW < 0$，表明力对质点做负功，或者说质点在运动过程中克服力 $\boldsymbol{F}$ 做了功。

在国际单位制中，功的单位为焦耳(J)，1J = 1N·m。

(2) 图 3-3-3 中的实线为 $F\cos\theta$-s 的曲线，其曲线下的面积正好等于 $\left|\int_{s_1}^{s_2} F\cos\theta ds\right|$。由此可知，式(3-3-3)中的力沿某路径做功的大小等于 $F\cos\theta$-s 曲线下的面积，与路径曲线有关，即做功与过程有关。这就是功的几何意义。

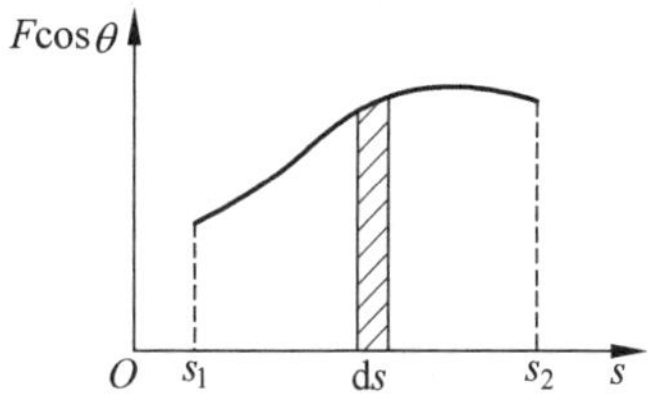

图 3-3-3

功是一个过程量，反映了力在空间上的积累作用。

(3) 若质点同时受到 N 个力($\boldsymbol{F}_1, \boldsymbol{F}_2, \cdots, \boldsymbol{F}_i, \cdots, \boldsymbol{F}_N$)的作用，则沿路径 L 由 A 点运动到 B 点，合力 $\boldsymbol{F}$ 对质点所做的功为

$$\begin{aligned} W_{AB} &= \int_A^B \boldsymbol{F} \cdot d\boldsymbol{r} = \int_A^B (\boldsymbol{F}_1 + \boldsymbol{F}_2 + \cdots + \boldsymbol{F}_i + \cdots + \boldsymbol{F}_N) \cdot d\boldsymbol{r} \\ &= \int_A^B \boldsymbol{F}_1 \cdot d\boldsymbol{r} + \int_A^B \boldsymbol{F}_2 \cdot d\boldsymbol{r} + \cdots + \int_A^B \boldsymbol{F}_i \cdot d\boldsymbol{r} + \cdots + \int_A^B \boldsymbol{F}_N \cdot d\boldsymbol{r} \\ &= W_{1AB} + W_{2AB} + \cdots + W_{iAB} + \cdots + W_{NAB} \end{aligned} \tag{3-3-4}$$

式中，$W_{iAB} = \int_A^B \boldsymbol{F}_i \cdot d\boldsymbol{r} (i = 1, 2, \cdots, N)$ 为分力 $\boldsymbol{F}_i$ 沿同一路径 L 由 A 点运动到 B 点对质点所做的功。式(3-3-4)表明，合力的功等于各分力沿同一路径所做功的代数和。

在直角坐标系中将力 $\boldsymbol{F}$ 作正交分解，其分力大小分别为 F_x、F_y 和 F_z，有 $\boldsymbol{F} = F_x\boldsymbol{i} +$

$F_y\boldsymbol{j}+F_z\boldsymbol{k}$，将此式和 $\mathrm{d}\boldsymbol{r}=\mathrm{d}x\boldsymbol{i}+\mathrm{d}y\boldsymbol{j}+\mathrm{d}z\boldsymbol{k}$ 代入式(3-3-4)，得力 $\boldsymbol{F}$ 对质点所做的功为

$$W=\int_A^B \boldsymbol{F}\cdot\mathrm{d}\boldsymbol{r}=\int_A^B (F_x\mathrm{d}x+F_y\mathrm{d}y+F_z\mathrm{d}z)$$

若令 $W_x=\int_A^B F_x\mathrm{d}x$，$W_y=\int_A^B F_y\mathrm{d}x$，$W_z=\int_A^B F_z\mathrm{d}x$ 分别表示三个坐标轴的分力对质点所做的功，则有

$$W=\int_A^B F_x\mathrm{d}x+\int_A^B F_y\mathrm{d}y+\int_A^B F_z\mathrm{d}z=W_x+W_y+W_z \tag{3-3-5a}$$

式(3-3-5a)表明，在直角坐标系中，力对质点做的总功等于该力在三个坐标轴上的分力沿同一路径对质点所做功的代数和。

与上述分析类似，在自然坐标系中，力 $\boldsymbol{F}$ 的切向分力和法向分力的大小分别为 F_τ 和 F_n，对质点所做的功分别记为 W_τ 和 W_n，则有

$$W=\int_A^B \boldsymbol{F}\cdot\mathrm{d}\boldsymbol{r}=\int_A^B (\boldsymbol{F}_\tau+\boldsymbol{F}_n)\cdot\mathrm{d}\boldsymbol{r}=\int_A^B \boldsymbol{F}_\tau\cdot\mathrm{d}\boldsymbol{r}+\int_A^B \boldsymbol{F}_n\cdot\mathrm{d}\boldsymbol{r}$$

由于上式右边的第二项恒为零，即法向的分力 $\boldsymbol{F}_n$ 不做功(想想为什么)，力做的总功等于其切向分力 $\boldsymbol{F}_\tau$ 所做的功，故有

$$W=\int_A^B \boldsymbol{F}\cdot\mathrm{d}\boldsymbol{r}=\int_A^B F_\tau\,|\,\mathrm{d}\boldsymbol{r}\,|=\int_A^B F_\tau\mathrm{d}s \tag{3-3-5b}$$

(4) 力在单位时间内完成的功叫作功率(power)，用 P 表示。功率反映力做功的快慢。若力在 Δt 时间内做的功为 ΔW，则定义平均功率为

$$\bar{P}=\frac{\Delta W}{\Delta t} \tag{3-3-6a}$$

式(3-3-6a)反映了力在 Δt 时间内的平均做功快慢。

平均功率的极限能够精确反映力在每一时刻的做功快慢，称为瞬时功率。即

$$P=\lim_{\Delta t\to 0}\frac{\Delta W}{\Delta t}=\frac{\mathrm{d}W}{\mathrm{d}t} \tag{3-3-6b}$$

功率还可以表示为

$$P=\frac{\mathrm{d}W}{\mathrm{d}t}=\frac{\boldsymbol{F}\cdot\mathrm{d}\boldsymbol{r}}{\mathrm{d}t}=\boldsymbol{F}\cdot\boldsymbol{v}=F\cos\theta v \tag{3-3-6c}$$

在国际单位制中，功的单位为瓦特(W)，1W=1J/s。

3.3.2 质点的动能定理

一质量为 m 的物体(可视为质点)在合外力 $\boldsymbol{F}$ 的作用下由 A 点运动到 B 点，其速度的大小由 v_1 变成 v_2，设合外力在这个过程中对物体所做的功为 W。下面分析做功(过程量)与速率(状态量)的关系。

式(3-3-5b)表明，在自然坐标系中，由于法向分力不做功，力 $\boldsymbol{F}$ 做的总功等于其切向分力 $\boldsymbol{F}_\tau$ 所做的功。由牛顿运动定律知 $F_\tau=ma_\tau=m\dfrac{\mathrm{d}v}{\mathrm{d}t}$，又由于 $v=\mathrm{d}s/\mathrm{d}t$，则式(3-3-5b)可以改写为

$$W=\int_A^B \boldsymbol{F}\cdot\mathrm{d}\boldsymbol{r}=\int_A^B F_\tau\mathrm{d}s=\int_A^B m\frac{\mathrm{d}v}{\mathrm{d}t}\mathrm{d}s=\int_A^B mv\mathrm{d}v$$

$$=\int_{v_1}^{v_2} mv\mathrm{d}v=\frac{1}{2}mv_2^2-\frac{1}{2}mv_1^2$$

定义质点的**动能**(kinetic energy)为(速率 v 远小于光速时)

$$E_{\mathrm{k}}=\frac{1}{2}mv^2 \tag{3-3-7}$$

则有

$$W=\int_A^B \boldsymbol{F}\cdot\mathrm{d}\boldsymbol{r}=\frac{1}{2}mv_2^2-\frac{1}{2}mv_1^2=E_{\mathrm{k2}}-E_{\mathrm{k1}} \tag{3-3-8a}$$

其微分形式为

$$\mathrm{d}W=\boldsymbol{F}\cdot\mathrm{d}\boldsymbol{r}=\frac{\mathrm{d}\boldsymbol{p}}{\mathrm{d}t}\cdot\mathrm{d}\boldsymbol{r}=[\mathrm{d}(m\boldsymbol{v})]\cdot\boldsymbol{v}=\mathrm{d}\left(\frac{1}{2}mv^2\right)=\mathrm{d}E_{\mathrm{k}} \tag{3-3-8b}$$

式(3-3-8a)表明,合外力对质点所做的功等于质点动能的增量。这一结论称为质点的动能定理(theorem of kinetic energy)。式(3-3-8a)为质点动能定理的积分形式,式(3-3-8b)为质点动能定理的微分形式。

质点的动能定理表明功和动能的关系密切。力对物体做功,即向物体传递了能量或者由物体传出了能量。“功”是传递的能量,“做功”是能量传递的行为。在国际单位制中,动能的单位是焦耳(J),和功的单位一样。

但是功和动能是不同的物理量。动能 $E_{\mathrm{k}}=\frac{1}{2}mv^2$ 是物体运动状态的函数,是描写物体运动状态的参量,物体的运动状态一旦确定,物体的动能就能唯一地确定。而功是和质点受力并经历位移这个过程相联系的,它是过程的函数。这是功和能的根本区别。

质点的动能定理还说明,物体动能的变化是用功来量度的,力对物体做功的结果是改变物体的运动状态。由于质点的位移和速度是与参照系有关的相对量,因此功与动能均随所选参照系的不同而异。但动能定理在所有惯性系中都成立,动能定理在不同惯性系的形式相同。

3.3.3 质点系的动能定理

先讨论只有两个质点的质点系。

设质点系由质量分别为 m_1 和 m_2 的两个质点组成。它们各自受到的外力和内力分别记为 $\boldsymbol{F}_1$、$\boldsymbol{F}_{12}$ 和 $\boldsymbol{F}_2$、$\boldsymbol{F}_{21}$,受力前、后的速度分别记为$\boldsymbol{v}_{10}$、$\boldsymbol{v}_1$ 和$\boldsymbol{v}_{20}$、$\boldsymbol{v}_2$,受力前、后的动能分别记为$\frac{1}{2}m_1v_{10}^2$、$\frac{1}{2}m_1v_1^2$ 和$\frac{1}{2}m_2v_{20}^2$、$\frac{1}{2}m_2v_2^2$。

对两个质点分别应用质点的动能定理,有

$$\int_L(\boldsymbol{F}_1+\boldsymbol{F}_{12})\cdot\mathrm{d}\boldsymbol{r}_1=\frac{1}{2}m_1v_1^2-\frac{1}{2}m_1v_{10}^2$$

$$\int_L(\boldsymbol{F}_2+\boldsymbol{F}_{21})\cdot\mathrm{d}\boldsymbol{r}_2=\frac{1}{2}m_2v_2^2-\frac{1}{2}m_2v_{20}^2$$

将以上两式的等号两边分别相加,并整理得

$$\int_L(\boldsymbol{F}_1\cdot\mathrm{d}\boldsymbol{r}_1+\boldsymbol{F}_2\cdot\mathrm{d}\boldsymbol{r}_2)+\int_L(\boldsymbol{F}_{12}\cdot\mathrm{d}\boldsymbol{r}_1+\boldsymbol{F}_{21}\cdot\mathrm{d}\boldsymbol{r}_2)$$

$$=\left(\frac{1}{2}m_2v_2^2+\frac{1}{2}m_1v_1^2\right)-\left(\frac{1}{2}m_2v_{20}^2+\frac{1}{2}m_1v_{10}^2\right)$$

若令 $W_{外}=\int_L(\boldsymbol{F}_1\cdot \mathrm{d}\boldsymbol{r}_1+\boldsymbol{F}_2\cdot \mathrm{d}\boldsymbol{r}_2)$ 表示外力对质点系做的总功,$W_{内}=\int_L(\boldsymbol{F}_{12}\cdot \mathrm{d}\boldsymbol{r}_1+\boldsymbol{F}_{21}\cdot \mathrm{d}\boldsymbol{r}_2)$ 表示内力对质点系做的总功,$E_{k1}=\frac{1}{2}m_2v_{20}^2+\frac{1}{2}m_1v_{10}^2$,$E_{k2}=\frac{1}{2}m_2v_2^2+\frac{1}{2}m_1v_1^2$ 分别表示质点系在受力前、后的系统动能,则有

$$W_{外}+W_{内}=E_{k2}-E_{k1} \tag{3-3-9}$$

式(3-3-9)表明,外力对质点系做的功与内力对质点系做的功之和等于质点系动能的增量,这是**质点系的动能定理**。

对由 n 个质点组成的质点系,也有同样的结论。

需要说明的是,对质点系而言,系统的内力虽成对出现,但一对内力的做功之和不一定为零(原因是什么? 请读者自行推导)。因此,质点系动能的增量既与外力做功有关,也与内力做功有关。

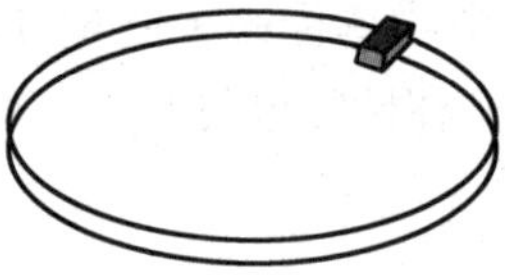

图 3-3-4

例 3-3-1 光滑的水平桌面上有一环带,环带与小物体的摩擦系数为 μ,质量为 m 的小物体在外力作用下以速率 v 沿环带内侧做匀速率圆周运动,如图 3-3-4 所示。求小物体转一周的过程中,摩擦力对小物体所做的功。

解:在水平面内,沿环带内侧做匀速率圆周运动的物体除了受到摩擦力,还受到环带的支持力 N,其方向始终指向圆心。该支持力提供了物体做匀速率圆周运动的向心力。设圆周半径为 r,根据牛顿第二定律得

$$N=ma_n=m\frac{v^2}{r}$$

摩擦力的大小 $f=\mu N$,将上式代入有

$$f=\mu N=\mu m\frac{v^2}{r}$$

摩擦力的方向始终沿圆周切向,但与小物体的运动速度方向相反。小物体转动一周的过程中,摩擦力对小物体做的功为

$$W=\int_L \boldsymbol{f}\cdot \mathrm{d}\boldsymbol{r}=\int_L -\mu m\frac{v^2}{r}\mathrm{d}s=-\mu m\frac{v^2}{r}\int_L \mathrm{d}s=-\mu m\frac{v^2}{r}(2\pi r)=-2\pi\mu m v^2$$

式中,"−"号表示摩擦力对物体做负功。

例 3-3-2 质量为 m 的质点在外力作用下,其运动学方程为

$$\boldsymbol{r}=A\cos(\omega t)\boldsymbol{i}+B\sin(\omega t)\boldsymbol{j}$$

式中,A、B、ω 都是正的常量。

(1) 求质点分别在 A 点$(A,0)$和 B 点$(0,B)$时的动能;

(2) 在质点从 A 点运动到 B 点的过程中,求合外力对质点所做的功以及合外力在 Ox 轴和 Oy 轴的分力分别做的功。

解:(1) 位矢(也是运动学方程)

$$\boldsymbol{r}=A\cos(\omega t)\boldsymbol{i}+B\sin(\omega t)\boldsymbol{j} \tag{3-3-10}$$

的分量表达式为

$$x=A\cos(\omega t),\quad y=B\sin(\omega t) \tag{3-3-11}$$

其两边分别对时间求导,得速度分量

$$v_x=\frac{\mathrm{d}x}{\mathrm{d}t}=-A\omega\sin(\omega t),\quad v_y=\frac{\mathrm{d}y}{\mathrm{d}t}=B\omega\cos(\omega t) \tag{3-3-12}$$

A 点的坐标为$(A,0)$,由式(3-3-11)得 $\cos(\omega t)=1$,$\sin(\omega t)=0$,故由式(3-3-12)得 A 点的速度分量 $v_{Ax}=0$,$v_{Ay}=B\omega$,则 A 点的动能

$$E_{kA}=\frac{1}{2}mv_A^2=\frac{1}{2}mv_{Ax}^2+\frac{1}{2}mv_{Ay}^2=\frac{1}{2}mB^2\omega^2 \tag{3-3-13}$$

同理,B 点的坐标为$(0,B)$,由式(3-3-11)得 $\cos(\omega t)=0$,$\sin(\omega t)=1$,由式(3-3-12)得 B 点的速度分量 $v_{Bx}=-A\omega$,$v_{By}=0$,则 B 点的动能

$$E_{kB}=\frac{1}{2}mv_B^2=\frac{1}{2}mv_{Bx}^2+\frac{1}{2}mv_{By}^2=\frac{1}{2}mA^2\omega^2 \tag{3-3-14}$$

(2) 运动学方程式(3-3-10)的两边分别对时间求二阶导数,得

$$\boldsymbol{a}=-A\omega^2\cos(\omega t)\boldsymbol{i}-B\omega^2\sin(\omega t)\boldsymbol{j}$$

根据牛顿第二定律 $\boldsymbol{F}=m\boldsymbol{a}$,得合外力

$$\boldsymbol{F}=m\boldsymbol{a}=ma_x\boldsymbol{i}+ma_y\boldsymbol{j}=-mA\omega^2\cos(\omega t)\boldsymbol{i}-mB\omega^2\sin(\omega t)\boldsymbol{j} \tag{3-3-15}$$

因为 $x=A\cos(\omega t)$,$y=B\sin(\omega t)$,故合外力在 Ox 轴和 Oy 轴的分力分别为

$$\boldsymbol{F}_x=-mA\omega^2\cos(\omega t)\boldsymbol{i}=-m\omega^2x\boldsymbol{i}$$

$$\boldsymbol{F}_y=-mB\omega^2\sin(\omega t)\boldsymbol{j}=-m\omega^2y\boldsymbol{j}$$

质点从 A 点$(x=A)$运动到 B 点$(x=0)$的过程中,沿 Ox 轴方向的分力所做的功为

$$W_x=\int_A^0F_x\mathrm{d}x=-\int_A^0m\omega^2A\cos(\omega t)\mathrm{d}x=-\int_A^0m\omega^2x\mathrm{d}x=\frac{1}{2}mA^2\omega^2$$

质点从 A 点$(y=0)$运动到 B 点$(y=B)$的过程中,沿 Oy 轴方向的分力所做的功为

$$W_y=\int_0^BF_y\mathrm{d}y=-\int_0^Bm\omega^2B\sin(\omega t)\mathrm{d}y=-\int_0^Bm\omega^2y\mathrm{d}y=-\frac{1}{2}mB^2\omega^2$$

合外力 $\boldsymbol{F}$ 所做的总功为

$$W=W_x+W_y=\frac{1}{2}mA^2\omega^2-\frac{1}{2}mB^2\omega^2 \tag{3-3-16}$$

式(3-3-16)的结果也可以通过将式(3-3-10)和式(3-3-15)代入 $W=\int_A^B\boldsymbol{F}\cdot\mathrm{d}\boldsymbol{r}$ 积分求得(请读者自行完成)。

式(3-3-14)与式(3-3-13)相减,得到的结果和式(3-3-16)一样,这正是动能定理的具体体现。

【练习 3-3】

3-3-1 小车沿平直轨道运动,设沿此轨道取 Ox 轴,小车所受的水平力为 $F=\mu mg(1-kx)$,其中 m 为小车的质量,μ 和 k 都为大于零的常量,求小车从 $x=a$ 运动到 $x=b$ 的过程中水平力所做的功。

3-3-2 一质点受力 $F=F_0\mathrm{e}^{-kx}$ 作用,式中 k 为大于零的常数。若质点在 $x=0$ 处的速度为零,求此质点所能达到的最大动能。

3-3-3 一个质量为 m 的质点最初静止在 $x=l_0$ 处,在力 $F=-k/x^2$ 作用下沿 Ox 轴

运动,其中 k 为恒量。试求物体运动到 $x=l$ 处的速度和加速度。

3-3-4 一质点在力 $\boldsymbol{F}=4y\boldsymbol{i}+2x\boldsymbol{j}+\boldsymbol{k}$ 作用下沿一螺旋线 $x=4\cos\theta, y=4\sin\theta, z=2\theta$,从 $\theta=0$ 到 $\theta=\pi$,求此力在这一过程中对质点所做的功。

3-3-5 质量为 m 的质点在外力作用下,其运动学方程为 $\boldsymbol{r}=A\cos(\omega t)\boldsymbol{i}+B\sin(\omega t)\boldsymbol{j}$,式中 A、B、ω 都是正的常量。求外力在 $t=0$ 到 $t=\dfrac{\pi}{2\omega}$ 这段时间内所做的功。

3-3-6 一物体按规律 $x=Bt^2$ 在流体媒质中做直线运动,式中 B 为常量,t 为时间。设媒质对物体的阻力正比于速度的平方,阻力系数为 k,试求:

(1) 物体在任一时刻 t 所受的阻力;

(2) 物体由 $x=0$ 运动到 $x=l$ 时,阻力所做的功。

3-3-7 一质量为 m 的小球竖直落入水中,刚接触水面时其速率为 v_0。设此球在水中所受的浮力与重力相等,水的阻力为 $F_r=-bv$,b 为一常量。求阻力对球做的功与时间的函数关系。

3.4 保守力与势能

【思考 3-4】

可以证明,一对力做的功只决定于两质点间的相对位移。因此,求一对力的做功问题,可以认为其中的一个质点静止,并选该质点所在位置为坐标原点,只计算两质点间的相互作用力对另一质点做的功即可。按照这样的思路,试计算一对万有引力的功。这对万有引力的功有何特点?重力、弹性力和摩擦力的做功又有何特点?

3.4.1 一对万有引力的功

设有两个质点,质量分别为 m、m',若求它们间的一对万有引力所做的功,可取质点 m' 的位置为坐标原点,质点 m 在任意时刻相对 m' 的位置用位矢 $\boldsymbol{r}$ 表示,并令 $\boldsymbol{r}_0$ 为沿 $\boldsymbol{r}$ 方向的单位矢量,如图 3-4-1 所示。则质点 m 所受 m' 的万有引力可表示为

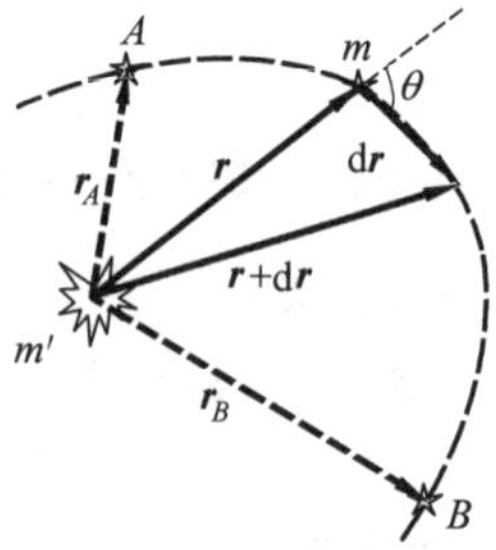

图 3-4-1

$$\boldsymbol{F}_{引}=-G\frac{m'm}{r^2}\boldsymbol{r}_0$$

质点 m 从 A 点(位矢记为 $\boldsymbol{r}_A$)沿图 3-4-1 中所示的虚线路径移动到 B 点(位矢记为 $\boldsymbol{r}_B$),万有引力所做的功为

$$W_{引}=\int_A^B \boldsymbol{F}_{引}\cdot \mathrm{d}\boldsymbol{r}=\int_A^B -G\frac{m'm}{r^2}\boldsymbol{r}_0\cdot \mathrm{d}\boldsymbol{r}$$

$$=\int_{r_A}^{r_B} -G\frac{m'm}{r^2}\mathrm{d}r=Gm'm\left(\frac{1}{r_B}-\frac{1}{r_A}\right) \quad (3\text{-}4\text{-}1)$$

式中,$\boldsymbol{r}_0\cdot \mathrm{d}\boldsymbol{r}=|\mathrm{d}\boldsymbol{r}|\cdot\cos\theta=\mathrm{d}r$ 可由图 3-4-1 中的几何关系推知。式(3-4-1)表明,质量一定的两质点之间的一对万有引力的功只决定于两质点始、末的相对位置,与质点移动的路径无关。

【讨论 3-4-1】

(1) 当物体在重力或弹性力或摩擦力的作用下，从初始位置 A 经过某任意路径到达终了位置 B 时，试分析在这个过程中重力做的功、弹性力做的功以及摩擦力做的功。

(2) 万有引力、重力、弹性力以及摩擦力的做功各有什么结论？在物体从起始位置经过任意一个闭合路径又回到起始位置的过程中，各个力的做功又等于多少？

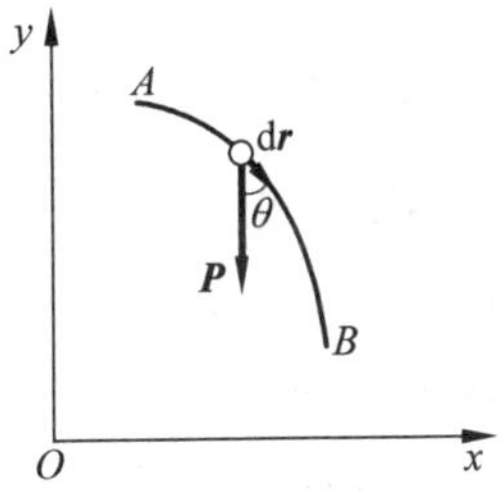

图 3-4-2

【分析】

(1) 如图 3-4-2 所示，一个质量为 m 的质点在重力的作用下，从起始位置 A（其 Oy 轴坐标为 y_A）经过某路径到达终了位置 B（其 Oy 轴坐标为 y_B）。在如图所示的坐标系中，质点所受的重力可表示为

$$\boldsymbol{F}_{\text{重}} = -mg\boldsymbol{j}$$

位移元 $\mathrm{d}\boldsymbol{r}=\mathrm{d}x\boldsymbol{i}+\mathrm{d}y\boldsymbol{j}$，重力对质点所做的功

$$W_{\text{重}} = \int_A^B \boldsymbol{F}_{\text{重}} \cdot \mathrm{d}\boldsymbol{r} = \int_{y_A}^{y_B} -mg\,\mathrm{d}y = -(mgy_B - mgy_A) \tag{3-4-2}$$

式(3-4-2)表明，重力做功也只与质点的起始位置和终了位置有关，与质点所经过的路径无关。

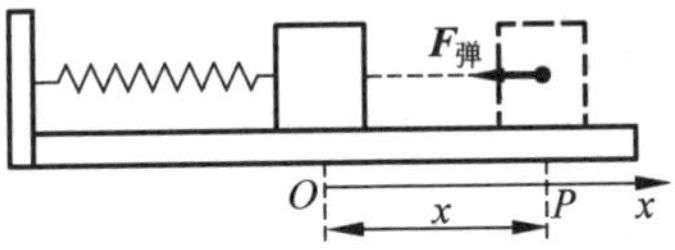

图 3-4-3

如图 3-4-3 所示，一个质量可以忽略不计且劲度系数（即弹性系数）为 k 的弹簧一端固定，另一端系一个质量为 m 的物体放在光滑的桌面上。若取弹簧原长处为坐标原点 O，水平向右为 Ox 轴正向，则当物体处于坐标为 x 处时，弹簧的弹性力（在弹性限度内）的表达式为

$$\boldsymbol{F}_{\text{弹}} = -kx\boldsymbol{i}$$

物体在弹簧弹性力的作用下，从起始位置 A（其 Ox 轴坐标为 x_A）水平拉到终了位置 B（其 Ox 轴坐标为 x_B），弹性力在此过程中所做的功（Ox 轴分力做功 $W_x = \int_{x_A}^{x_B} F_x \mathrm{d}x$，想想为什么）为

$$W_{\text{弹}} = \int_{x_A}^{x_B} \boldsymbol{F}_{\text{弹}} \cdot \mathrm{d}\boldsymbol{r} = \int_{x_A}^{x_B} -kx\,\mathrm{d}x = -\left(\frac{1}{2}kx_B^2 - \frac{1}{2}kx_A^2\right) \tag{3-4-3}$$

式(3-4-3)表明，弹性力做功也只与质点的起始位置和终了位置有关，与质点所经过的路径无关。

(2) 万有引力、重力、弹性力做功都与质点所经过的路径无关，只与质点的起始位置和终了位置有关。因此，在物体从起始位置经过任意一个闭合路径又回到起始位置的过程中，这种类型的作用力对物体所做的功等于零。由例 3-3-1 的结果可知，摩擦力做功与质点所经过的路径有关。在物体经历闭合路径的过程中，摩擦力做功不为零。

3.4.2 保守力

如果一对力所做的功与相对路径无关，只取决于质点起始和终了的相对位置，则这样的一对力（或一个力）称为**保守力**（conservative force）。

一个质点相对另一个质点沿闭合路径移动一周，它们之间的保守力做功必为零，即

$$\oint_L \boldsymbol{F}_{保} \cdot \mathrm{d}\boldsymbol{r} = 0 \tag{3-4-4}$$

万有引力、重力、弹性力都是保守力,静电场力也是保守力。

力所做的功与路径有关的力称为非保守力,如摩擦力(耗散力)、爆炸力(做功为正)等。

3.4.3 势能

物理上把存在保守力的空间区域称为保守**力场**(field of conservative force)。由于保守力做功与路径无关,所做的功仅是受力质点起始和终了位置的函数,因此,我们可以在保守力场中找到一个只与位置有关的函数,这个函数在起始与终了位置的差值正好等于质点从起始位置移动到终了位置的过程中保守力所做的功。这个由位置决定的函数称为**势能函数**,简称**势能**(potential energy),记作 E_p。

在保守力 $\boldsymbol{F}$ 存在的保守力场中,为确定其中位置 M 点的势能值,需选一个参考位置(或势能零点)M_0,规定 $E_{pM_0}=0$,于是位置 M 点的势能定义为

$$E_{pM} = \int_M^{M_0} \boldsymbol{F} \cdot \mathrm{d}\boldsymbol{r} \tag{3-4-5}$$

式(3-4-5)的含义是,质点在保守力场中 M 点的势能,在量值上等于质点从 M 点移动至势能零点 M_0 的过程中保守力所做的功。

必须强调,只有保守力,才可以定义与之相应的势能。势能与保守力相联系,而力是物体间的相互作用,因此,势能属于彼此以保守力相互作用的整个质点系统。势能实质上是一种相互作用能,但为了表述方便,当某个质点在保守力场中运动时,常说成该质点在保守力场中的势能。

【讨论 3-4-2】

分析保守力做功与势能增量之间的关系。

【分析】

在保守力 $\boldsymbol{F}$ 存在的保守力场中,取其中 M_0 点为势能零点。由势能定义式(3-4-5)可知,质点在位置 M_1 点和 M_2 点的势能分别为

$$E_{p1} = \int_{M_1}^{M_0} \boldsymbol{F} \cdot \mathrm{d}\boldsymbol{r}$$

$$E_{p2} = \int_{M_2}^{M_0} \boldsymbol{F} \cdot \mathrm{d}\boldsymbol{r}$$

势能增量为

$$\Delta E_p = E_{p2} - E_{p1} = \int_{M_2}^{M_0} \boldsymbol{F} \cdot \mathrm{d}\boldsymbol{r} - \int_{M_1}^{M_0} \boldsymbol{F} \cdot \mathrm{d}\boldsymbol{r}$$

保守力做功与路径无关,只与起始、终了位置有关,因此上式可改写为

$$\Delta E_p = E_{p2} - E_{p1} = \int_{M_2}^{M_0} \boldsymbol{F} \cdot \mathrm{d}\boldsymbol{r} + \int_{M_0}^{M_1} \boldsymbol{F} \cdot \mathrm{d}\boldsymbol{r} = \int_{M_2}^{M_1} \boldsymbol{F} \cdot \mathrm{d}\boldsymbol{r} = -\int_{M_1}^{M_2} \boldsymbol{F} \cdot \mathrm{d}\boldsymbol{r}$$

或者

$$W = \int_{M_1}^{M_2} \boldsymbol{F} \cdot \mathrm{d}\boldsymbol{r} = -(E_{p2} - E_{p1}) = -\Delta E_p \tag{3-4-6}$$

式(3-4-6)的物理意义是,在保守力场中,质点从 M_1 点移动至 M_2 点的过程中,保守力所做的功等于起始位置的势能减去终了位置的势能,即等于势能增量的负值。

3.4.4 常见保守力的势能

由势能定义式(3-4-5)可知,保守力场中某一位置的势能与势能零点的选取有关。只有在保守力场中选定某位置作为势能零点之后,才能确定其他位置点的势能值。理论上,势能零点的选取是任意的,一般视简便而定。

对于万有引力场,通常规定无穷远处为势能零点。令 $r_B=\infty$ 时的万有引力势能 $E_{p\infty}=0$,则将式(3-4-1)和式(3-4-6)联立,可得质点在任一位置 r 处的引力势能(the universal gravitational potential energy)为

$$E_p=-G\frac{m'm}{r} \tag{3-4-7}$$

对于重力场,通常选地面为势能零点位置。在如图 3-4-2 所示的坐标系中,若规定纵轴坐标 $y=0$ 处的重力势能 $E_p=0$,则将式(3-4-2)和式(3-4-6)联立,可得质点在任一位置(纵轴坐标为 y)处的重力势能(the gravitational potential energy)为

$$E_p=mgy \tag{3-4-8}$$

对于弹性力场,通常选取弹簧处于自然长度时为弹性势能零点。在如图 3-4-3 所示的坐标系中,规定 $x=0$ 时的弹性势能 $E_p=0$,则将式(3-4-3)和式(3-4-6)联立,可得质点在任一位置(坐标为 x)处的弹性势能(the elastic potential energy)为

$$E_p=\frac{1}{2}kx^2 \tag{3-4-9}$$

需要强调两点:①势能是物体状态的函数;②势能具有相对性,势能的值与势能零点的选取有关,但两位置之间的势能差与势能零点选取无关(想想为什么)。

例 3-4-1 如图 3-4-4 所示,一个质量为 m 的陨石从距地面高为 h 处由静止开始落向地面。若忽略空气阻力,求陨石在下落过程中万有引力所做的功。

解:取无穷远处为万有引力势能零点,由式(3-4-7)知,陨石在地面和高度为 h 处的引力势能分别为

$$E_{pR}=-\frac{GMm}{R}$$

$$E_{p(R+h)}=-\frac{GMm}{R+h}$$

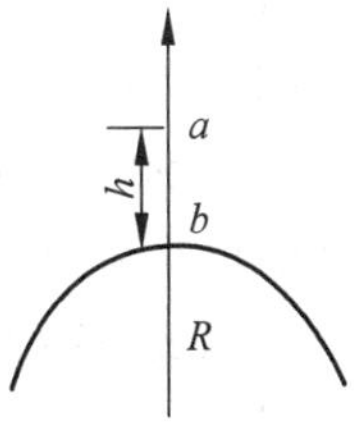

图 3-4-4

式(3-4-6)表明,万有引力所做的功等于引力势能增量的负值,则陨石在下落过程中万有引力所做的功为

$$W=-\left[\left(-\frac{GMm}{R}\right)-\left(-\frac{GMm}{R+h}\right)\right]=\frac{GMmh}{R(R+h)}$$

本题也可采用功的定义式 $W=\int_L \boldsymbol{F}\cdot d\boldsymbol{r}$ 计算,方法同 3.4.1 节,请读者自行完成。

陨石坑,又称撞击坑(impact crater),是行星、卫星、小行星或其他天体表面通过陨石撞击而形成的环形的凹坑。地球上目前约有 150 个大的依然可以辨认出来的撞击坑。这些撞击事件不仅改变了生物进化的过程,还在地球上形成了矿藏,并留下独特的地貌特征。假设一块陨石的质量为 1000t(陨石质量超过 1000t 的话,大气层基本上对它没有阻力作用),以

11.6km/s(想想为什么)的速度从外太空(距离地面的高度设为1000km)与地球相撞,读者可以估算一下这个平均冲力的大小,其能量级相当于核爆炸所释放出来的能量。

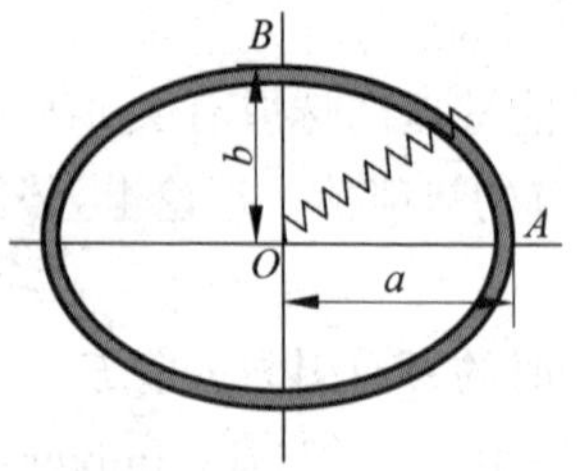

图 3-4-5

例 3-4-2 如图 3-4-5 所示,一滑环套在椭圆轨道上,并与一原长为 l_0、劲度系数为 k 的轻弹簧相连接,另一端固定在 O 点。已知椭圆的长半轴和短半轴分别为 a 和 b,且 $a>l_0>b$,求滑环从 A 点运动到 B 点的过程中,弹性力所做的功。

解:若规定弹簧处于自然长度时为弹性势能零点,则由式(3-4-9)知,A 点和 B 点的弹性势能分别为

$$E_{pA}=\frac{1}{2}k(a-l_0)^2$$

$$E_{pB}=\frac{1}{2}k(l_0-b)^2$$

式(3-4-6)表明,弹性力所做的功等于弹性势能增量的负值,则滑环由 A 点运动到 B 点的过程中,弹性力所做的功为

$$W=\frac{1}{2}k(a-l_0)^2-\frac{1}{2}k(l_0-b)^2$$

【练习 3-4】

3-4-1 设地球质量为 M,半径为 R。将质量为 m 的物体从地面 Q 点竖直上抛到距地面高度为 H 的 S 点,(1)求地球引力对物体所做的功;(2)若忽略空气阻力,并设 H 是物体上升的最大高度,问抛出物体的初速度应为多大?

3-4-2 已知地球质量为 M,半径为 R。一质量为 m 的卫星从地面发射到距地面高度为 $2R$ 的轨道上。

(1) 求在此过程中,地球引力对卫星所做的功。

(2) 求卫星在轨道上的动能、引力势能以及机械能。

(3) 1992 年,中国政府制定了载人航天工程“三步走”的发展战略,建成空间站是发展战略的重要目标。经过 30 年的努力,中国空间站(China Space Station,CSS)又称天宫空间站,在 2022 年终于建成。中国空间站的轨道高度为 400~450km,倾角 42°~43°,设计寿命为 10 年,长期驻留 3 人,最大可扩展为 180 吨级六舱组合体,以进行较大规模的空间应用。以轨道高度 400km、舱体 180t 估算中国空间站在其轨道上匀速运转的动能、引力势能以及机械能(地球半径 $R\approx6.4\times10^6$ m,地球质量 $M\approx6.0\times10^{24}$ kg,万有引力常数 $G=6.67\times10^{-11}\,\text{N/m}^2\cdot\text{kg}^2$)。

3-4-3 如图 3-4-6 所示,劲度系数为 k 的轻弹簧一端固定在墙上,另一端连一个质量为 m 的物体,物体与桌面间的摩擦系数为 μ。若以恒力 F 向右拉原来静止在平衡位置的物体,求物体到达最远位置时系统的势能。

3-4-4 如图 3-4-7 所示,一质量为 m 的物体以速率 v 滑过一个光滑的水平台,接着它撞上并压缩一个劲度系数为 k、处于自然伸长的弹簧,弹簧一端固定在墙壁上,求当弹簧使物体瞬间静止时弹簧压缩的最大值。

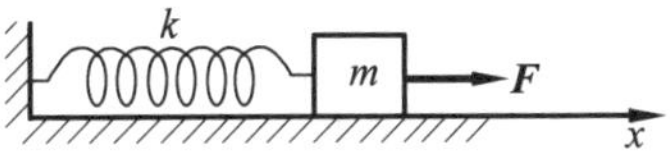

图 3-4-6

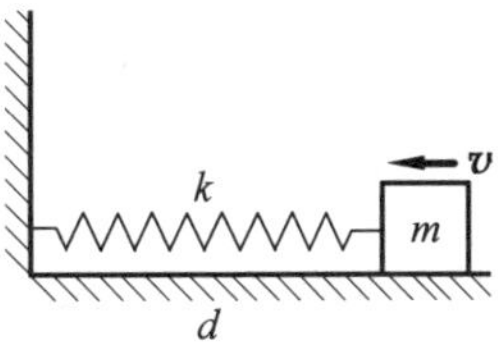

图 3-4-7

3-4-5 一上端悬挂在天花板上的铅垂橡皮筋，其张力的大小按 $F=ax^2$ 变化，其中 a 为一个正的常数，x 为橡皮筋的相对伸长量。以不挂重物时的下端作为坐标原点，橡皮筋质量不计。今在其下端悬挂一个质量为 m 的物体，在 $x=0$ 处自静止开始释放，求橡皮筋能达到的最大位移。

3-4-6 一质点由坐标原点从静止出发沿 Ox 轴运动。它在运动过程中受到指向原点的力作用，此力的大小正比于它与原点的距离，比例系数为 k。求当质点离开原点运动到坐标为 x 时，它相对坐标原点的势能值。

3-4-7 一个质量可以忽略不计且劲度系数为 k 的弹簧一端固定，另一端系一个质量为 m 的物体，两者所构成的系统叫作弹簧振子。如图 3-4-8(a)所示，一个水平方向的弹簧振子放在光滑的桌面上，取弹簧原长处(此处弹簧振子的合外力为零，称为弹簧振子的平衡位置)为坐标原点 O，水平向右为 Ox 轴正向。设初始时刻物体在 $x=x_A$ 处，速度为 v_A。

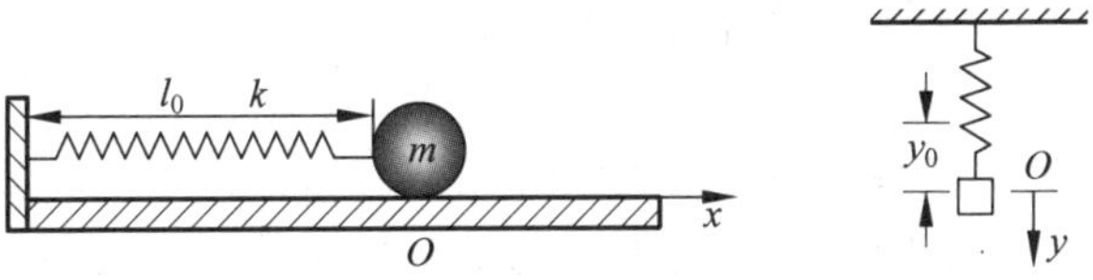

图 3-4-8

(1) 写出弹簧振子的运动规律(其坐标 x 随时间的变化规律)。

(2) 求弹簧振子在任意时刻的速度和加速度。

(3) 求弹簧振子在任意时刻的动能、势能及机械能。

(4) 弹簧振子系统的机械能是否守恒？为什么？

(5) 如图 3-4-8(b)所示，把劲度系数为 k 的轻质弹簧竖直悬挂，下端挂质量为 m 的物体。这两者所构成的系统也称为弹簧振子。将物体向下拉一段距离后再放开，物体也会振动起来。该振动系统的平衡位置处于振子所受合外力为零的位置，即满足 $mg=ky_0$ 处(此处弹簧的伸长量为 y_0)。若选取系统的平衡位置处为坐标原点 O，竖直向下为 Oy 轴正向，初始时刻物体在 $y=y_B$ 处，速度为 v_B，请写出这个系统的振子的运动规律(其坐标 y 随时间的变化规律)。比较水平放置和竖直放置的弹簧振子的运动特点，并分析产生这种振动的原因。

3.5 功能原理　机械能守恒定律

3.5.1 功能原理

设质点系由 n 个质点组成，其质量分别为 $m_1,m_2,\cdots,m_i,\cdots,m_n$，它们各自受到的外力分别记为$\boldsymbol{F}_1,\boldsymbol{F}_2,\cdots,\boldsymbol{F}_i,\cdots,\boldsymbol{F}_n$,各质点之间相互作用的内力记为$\boldsymbol{F}_{ij}(i\neq j)$,受力前各质点的速度分别记为$\boldsymbol{v}_{10},\boldsymbol{v}_{20},\cdots,\boldsymbol{v}_{i0},\cdots,\boldsymbol{v}_{n0}$,受力后的速度分别记为$\boldsymbol{v}_1,\boldsymbol{v}_2,\cdots,\boldsymbol{v}_i,\cdots,\boldsymbol{v}_n$,则质点系受力前的动能$E_{k1}=\sum_{i=1}^{n}m_iv_{i0}^2/2=m_1v_{10}^2/2+m_2v_{20}^2/2+\cdots+m_iv_{i0}^2/2+\cdots+m_nv_{n0}^2/2$,质点系受力后的动能$E_{k2}=\sum_{i=1}^{n}m_iv_i^2/2=m_1v_1^2/2+m_2v_2^2/2+\cdots+m_iv_i^2/2+\cdots+m_nv_n^2/2$,内力对质点系做的总功$W_{内}=\sum_{i\neq j}^{n}\left(\int_L\boldsymbol{F}_{ij}\cdot\mathrm{d}\boldsymbol{r}_i+\int_L\boldsymbol{F}_{ji}\cdot\mathrm{d}\boldsymbol{r}_j\right)$,外力对质点系做的总功$W_{外}=\sum_{i=1}^{n}\left(\int_L\boldsymbol{F}_i\cdot\mathrm{d}\boldsymbol{r}_i\right)$。类似式(3-3-9)的推导方法,可进一步推知由$n$个质点组成的质点系的动能定理为

$$W_{外}+W_{内}=E_{k2}-E_{k1}$$

质点系的内力分为保守内力与非保守内力。由于保守内力做的功等于势能增量的负值,在上式中可以考虑将保守内力的功以势能增量的负值替代。将质点系受力前后的势能分别记为E_{p1}和E_{p2},将系统的动能与势能之和定义为系统的机械能(mechanical energy)

$$E=E_k+E_p \tag{3-5-1}$$

由式(3-4-6)得$W_{保内}=-(E_{p2}-E_{p1})$,将其代入上面的质点系的动能定理表达式,则有

$$W_{外}+W_{保内}+W_{非保内}=E_{k2}-E_{k1}$$

$$W_{外}+W_{非保内}=E_2-E_1 \tag{3-5-2}$$

式中,$E_1=E_{k1}+E_{p1}$为质点系受力前的机械能,$E_2=E_{k2}+E_{p2}$为质点系受力后的机械能。式(3-5-2)的意义是,质点系所受的外力的功与非保守内力的功之和等于系统机械能的增量,这个结论称为功能原理(work-energy theorem)。

质点系的功能原理和动能定理本质上是一致的(想想为什么)。

3.5.2 机械能守恒定律

由功能原理的表达式(3-5-2)可知,当质点系所受的外力不做功,非保守内力也不做功时,有

$$E=恒量 \tag{3-5-3}$$

也就是说,若在某一过程中,当只有保守内力对系统做功时,系统的机械能保持不变,这个结论称为机械能守恒定律(the law of conservation of mechanical energy)。

当系统的机械能守恒时,我们可将某一时刻的动能与势能之和与另一时刻的两者之和联系起来,而不必考虑中间的运动,也不必求解所涉及的力所做的功。因此,利用机械能守恒定律可以较容易地求解一些用牛顿运动定律难以求解的问题。

应用机械能守恒定律须注意的问题有:①选择好系统,分清系统的内力与外力;②分清系统的内力中的保守力和非保守力,判断机械能守恒定律的条件是否满足;③选择合适的保守力的势能零点。

例 3-5-1 如图 3-5-1 所示,一轻弹簧的一端系在铅直放置的圆环的顶点P,另一端系一质量为m的小球,小球穿过圆环并在环上运动(滑动摩擦系数$\mu=0$)。开始时球静止于点A,弹簧处于自然状态,其长等于环半径R。当球运动到环的底端点B时,球对环没有压

力。求弹簧的劲度系数。

解：以弹簧、小球和地球为一系统，小球从 A 点到 B 点的过程中，只有保守内力（重力和弹簧的弹性力）做功，所以系统的机械能守恒，有 $E_A=E_B$。

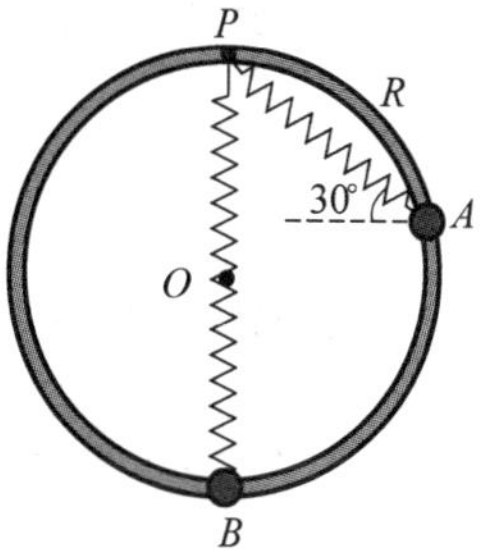

图 3-5-1

取 B 点为重力势能零点，弹簧处于自然长度时弹性势能为零。则系统在 A 点时只有重力势能，弹性势能为零，有 $E_{pA}=mgR(2-\sin 30°)$；而在 B 点时系统既有动能，还有弹性势能（弹簧的伸长为 R），重力势能为零，则有 $E_{pB}=\frac{1}{2}kR^2$。设小球在 B 点的速率为 v_B，由系统的机械能守恒得

$$\frac{1}{2}mv_B^2+\frac{1}{2}kR^2=mgR(2-\sin 30°) \tag{3-5-4}$$

小球在环上做圆周运动，在 B 点受到竖直向上的弹簧弹性力和竖直向下的重力，两者的合力提供小球在 B 点做圆周运动的向心力，即

$$kR-mg=m\frac{v_B^2}{R} \tag{3-5-5}$$

将式(3-5-4)和式(3-5-5)联立，可求得弹簧的劲度系数

$$k=\frac{2mg}{R}$$

注意，本题中的机械能既包含小球的动能和重力势能，也包含弹簧的弹性势能。在应用机械能守恒定律分析物理问题时，如果在物理过程中有多个保守力做功，系统的机械能就要包含所有保守力所对应的势能。

例 3-5-2 计算第一宇宙速度和第二宇宙速度。

解：设地球的半径为 R，地球的质量为 M，航天器的质量为 m，万有引力常数为 G，地球表面的重力加速度取 $g=9.8\text{m/s}^2$。

(1) 要使从地球表面发射的航天器在距地面 h 高度绕地球做匀速圆周运动，所需的最小发射速度就是第一宇宙速度，记为 v_1。

在发射航天器（可看作地球的卫星）的过程中，因为只有地球与航天器之间的万有引力做功（不考虑空气阻力），故系统的机械能守恒。设航天器在距地面 h 高度的轨道上绕地球运动的速度为 v，则有

$$\frac{1}{2}mv_1^2-G\frac{Mm}{R}=\frac{1}{2}mv^2-G\frac{Mm}{R+h} \tag{3-5-6}$$

航天器在距地面 h 高度绕地球做匀速圆周运动时，由万有引力提供向心力。根据牛顿第二定律得

$$G\frac{Mm}{(R+h)^2}=m\frac{v^2}{R+h} \tag{3-5-7}$$

将式(3-5-6)和式(3-5-7)联立，求解得

$$v_1=\sqrt{\frac{2GM}{R}-\frac{GM}{R+h}} \tag{3-5-8}$$

因为 $mg \approx \frac{GMm}{R^2}$，即有

$$\frac{GM}{R} = gR \tag{3-5-9}$$

将式(3-5-9)代入式(3-5-8)，并考虑到 $h \ll R$，则得第一宇宙速度

$$v_1 = \sqrt{gR\left(2 - \frac{R}{R+h}\right)} \approx \sqrt{gR} = 7.9 \times 10^3 \text{ m/s} \tag{3-5-10}$$

(2) 当地球表面发射的航天器超过第一宇宙速度 v_1 且达到一定值时，它就会脱离地球的引力场而成为围绕太阳运行的人造行星。航天器脱离地球的引力而必须具有的最小发射速度称为第二宇宙速度，记为 v_2。要摆脱地球引力的束缚，就是几乎不受地球引力的影响，这与航天器处于离地球无穷远处的情况等价。即航天器在离地球无穷远处的动能必须大于或等于零，航天器的引力势能为零。根据机械能守恒定律得

$$\frac{1}{2}mv_2^2 - G\frac{Mm}{R} = E_{k\infty} + E_{p\infty} = 0 \tag{3-5-11}$$

将式(3-5-9)代入式(3-5-11)，得第二宇宙速度为

$$v_2 = \sqrt{\frac{2GM}{R}} = \sqrt{2gR} = \sqrt{2}\,v_1 = 11.2 \times 10^3 \text{ m/s} \tag{3-5-12}$$

当地球表面发射的航天器超过第二宇宙速度 v_2 且达到一定值时，它就会飞出太阳系，到浩瀚的银河系中漫游。航天器脱离太阳系的引力所需要的最小发射速度称为第三宇宙速度，记作 v_3。经过理论计算(请读者自行完成)，可得 $v_3 = 16.7 \times 10^3$ m/s。需要注意的是，这是在航天器的入轨速度与地球的公转速度方向一致情况下计算出的 v_3 值；如果方向不一致，所需速度就要大于 16.7×10^3 m/s。

图 3-5-2

航天器的速度是挣脱地球乃至太阳引力的唯一要素，只有工质发动机(通常为多级火箭)才能突破。截至 2023 年年初，中国的运载火箭系统包括长征二号 F(见图 3-5-2，简称 CZ-2F)运载火箭系统、长征七号(简称 CZ-7)运载火箭系统及长征五号 B(简称 CZ-5B)运载火箭系统。其中，CZ-5B 运载火箭主要承担空间站核心舱和实验舱等舱段发射任务，是我国目前近地轨道运载能力最大的火箭。CZ-7 运载火箭是我国新一代无毒低污染的中型运载火箭，承担了空间站工程期间货运飞船发射任务。而被称为“神箭”的 CZ-2F 运载火箭是在长征二号 E 运载火箭的基础上，按照发射载人飞船的要求，以提高可靠性、确保安全性为目标研制的火箭，是我国目前唯一一种载人运载火箭。CZ-2F 运载火箭具有两种状态，即发射天宫实验室状态和发射载人飞船状态。为满足空间站阶段新的任务需求，CZ-2F 运载火箭通过不断技术创新和设计改进，其可靠性指标已由原来的 0.97 提升至 0.98，安全性指标提升至 0.999 96，也就是火箭发射十万次，才有四次逃逸失败的可能。在保障航天员安全方面，做到了比“万无一失”更好，为空间站阶段载人飞行任务的顺利实施提供了有力保障。CZ-2F 运载火箭从

研制起陪伴中国载人航天走过了30多年，是名副其实的“金牌老将”，其性能持续不断的“自我提升”正是中国载人航天事业由弱到强的展示！

3.5.3 普遍的能量守恒定律

如考虑到各种物理现象以及各种能量，则有以下结论。

对于一个与自然界无任何联系的系统来说，系统内各种形式的能量是可以相互转换的，但是无论任何转换，能量既不能产生，也不能消灭，系统的各种能量总和是不变的。这就是能量守恒定律(conservation of energy in general)。

能量守恒定律同生物进化论、细胞的发现被恩格斯誉为19世纪的三个最伟大的科学发现。能量守恒定律是在无数实验事实的基础上建立起来的，是自然科学的普遍规律之一。

自然界一切已经实现的过程都遵守能量守恒定律。无论是宏观过程还是微观过程，无论是生命过程还是无生命过程，都不可以违背这个规律。凡是违反能量守恒定律的过程都是不可能实现的，例如“永动机”只能以失败而告终。

描述自然界的行为可使用许多物理量，如动量、角动量、机械能、电荷、质量、宇称、粒子反应中的重子数、轻子数等，都具有相应的守恒定律。比如，力学中有动量守恒定律、角动量守恒定律、机械能守恒定律等。自然界中还有质量守恒定律、电荷守恒定律，以及粒子物理学中的重子数、轻子数、奇异数、宇称守恒定律等。物理学家特别注重守恒量和守恒定律的研究，因为利用守恒定律可避开过程的细节，只对系统始、末状态下结论。守恒定律是认识世界的有力武器。

【练习 3-5】

3-5-1 某弹簧不遵守胡克定律。设所受的作用力为 F，相应的伸长量为 x，力与伸长量的关系为 $F=52.8x+38.4x^2$(SI)。

(1) 将弹簧横放在水平光滑桌面上，一端固定，另一端系一个质量为2.17kg的物体，然后将弹簧拉伸到一定伸长量 $x_2=1.00\text{m}$，再将物体由静止释放，求当弹簧回到 $x_1=0.50\text{m}$ 时的物体速率。

(2) 此弹簧的弹力是保守力吗？

3-5-2 一个质量为 m 的蹦极爱好者站在河上方高为 H 的桥上，已知弹性蹦极绳的松弛长度为 L，该绳遵从胡克定律，其劲度系数设为 k。如果这个人到达水面之前正好停下，问他身处最低点时，他的脚距水面的高度 h 为多少？

3-5-3 一个质量 $m=2.0\text{kg}$ 的物块从 $h=40\text{cm}$ 高处掉落到劲度系数为 $k=1960\text{N/m}$ 的弹簧上，如图3-5-3所示。求弹簧被压缩的最大距离。

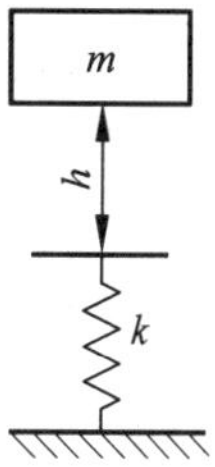

图 3-5-3

3-5-4 判断下面的各个过程中，由两小球和弹簧组成的系统的动量是否守恒，系统的机械能是否守恒。

(1) 两质量分别为 m_1、m_2 的小球用一劲度系数为 k 的轻弹簧相连，放在水平光滑桌面上，今以等值反向的力分别作用于两小球，使弹簧逐渐拉伸的过程。

(2) 两质量分别为 m_1、m_2 的小球用一劲度系数为 k 的轻弹簧相连，放在水平光滑桌面上，以等值反向的力挤压两小球使弹簧逐渐压缩的过程。

(3) 两质量分别为 m_1、m_2 的小球用一劲度系数为 k 的轻弹簧相连，放在水平光滑桌面上。首先用双手挤压两小球使弹簧处于压缩状态，然后撤掉外力，两小球被弹开的过程。

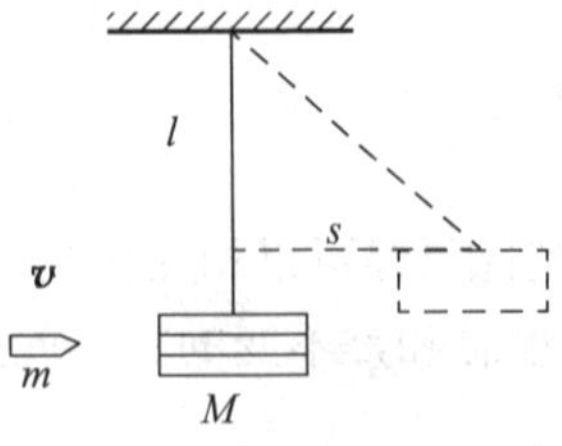

图 3-5-4

3-5-5 冲击摆是一种“变换器”，把轻物体(子弹)的高速率变换成更容易测量的重物体的低速率。如图 3-5-4 所示，质量为 M 的木块被悬挂在长度为 l 的细绳下端，一质量为 m 的子弹沿水平方向以速度 v 射中木块，并停留在其中。木块受到冲击而向斜上方摆动，当到达最高位置时，测得木块的水平位移为 s。试确定子弹的入射速率 v。

3-5-6 设质量分别为 m_1、m_2 的两球(均可视为质点)在两球的球心连线方向上发生了完全弹性正碰撞，已知两球在碰撞前的速度分别为 $\boldsymbol{v}_{10}$、$\boldsymbol{v}_{20}$，求这两球在碰撞后的速度 $\boldsymbol{v}_1$ 和 $\boldsymbol{v}_2$，并进一步讨论：两球在以下三种特殊情况下发生一维完全弹性正碰撞时，会有怎样的特殊结论？

(1) $m_1=m_2$；

(2) $m_1 \ll m_2$，且 $v_{20}=0$；

(3) $m_1 \gg m_2$，且 $v_{20}=0$。

3-5-7 2021 年 6 月 17 日 9 时 22 分，我国的神舟十二号载人飞船在酒泉卫星发射中心成功点火发射，这个时间点如此精确，可谓是航天专家们精心挑选的“良辰吉日”！你知道为什么在火箭发射时间上如此煞费苦心吗？发射时机又与哪些因素有关？查阅资料，了解中国航天工程的复杂与伟大以及其中蕴含的科学道理。

3-5-8 在宏观的自然界中，能量守恒定律适用于一切运动过程。实验发现，在微观世界里的 α 衰变也遵循能量守恒定律，放出来的粒子有确定的能量；γ 衰变也遵循能量守恒定律，放出来的 γ 光子也有确定的能量。但是，在 β 衰变过程中，原子核自发地放出粒子(电子)，使质子和中子相互转变。科学家们发现 β 衰变前后的能量不守恒。也就是说，发生 β 衰变后，有一部分能量不知道去哪里了。难道 β 衰变过程的能量不守恒？还是 β 衰变过程中伴随着另一种神秘粒子的发射？查阅关于中微子的发现过程，了解科学家们是如何应用守恒定律解决 β 衰变的能量问题的。

3-5-9 在研究新现象的过程中，当发现某个守恒定律不成立时，科学家们往往做以下的考虑：①寻找被忽略的因素，使守恒定律仍然成立；②引入新概念，使守恒定律更普遍化；③当守恒定律无法“补救”时，宣布该守恒定律失效。查阅相关资料，了解物理学家们如何解决在弱作用下的宇称不守恒问题；在其他自然科学以及工程技术中，有哪些守恒或者不守恒的现象。

3-5-10 守恒定律揭示了自然界普遍的属性——对称性。每一个守恒定律都相应于一种对称性(变换不变性)。如动量守恒相应于空间平移的对称性，能量守恒相应于时间平移的对称性，角动量守恒相应于空间转动的对称性，查阅有关资料，了解守恒定律和对称性的对应性。

3.6 碰撞

通俗地讲，碰撞(collisions)是指在物体间发生的猛烈撞击。精确地讲，碰撞是指两个或两个以上的物体在相对短的时间内以相对强的力发生的相互作用过程。其主要特点如下：

（1）碰撞物体之间的相互作用是突发性的，持续时间极短。

（2）在碰撞过程中，物体之间的相互作用力的峰值极大，且远大于外力。此种情形的外力可以忽略，因而符合动量守恒定律的适用条件。

（3）在碰撞过程中，物体会产生短暂且看不见的形变。

（4）碰撞发生的范围从亚原子粒子的微观尺度直到碰撞的恒星和星云的天文尺度。需要注意的是，有些碰撞不一定接触，碰撞的相互作用力也不一定是一个涉及接触的力。

由上述的碰撞特点可知，系统在碰撞过程中动量守恒，但是其能量不一定守恒。按照碰撞过程的能量是否守恒，碰撞分为两类：系统能量守恒的碰撞称为完全弹性碰撞（perfectly elastic collisions），系统能量不守恒的碰撞称为非弹性碰撞（inelastic collisions）。其中，若系统在碰撞后以相同的速度运动，则这样的非弹性碰撞称为完全非弹性碰撞（perfectly inelastic collisions）。

为简单起见，本节只讨论均可视为质点的两个物体发生的一维正碰撞（一维对心碰撞），即两物体在碰撞过程中的速度都沿着两球心的连线（碰撞体可视作球体，以下同）。

3.6.1 弹性碰撞

假设质量分别为 m_1、m_2 的两物体发生了一维的完全弹性正碰撞。两物体在碰撞前的速度分别记为$\boldsymbol{v}_{10}$、$\boldsymbol{v}_{20}$，碰撞后的速度分别变为$\boldsymbol{v}_1$、$\boldsymbol{v}_2$。由于发生对心碰撞的两物体在碰撞过程中的速度都沿着两物体球心的连线，因此作如下规定，与$\boldsymbol{v}_{10}$ 同方向的两球心的连线方向为正方向（式(3-6-1)中的各速度都先假设为正值，当计算出的速度为负值时，表明该速度的方向与规定的正方向相反）。当两物体的碰撞为一维的完全弹性正碰撞时，系统的动量和机械能都守恒（这里采用动能守恒，想想为什么）。则有

$$m_1 v_1 + m_2 v_2 = m_1 v_{10} + m_2 v_{20} \tag{3-6-1}$$

$$\frac{1}{2} m_1 v_1^2 + \frac{1}{2} m_2 v_2^2 = \frac{1}{2} m_1 v_{10}^2 + \frac{1}{2} m_2 v_{20}^2 \tag{3-6-2}$$

求解式(3-6-1)和式(3-6-2)联立的方程组可得

$$\begin{cases} v_1 = \dfrac{(m_1 - m_2) v_{10} + 2m_2 v_{20}}{m_1 + m_2} \\ v_2 = \dfrac{(m_2 - m_1) v_{20} + 2m_1 v_{10}}{m_1 + m_2} \end{cases} \tag{3-6-3}$$

【讨论 3-6-1】

若发生一维对心弹性碰撞的两物体符合下面的三种特殊情况，试讨论它们碰撞后的结果有怎样的特殊结论。

（1）两物体的质量相等，即 $m_1 = m_2$；

（2）一个运动的、质量较轻的物体与另一个比它重得多且静止的物体发生对心弹性碰撞，即 $m_1 \ll m_2$，且 $v_{20} = 0$；

（3）一个运动的、质量很大的物体与另一个比它轻得多且静止的物体发生对心弹性碰撞，即 $m_1 \gg m_2$，且 $v_{20} = 0$。

【分析】

（1）当 $m_1 = m_2$ 时，由式(3-6-3)得

$$v_1 = v_{20}, \quad v_2 = v_{10} \tag{3-6-4}$$

式(3-6-4)表明,发生一维对心弹性碰撞后的两物体将交换速度。其中最奇妙的是,如果物体2最初处于静止状态,物体1与之发生弹性正碰撞后,物体1会突然停止,物体2则按照物体1的速度前进。原子反应堆中的中子减速剂就是利用这个原理,在台球运动中也常常看到这样的现象。

(2) 当 $m_1 \ll m_2$,且 $v_{20}=0$ 时,由式(3-6-3)得

$$\begin{cases} v_1 = \left(\dfrac{m_1 - m_2}{m_1 + m_2}\right) v_{10} \approx -v_{10} \\ v_2 = \left(\dfrac{2m_1}{m_1 + m_2}\right) v_{10} \approx 0 \end{cases} \tag{3-6-5}$$

式(3-6-5)表明,当较轻的物体与比它重得多且静止的物体发生弹性正碰撞时,重物几乎不动,而轻物几乎以与碰前同样大的速度反向运动。乒乓球与墙壁的碰撞以及气体分子与器壁的碰撞就属于此类。

(3) 当 $m_1 \gg m_2$,且 $v_{20}=0$ 时,由式(3-6-3)得

$$v_1 \approx v_{10}, \quad v_2 \approx 2v_{10} \tag{3-6-6}$$

式(3-6-6)表明,当一个质量很大的物体与质量很小且静止的物体发生弹性正碰撞时,它的速度不会发生显著的改变,但是质量很小且静止的物体被碰撞后将运动起来,其速度约等于大质量物体速度的两倍。

3.6.2 完全非弹性碰撞

如果质量分别为 m_1 和 m_2、速度分别为 $\boldsymbol{v}_{10}$ 和 $\boldsymbol{v}_{20}$ 的两个物体发生对心碰撞后以相同的速度运动,即碰撞后两物体的速度 $\boldsymbol{v}_1 = \boldsymbol{v}_2 = \boldsymbol{v}$,则这样的碰撞称为完全非弹性碰撞。此时,系统的机械能不再守恒,但系统的动量仍然守恒,有

$$(m_1 + m_2)v = m_1 v_{10} + m_2 v_{20}$$

即

$$v = \frac{m_1 v_{10} + m_2 v_{20}}{m_1 + m_2} \tag{3-6-7}$$

【讨论 3-6-2】

在完全非弹性碰撞的过程中,机械能不再守恒,而是有损失。计算系统所损失的机械能,并进一步讨论,在打铁和打桩这两个完全非弹性碰撞过程中,如何设计两个碰撞物体的质量,才能使它们的工作效率更高?

【分析】

对于完全非弹性碰撞过程,应用式(3-6-7)的结果,可计算出碰撞系统所损失的机械能(动能)为

$$\begin{aligned} \Delta E &= \left(\frac{1}{2}m_1 v_{10}^2 + \frac{1}{2}m_2 v_{20}^2\right) - \frac{1}{2}(m_1 + m_2)v^2 \\ &= \frac{m_1 m_2}{2(m_1 + m_2)}(v_{10} - v_{20})^2 \end{aligned}$$

讨论一个特殊情形。若运动的物体1与静止的物体2(即 $v_{20}=0$)发生完全非弹性碰

撞，令 $E_0=\frac{1}{2}m_1v_{10}^2$ 表示系统碰撞前的机械能，则系统在碰撞后损失的机械能为

$$\Delta E=\frac{m_2}{m_1+m_2}E_0=\frac{1}{1+\frac{m_1}{m_2}}E_0 \tag{3-6-8}$$

由式(3-6-8)可以得到如下结论：当 $m_1\gg m_2$ 时，系统的机械能几乎不损失，因此打桩时要用质量较大的落锤；当 $m_1\ll m_2$ 时，机械能完全损失，故打铁的榔头质量不能太重。打桩用质量大的落锤，打铁用质量不太重的榔头，人们在实践中早已经总结得到，其中也蕴含着科学道理。尊重科学和遵循规律是生活和生产中必须遵循的准则。

【讨论 3-6-3】

牛顿提出了碰撞定律，即碰撞后两物体的分离速度 v_2-v_1 与碰撞前两物体的接近速度 $v_{10}-v_{20}$ 之比为一定值，比值由两物体的材料性质决定，该比值称为恢复系数。试用恢复系数重写表达式(3-6-3)，并按照恢复系数的大小将碰撞进行分类。

【分析】

恢复系数

$$e=\frac{v_2-v_1}{v_{10}-v_{20}} \tag{3-6-9}$$

将式(3-6-9)代入式(3-6-3)，得

$$v_1=\frac{(m_1-em_2)v_{10}+(1+e)m_2v_{20}}{m_1+m_2}$$

$$v_2=\frac{(m_2-em_1)v_{20}+(1+e)m_1v_{10}}{m_1+m_2} \tag{3-6-10}$$

当 $e=0$ 时，有 $v_2=v_1$。即恢复系数为零($e=0$)的碰撞为完全非弹性碰撞。

当 $e=1$ 时，有 $v_2-v_1=v_{10}-v_{20}$，即碰撞后两物体的分离速度 v_2-v_1 等于碰撞前两物体的接近速度 $v_{10}-v_{20}$，此时式(3-6-10)变为式(3-6-3)。即恢复系数等于1($e=1$)的碰撞为完全弹性碰撞。

当恢复系数介于0和1之间($0<e<1$)时的碰撞为非完全弹性碰撞。

例 3-6-1 如图 3-6-1 所示的装置称为冲击摆，可用它测定子弹的速率。质量为 M 的木块被悬挂在长度为 l 的细绳下端，一质量为 m 的子弹沿水平方向以速率 v 射中木块，并停留在其中。木块受到冲击而向斜上方摆动，当到达最高位置时，木块的水平位移为 s。试确定子弹的入射速率。

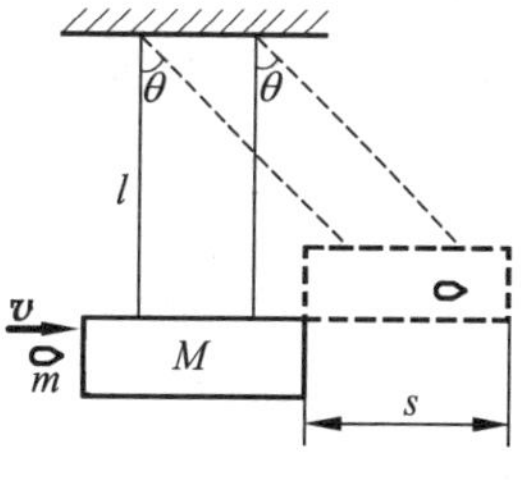

图 3-6-1

解：子弹和冲击摆的碰撞为完全非弹性碰撞，子弹和冲击摆所组成的系统在水平方向动量守恒。取子弹碰前的水平运动方向为正，并令碰撞后两者的共同速度为 u，由动量守恒定律得

$$mv=(m+M)u \tag{3-6-11}$$

获得共同速度 u 的子弹和冲击摆一起向斜上方摆动，在到达最高位置的过程中，只有重力做功，地球、子弹和冲击摆所组成的系统机械能守恒。令子弹和冲击摆在最低处的重力势能为零，摆动能够到达的最高高度设为 h，则由机械能守恒定律得

$$\frac{1}{2}(m+M)u^2=(m+M)gh \tag{3-6-12}$$

由图 3-6-1 中的几何关系知

$$h=l-\sqrt{l^2-s^2} \tag{3-6-13}$$

将式(3-6-11)～式(3-6-13)联立，解方程组得

$$v=\frac{m+M}{m}\sqrt{2g(l-\sqrt{l^2-s^2})}$$

冲击摆是一种“变换器”，把轻物体(子弹)的高速率变换成更容易测量的重物体(嵌入子弹的木块)的低速率。这种方法在科学研究和工程技术中有广泛的应用，比如，目前应用非常广泛的各式各样的传感器。国家标准 GB 7665—87 对传感器的定义是：“能感受规定的被测量并按照一定的规律(数学函数法则)转换成可用信号的器件或装置，通常由敏感元件和转换元件组成。”敏感元件直接感受被测量，并输出与被测量有确定关系的一种物理量信号；转换元件将敏感元件输出的物理量信号转换为更容易测量的电信号。为了使测量更准确和更容易，传感器还常常通过变换电路对转换元件输出的电信号进行放大调制。具体来讲，传感器通过感受诸如力、温度、光、声、化学成分等物理量，并把它们按照一定的规律转换为便于传送和处理的另一个物理量(通常是电压、电流等电学量)，或转换为电路的通断。

前面讨论的是两物体发生在同一直线上的碰撞——对心碰撞。如果两物体的碰撞不是沿同一直线运动，则这种碰撞称为非对心碰撞(也称斜碰撞)。此时，两球的动量仍然守恒，不过应考虑每个方向上的动量分量守恒。读者可通过练习 3-6-3 和练习 3-6-4 对斜碰撞作进一步讨论。

【练习 3-6】

3-6-1 如图 3-6-2 所示，质量为 M 的笼子用轻弹簧悬挂，静止在平衡位置，弹簧伸长 x_0。今有一个质量为 m 的油灰由距离笼底高 h 处自由落到笼底上。设油灰与笼底碰前的速度记为 v，碰撞后油灰与笼共同运动的速度记为 V；若油灰的质量与笼子的质量相同，即 $m=M$，试计算出笼子下移的最大距离 Δx。

3-6-2 如图 3-6-3 所示，一质量为 M 的木块置于劲度系数为 k 的弹簧上，系统处于静止状态。若一团质量为 m 的橡皮泥自木块上方 h 高处自由下落，与木块粘在一起运动，试求弹簧的最大弹性势能。

图 3-6-2

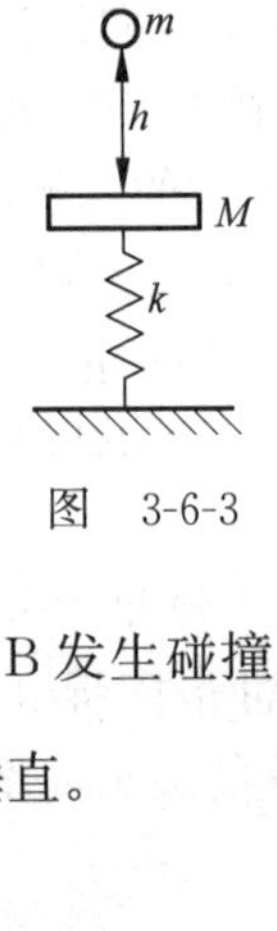

图 3-6-3

3-6-3 光滑水平面上有两个质量不同的小球 A 和 B 发生碰撞。起初，A 球静止，B 球具有速度$\boldsymbol{v}$ 。碰撞后 B 球速度的大小为$\frac{1}{2}v$，方向与$\boldsymbol{v}$ 垂直。

(1) 求碰撞后 A 球的运动方向；

(2) 根据已知信息，能否确定碰撞后小球 A 的速率?

3-6-4 如果一个中子和一个原来静止的氘核发生弹性碰撞后经过 90°角散射，中子给予氘核的能量是中子初动能的多少倍?

3-6-5 质量为 m 的小球沿水平方向以速率 v 与质量为 M 的物体发生完全弹性碰撞，已知质量为 M 的物体有以下两种情形，问小球因碰撞在两种情形时增加的动量大小分别为多少? 对两种情形加以比较，有怎样的结论? 物理学家们正是基于这样的结论设计并建造了对撞机。查询资料，了解粒子对撞机的工作原理。

(1) 质量为 M 的物体是固定的(即碰撞前静止)；

(2) 质量为 M 的物体是运动的，且其运动速度 $\boldsymbol{V}$ 与小球的速度$\boldsymbol{v}$ 反向。

第 4 章 刚体和定轴转动

前面我们讨论了质点和质点系的力学规律，本章将进一步讨论特殊的质点系——刚体，即具有一定形状和大小的物体的运动规律。

实验表明，任何物体在力的作用下都会发生不同程度的形变。例如，很多桥头竖立着限重标志，是为了保证桥梁通行安全，防止载货过重的汽车过桥时桥梁发生大的压缩变形而导致坍塌事故。但当载重小的汽车过桥时，桥梁的压缩变形通常非常微小，只有用精密仪器才能测量出来。在相对较小力的作用下，桥梁的这种微小形变对研究的问题(如研究汽车的运动)只是次要因素，因此可以忽略。根据在处理问题过程中常常采用抓主要矛盾忽略次要矛盾的方法，引进“**刚体**”(rigid body)这一理想模型。所谓刚体，就是在外力的作用下其形状和大小变化非常小，以至于可以忽略不计形变的物体。刚体是继质点模型后引进的又一个新的理想模型，在这个模型中考虑了实际物体的形状和大小，但忽略了它可能发生的形变。

刚体宏观上是一个连续体，在研究刚体运动时，常把刚体看成由许多可视为质点的质量微元(简称“**质元**”，mass element)组成。因此，可以借助前面讨论过的质点系的运动规律研究刚体的运动。由于刚体不变形，所以它实际上就是内部的各个质元间的相对位置固定不变的特殊质点系。

本章着重介绍刚体绕定轴的转动及其相应的规律，主要内容有：刚体定轴转动的描述、转动定律、角动量定理及其守恒定律、转动动能及其机械能守恒定律等。

4.1 刚体的运动简介

【思考 4-1】

(1) 分析下列运动的特点：

① 地铁平移门的开关，电梯的升降，自动扶梯上乘客的运动；

② 常见旋转门的运动，汽车方向盘的转动，时钟指针的运动；

③ 陀螺的运动；

④ 保龄球的滚动，汽车轮胎的运动。

(2) 观察教室门的开和关，分析门轴上的点、离门轴距离不同的点、平行门轴的同一条线上的各点以及垂直门轴的同一条线上的各点的运动，总结它们的运动特点。

平动和转动是刚体的两种最基本的运动形式，刚体的一般运动都可以看成这两种基本运动形式的合成。

4.1.1 刚体的平动

在运动过程中，如果刚体上任意两个质元的连线总是平行于它们的初始位置间的连线，或者说，刚体中所有质元的运动轨迹都保持完全相同，则这种运动形式称为刚体的**平动**(translation)，如图 4-1-1 所示。电梯的运动、气缸中活塞的运动、刨床上刀具的运动、地铁平移门的开/关等都是典型平动的例子。刚体做平动时，刚体上各质元的运动速度和加速度都相同。因此，刚体上任意一个质元的运动都可以代表整个刚体的运动。也就是说，对刚体平动的研究可归结为对质点运动的研究。通常都是用刚体质心(the center of mass)的运动来代表平动刚体的运动。

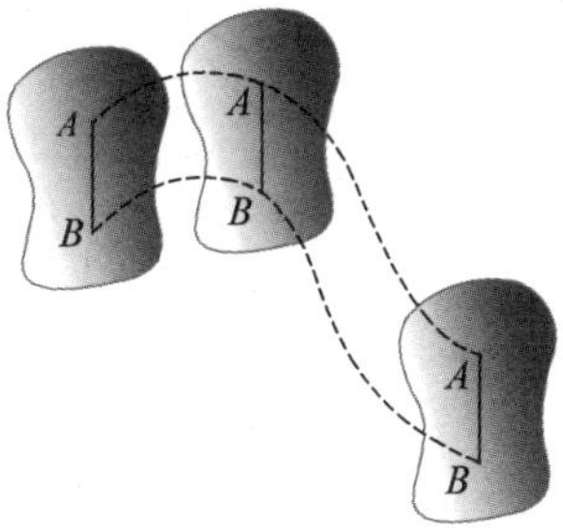

图 4-1-1

4.1.2 刚体的转动

如果在运动过程中的某一时刻，刚体上所有质元都绕一条共同的直线做圆周运动，则这种运动称为刚体的**转动**(rotation)，而该直线称为刚体的**转轴**(the axis of rotation)。

一般刚体的转动可分为定点转动与定轴转动。如果刚体上仅有一点固定不动，则称为**定点转动**(fixed-point rotation)，比如陀螺、雷达天线的转动。如果刚体运动时至少有两点固定不动，则称为**定轴转动**(fixed-axis rotation)，比如砂轮、电机转子等的转动。当然，对于定轴转动，两点连线上的各点亦均不动，此连线称为转轴。

刚体的一般运动可以看成随刚体的某一点(这一点可以不在刚体上，称为**基点**)的平动和绕过此基点的某一个转轴的转动的合成运动。

【讨论 4-1-1】

判断下列运动的类型，并观察生活和生产中还有哪些类似的运动类型：

(1) 平行四连杆机构(一些汽车的雨刷器)的运动；

(2) 直升机上螺旋桨的运动；

(3) 乒乓球在空中的运动；

(4) 游戏场中旋转木马的运动。

4.1.3 刚体的定轴转动

1. 刚体定轴转动的描述

刚体在做定轴转动时，轴上的各个质元保持不动，轴外的各个质元都绕转轴做圆周运动。各个质元做圆周运动的平面垂直于轴线，圆心在轴线上，此圆平面称为**转动平面**。由于各质元的相对位置保持不变，在同一时间间隔 dt 内各质元转过的角位移 $d\theta$ 都相同，所以各质元的角速度和角加速度也都相同。因此，定轴转动可转化为其中一个质元在其转动平面内的圆周运动，且用角量来描述。也就是说，刚体定轴转动的描述可归结为其上一个质元的圆周运动。前面所讲的有关圆周运动的描述在这里都适用。

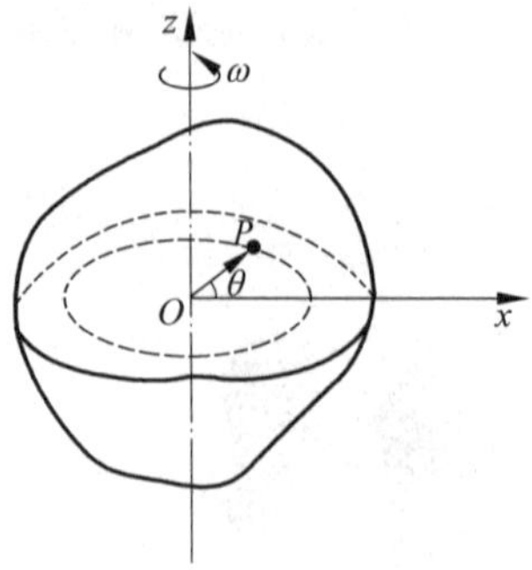

图 4-1-2

如图 4-1-2 所示，在刚体上任取一个质元 P 作为代表点，P 点在其转动平面上绕转轴做圆周运动，转动平面与转轴的交点 O 称为 P 的**转动中心**(the center of rotatiaon)。在转动平面上取相对于实验室静止的坐标轴 Ox。若 $t=0$ 时刻质元 P 在 Ox 轴上，则刚体在任意时刻的角位置就可用 $\overrightarrow{OP}$ 与 Ox 轴的夹角 θ 来描述。θ 表示 t 时刻刚体相对坐标轴 Ox 转过的角度，称为角位置(angular position)，并规定沿逆时针方向转动为正。角位置 θ 为时间 t 的函数，即

$$\theta=\theta(t) \tag{4-1-1}$$

称为角运动方程。

类比质点做圆周运动时的角位移、角速度、角加速度的定义方法，下面定义刚体定轴转动的角位移、角速度和角加速度。

如果刚体在 t 时刻和 $t+\Delta t$ 时刻的角位置分别为 $\theta(t)$ 和 $\theta(t+\Delta t)$，则角位移(angular displacement)定义为

$$\Delta\theta=\theta(t+\Delta t)-\theta(t) \tag{4-1-2}$$

角位移对时间的变化率称为角速度(angular velocity)，即

$$\omega=\lim_{\Delta t\to 0}\frac{\Delta\theta}{\Delta t}=\frac{\mathrm{d}\theta}{\mathrm{d}t} \tag{4-1-3}$$

角速度 ω 的单位为弧度每秒(rad/s)。无限小角位移可以看作矢量，为了描述刚体的转动方向，规定角速度的方向沿转轴，其指向由与刚体转动方向成右手螺旋关系(right-hand screw rule)确定，如图 4-1-3(a)所示。当刚体做定轴转动时，角速度的方向沿着转轴，只有正、反两个方向。当转轴的正方向确定之后，角速度的方向就可以用正和负来表示，如图 4-1-3(b)所示。

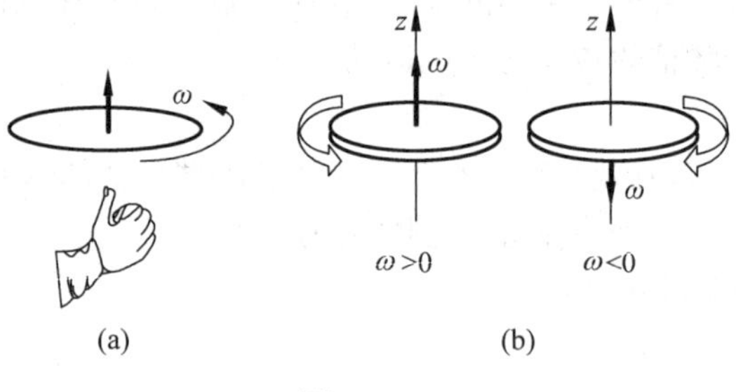

图 4-1-3

角加速度(angular acceleration)定义为角速度对时间的变化率，即

$$\beta=\lim_{\Delta t\to 0}\frac{\Delta\omega}{\Delta t}=\frac{\mathrm{d}\omega}{\mathrm{d}t}=\frac{\mathrm{d}^2\theta}{\mathrm{d}t^2} \tag{4-1-4}$$

同样，对刚体的定轴转动，角加速度也只有正、反两个方向，角加速度的方向也可用正和负来表示。角加速度的单位是弧度每二次方秒($\mathrm{rad/s^2}$)。

刚体上各个质元的角量(角速度、角加速度等)描述虽然相同，但是由于运动圆周的半径有差异，刚体上各个质元的线量(速度、加速度等)描述并不相同。设各个质元围绕转轴转动的圆周的半径为 r(从质元到转轴的垂直距离)，角量和线量的关系如下：

线速度(linear velocity)的方向为沿着圆周运动的切线方向，其大小为

$$v=\frac{\mathrm{d}s}{\mathrm{d}t}=\frac{r\,\mathrm{d}\theta}{\mathrm{d}t}=r\omega \tag{4-1-5}$$

法向加速度(normal acceleration)的方向沿着圆周运动的法线方向 $\boldsymbol{n}$,其大小为

$$a_n=\frac{v^2}{r}=r\omega^2 \tag{4-1-6}$$

切向加速度(tangential acceleration)的方向沿着圆周运动的切线方向 $\boldsymbol{\tau}$,其大小为

$$a_\tau=\frac{\mathrm{d}v}{\mathrm{d}t}=\frac{r\,\mathrm{d}\omega}{\mathrm{d}t}=r\beta \tag{4-1-7}$$

总加速度(total linear acceleration)

$$\boldsymbol{a}=r\beta\boldsymbol{\tau}+r\omega^2\boldsymbol{n} \tag{4-1-8}$$

式(4-1-5)~式(4-1-7)表明,对一绕定轴转动的刚体,距轴越远,其上质元的线速度、法向速度和切向加速度越大。刚体定轴转动的角量描述与质点的圆周运动的角量描述方法是一致的,其理解和计算都可以类比质点的圆周运动。

2. 典型的定轴转动

若刚体定轴转动的角速度 ω=常量,则角加速度 $\beta=0$,这种转动称为匀速转动。如果在任意相等的时间间隔内,刚体定轴转动的角速度增量都相等,则角加速度 β=常量,这种变速转动叫作匀变速转动。

刚体的匀速定轴转动和匀变速定轴转动的有关公式见表 4-1-1,其在形式上与质点的匀速直线运动和匀变速直线运动相似,在理解上可以作类比,具体请读者自行推导验证。

表 4-1-1 刚体的匀速定轴转动和匀变速定轴转动的有关公式

质点匀速直线运动	刚体匀速定轴转动
$x=x_0+v_0t$	$\theta=\theta_0+\omega_0t$
质点匀变速直线运动	**刚体匀变速定轴转动**
$v=v_0+at$	$\omega=\omega_0+\beta t$
$x=x_0+v_0t+\frac{a}{2}t^2$	$\theta=\theta_0+\omega_0t+\frac{\beta}{2}t^2$
$v^2=v_0^2+2a(x-x_0)$	$\omega^2=\omega_0^2+2\beta(\theta-\theta_0)$

注:初始时刻的各物理量都用下标 0 标注。

3. 一般转动的两类问题

对于一般的定轴转动,其运动学也有两类问题。第一类问题是已知刚体的角运动方程 $\theta(t)$,用微分方法可以求得刚体的角速度、角加速度以及刚体上各质元的速度和加速度等;第二类问题则是已知刚体的角加速度 β 以及初始条件,用积分方法可以求得刚体的角速度及其角运动方程 $\theta=\theta(t)$等。

例 4-1-1 微型电机是综合了电机、微电子、电力电子、计算机、自动控制、精密机械、新材料等多门学科的高新技术产品。我国微型电机行业创建于 20 世纪 50 年代末期,从为满足国防武器装备需要开始,其发展经历了仿制、自行设计和研究开发的阶段,现已形成产品开发、规模化生产和关键零部件、关键材料、专用制造设备、测试仪器配套的完整的工业体系,已成为国民经济和国防现代化建设中不可缺少的一个基础产品工业。在高速旋转的微型电动机中有一圆柱形转子可绕垂直其横截面并通过中心的转轴旋转。开始启动时,角速度为零。

启动后其转速随时间变化关系为$\omega=\omega_m(1-e^{-t/\tau})$，其中$\omega_m=540r/s$，$\tau=2.0s$。求：

(1) 角加速度随时间变化的规律；

(2) 启动后，电动机在$t=6s$时间内转过的圈数。

解：第一个问题属于第一类问题，已知角速度求角加速度，直接求导即可；第二个问题属于第二类问题，已知角速度求角位移，可通过积分求得。

(1) 电动机转动的角加速度为

$$\beta=\frac{d\omega}{dt}=\frac{\omega_m}{\tau}e^{-t/\tau}=540\pi e^{-t/2}(SI)$$

(2) 启动后，电动机在$t=6s$时间内转过的圈数为

$$N=\frac{\Delta\theta}{2\pi}=\frac{1}{2\pi}\int_0^6\omega dt=\frac{1}{2\pi}\int_0^6\omega_m(1-e^{-t/\tau})dt=2.21\times10^3 r$$

例 4-1-2 作为典型的定轴转动刚体——飞轮，其主要作用是为发动机做功储存所需要的能量和保持惯性。2022 年 11 月，由中国核电旗下中核汇能牵头承担的内蒙古自治区科技重大专项“MW(兆瓦)级先进飞轮储能关键技术研究”项目宣布，他们研制的飞轮的储能单机输出功率首次达到了 1MW，这是国内单体飞轮首次达到的最大并网功率。飞轮存储的能量大小与转动的速度等有直接关系。设一飞轮半径为 0.2m，转速为 150r/min，因受制动而均匀减速，经 30s 停止转动。试求：

(1) 角加速度和在此时间内飞轮所转的圈数；

(2) 制动开始后$t=6s$时飞轮的角速度；

(3) $t=6s$时飞轮边缘上一点的线速度、切向加速度和法向加速度。

解：本题的飞轮做匀减速转动，因此可以直接应用表 4-1-1 中的相关公式计算。

(1) 飞轮做匀减速运动，经 30s 停止转动，初始角速度为

$$\omega_0=\frac{150\times2\pi}{60}rad/s=5\pi\ rad/s$$

因此角加速度为

$$\beta=\frac{\omega-\omega_0}{t}=-\frac{\pi}{6}rad/s^2$$

飞轮 30s 内转过的角度和转过的圈数分别为

$$\theta=\frac{\omega^2-\omega_0^2}{2\beta}=75\pi\ rad$$

$$N=\frac{\theta}{2\pi}=\frac{75\pi}{2\pi}r=37.5r$$

(2) 制动开始后$t=6s$时飞轮的角速度

$$\omega=\omega_0+\beta t=\left(5\pi-\frac{\pi}{6}\times6\right)rad/s=4\pi\ rad/s$$

(3) $t=6s$时飞轮边缘上一点的线速度

$$v=r\omega=0.2\times4\pi\ m/s=2.5m/s$$

切向加速度和法向加速度分别为

$$a_\tau=r\beta=0.2\times\left(-\frac{\pi}{6}\right)m/s^2=-0.105m/s^2$$

$$a_n = r\omega^2 = 0.2 \times (4\pi)^2 \text{m/s}^2 = 31.6 \text{m/s}^2$$

通过以上两个例题，可以发现质点运动学中的圆周运动和刚体定轴运动之间既有区别又有联系，请读者自行分析和讨论。

【练习 4-1】

4-1-1 当卫星绕地心旋转与地球自转的角速度相同时，称两者同步旋转，这样的卫星称为同步卫星。在地球上的观察者看来，卫星是静止不动的，所以又叫静止卫星。卫星的运动可视为圆周运动，求同步卫星的角速度、轨道半径和线速度。查阅有关的同步卫星发射资料，了解发射过程。

4-1-2 自从神舟五号航天员杨利伟进入太空以来，中国载人航天事业取得了巨大的成就。作为一名合格的航天员经常需要在高加速度的离心机上训练。已知宇航员经过的圆的半径为 15m，问：

(1) 若宇航员具有的法向加速度的大小为 $11g$（g 为重力加速度），则此离心机必须以多大的恒定角速度转动？

(2) 如果离心机在 120s 内由静止均匀加速到(1)中的角速度，则宇航员的切向加速度为多大？

4-1-3 某刚体做定轴转动的运动学方程为 $\theta = t^3 - 3.0t^2 + 4.0t$(SI)，求该刚体 2s 末的角速度 ω 和角加速度 β。

4-1-4 高速旋转的圆柱形转子可绕垂直其横截面通过中心的轴转动。开始时，它的角速度为零，经 300s 后，其转速达到 1.8×10^4 r/min。已知转子的角加速度与时间成正比，求在这段时间内转子转过的圈数 N。

4-1-5 工程上常用每分钟转过的圈数 n（简称转速）来描述刚体转动的快慢，其单位为 r/min。推导角速度 ω 与转速 n 间的关系。

4-1-6 把你的右臂放下去，手掌面向大腿，保持腕关节不扭动，①举起这只手臂直到水平向前；②在水平面内转动它直到指向右方；③接着把它放下到你的右侧，观察你的手掌此时面向何方。如果你开始动作，但步骤倒过来，再观察你的手掌面向的方向，和前一次是否一样？你知道为什么吗？

4-1-7 很多人都喜欢开车，查阅资料，了解汽车的有关挡位、速度、转速之间的关系。

4-1-8 将表 4-1-1 中刚体的匀速定轴转动和匀变速定轴转动的有关公式与质点的匀速直线运动、匀变速直线运动进行比较，可以看出有许多相似之处，找出相对应的物理量并分析类似的原因。既然运动的描述类似，有没有类似的运动规律呢？如果让你猜想，你能猜出什么？试填写表 4-1-2 所示刚体的定轴转动与质点的直线运动的比较与猜想。

表 4-1-2　刚体的定轴转动与质点的直线运动

运动类型	质点的直线运动	刚体的定轴转动
引起运动的原因	外力 F	
描述运动变化的物理量	加速度 a	
	速度 v	
	位移 x	

续表

运动类型	质点的直线运动	刚体的定轴转动
影响运动变化的其他物理量	平动惯量(质量 m)	有没有转动惯性？假如有，用 J 表示转动惯量。
运动规律	牛顿第二定律 $F=ma=m\dfrac{\mathrm{d}v}{\mathrm{d}t}$	写出类似的转动定律
	动量定理 $\int_{t_1}^{t_2}\boldsymbol{F}\mathrm{d}t=m\boldsymbol{v}_2-m\boldsymbol{v}_1$	写出类似的(角)动量定理
	动能定理 $\int_{r_1}^{r_2}\boldsymbol{F}\cdot\mathrm{d}\boldsymbol{r}=\dfrac{1}{2}mv_2^2-\dfrac{1}{2}mv_1^2$	写出类似的(角)动能定理

4.2 力矩 转动定律 转动惯量

【思考 4-2】

(1) 分析下面的三个问题，试找出影响定轴转动的因素。

① 为什么门、窗的把手都安装在离门轴较远处，且高度大致在人的腰部处？

② 为什么我们经常说“推门、拉门”而不说“提门、压门”？

③ 在“月下僧敲门”，“月下僧推门”或“月下僧踹门”的说法中，门的运动有何不同？

(2) 仪表的指针形状为什么是内宽外窄的？仪表的指针为什么常常采用密度小的材料制成？

(3) 自行车辐条的设计目的是什么？

(4) 杂技演员走钢丝时为什么要拿一根长长的杆子？

4.2.1 力矩

前面已经讲过，力是物体平动状态改变的原因。但转动状态的改变不但与力的大小有关，还与力的方向和作用点的位置有关。这样一个描述力对刚体转动的作用的物理量称为力矩(torque)，即力矩是引起刚体转动状态发生改变的原因。

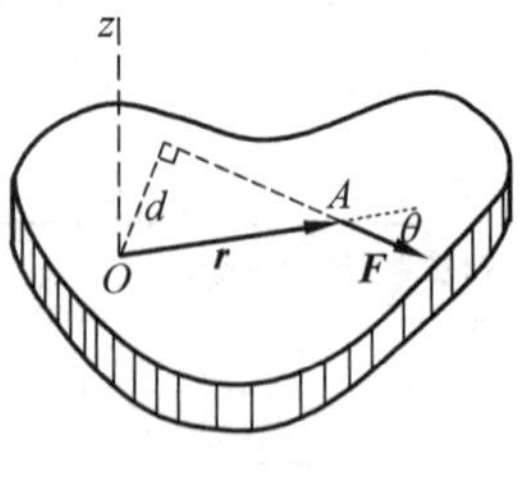

图 4-2-1

如图 4-2-1 所示，在某一转动平面内，力 $\boldsymbol{F}$ 对参考点 O 的力矩的大小等于力的大小与力臂的乘积，其中力臂(moment arm of the force)是参考点 O 到力 $\boldsymbol{F}$ 的作用线之间的垂直距离 d，即

$$M=Fd=Fr\sin\theta \tag{4-2-1}$$

式中，r 为从 O 点到力 $\boldsymbol{F}$ 的作用点所作的矢径 $\boldsymbol{r}$ 的大小，θ 为力 $\boldsymbol{F}$ 与矢径 $\boldsymbol{r}$ 间的夹角。考虑到力矩的矢量性，上式可写成矢量形式：

$$\boldsymbol{M}=\boldsymbol{r}\times\boldsymbol{F} \tag{4-2-2}$$

力矩方向与矢径 $\boldsymbol{r}$、力 $\boldsymbol{F}$ 的方向遵循右手螺旋定则。

在国际单位制中，力矩的单位为牛顿米（N·m）。虽然力矩的单位与功的单位一样，但是两者的物理量意义是完全不同的。

外力相对于转轴上某一参考点的合力矩沿转轴的分量称为合外力相对于转轴的力矩。

当外力 $\boldsymbol{F}$ 不在垂直于转轴的平面内时，可将外力进行分解，如图 4-2-2 所示，外力 $\boldsymbol{F}$ 分解为与转轴平行的分力 $\boldsymbol{F}_1$ 和在垂直于转轴的转动平面内的分力 $\boldsymbol{F}_2$。对定轴转动而言，因为与转轴平行的分力 $\boldsymbol{F}_1$ 对转轴的力矩为零，只有分力 $\boldsymbol{F}_2$ 才对刚体的转动状态有影响，因此，对刚体定轴转动，只需讨论在转动平面内的力对转轴的力矩即可，与转轴平行的分力的力矩不必讨论（本书后面的章节也作相同的处理，不再另行说明）。

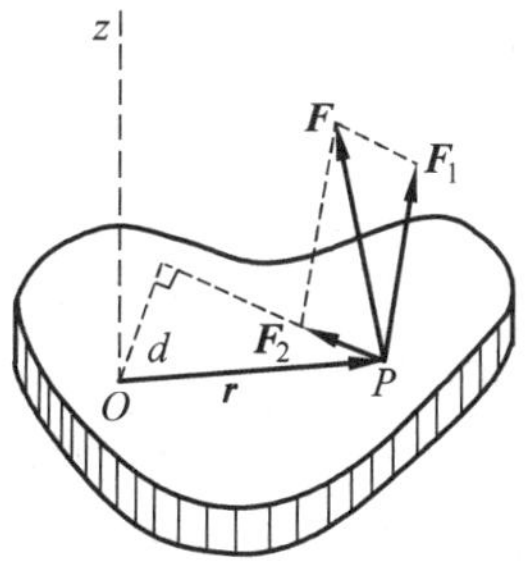

图 4-2-2

与质点系的情况相同，作用在刚体上各个质元的所有外力相对于转轴上的某一参考点的合力矩等于各个外力相对于该点的力矩的矢量和。对于刚体，由于其内力总是成对出现，其内力与其反作用力对定轴的力矩互相抵消，所以影响刚体定轴转动状态改变的因素只有外力矩。

对定轴转动来说，刚体所受的合外力矩只能使刚体顺时针转动或逆时针转动。通常规定：力使刚体做逆时针转动时，其力矩沿轴的方向为正；使刚体做顺时针转动时，力矩沿轴的方向则为负。由于只有正和负这两种情况，因此本书中将合外力矩视为代数量。

4.2.2 转动定律

如图 4-2-3 中的刚体绕 z 轴转动，刚体在 t 时刻的角速度为 ω，角加速度为 β。刚体可看作由很多质元组成，选取质元 i，设其质量为 m_i，在它绕定轴做圆周运动的转动平面内，由其转动中心（转轴与该质元所在转动平面的交点）引出到质元 i 的矢径为 $\boldsymbol{r}_i$，质元 i 所受合外力为 $\boldsymbol{F}_i$，所受合内力（刚体中其他质元对质元 i 的作用力）为 $\boldsymbol{f}_i$（想想为什么只考虑在转动平面内的受力）。由牛顿第二定律，质元 m_i 的动力学方程为

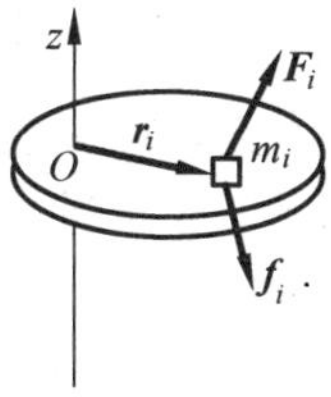

图 4-2-3

$$\boldsymbol{F}_i + \boldsymbol{f}_i = m_i \boldsymbol{a}_i$$

若以 $F_{i\tau}$ 和 $f_{i\tau}$ 表示外力 $\boldsymbol{F}_i$ 和内力 $\boldsymbol{f}_i$ 在质元 i 的轨迹圆周的切向分力，用 $a_{i\tau}$ 表示质元 i 的切向加速度，显然有 $a_{i\tau} = r_i\beta$。于是上式的切向分量式为

$$F_{i\tau} + f_{i\tau} = m_i a_{i\tau} = m_i r_i \beta$$

等式两端同乘以 r_i 得

$$r_i F_{i\tau} + r_i f_{i\tau} = m_i r_i a_{i\tau} = m_i r_i^2 \beta$$

因为外力 $\boldsymbol{F}_i$ 和内力 $\boldsymbol{f}_i$ 的法向分量分力均通过 z 轴，所以法向分力对 z 轴的力矩为零。因此上式中 $r_i F_{i\tau}$ 即为外力 $\boldsymbol{F}_i$ 对轴的力矩，$r_i f_{i\tau}$ 即为内力 $\boldsymbol{f}_i$ 对 z 轴的力矩。对每一个质元都可以列出相应的表达式，并将所有质元的表达式相加得

$$\sum r_i F_{i\tau} + \sum r_i f_{i\tau} = \sum m_i r_i^2 \beta = \left(\sum m_i r_i^2\right)\beta$$

其中左侧第一项 $\sum r_i F_{i\tau}$ 为刚体所受的各外力对轴的力矩之和，即刚体所受的合外力矩（对轴），记作 M，一般情况下也可以记为 $\boldsymbol{M} = \sum \boldsymbol{r}_i \times \boldsymbol{F}_i$。左侧第二项 $\sum r_i f_{i\tau}$ 为刚体各质元所受的所有内力对轴的力矩之和。因为内力成对出现，每一对内力的力矩之和应为零，故

$\sum r_i f_{i\tau}=0$。右侧的$\sum m_i r_i^2$只与刚体的形状、质量分布以及转轴的位置有关,定义为刚体的转动惯量(moment of inertia),记作 J。故上式可记为

$$M=J\beta \tag{4-2-3}$$

式(4-2-3)的物理意义是:刚体绕定轴转动时,刚体的角加速度与它所受的合外力矩成正比,与刚体的转动惯量成反比。这个结论称为**刚体的定轴转动定律**。

刚体的定轴转动定律和牛顿第二定律形式相似,地位相当。牛顿第二定律给出解决质点平动问题的基本定律,刚体的定轴转动定律则给出解决刚体绕定轴转动的动力学问题的基本定律。

对于给定的绕定轴转动的刚体,角加速度反映了它绕定轴转动状态的改变。根据刚体的定轴转动定律,刚体绕定轴转动的运动状态是否改变以及改变的快慢取决于所受的合外力矩。对给定的合外力矩 M,转动惯量 J 越大,角加速度就越小,说明刚体绕定轴转动的运动状态越难以改变。因此,转动惯量 J 是反映刚体对轴的转动惯性大小的量度,如同牛顿第二定律中的惯性质量 m。

在讲解转动定律的应用之前,下面先对转动惯量进行简要介绍。

4.2.3 转动惯量

转动惯量的定义式为

$$J=\sum_i m_i r_i^2 \tag{4-2-4}$$

该式表明刚体的转动惯量等于刚体上各质元的质量与各质元到转轴距离的平方的乘积之和。

对于质量连续分布的刚体,式(4-2-4)中的求和应以积分代替,即

$$J=\int r^2\mathrm{d}m=\int r^2\rho\mathrm{d}V \tag{4-2-5a}$$

式中,r 为刚体上的质元 $\mathrm{d}m$ 到转轴的距离;ρ 为 $\boldsymbol{r}$ 处质量 $\mathrm{d}m$ 对应的体密度(单位体积的质量),则有 $\mathrm{d}m=\rho\mathrm{d}V$。式(4-2-5a)的积分遍及刚体占有的全部空间区域。如果刚体的质量连续分布在一个平面上或一根细线上,则可用质量的面密度 σ(单位面积的质量)或质量的线密度 λ(单位长度的质量)代替体密度 ρ,式(4-2-5a)中的体积分改为面积分或线积分,即为

$$J=\int r^2\mathrm{d}m=\int r^2\sigma\mathrm{d}S \tag{4-2-5b}$$

$$J=\int r^2\mathrm{d}m=\int r^2\lambda\mathrm{d}l \tag{4-2-5c}$$

在国际单位制中,转动惯量的单位是千克二次方米($\mathrm{kg\cdot m^2}$)。

刚体的转动惯量是刚体动力学中的一个非常重要的物理量。在研究刚体的转动问题时,常常首先确定它相对于转轴的转动惯量。对于形状复杂的刚体,利用理论计算其转动惯量是很困难的。例如,确定一辆汽车对平行于轮轴的某个轴的转动惯量,实际中多用实验方法测定。只有几何形状简单、质量分布均匀的规则刚体,其转动惯量才容易计算求得。下面计算几个简单的常见刚体的转动惯量。读者通过这些例题主要学习用微积分分析和求解简单物理问题的思路和方法。

【物理研究方法——元过程分析法】

数学分析法是现代物理学最常用的分析方法，它使物理学发展到了精密化和完善化的阶段。其中有一种特殊的分析方法叫元抽象法或元过程分析法，其特点是从某种物理现象中抽取任意一个微小部分(或一个微小过程)进行研究，从而突出由事物的部分揭示整体规律的特点。例如，从一定质量分布的刚体内"分离"出一个非常小的质量元，从连续带电体中"分割"出一个很小的电荷元，从连续变化的物理过程中抽取一个元过程，等等，分析这个小单元的特点并描述它的各物理量间的相互关系和变化规律，进而建立描述整个物理系统的微分元。由此求出物理系统在某一特定条件(定解条件)下的瞬时状态，继而把握整个物理过程的运动特点和趋势。元过程分析法是用数学工具研究物理系统常用的方法，它属于定量分析的范畴，是辩证法在物理学研究中的具体体现。

例 4-2-1 如图 4-2-4 所示，质量为 m 的小球距转轴的距离为 R，做定轴转动，求它相对于轴的转动惯量。

解：由于小球的尺寸远远小于 R，因此可以看作质点，根据转动惯量的定义得

$$J = mR^2$$

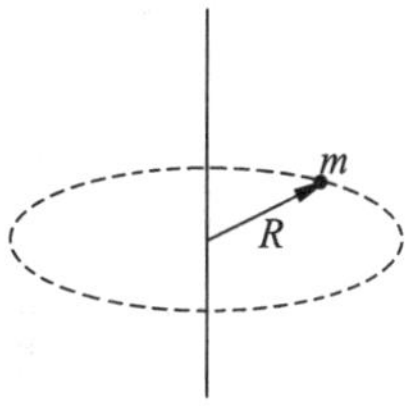

图 4-2-4

例 4-2-2 求均匀细棒绕过其中心并与棒垂直的转轴的转动惯量。

解：如图 4-2-5 所示，设棒长为 l，总质量为 m，则线密度为 $\lambda = \dfrac{m}{l}$。取 x 轴沿棒长方向，坐标原点在棒的中心 O 点，取到转轴的距离为 x 的长度微元 dx，对应的质量元的质量为 $dm = \lambda dx$。根据转动惯量的定义得

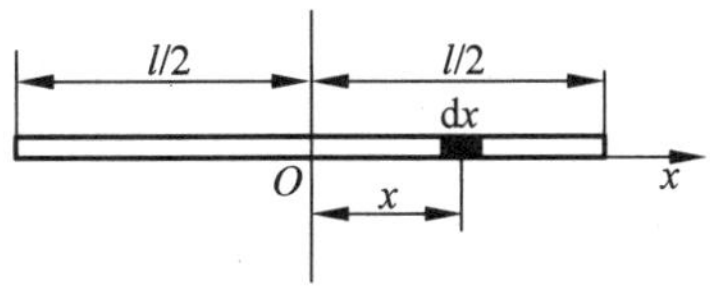

图 4-2-5

$$J = \int x^2 dm = \int_{-\frac{l}{2}}^{\frac{l}{2}} x^2 \lambda dx = \frac{1}{12} ml^2$$

类似地，可以证明，对通过棒的一端且与棒垂直的转轴，均匀细棒的转动惯量为

$$J = \int x^2 dm = \int_0^l x^2 \lambda dx = \frac{1}{3} ml^2$$

由本题可以发现，棒的转轴位置不同，其转动惯量的大小也不同。对其他刚体也一样，刚体的转动惯量除了与刚体的密度(包括体、面和线密度)和刚体的几何形状(及其密度分布)有关外，还与转轴的位置有关。

例 4-2-3 求均匀薄圆环绕垂直于环面且过其中心的转轴的转动惯量。

解：如图 4-2-6 所示，设圆环的半径为 R，质量为 m，把环分成无限多个质量为 dm 的线元，由于环上所有质元到转轴的距离都等于 R，对每个 dm 都有 $dJ = R^2 dm$，所以对整个环有

$$J = \int R^2 dm = R^2 \int dm = mR^2$$

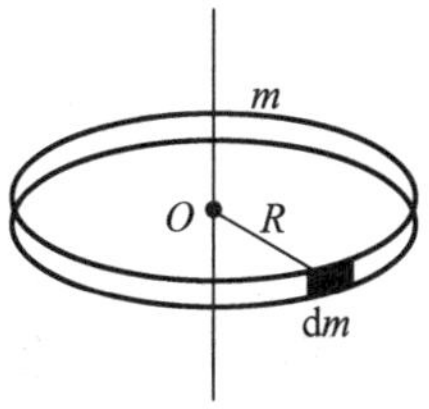

图 4-2-6

例 4-2-4 求均匀圆盘绕垂直于盘面且过其中心的转轴的转动惯量。

解：如图 4-2-7 所示，设圆盘的半径为 R，总质量为 m，其面密度

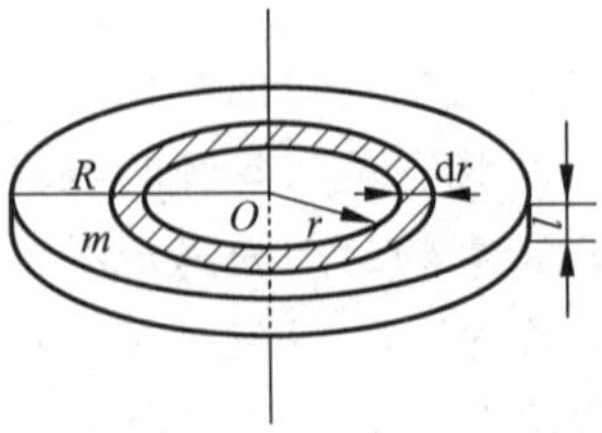

图 4-2-7

$\sigma=\dfrac{m}{\pi R^2}$。根据对称性，将圆盘划分为许多半径为 r，宽度为 $\mathrm{d}r$ 的同心圆环微元，则圆环元的面积为 $2\pi r\mathrm{d}r$，质量 $\mathrm{d}m=\sigma\cdot 2\pi r\mathrm{d}r$。根据例 4-2-3 的结论，每个圆环微元的转动惯量为

$$\mathrm{d}J=r^2\mathrm{d}m=\sigma\cdot 2\pi r^3\mathrm{d}r$$

通过积分，可得整个均匀圆盘的转动惯量为

$$J=\int\mathrm{d}J=\int_0^R\sigma\cdot 2\pi r^3\mathrm{d}r=\frac{1}{2}\sigma\pi R^4=\frac{1}{2}mR^2$$

此例题中对圆盘的厚度 l 并无限制，故上式也适用于均匀实心圆柱体。

根据本题的结论，读者可自行分析汽油机和柴油机上的飞轮都做得质量和半径尽量大的原因。

表 4-2-1 中列出了几种常见的质量均匀、形状规则刚体的转动惯量。

表 4-2-1 几种常见的质量均匀、形状规则刚体的转动惯量

刚 体 类 型	形状、转轴	转动惯量
细杆	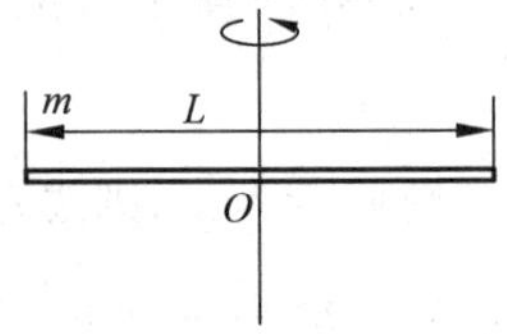 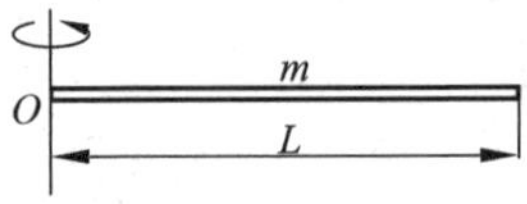	$J=\dfrac{1}{12}mL^2$ $J=\dfrac{1}{3}mL^2$
圆环(或薄壁圆筒)	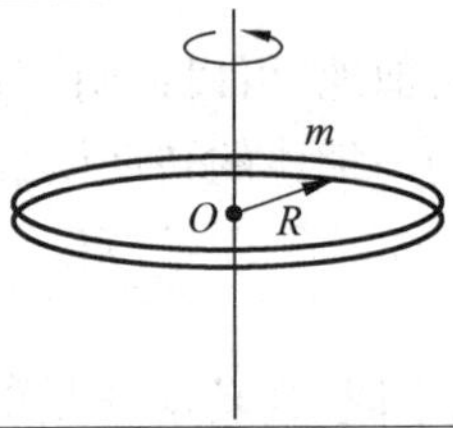	$J=mR^2$
圆盘(或圆柱体)	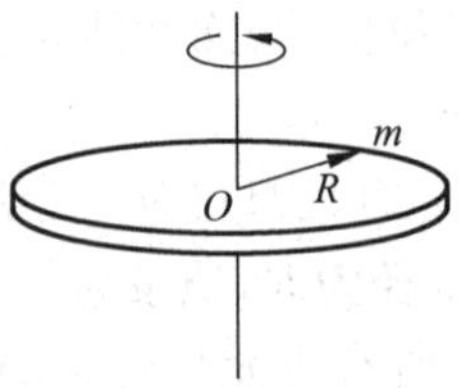	$J=\dfrac{1}{2}mR^2$
厚壁圆筒	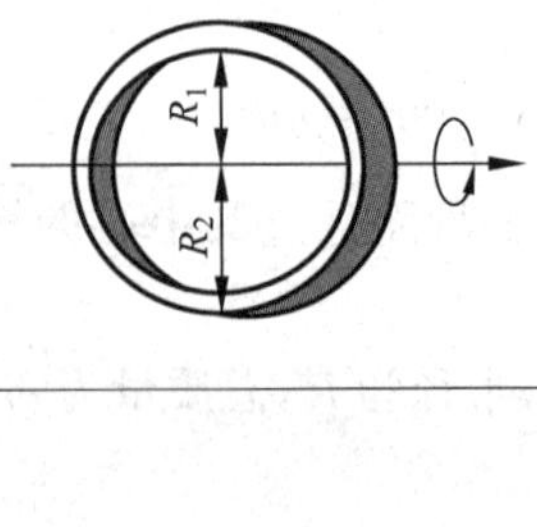	$J=\dfrac{1}{2}m(R_1^2+R_2^2)$

续表

刚 体 类 型	形状、转轴	转动惯量
圆柱体	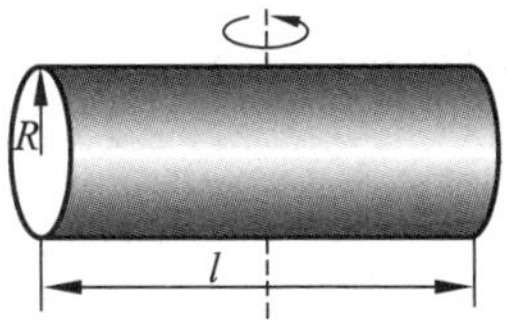	$J=\frac{1}{4}mR^2+\frac{1}{12}ml^2$
薄球壳	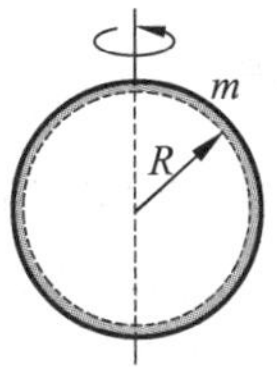	$J=\frac{2}{3}mR^2$
球体	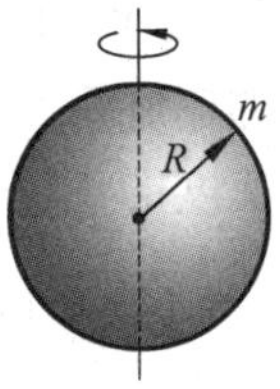	$J=\frac{2}{5}mR^2$

【讨论 4-2-1】

总结上述例题和表 4-2-1 中常见的质量均匀、形状规则刚体的转动惯量的结论，分析影响转动惯量大小的因素。

【分析】

从例 4-2-1 中可见，质量越大，刚体对同一轴的转动惯量越大；从例 4-2-2 中可见，转轴不同，同一刚体的转动惯量不同。比较例 4-2-3 和例 4-2-4 可知，转动惯量与质量分布有关，质量分布离转轴越远，转动惯量越大。因此，转动惯量的大小决定于刚体的质量、质量分布和转轴的位置。转动惯量的这些性质经常在日常生活和工程实际问题中体现。

例如，为了使机器工作时运行平稳(还有储能作用)，常在回转轴上装置飞轮，一般这种飞轮的质量都非常大，而且飞轮的质量绝大部分都集中在轮的边缘上，目的就是增大飞轮的转动惯量。又如，为了减小转动惯量以提高仪器的灵敏度，各种指针都采用密度小的轻型材料制成。

【讨论 4-2-2】

如图 4-2-8 所示，一长为 L、质量为 m 的匀质细杆，两端分别固定质量为 m 和 $2m$ 的小球，此系统在竖直平面内可绕过中点 O 且与杆垂直的水平光滑固定轴(O 轴)转动。

(1) 求系统绕 O 轴的转动惯量；

(2) 如果转轴平行移动到杆的两端，则相应的转动惯量分别为多少？

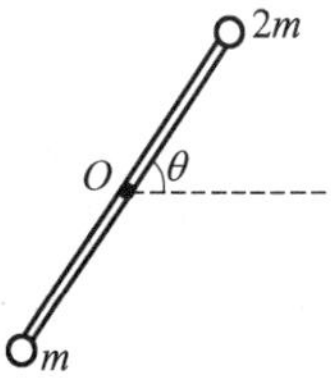

图 4-2-8

【分析】

系统绕定轴的转动惯量等于两个小球相对于转轴的转动惯量和杆相对于转轴的转动惯

量之和，即：

(1) $J=m\left(\frac{L}{2}\right)^2+2m\left(\frac{L}{2}\right)^2+\frac{1}{12}mL^2=\frac{5}{6}mL^2$；

(2) 转轴在小球 m 处：$J=2mL^2+\frac{1}{3}mL^2=\frac{7}{3}mL^2$，转轴在小球 $2m$ 处：$J=mL^2+\frac{1}{3}mL^2=\frac{4}{3}mL^2$。

再一次验证：同一刚体系统对不同转轴的转动惯量不同。

4.2.4 刚体定轴转动定律的应用

应用转动定律的基本思路：①隔离物体，确定研究对象；②对可视为质点的隔离体分析受力，对隔离的刚体分析受力及其力矩；③选择合适的参考系与坐标系，对质点和刚体分别应用牛顿定律和转动定律，写出相应的动力学方程；④根据题设条件找出各隔离体的有关物理量间的关系；⑤解方程组求得结果，必要时进行讨论。这里需要注意的是：对刚体应用转动定律时，力矩、转动惯量以及角加速度都必须对同一转轴而言；转轴的正方向需要选定，以便确定已知力矩、角加速度及角速度的正、负。

例 4-2-5 如图 4-2-9 所示，一个质量为 M、半径为 R 的定滑轮$\left(\text{转动惯量为}\frac{1}{2}MR^2\right)$上面绕有细绳，不计细绳的质量，绳的一端固定在滑轮边上，另一端挂一质量为 m 的物体而下垂。忽略轴处的摩擦，绳不可伸长，且与滑轮间无相对滑动。物体由静止释放开始下落。

(1) 物体和定滑轮分别做什么运动？

(2) 当物体由静止下落高度 h 时，求其速度以及此时滑轮的角速度和转过的圈数；

(3) 求绳中的张力。

解：(1) 采用隔离法分别对物体和定滑轮作受力分析，如图 4-2-10 所示。

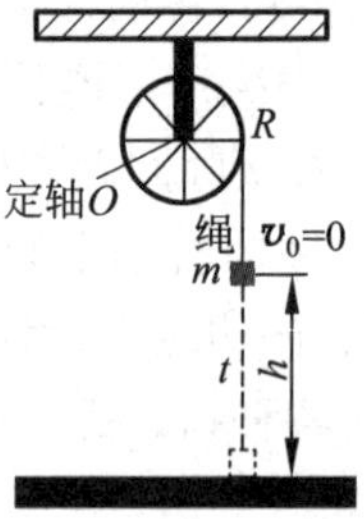

图 4-2-9

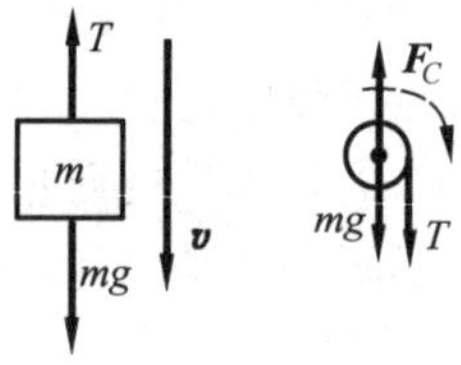

图 4-2-10

物体受到重力大小 mg 和细绳的作用力 $\boldsymbol{T}$，定滑轮受到重力大小 Mg、轴的作用力 $\boldsymbol{F}_C$ 和细绳的作用力 $\boldsymbol{T}$，其中 $Mg=F_C$。这里由于不计细绳的质量，故绳中张力处处相等，即细绳对物体的作用力和对定滑轮的作用力都记作 T。对物体 m 和滑轮 M 分别应用牛顿第二定律和转动定律得

$$mg-T=ma$$
$$RT=J\beta$$

由于细绳不可伸长，所以物体下落的加速度和滑轮转动的角加速度间的关系为

$$a = R\beta$$

将上面三式联立求解得

$$a = \frac{m}{m + \frac{M}{2}} g$$

$$\beta = \frac{a}{R} = \frac{m}{\left(m + \frac{M}{2}\right) R} g$$

对于题中给定的系统，由于 a 和 β 都为常量，因此物体做匀加速直线运动，定滑轮做匀加速转动。

（2）物体由静止下落高度 h 时的速度为

$$v = \sqrt{2ah} = \sqrt{\frac{4mgh}{2m + M}}$$

物体 m 由静止下落高度 h 时，滑轮的角速度为

$$\omega = \frac{v}{R} = \frac{1}{R}\sqrt{\frac{4mgh}{2m + M}}$$

滑轮转过的圈数为

$$N = \frac{\Delta\theta}{2\pi} = \frac{h}{2\pi R}$$

（3）绳中的张力为

$$T = mg - ma = \frac{Mmg}{2m + M}$$

本题是质点平动和刚体（定滑轮）定轴转动的综合练习，分别应用牛顿第二定律和刚体定轴转动的转动定律，然后利用质点的加速度和刚体转动的角速度关系将两者的运动量联系在一起，达到联合求解的效果。

例 4-2-6 一根质量为 m、长为 l 的均匀细直棒，一端有一固定的光滑水平轴，可以在竖直面内自由转动。最初棒静止在水平位置。求它下摆到与杆方向夹角为 θ 时的角加速度和角速度。

解： 如图 4-2-11 所示，将细直棒看成由无数个质元构成，在距转轴的距离为 r 处选取长度为 $\mathrm{d}r$ 的质元，其质量为 $\mathrm{d}m = \lambda\mathrm{d}r$，其中 $\lambda = \frac{m}{l}$ 为质量的线密度。当棒下摆到 θ 角时，作用在质元 $\mathrm{d}m$ 上的重力相对转轴的力矩大小为

$$\mathrm{d}M = |\,\boldsymbol{r} \times \mathrm{d}m\boldsymbol{g}\,| = rg\cos\theta\mathrm{d}m$$

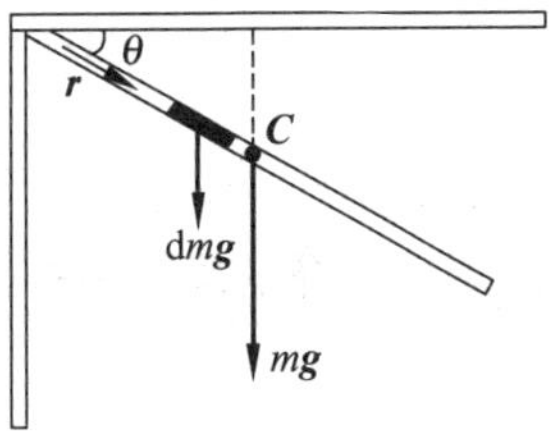

图 4-2-11

由分析可知，所有质元所受力矩方向都一致，使棒绕轴顺时针转动。对所有质元的重力矩求和，得棒在 θ 位置时所受的总重力矩

$$M = \int gr\cos\theta\mathrm{d}m = \int_0^l gr\cos\theta\lambda\,\mathrm{d}r = \frac{1}{2}l^2\lambda g\cos\theta = \frac{l}{2}mg\cos\theta$$

上式表明，作用在各个质元上的重力矩之和等于全部重力作用在质心上的力矩。

由转动定律可得棒(细棒对转轴的转动惯量为$\frac{1}{3}ml^2$)下摆θ角时的角加速度

$$\beta=\frac{M}{J}=\frac{3g\cos\theta}{2l}$$

将$\beta=\frac{\mathrm{d}\omega}{\mathrm{d}t}=\frac{\mathrm{d}\omega}{\mathrm{d}\theta}\frac{\mathrm{d}\theta}{\mathrm{d}t}=\omega\frac{\mathrm{d}\omega}{\mathrm{d}\theta}$代入上式,分离变量并积分得

$$\int_0^\omega \omega\mathrm{d}\omega=\frac{3g}{2l}\int_0^\theta \cos\theta\mathrm{d}\theta$$

$$\omega=\sqrt{\frac{3g}{l}\sin\theta}$$

由本题可以得出以下结论:

(1) 均匀细直棒(质量均匀分布的细直杆)的各个质元上的重力矩之和等于全部重力作用在质心上的力矩,对此以后可以作为结论使用。

(2) 在向下摆动的过程中,棒的角加速度β与摆角θ的余弦$\cos\theta$成正比,角速度ω与$\sqrt{\sin\theta}$成正比。也就是说,在下摆过程中,随着θ的增大,棒的角加速度逐渐减小,但其角速度逐渐增加,棒做变加速运动。

(3) 由于棒的下摆过程中只有重力做功,所以机械能守恒,棒的角速度也可以应用能量守恒求解,读者可以自行求解(参看4.4节)。

方法分析:求解角速度和角度的关系时,利用转动定律列方程后,根据变量求导之间的关系来实现变量代换,如$\beta=\frac{\mathrm{d}\omega}{\mathrm{d}t}=\frac{\mathrm{d}\omega}{\mathrm{d}\theta}\frac{\mathrm{d}\theta}{\mathrm{d}t}=\omega\frac{\mathrm{d}\omega}{\mathrm{d}\theta}$,将方程变为除了已知量外,只含有所求两个量的关系式,然后利用分离变量,分别积分求解,获得所求结果。

例 4-2-7 一个半径为R、质量为m的均匀圆盘平放在粗糙的水平面上。若它的初角速度为ω_0,绕过圆盘中心的竖直转轴O旋转,摩擦系数设为μ,问:

(1) 经过多长时间圆盘才停止?

(2) 圆盘停止时转过的角度是多少?

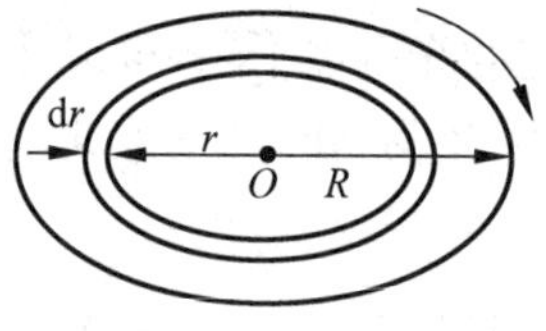

图 4-2-12

解:均匀圆盘可看作由$r=0\sim R$的同心细圆环微元所构成,如图4-2-12所示。半径为r、宽度为$\mathrm{d}r$的同心圆环微元,其面积为$2\pi r\mathrm{d}r$,质量为

$$\mathrm{d}m=\sigma\cdot 2\pi r\mathrm{d}r=\frac{m}{\pi R^2}\cdot 2\pi r\mathrm{d}r=\frac{2mr\mathrm{d}r}{R^2}$$

则该圆环所受的摩擦力矩的大小为

$$\mathrm{d}M=|\boldsymbol{r}\times\mathrm{d}\boldsymbol{F}|=r\mu g\mathrm{d}m=\frac{2m\mu gr^2\mathrm{d}r}{R^2}$$

其方向垂直纸面向上。

分析可知,所有圆环元所受的摩擦力矩的方向都一致,因此圆盘所受的总摩擦力矩等于所有圆环元所受的摩擦力矩之和,对上式积分求和得

$$M=\int_m \mathrm{d}M=\int_0^R \frac{2m\mu gr^2\mathrm{d}r}{R^2}=\frac{2}{3}\mu mgR$$

可以看出,此摩擦力矩为常量,圆盘做的是匀减速转动。

(1) 根据转动定律和表 4-1-1 中的匀变速转动公式得圆盘转动的角加速度为

$$\beta = -\frac{M}{J} = -\frac{\frac{2}{3}\mu mgR}{\frac{1}{2}mR^2} = -\frac{4\mu g}{3R}$$

圆盘停止转动前,经历的时间为

$$t = \frac{0-\omega_0}{\beta} = \frac{3\omega_0 R}{4\mu g}$$

(2) 圆盘停止时转过的角度为

$$\Delta\theta = \frac{0-\omega_0^2}{2\beta} = \frac{3\omega_0^2 R}{8\mu g}$$

【练习 4-2】

4-2-1 两人各持一均匀直棒的一端,棒重 W。一人突然放手,在此瞬间,另一个人感到手上承受的力变为多少?

4-2-2 一个转动惯量为 J 的圆盘绕一固定轴转动,起初角速度为 ω_0。设它所受阻力矩与转动角速度成正比,即 $M=-k\omega$(k 为正的常数),问圆盘的角速度从 ω_0 变为 $\frac{1}{2}\omega_0$ 所需的时间为多少?

4-2-3 一根质量为 m、长为 l 的均匀细杆,可在水平桌面上绕过其一端的竖直固定轴转动。已知细杆与桌面间的滑动摩擦系数为 μ,求杆转动时受的摩擦力矩的大小。

4-2-4 如图 4-2-13 所示,质量为 m_A 的物体 A 静止在光滑水平面上,和一质量不计的绳索相连接,绳索跨过一半径为 R、质量为 m_C 的圆柱形滑轮 C,并系在另一质量为 m_B 的物体 B 上,B 竖直悬挂。滑轮与绳索间无滑动,且滑轮与轴承间的摩擦力可略去不计。问:

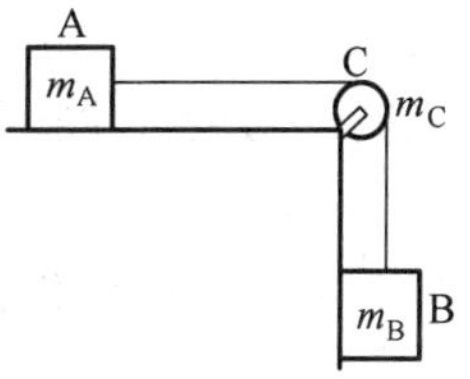

图 4-2-13

(1) 两物体的线加速度为多少?水平和竖直两段绳索的张力各为多少?

(2) 物体 B 从静止落下距离 y 时,其速率是多少?

(3) 当滑轮的质量不计时,水平和竖直两段绳子的张力如何?

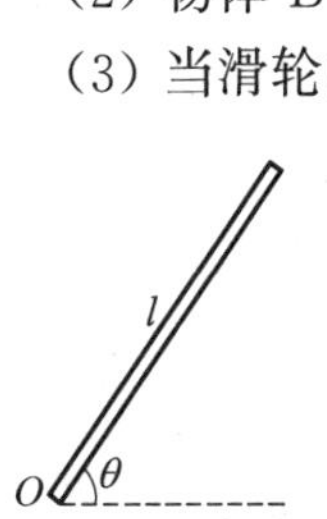

图 4-2-14

4-2-5 如图 4-2-14 所示,一长为 l 的均匀直棒可绕过其一端且与棒垂直的水平光滑固定轴转动。抬起另一端使棒向上与水平面成 θ 角,然后无初转速地将棒释放。求:

(1) 放手时棒的角加速度;

(2) 棒转到水平位置时的角加速度和角速度。

4-2-6 试推导表 4-2-1 中的厚壁圆筒、薄球壳和球体的转动惯量。

4-2-7 查阅有关资料,了解转动惯量的平行轴定理和垂直轴定理。并验证:

(1) 一个均匀圆盘(如图 4-2-15 所示)对于通过其边缘一点 P 且垂直于盘面的轴的转

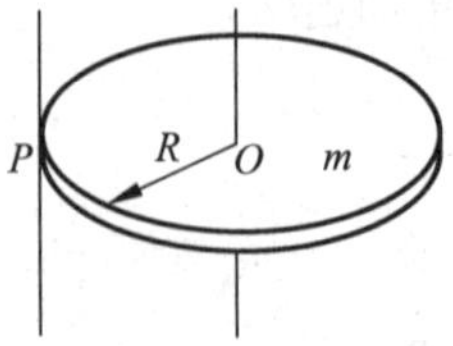

图 4-2-15

动惯量为$\frac{3}{2}mR^2$；

(2) 均匀圆盘对于一条直径轴的转动惯量为$\frac{1}{4}mR^2$。

4-2-8 根据例 4-2-5 的思路，设计一个测量飞轮的转动惯量的方案。

4.3 角动量 角动量守恒定律

【思考 4-3a】

(1) 螺旋桨式直升机除了主螺旋桨外，有的还在尾部装一个螺旋桨，为什么？

(2) 花样滑冰运动员和芭蕾舞演员在做旋转动作时总是先将两臂和腿伸开，旋转起来以后再收拢腿和手臂。你知道为什么吗？

(3) 为什么银河系呈如图 4-3-1 所示的旋臂盘形结构？

(4) 猫从高处落下时的动作如图 4-3-2 所示，它在空中如何实现转身？落地时为何总是四脚着地？

(5) 中国跳水运动队被称为梦之队，诞生了很多的奥运冠军。跳水运动员在起跳到落水过程中，为实现在空中高速旋转并完成空中多圈转动，总是在起跳前打开身体，然后在空中将身体蜷缩，双手紧抱双腿，入水前又将身体舒展开成一条直线，你知道这是为什么吗？

如图 4-3-3 所示，将一绕通过质心的固定轴转动的圆盘视为一个质点系，可以算出系统的总动量为零。系统做机械运动，总动量却为零，说明不宜使用动量来量度转动物体的机械运动量。现在引入与动量对应的角量——角动量(动量矩，moment of momentum)来量度。

下面首先介绍单个质点的角动量及其守恒定律，然后讨论刚体的角动量及其守恒定律。

图 4-3-1

图 4-3-2

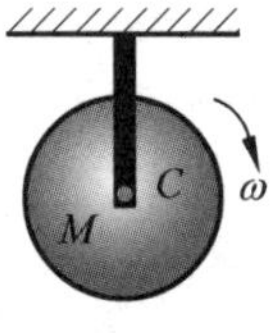

图 4-3-3

4.3.1 质点对固定点的角动量

如图 4-3-4 所示，质量为 m 的质点在某时刻以速度 $\boldsymbol{v}$ 经过空间中某点运动，该点对 O 点的位矢为 $\boldsymbol{r}$，则质点对 O 点的角动量定义为

$$\boldsymbol{L} = \boldsymbol{r} \times \boldsymbol{p} = \boldsymbol{r} \times m\boldsymbol{v} \tag{4-3-1}$$

角动量的大小

$$L = rmv\sin\theta \tag{4-3-2}$$

式中，θ 为矢径 $\boldsymbol{r}$ 和速度 $\boldsymbol{v}$ 间的夹角。角动量 $\boldsymbol{L}$ 的方向垂直于 $\boldsymbol{r}$ 和 $\boldsymbol{p}$ 所决定的平面，其指向可用右手螺旋定则确定，即伸开右手，四指伸展开首先指向 $\boldsymbol{r}$ 的方向，大拇指竖直且指向垂直于四指的方向，将四指沿着 $\boldsymbol{r}$ 的方向经小于 180°的角度转向 $\boldsymbol{p}$ 的方向，则拇指的指向即为 $\boldsymbol{L}$ 的方向。在 SI 制中，角动量的单位为千克二次方米每秒（$kg \cdot m^2/s$）。

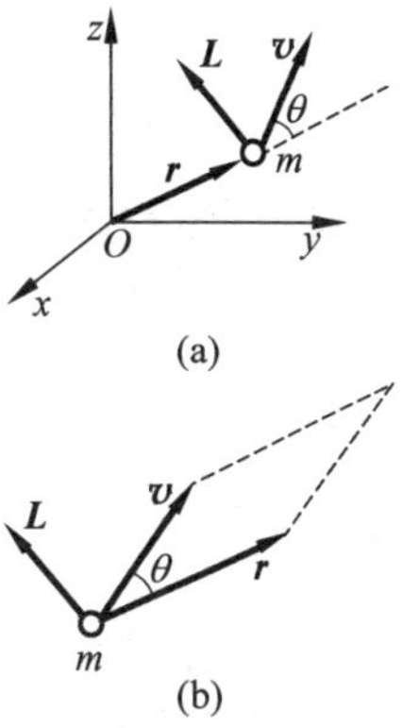

图 4-3-4

质点以角速度 ω 做半径为 r 的圆周运动时，质点相对圆心的角动量大小为 $L = mvr = mr^2\omega = J\omega$，方向垂直于圆周平面。如图 4-3-5 所示的逆时针圆周运动，$\boldsymbol{L}$ 的方向竖直向上。若质点做匀速率圆周运动，则质点对圆心的角动量为恒矢量。

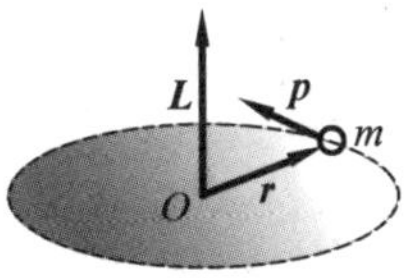

图 4-3-5

角动量是物理学的基本概念之一。质点对某参考点的角动量能够反映质点绕该参考点旋转运动的强弱。角动量的大小和方向取决于质点的运动和所选定的参考点。参考点不同，质点的角动量也不同。必须指明参考点，角动量才有实际意义。

【思考 4-3b】

（1）质点 m 做匀速直线运动时，相对于直线上一点和直线外一点的角动量是否一样？在运动过程中，其角动量的变化有何特点？如果不是匀速运动，角动量有变化吗？

（2）如图 4-3-6 所示，圆锥摆的摆球质量为 m，以速率 v 在水平面内做半径为 R 的匀速率圆周运动。分析相对于圆心 O 和摆绳的固定点 O' 的角动量的大小和方向。在摆动过程中，两个角动量变化吗？

（3）动量守恒是因为合外力为零，角动量守恒是因为什么呢？分析上面两个例子，猜想角动量守恒或变化的原因。

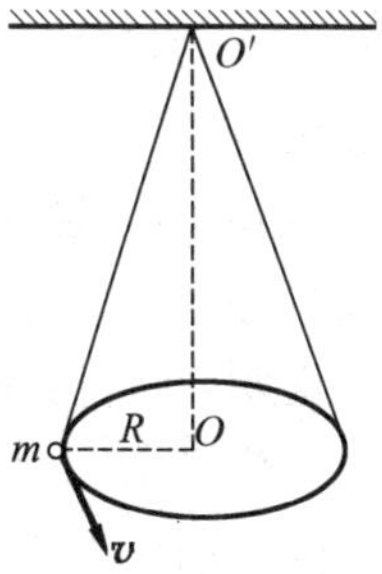

图 4-3-6

4.3.2 质点的角动量定理

质点对于固定参考点 O 的位矢为 $\boldsymbol{r}$，若质点受到合外力 $\boldsymbol{F}$ 的作用，则合外力 $\boldsymbol{F}$ 对参考点 O 的力矩（moment of force）为 $\boldsymbol{M} = \boldsymbol{r} \times \boldsymbol{F}$。质点对参考点 O 的角动量 $\boldsymbol{L}$ 与质点所受合外力 $\boldsymbol{F}$ 对同一参考点的力矩 $\boldsymbol{M}$ 之间存在着重要的关系。角动量对时间的变化率

$$\frac{d\boldsymbol{L}}{dt} = \frac{d}{dt}(\boldsymbol{r} \times \boldsymbol{p}) = \boldsymbol{r} \times \frac{d\boldsymbol{p}}{dt} + \frac{d\boldsymbol{r}}{dt} \times \boldsymbol{p}$$

因为

$$\boldsymbol{r}\times\frac{\mathrm{d}\boldsymbol{p}}{\mathrm{d}t}=\boldsymbol{r}\times\boldsymbol{F},\quad \frac{\mathrm{d}\boldsymbol{r}}{\mathrm{d}t}\times\boldsymbol{p}=\boldsymbol{v}\times m\boldsymbol{v}=\boldsymbol{0}$$

故

$$\frac{\mathrm{d}\boldsymbol{L}}{\mathrm{d}t}=\boldsymbol{r}\times\frac{\mathrm{d}\boldsymbol{p}}{\mathrm{d}t}=\boldsymbol{r}\times\boldsymbol{F}=\boldsymbol{M} \tag{4-3-3a}$$

式(4-3-3a)表明,质点相对某固定参考点的角动量对时间的变化率等于质点所受合外力对同一参考点的力矩。这一结论叫作质点的角动量定理(theorem of angular momentum)。

将式(4-3-3a)改写为 $\boldsymbol{M}\mathrm{d}t=\mathrm{d}\boldsymbol{L}$,在 t_1 到 t_2 时间内对其两边分别积分得

$$\int_{t_1}^{t_2}\boldsymbol{M}\mathrm{d}t=\boldsymbol{L}_2-\boldsymbol{L}_1 \tag{4-3-3b}$$

式中左侧的 $\int_{t_1}^{t_2}\boldsymbol{M}\mathrm{d}t$ 称为合外力矩 $\boldsymbol{M}$ 在 t_1 到 t_2 时间内的角冲量(angular impulse)。式(4-3-3b)是角动量定理的积分形式,它表明质点角动量的增量等于作用于质点的角冲量。

比较动量定理和角动量定理可知,动量是否改变与合外力有关,而角动量是否改变与合外力矩有关。对于做匀速率圆周运动的质点,由于有向心力,其合外力不为零,所以其动量时时在变化(方向改变);但是其向心力通过圆心,则合外力对圆心的力矩始终为零,所以其对圆心的角动量始终不变化。

4.3.3 质点的角动量守恒定律

根据式(4-3-3a),当合外力矩 $\boldsymbol{M}=\boldsymbol{0}$ 时,有 $\frac{\mathrm{d}\boldsymbol{L}}{\mathrm{d}t}=\boldsymbol{0}$,即

$$\boldsymbol{L}=\text{常矢量} \tag{4-3-4}$$

式(4-3-4)表明,如果对于某一固定参考点,质点所受的合外力矩保持为零,则质点相对该点的角动量保持不变。这一结论叫作质点的角动量守恒定律(law of conservation of angular momentum)。

在中心力场中,质点所受到的力与其位置矢量共线,则力对力心的力矩恒为零。因此,质点在此力场中运动时,它对力心的角动量保持不变,即角动量守恒。这也是行星受到太阳的吸引,但不会落到太阳中去的原因。

例 4-3-1 证明关于行星的开普勒第二定律:行星对太阳的矢径在相等的时间内扫过的面积相等。

证明:由行星的开普勒第一定律知,行星在太阳的引力作用下沿着椭圆轨道运动,太阳在一个焦点上。由于引力的方向在任何时刻总与行星对于太阳的矢径方向反平行,所以行星受到的引力对太阳(参考点)的力矩恒等于零。因此行星在运动过程中,它对太阳的角动量守恒,即保持不变。

由于行星的角动量 $\boldsymbol{L}$ 的方向始终不变,所以由 $\boldsymbol{r}$ 和 $\boldsymbol{v}$ 所决定的平面的方位亦不变。也就是说,行星总在一个平面内运动,它的轨道是一个平面轨道,如图 4-3-7 所示。设行星的质量为 m,某时刻的速度为 $\boldsymbol{v}$,则角动量的大小为

$$|\boldsymbol{L}|=|\boldsymbol{r}\times m\boldsymbol{v}|=2m\left|\frac{1}{2}\boldsymbol{r}\times\boldsymbol{v}\right|=\text{常量}$$

即有

$$\frac{1}{2}|\boldsymbol{r}\times\boldsymbol{v}|=\frac{1}{2}\frac{|\boldsymbol{r}\times \mathrm{d}\boldsymbol{r}|}{\mathrm{d}t}=\frac{\mathrm{d}S}{\mathrm{d}t}=\text{常量}$$

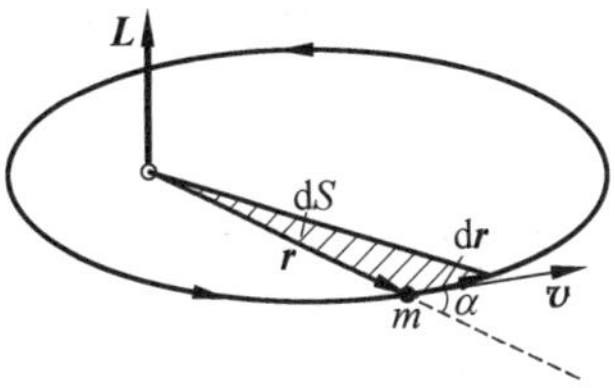

图 4-3-7

式中，$\mathrm{d}S=\frac{1}{2}|\boldsymbol{r}\times\mathrm{d}\boldsymbol{r}|$，为图 4-3-7 中的阴影三角形的面积，或者说 $\mathrm{d}S$ 为以 $\boldsymbol{r}$ 和 $\mathrm{d}\boldsymbol{r}$ 为邻边的平行四边形的面积的一半。

此处$\frac{\mathrm{d}S}{\mathrm{d}t}$表示行星对太阳的矢径在单位时间内扫过的面积，又称为行星运动的面积速度。$\frac{\mathrm{d}S}{\mathrm{d}t}$=常量，表明行星对太阳(力心)的位置矢量在任何相等时间内扫过相等的面积。综上所述，开普勒第二定律描述的情形正是角动量守恒的具体表现。按照这条定律，行星在近日点附近单位时间走过的弧长最长，即在近日点的线速度最大；反之，在远日点的线速度最小。

例 4-3-2 如图 4-3-8 所示，一个质量为 m 的质点系在绳子的一端，绳的另一端穿过水平光滑的桌面中央的小洞 O。起初质点作圆周运动，半径为 r，速率为 v。今用手缓慢拉动绳的另一端，使其半径不断减小。问圆的半径减至 $r/2$ 时，质点的角速度多大？

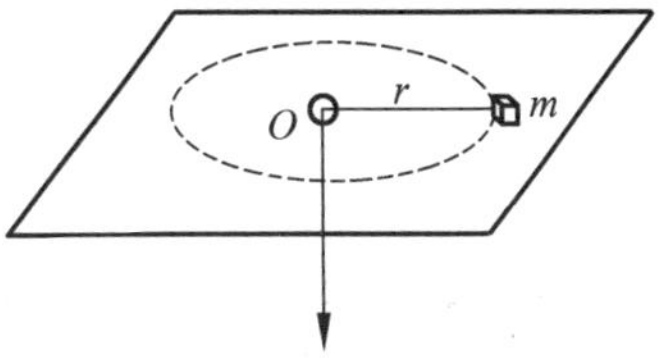

图 4-3-8

解：在运动半径不断减小的过程中，由于质点只受到向心的绳子拉力，因此质点对圆心的角动量守恒。设半径为 $r/2$ 时质点的角速度为 ω_2，则有

$$mr^2\cdot\frac{v}{r}=m\left(\frac{r}{2}\right)^2\omega_2$$

$$\omega_2=4v/r$$

在质点的角动量保持守恒过程中，若保持矢径与速度的夹角不变，则由于矢径减小会导致速度增加。读者可以思考和分析生活中的这种现象。

4.3.4 刚体对轴的角动量

设刚体绕固定轴 z 轴转动，t 时刻的角速度为 ω，角加速度为 β。刚体可看作由很多质元组成，设其中的质元 i 的质量为 m_i，其由转动中心 O 点引出的矢径为 $\boldsymbol{r}_i$，质元 i 在其转动平面内绕 O 点做半径为 r_i、线速度 v_i 的圆周运动，如图 4-3-9 所示。质元 i 对 O 点的角动量为

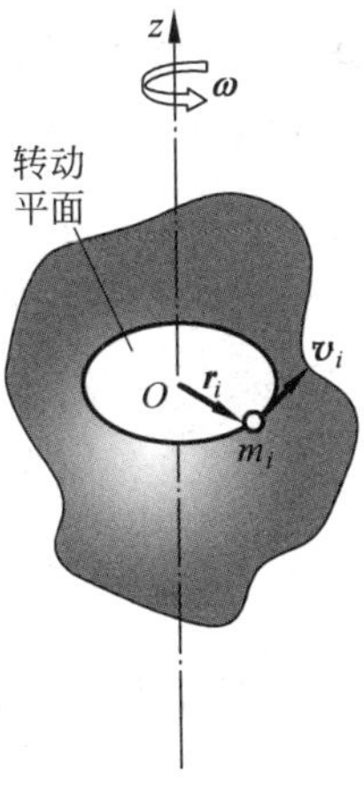

图 4-3-9

$$\boldsymbol{L}_{iO}=\boldsymbol{r}_i\times m_i\boldsymbol{v}_i$$

其大小为 $L_{iO}=r_im_iv_i=r_i^2m_i\omega$。对图 4-3-9 所示的定轴转动，角动量方向沿轴向上，与角速度 ω 方向一致。也就是说，对绕 z 轴的定轴转动，质元 i 对其转动中心的角动量 L_{iO} 就是该角动量在 z 轴上的投影量 $L_{iz}=r_i^2m_i\omega$。

刚体对定轴的角动量等于刚体上各质元对各自转动中心的角动量的矢量和，则有

$$L_z=\sum_i L_{iz}=\sum_i r_i^2m_i\omega=\omega\sum_i r_i^2m_i$$

对质量连续分布的刚体，有

$$L_z=\int \mathrm{d}L_z=\int r^2\omega \mathrm{d}m=\omega\int r^2 \mathrm{d}m$$

由于刚体的转动惯量 $J=\sum_i r_i^2 m_i$ 或 $J=\int r^2 \mathrm{d}m$，则上式可写为

$$L_z=J\omega \tag{4-3-5}$$

式(4-3-5)表明，刚体对固定转动轴的角动量 L 等于它对该轴的转动惯量和角速度的乘积，角动量 L 的方向沿着角速度的方向，如图 4-1-3 所示。

4.3.5 刚体对轴的角动量定理

由转动定律 $M=J\beta=J\dfrac{\mathrm{d}\omega}{\mathrm{d}t}$ 可知，当 J 不随 t 变动时，有 $M=\dfrac{\mathrm{d}(J\omega)}{\mathrm{d}t}$。即

$$M=\frac{\mathrm{d}L}{\mathrm{d}t} \tag{4-3-6a}$$

或

$$M\mathrm{d}t=\mathrm{d}L \tag{4-3-6b}$$

式(4-3-6a)表明，刚体所受的(对轴的)合外力矩等于刚体(对轴的)角动量对时间的变化率。这称为刚体对轴的角动量定理。式(4-3-6a)和式(4-3-6b)都是刚体对轴的角动量定理的微分形式。

设在一段时间($\Delta t=t-t_0$)内，刚体绕定轴转动。若刚体在 t_0 时刻和 t 时刻对定轴的角动量分别为 L_0 和 L，则式(4-3-6b)两边分别积分得

$$\int_{t_0}^{t} M\mathrm{d}t=\int_{\boldsymbol{L}_0}^{\boldsymbol{L}}\mathrm{d}L=L-L_0 \tag{4-3-6c}$$

这是刚体对轴的角动量定理的积分形式。积分$\int_{t_0}^{t} M\mathrm{d}t$ 称为在 $\Delta t=t-t_0$ 时间内作用在刚体上的冲量矩，又称为角冲量，它等于这段时间内刚体角动量的增量。

需要注意的是，同一式中的力矩 $\boldsymbol{M}$、角动量 $\boldsymbol{L}$、转动惯量 J 以及角速度 ω 等角量要对同一参考点或同一轴计算。

若某一非刚性的质点系(简称非刚体)中的各质点绕一共同的轴线转动，且各质点的角速度相同，则 $L_z=J\omega$ 对非刚体也是正确的。所以式(4-3-6c)不但对刚体适用，对非刚体也适用。对绕定轴转动的非刚体，若其受合外力矩 M 的作用，从 t_1 到 t_2 时间内，角速度从 ω_1 变为 ω_2，转动惯量从 J_1 变为 J_2，则角动量定理可表示为

$$\int_{t_1}^{t_2} M\mathrm{d}t=J_2\omega_2-J_1\omega_1 \tag{4-3-7}$$

4.3.6 刚体对轴的角动量守恒定律

当合外力矩 $\boldsymbol{M}=\boldsymbol{0}$ 时，由式(4-3-7)可知

$$J\omega=\text{常量} \tag{4-3-8}$$

也就是说，刚体绕定轴转动，若刚体所受合外力对定轴的力矩始终为零，则刚体对该定轴的角动量守恒，转动过程中角动量保持不变。

定轴转动的角动量守恒定律不仅适用于刚体，也适用于非刚性的质点系。不过对于定

轴转动的刚体，其转动惯量 J 为常量，$J\omega$ 不变，就意味着 ω 不变。即在不受合外力矩作用时，刚体将维持匀角速度转动。对于某一绕定轴转动的非刚性质点系(非刚体)，若其所受的对定轴的合外力矩为零，则其角动量也守恒。如果转动惯量发生改变，则刚体的角速度也会发生变化，但二者的乘积不变。非刚体的角动量守恒表现为：转动惯量 J 增加时，角速度 ω 减小；转动惯量 J 减小时，角速度 ω 增加，角动量守恒定律与动量守恒定律都是自然界中存在的基本规律。如图 4-3-10 所示的“茹可夫斯基凳”，人站在绕竖直光滑中心轴转动的圆盘上，手持哑铃，两臂伸平，旋转起来以后，将两臂收回，由于哑铃离轴变近，转动惯量变小，则转速明显增大；再将两臂伸开，哑铃离轴变远，转动惯量增大，则角速度又再度减小。由于人在伸开和收回手臂时并不产生对转轴的外力矩，故系统在此过程中角动量保持守恒。

花样滑冰是冬奥会上的一项重要赛事，我国运动员陈露因其精湛的技艺被观众与媒体称为“冰上蝴蝶”。2010 年，申雪和赵宏博夺得了温哥华冬奥会花样滑冰双人滑项目的冠军。这是中国花样滑冰历史上首枚奥运金牌，也一举打破了俄罗斯选手在该项目上长达 46 年的垄断。2022 年，隋文静和韩聪夺得北京冬奥会花样滑冰双人滑冠军。他们的优秀表现展示了中国运动员的风采，诠释了中国运动员的体育精神。如图 4-3-11 所示，花样滑冰运动员或芭蕾舞演员在做旋转动作时，总是先将两臂和腿伸开，旋转起来以后再收拢腿和臂，通过减小转动惯量获得较快的旋转角速度；停止的时候，再把两臂和腿伸开，通过增加转动惯量达到降低转速的目的，便能够平稳地停下来。

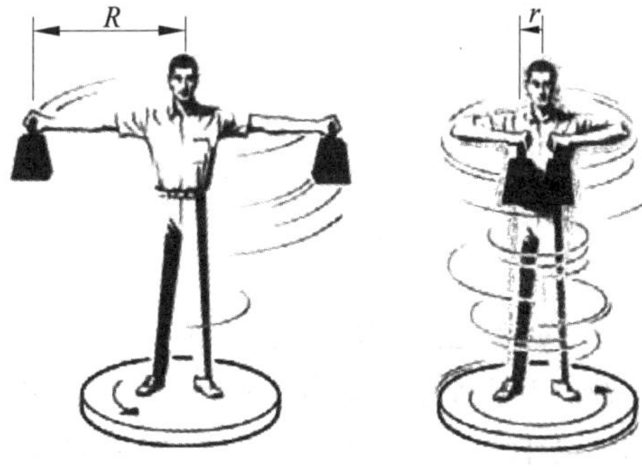

图 4-3-10

图 4-3-11

例 4-3-3 如图 4-3-12 所示为摩擦离合器示意图。已知飞轮 1 的转动惯量为 J_1，初始时的角速度为 ω_1；摩擦轮 2 的转动惯量为 J_2，初始时刻静止，两轮沿轴向结合。求结合后两轮达到的共同角速度。

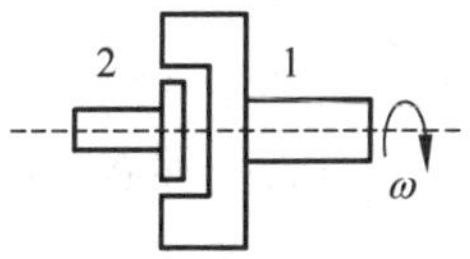

图 4-3-12

解：设结合后两轮达到的共同角速度为 ω，由于两轮对共同转轴的角动量守恒，因此有

$$J_1\omega_1=(J_1+J_2)\omega$$

$$\omega=\frac{J_1\omega_1}{J_1+J_2}$$

例 4-3-4 如图 4-3-13(a)所示，两圆盘形齿轮的半径分别为 r_1 和 r_2，对通过盘心垂直于盘面转轴的转动惯量分别为 J_1 和 J_2。开始时轮 1 以角速度 ω_0 转动，轮 2 静止，然后两

轮正交啮合,求啮合后两轮的角速度。

解:设啮合后轮 1 的角速度为 ω_1,轮 2 的角速度为 ω_2。两轮在正交啮合时的受力大小相等,但方向相反,方向如图 4-3-13(b)所示。因为两轮绕不同轴转动,所以对两轴分别应用角动量定理得

$$-\int F r_1 \mathrm{d}t = J_1\omega_1 - J_1\omega_0$$

$$\int F r_2 \mathrm{d}t = J_2\omega_2$$

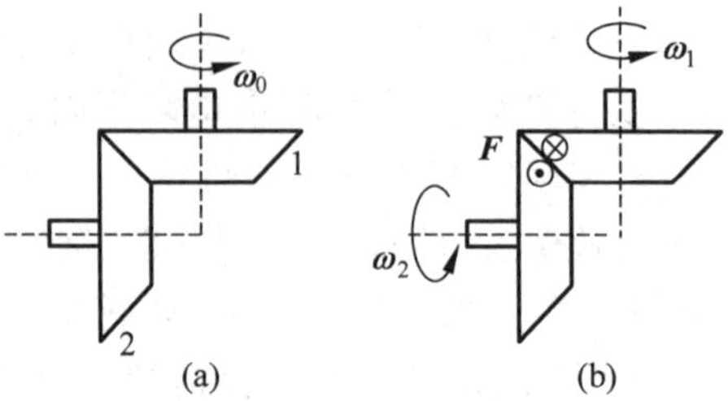

图 4-3-13

由于两轮啮合后的线速度相同,则有

$$r_1\omega_1 = r_2\omega_2$$

将三式联立,解方程组得

$$\omega_1 = \frac{J_1\omega_0 r_2^2}{J_2 r_1^2 + J_1 r_2^2}$$

$$\omega_2 = \frac{J_1\omega_0 r_1 r_2}{J_2 r_1^2 + J_1 r_2^2}$$

例 4-3-3 和例 4-3-4 是常见的两类齿轮啮合过程,一定要注意它们的不同。

2021 年 12 月 9 日,神舟十三号乘组航天员翟志刚、王亚平、叶光富在中国空间站演示了一个在太空中转身的神奇现象,展现了角动量守恒,如图 4-3-14 所示。在太空中要想实现转身,需要一侧手臂快速不断地画圈。在身体旋转时,若手臂收回,身体旋转速度则会变快,这个转身实验的核心知识是角动量守恒。这个试验所展现的是在微重力的环境中,航天员在不接触空间站的情况下,类似于理想状态下验证"不受合外力矩,绕定轴转动的物体对定轴的角动量守恒"。航天员上半身向左转动时,按照角动量守恒的原则,下半身就会向右转。当航天员伸展身体的时候,因为质量分布得离旋转轴比较远,转动惯性比较大,所以角

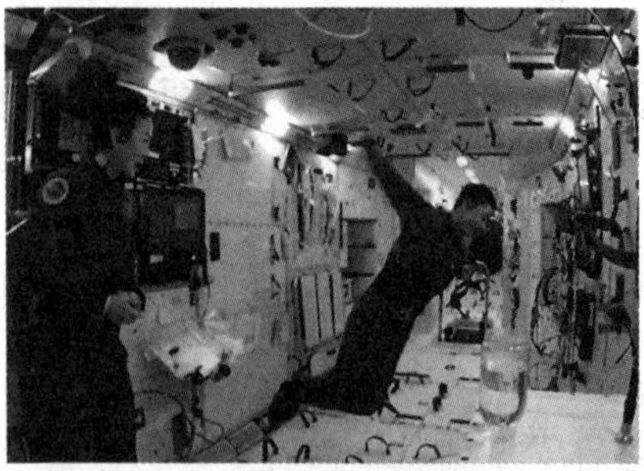

图 4-3-14

速度就减慢，通俗地说就是转得慢了。而当把四肢收回时，转动惯性小，角速度就会增加，直观感受就是转动速度变快了。

【练习 4-3】

4-3-1 一质量为 m 的质点在光滑水平面上以速度 $\boldsymbol{v}_0$ 做半径为 R_0 的圆周运动。该质点系在一根不可伸长的轻绳上，绳子又穿过该平面上的一个光滑小孔，如图 4-3-15 所示。

(1) 求绳中的张力。

(2) 求质点对小孔的角动量。

(3) 求质点的动能。

(4) 若使绳中的张力逐渐地增大，质点的半径将逐渐减小，最后使质点做半径为 $R_0/2$ 的圆周运动，质点最终的动能为多大？

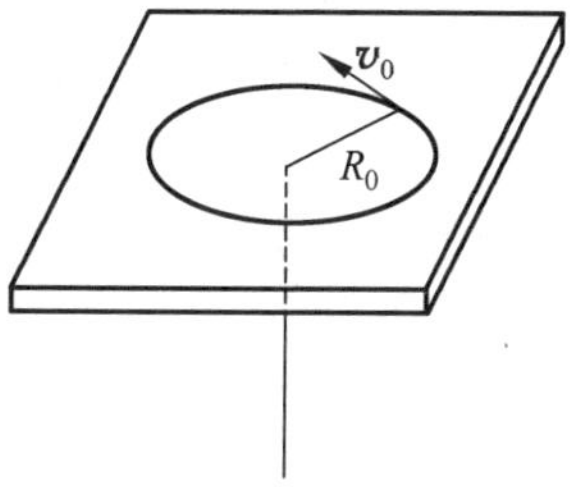

图 4-3-15

(5) 自 $t=0$ 时刻起，手拉绳的另一端以速率 v 匀速向下运动，使质点的运动半径逐渐减小，试求质点的速度与时间的关系。

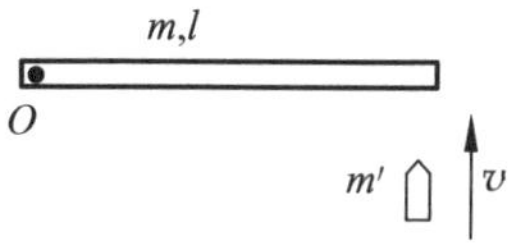

图 4-3-16

4-3-2 一根放在水平光滑桌面上的匀质棒可绕过其一端的竖直固定光滑轴 O 转动。棒的质量 $m=1.5\text{kg}$，长度 $l=1.0\text{m}$，对轴的转动惯量 $J=ml^2/3$，初始时棒静止。今有一水平运动的子弹垂直地射入棒的另一端，并留在棒中，如图 4-3-16 所示。已知子弹的质量 $m'=0.020\text{kg}$，速率 $v=400\text{m/s}$。

(1) 棒开始和子弹一起转动时的角速度 ω 有多大？

(2) 若棒在转动过程中受到 $M=4.0\text{N}\cdot\text{m}$ 的恒定阻力矩作用，则棒转过多大的角度 θ 后停止？

(3) 若子弹并没有留在棒中，而是以原来一半的速率穿过棒，重新分析棒开始的角速度及以后的运动。

4-3-3 一半径为 R 的均匀球体绕通过其一直径的光滑固定轴匀速转动，转动周期为 T_0。如它的半径由 R 自动收缩为 $R/2$，求球体收缩后的转动周期（球体对于通过直径的轴的转动惯量为 $J=2mR^2/5$，式中 m 和 R 分别为球体的质量和半径）。

4-3-4 工业污染导致的大气变暖能使极地冰帽融化，如果地球的极地冰帽都融化了，而且水都回归海洋，海洋的深度将增加约 30m，这对地球的转动会有什么影响？估算一下所引起的每天（地球自转的时间）长度的改变。

4-3-5 跳水运动员腾空前通过脚与地面的相互作用能产生旋转力矩，由此带来身体在空中的旋转称为“早旋”。跳水规则将“早旋”视为犯规。运动员腾起时只有绕横轴的翻转，“升空”后通过手臂动作引起的身体纵向旋转称为“晚旋”。你能解释跳水运动员的“晚旋”是怎么回事吗？他们如何实现空中翻转和小水花入水？

4-3-6 大多数汽车引擎的转轴指向车身的前后，在高速转动时，其角动量不可忽视。

(1) 引擎的启动和加速是内部燃料燃烧的结果还是外力矩的作用？什么物体给予汽车外力矩？引擎启动与加速为什么要有一段较长的时间过程？

(2) 为什么在弯道高速行驶的汽车容易失控？弯道向左转或向右转，对汽车失控的危险性是一样的吗？

(3) 若引擎是横着装的，又有怎样的效应？

4-3-7 为了避免门与墙壁的撞击，常常在门与墙上安装制动器。如果制动器的位置选择适当，撞击力可以减少到最低程度，试分析制动器的最佳位置。

4-3-8 查阅有关宇宙形成和大爆炸理论，了解天体系统是如何演化成一个高速旋转的扁盘形结构的。对这种理论你是否认同？

4-3-9 猫从高空下落，不但能在空中翻身，而且是四脚朝地安全落下。这个很多人熟悉的现象，其力学原理却长达几十年得不到合理的解释。美国人凯恩提出的“双刚体系统”模型逐渐被人们接受。查阅有关资料，对这一模型和理论你认同吗？你有新的模型和理论吗？

4-3-10 “十二五”期间，我国发射了“悟空”、“墨子”、“实践十号”和“慧眼”四颗科学卫星，实现了我国科学卫星零的突破，持续产出了一系列科学成果，得到国际科技界的广泛关注。空间科学作为实现基础研究重大突破的主力军，对我国是否能够实现建设世界科技强国的目标至关重要，就像 20 世纪六七十年代“两弹一星”任务对国家所起的作用一样，如图 4-3-17 所示。我国 1970 年 4 月 24 日发射的第一颗人造卫星沿椭圆轨道运行，地球中心是椭圆焦点之一，其近地点的距离为 $4.39\times10^5\,\mathrm{m}$，远地点的距离为 $2.38\times10^6\,\mathrm{m}$。试计算卫星在近地点和远地点的速率。(设地球半径为 $6.38\times10^6\,\mathrm{m}$)

图 4-3-17

4.4 力矩做功 刚体绕定轴转动的动能定理

4.4.1 力矩做功

在刚体转动过程中，作用在刚体上某点的力所做的功等于此力和此力作用点处的质元位移的标积。由于刚体的内力做功之和为零，因此只需考虑外力做功。显然，外力对刚体做的总功为各个外力对各相应质元所做功的总和。下面证明在刚体转动中，外力功可以用另一种形式——力矩的功来表示。

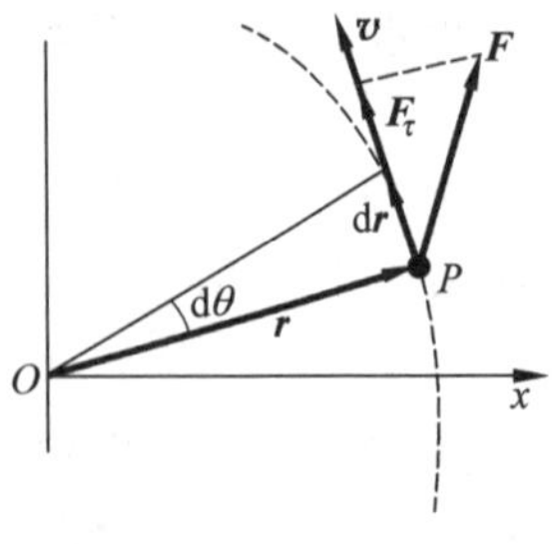

图 4-4-1

如图 4-4-1 所示，当刚体上 P 点质元所受的外力为 $\boldsymbol{F}$，刚体绕固定轴 O(垂直于图面)有角位移 $\mathrm{d}\theta$ 时，质元 P 点的位移为 $\mathrm{d}\boldsymbol{r}$，力 $\boldsymbol{F}$ 的法向分力对质元不做功，若设其切向分力为 F_τ，则力 $\boldsymbol{F}$ 对质元所做的元功为

$$\mathrm{d}W=\boldsymbol{F}\cdot\mathrm{d}\boldsymbol{r}=F_\tau\mathrm{d}r=rF_\tau\mathrm{d}\theta=M\mathrm{d}\theta \qquad (4\text{-}4\text{-}1)$$

刚体绕定轴转动的角位置从 θ_1 变到 θ_2 的过程中，外力对刚体所做的总功为

$$W=\int_{\theta_1}^{\theta_2} M\mathrm{d}\theta \tag{4-4-2}$$

这一表示式常被称为力矩的功。它表明在刚体绕定轴转动的过程中，外力所做的功等于该力对转轴的力矩对角位移的积分。

需要说明的是，所谓力矩的功实质上还是力做的功，是力的功在刚体转动中的特殊表示形式。在讨论刚体的转动时，采用这种表达形式比较方便，它反映了力矩的空间积累作用效果。

同样，在转动中，反映力的做功快慢的功率也有其特殊形式，称为力矩的功率（power of torque），即

$$P=\frac{\mathrm{d}W}{\mathrm{d}t}=M\frac{\mathrm{d}\theta}{\mathrm{d}t}=M\omega \tag{4-4-3}$$

可见，刚体转动的功率一定时，转速越大，所需要的力矩越小；转速越小，所需要的力矩越大。

4.4.2 转动动能

运动质点具有动能，绕固定轴转动的刚体同样具有动能。由于刚体是一个特殊的质点系，所以刚体的转动动能（kinetic energy）应等于组成刚体的各质元的动能之和。

设刚体绕固定轴 z 以角速度 ω 转动，其中质量为 m_i 的一质元到转轴的距离为 r_i，其运动的线速度为 $v_i=\omega r_i$，该质元的动能为 $E_{\mathrm{k}i}=\frac{1}{2}m_i v_i^2$，则整个刚体的动能为

$$E_{\mathrm{k}}=\sum\left(\frac{1}{2}m_i v_i^2\right)=\frac{1}{2}\sum(m_i r_i^2)\omega^2$$

由刚体转动惯量的定义式 $J=\sum\limits_i m_i r_i^2$ 得

$$E_{\mathrm{k}}=\frac{1}{2}J\omega^2 \tag{4-4-4}$$

式(4-4-4)表明：刚体绕定轴转动的动能等于刚体对此转轴的转动惯量与角速度平方的乘积的一半。

4.4.3 定轴转动的动能定理

当刚体受到合外力矩 $\boldsymbol{M}$ 的作用时，产生角位移 $\Delta\theta=\theta_2-\theta_1$。同时，其角速度从 ω_1 变化为 ω_2，转动动能的增量为 $\Delta E_{\mathrm{k}}=\frac{1}{2}J\omega_2^2-\frac{1}{2}J\omega_1^2$。

由转动定律得

$$M=J\beta=J\frac{\mathrm{d}\omega}{\mathrm{d}t}=J\frac{\mathrm{d}\omega}{\mathrm{d}\theta}\frac{\mathrm{d}\theta}{\mathrm{d}t}=J\frac{\mathrm{d}\omega}{\mathrm{d}\theta}\omega$$

将上式两边同乘以 $\mathrm{d}\theta$ 并进行积分，可得

$$\int_{\theta_1}^{\theta_2} M\mathrm{d}\theta=\int_{\omega_1}^{\omega_2} J\omega\mathrm{d}\omega=\frac{1}{2}J\omega_2^2-\frac{1}{2}J\omega_1^2 \tag{4-4-5}$$

式(4-4-5)表明，刚体绕定轴转动时，合外力矩所做的功等于刚体转动动能的增量。这一结

论称为刚体定轴转动的动能定理(kinetic energy theorem for rotational motion)。

如果刚体受到保守力的作用,我们也可以引入势能的概念。对于包含有刚体的系统,如果在运动过程中,只有保守内力做功,则系统的机械能保持不变。

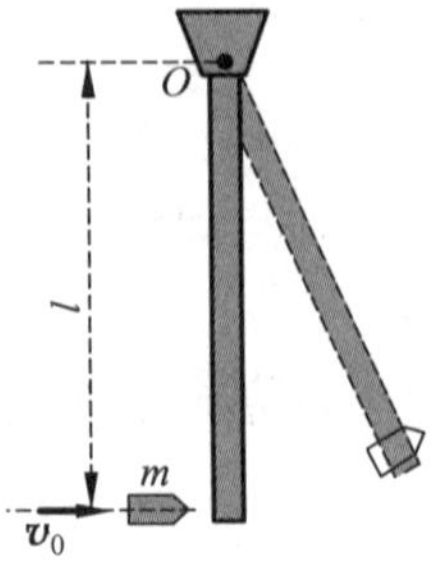

图 4-4-2

例 4-4-1 如图 4-4-2 所示,子弹 m 以速度 v_0 撞击质量为 M、长为 l 的上端悬挂的棒,碰后两者粘在一起转动。求棒的下端升起的最大高度 h。

解:本题有两个过程。

过程 1 为 $m+M$ 的非弹性碰撞过程。在此过程中系统 $m+M$ 所受的外力为轴力和重力,系统动量不守恒;两力对轴的外力矩为零,则系统对轴的角动量守恒,有

$$mlv_0=ml(\omega l)+\frac{1}{3}Ml^2\omega \tag{4-4-6}$$

过程 2 为 $m+M$ 的共同上摆过程。在此过程中 $m+M+$地球组成的系统只有重力(保守内力)做功,其他力做功均为零,则系统的机械能守恒。选择棒的最低端的重力势能 $E_p=0$,则有

$$\frac{1}{2}m(\omega l)^2+\frac{1}{2}\left(\frac{1}{3}Ml^2\right)\omega^2+Mg\,\frac{l}{2}=mgh+Mg\left(\frac{l}{2}+\frac{h}{2}\right) \tag{4-4-7}$$

联立式(4-4-6)和式(4-4-7)可解得

$$h=\frac{3m^2v_0^2}{(2m+M)(3m+M)g}$$

【练习 4-4】

4-4-1 如图 4-4-3 所示的三个系统,分析它们的动量、角动量和机械能是否守恒。

(1) 子弹击入沙袋,细绳质量不计,对子弹和沙袋系统;

(2) 子弹击入杆,杆的质量不能忽略,对子弹和杆系统;

(3) 圆锥摆系统中小球 m 对 O′和 O 的运动过程。

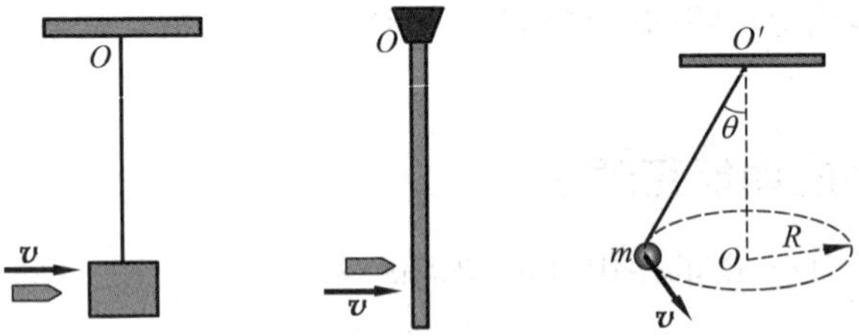

图 4-4-3

4-4-2 一个塌缩着的自旋的恒星的转动惯量降到了初值的 1/3。它的新的转动动能与初始的转动动能之比是多少?

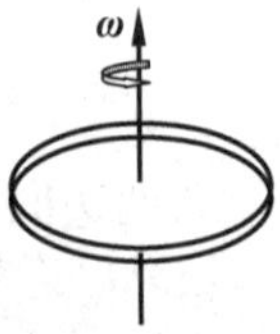

图 4-4-4

4-4-3 如图 4-4-4 所示,一个转动惯量为 J 的圆盘绕一固定轴转动,起初角速度为 ω_0。设它所受阻力矩与转动角速度成正比,即 $M=-k\omega$(k 为正的常数),则圆盘的角速度从 ω_0 变为 $\omega_0/2$ 时,阻力矩所做的功是多少?

4-4-4 一长为 l、质量为 M 的棒可绕支点 O 自由转动,设开始时棒静

止在竖直位置，如图 4-4-5 所示。有一质量为 m 的子弹以水平速度 $\boldsymbol{v}_0$ 射入棒下端，并嵌在棒中。求：

（1）子弹射入后瞬间棒的角速度 ω；

（2）棒和子弹组成的系统能摆起的最大摆角。

4-4-5 如图 4-4-6 所示，一长为 l 的杆可绕支点 O 自由转动，初始时自由下垂。一单摆也悬于支点 O，摆长为 l，摆锤的质量为 m。现将单摆拉到水平位置后释放，摆锤在 A 处与杆作完全弹性碰撞后恰好静止。试求：

（1）杆的质量 M；

（2）碰撞后杆摆动的最大摆角 θ。（设杆绕 O 点的转动惯量 $J=\frac{1}{3}Ml^2$）

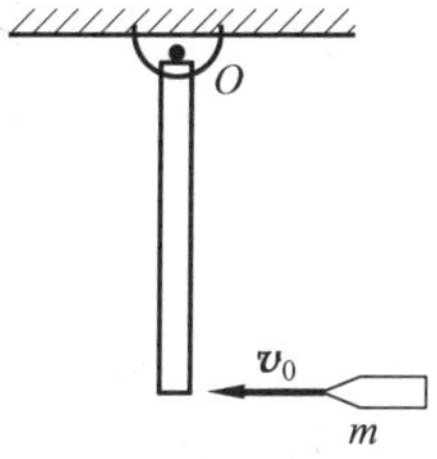

图 4-4-5

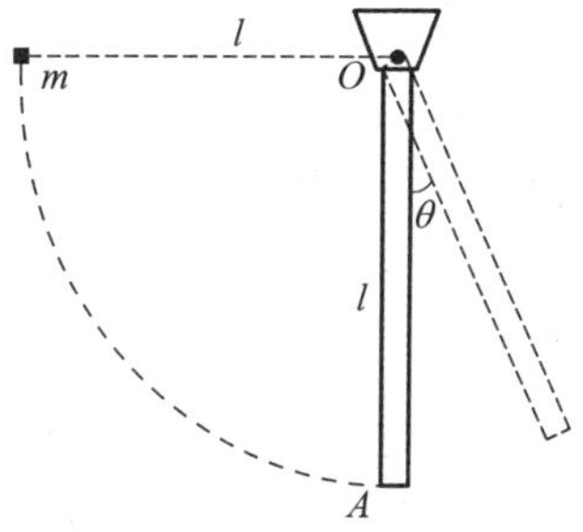

图 4-4-6

4.5 陀螺仪 进动

【思考 4-5】

（1）为什么旋转的陀螺不倒，而静止的陀螺不能直立？这样的特性有怎样的应用呢？

（2）自行车为什么运动时容易平衡，而单轮车比较难骑？

（3）如何保证炮弹的弹头击中目标？

（4）空间站在太空中受到各个方面的影响，其姿态有可能发生变化，如何使得空间站能稳定运行？（稳定神奇——控制力矩陀螺）

绕支点作高速旋转的刚体可统称为**陀螺**(top)。由于支承方式、刚体形状和质量分布的不同，陀螺有不同的形式。按支点与质心是否重合可分为平衡陀螺和重力陀螺，按质量分布又可分为对称陀螺和非对称陀螺。通常所说的陀螺是指对称陀螺，它是一种质量均匀分布的轴对称刚体，且以其几何对称轴为自转轴。人们应用陀螺的力学特性所制成的不同功能的陀螺装置称为**陀螺仪**(gyroscope)或**回转仪**。陀螺仪在高速转动时表现出很奇特的性质，下面从刚体转动的角动量定理入手进行讨论。

4.5.1 陀螺的进动

如图 4-5-1 所示，一质量均匀对称分布的陀螺绕其对称轴高速旋转，它的转轴不是固定的，但其顶点 O 是固定的。

由角动量定理的表达式(4-3-3a)可知

$$\frac{\mathrm{d}\boldsymbol{L}}{\mathrm{d}t}=\boldsymbol{M} \tag{4-5-1}$$

当陀螺绕过顶点 O 的竖直对称轴旋转时(图 4-5-2(a)),由于不受外力矩作用,即 $\boldsymbol{M}=\boldsymbol{0}$,陀螺的角动量 $\boldsymbol{L}$ 就会保持不变。即陀螺的角动量矢量 $\boldsymbol{L}$ 守恒,陀螺转轴的方向(即 $\boldsymbol{L}$ 的方向)保持不变,这就是直立旋转陀螺不倾倒的原因。

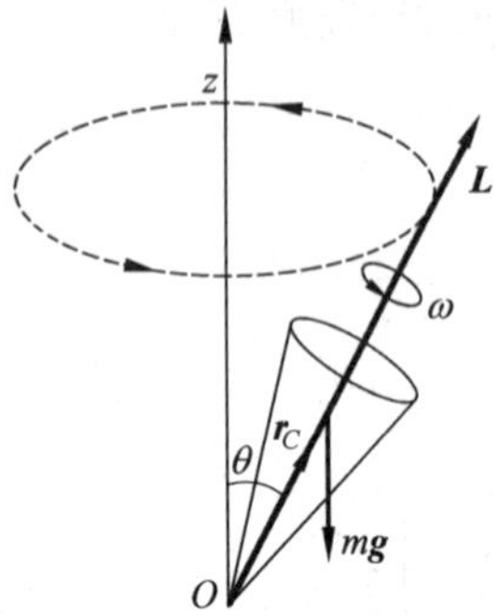

图 4-5-1

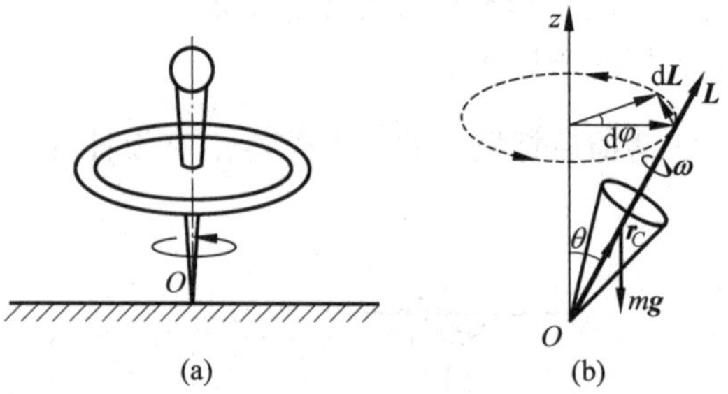

图 4-5-2

当陀螺高速自转时,自转轴稍有倾斜,它就会受到对定点 O 的重力矩作用,但这时陀螺将倾而不倒,在自转的同时,其自转轴将绕竖直方向沿着圆锥面转动,添加了一个角速度 Ω,如图 4-5-2(b)所示。这种自转轴的附加转动称为**进动或旋进**(precession motion)。进动是刚体的一种特殊的定点运动。与刚体的进动相联系,陀螺的质心做圆周运动,其向心力由支点与地面接触处的摩擦力提供。陀螺在外力矩作用下产生进动的效应称为回转效应。

下面简单分析产生进动的原因。

一般而言,陀螺的总角动量 $\boldsymbol{L}$ 与角速度 $\boldsymbol{\omega}$ 的方向并不相同。当陀螺由于倾斜而受到重力对定点 O 的力矩时,陀螺对定点 O 的总角动量 $\boldsymbol{L}$ 应等于陀螺的自转角动量 $J\boldsymbol{\omega}$ 与进动角动量之和。若陀螺在高速自转时,其自转角速度 ω 远大于进动角速度 $\Omega(\omega\gg\Omega)$,则可不计进动角动量,而近似认为总角动量 $\boldsymbol{L}$ 等于自转角动量,即

$$\boldsymbol{L}=J\boldsymbol{\omega}$$

$\boldsymbol{L}$ 与 $\boldsymbol{\omega}$ 的方向都沿自转轴方向。陀螺受到对于固定点 O 的重力矩的作用:

$$\boldsymbol{M}=\boldsymbol{r}_C\times m\boldsymbol{g}$$

式中,$\boldsymbol{r}_C$ 为陀螺质心的位置矢量,对这里所讨论的对称陀螺,$\boldsymbol{r}_C$ 沿自转轴,故与 $\boldsymbol{L}$ 平行或反平行。而重力矩 $\boldsymbol{M}$ 垂直于 $\boldsymbol{r}_C$ 和 $m\boldsymbol{g}$ 所决定的平面,即 $\boldsymbol{M}\perp\boldsymbol{L}$。

根据角动量定理,在 $\mathrm{d}t$ 时间内,$\boldsymbol{L}$ 的变化应为 $\mathrm{d}\boldsymbol{L}=\boldsymbol{M}\mathrm{d}t$。由于 $\boldsymbol{M}$ 与 $\boldsymbol{L}$ 时刻保持垂直,$\boldsymbol{M}$ 只改变 $\boldsymbol{L}$ 的方向,不会改变其大小,因此,陀螺在 $t+\mathrm{d}t$ 时刻的角动量 $\boldsymbol{L}+\mathrm{d}\boldsymbol{L}$ 与 t 时刻的角动量 $\boldsymbol{L}$ 的数值相等,如图 4-5-2(b)所示。$\boldsymbol{L}$ 的方向(也就是自转轴的方向)不断发生改变,以致使陀螺的自转轴形成了绕竖直轴的进动。也就是说进动现象正是自旋的物体在外力矩的作用下,沿外力矩方向改变其角动量矢量的结果。

陀螺自转轴绕竖直轴转动的角速度,即进动角速度 Ω 可表示为

$$\Omega=\frac{\mathrm{d}\varphi}{\mathrm{d}t}$$

式中,$\mathrm{d}\varphi$ 为 $\mathrm{d}t$ 时间内陀螺的自转轴绕竖直轴转过的角度,可用下式表示:

$$d\varphi=\frac{dL}{L\sin\theta}=\frac{M dt}{L\sin\theta}$$

而 $M=r_C mg\sin\theta, L=J\omega$，所以有

$$\Omega=\frac{d\varphi}{dt}=\frac{M}{L\sin\theta}=\frac{r_C mg\sin\theta}{L\sin\theta}=\frac{mgr_C}{J\omega} \tag{4-5-2}$$

由此可见，陀螺的自转角速度 ω 越大，则进动角速度 Ω 越小，即进动越慢，因此上述近似处理的精度越好。此外，当陀螺的自转角速度 ω 较小时，则除了自转和进动外，陀螺的自转轴还会在铅垂面内上下摆动，即自转轴与竖直轴的夹角 θ 会发生周期性的变化，这一现象称为**章动**（nutation）。详细的分析比较复杂，需严密求解陀螺的运动方程，这里不作讨论。

4.5.2 回转效应与来复线

利用回转效应的一个实例是解决炮弹或子弹在空中的飞行稳定性问题，如图 4-5-3 所示。飞行中的炮弹或子弹会受到空气阻力的作用，阻力 $\boldsymbol{f}$ 的方向总与炮弹或子弹的质心速度 $\boldsymbol{v}_C$ 的方向相反，但其合力一般并不通过质心，阻力对质心的力矩会使炮弹或子弹在空中翻转。这样，当炮弹或子弹射中目标时，就有可能是炮弹或子弹的尾部先接触目标，从而丧失威力。为了避免这种情况发生，通常在炮膛或枪膛内设置螺旋形的**来复线**（rifle），使炮弹或子弹在射出时获得绕自身对称轴的高速自转。由于自转，在空气阻力矩的作用下，炮弹或子弹在前进中将绕自己质心行进的方向进动，而不至于翻转。

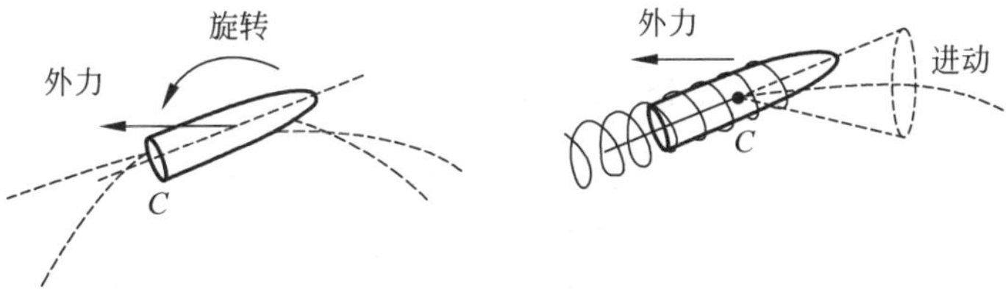

图 4-5-3

4.5.3 陀螺仪的定向性

由于在无外力矩的情况下，刚体的角动量 $\boldsymbol{L}=J\boldsymbol{\omega}$ 守恒，如果保持刚体相对转轴的转动惯量不变，角动量守恒就表现为 $\boldsymbol{\omega}$ 是常矢量，即转动快慢、转轴的方向不变。图 4-5-4 所示的常平架陀螺仪就是这样的一种装置，它的核心部分是装在常平架上的一个质量较大的轴对称物体，称为转子。常平架由套在一起、分别具有竖直轴和水平轴的两个圆环（内环和外环）组成，转子装在内环上。转子、内环和外环三者的转轴两两正交，且相交于一点，其交点与整个陀螺的质心重合。这样，转子既不受重力矩的作用，又能在空间任意取向，可以绕三个相互垂直的轴自由转动（因此又称其为三自由度陀螺）。转子的高速旋转可以由电动机或气动来驱动。如果不考虑轴承的摩擦和转动时空气的阻力，一旦转子绕其对称轴高速转动起来，则陀螺转子的转轴就在空间确定了一个不变的方向。不管如何移动或转动陀螺仪，高速自转的陀螺保持其转轴在空间的方向不变的特性，称作陀螺的定向性。

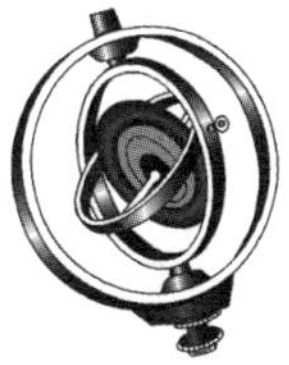

图 4-5-4

陀螺仪的这一特性在现代技术中的一个重要应用是**惯性导航**(inertial navigation),其广泛应用于航海、航空航天、导弹和火箭等系统的定向、导航和自动驾驶等。陀螺惯性导航系统的转子转速高达每分钟数万转。若高速转动的转子稍不对称,就会对各个支撑轴承产生巨大的作用力而使其损坏,因此设计和制造转子时的精度要求是非常高的,近代陀螺的研究课题主要是如何实现无干扰力矩的支撑,主要途径是用电场力或磁场力造成悬浮支撑,例如采用超导磁悬浮无摩擦轴承等。此外,研制无机械转子的陀螺仪——激光陀螺也成为当代陀螺研究的重要课题。

【练习 4-5】

4-5-1 陀螺的应用研究经历了长时间的探索,也有很多应用。查阅相关的资料,了解陀螺仪的广泛应用。

4-5-2 查阅有关资料,了解飞机如何确定空中方向。

第2篇

电磁学

电磁运动是物质运动中最基本的运动形式之一，作为物理学的一个分支——电磁学，是研究电磁运动规律的一门学科。电磁学理论的发展大大推动了社会的进步。今天，互联网、电视、广播以及无线电通信在人们的生活中日益普及；电灯照明、家用电器等早已进入寻常百姓家；在一切高科技及智能化领域中，计算机扮演了极其重要的角色。所有这些无不以电磁学基本原理为核心。

研究电磁现象的理论核心是电磁场理论。对于最简单的静电场或恒定磁场情况，电场和磁场可以分开单独研究。第 5 章和第 6 章主要介绍静止电荷激发的静电场的描述方法和性质，以及静电场与物质的相互作用；第 7 章主要阐述恒定磁场的描述方法、性质、对电流的作用，以及磁场和物质的相互作用；第 8 章主要在电磁感应现象的基础上讨论电磁感应定律，以及动生电动势和感生电动势；介绍自感和互感现象，磁场的能量，以及麦克斯韦关于有旋电场和位移电流的假设，进而归纳出的电磁场基本方程，即麦克斯韦电磁场的基本方程。

第5章 静电场

本章讨论静电场,即相对于观察者静止的电荷所激发的电场。本章的研究内容包括：静电场的基本性质；描述电场的两个重要物理量——电场强度和电势；反映静电场基本性质的场强叠加原理、高斯定理和静电场环路定理；场强和电势之间的关系。

5.1 电荷的量子化 电荷守恒定律

【思考 5-1】

试分析产生下列现象的原因。

(1) 小明在加油站注意到一条广告标语："严禁用塑料桶装运汽油",还有油罐车下装一条拖在地上的铁链。

(2) 住进一北方旅店的旅客对服务员说："我好几次在旅店走廊内与人握手或者按电梯开关时,感到浑身一震,手臂发麻。一定是旅店内有什么地方漏电。"

(3) 当被丝绸摩擦过的玻璃棒与被毛皮摩擦过的橡胶棒靠近时,两者相互吸引。

5.1.1 摩擦起电

电荷是物质的一种属性,人们对电荷的认识最早是从摩擦起电现象和自然界的雷电现象开始的。实验发现,被毛皮摩擦后的硬橡胶棒或被丝绸摩擦后的玻璃棒对轻微物体都有吸引作用,如图 5-1-1 所示,这种现象称为带电现象。人们认为硬橡胶棒和玻璃棒分别带有**电荷**(electric charge)。实验进一步发现,硬橡胶棒所带电荷与玻璃棒所带电荷属于不同种类。人们把被毛皮摩擦过的橡胶棒所带的电荷称为负电荷(negative charge),把被丝绸摩擦过的玻璃棒所带的电荷称为正电荷(positive charge)。自然界中只有这两种电荷,同种电荷互相排斥,异种电荷互相吸引。

摩擦起电的根本原因与物体的微观结构有关。现代物理学指出,任何物体都由分子、原子构成,原子又由原子核和核外电子构成。原子核带正电,电子带负电。通常状态下,原子核所带的正电与核外所带的负电数量相等,因此对外不显电性。但是在不同物体间发生相互摩擦时,会使一个物体上的电子转移到另一个物体上,从而使失去电子的物体带正电,得到电子的物体带负电。由此可见,物体带电的本质是其电荷的迁移和重新分配。图 5-1-2

所示为古老的摩擦起电机。除了摩擦起电外，还可以有“接触”或“感应”等起电方法，但它们的起电本质都相同。在冬天干燥天气时，穿脱化纤、羊毛等衣服时很容易产生的静电就是一种接触带电。

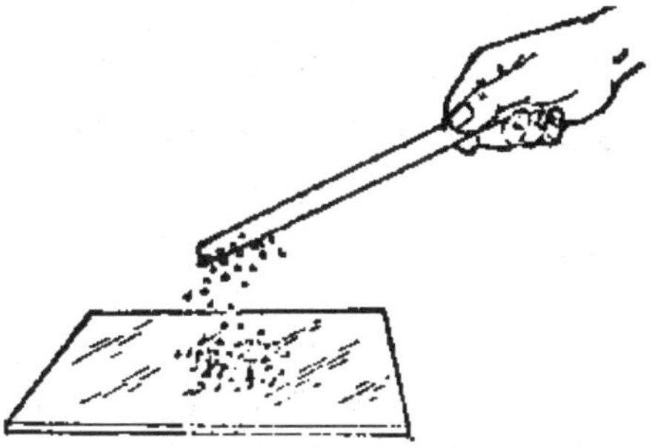

图 5-1-1

图 5-1-2

5.1.2 电荷的量子化

物体所带电荷多少的量度称为电荷量(electric quantity)，用 Q 或 q 表示，电荷量的国际单位是库仑，记作 C。

1909 年，美国物理学家密立根(R. Millikan)通过油滴实验(图 5-1-3)发现，物体所带的电荷总量是以一个基本单元的整数倍出现。这个电荷量的基本单元就是电子所带电荷量的绝对值，用 e 表示，$e=1.602\ 176\ 53\times10^{-19}$C。物体由于失去电子而带正电，或是得到额外电子而带负电，但物体所带的电荷量必然是电子电荷量 e 的整数倍，即 $q=ne(n=0,\pm1,\pm2,\cdots)$。物体所带电荷量的这种不连续性称为电荷的量子化(quantization of charge)。

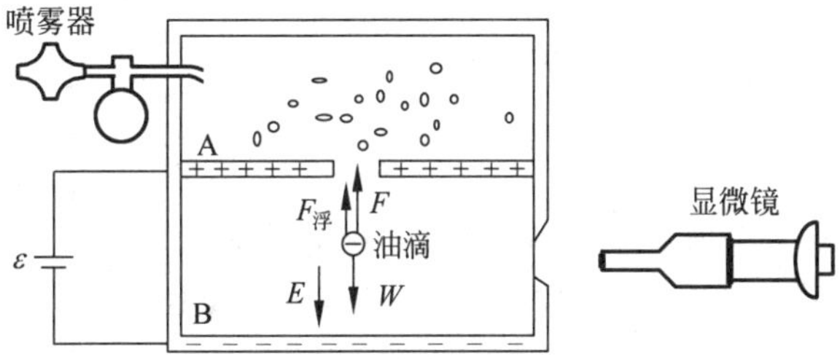

图 5-1-3

5.1.3 电荷的守恒性

电荷是物质的一种属性。大量实验表明：在一个孤立系统中，无论发生怎样的物理过程，系统中电荷的代数和始终保持不变，只能从系统的一个物体转移到另一个物体上，或从物体的一部分转移到另一部分。这一结论称为电荷守恒定律(law of conservation of charge)。

近代物理实验表明，在粒子相互作用过程中，电荷是可以产生或消灭的。例如，一个高能光子与一个重核作用，光子可以转化为一个正电子和一个负电子；而一个正电子和一个负电子在一定条件下相遇，可以同时湮灭而转化为两个光子。这种正负电子对的产生和湮灭总是成对出现，并不违反电荷守恒定律。电荷守恒定律是迄今人们认识到的自然界中少数的精确成立的基本定律之一。

5.1.4 电荷的相对论不变性

关于电荷的另一个基本事实是电荷的带电荷量与电荷的运动状态无关，与观测的参考系无关，即相对带电体运动的观测者测得的电荷量，与相对带电体静止的观测者测得的电荷量相等。我们称电荷具有相对论不变性。

【练习 5-1】

5-1-1 电荷量是量子化的，但是宏观物体的电荷量可认为是连续取值，为什么？

5-1-2 一个物理量如果具有最小的单元且不可连续地分割，或者说，这个物理量的取值是分立的、不连续的，我们就说这个物理量是量子化的。生活中也有一些量子化的现象，试举例说明。

5-1-3 物质的电荷和质量都是物质的属性。电荷量具有相对论不变性，质量具有相对论不变性吗？

5-1-4 理解并掌握电荷守恒定律。它作为自然界的基本守恒定律之一，与能量守恒定律、动量守恒定律和角动量守恒定律一样，无论在宏观领域，还是在原子、原子核和粒子范围领域，电荷守恒定律均成立。进一步查阅相关材料，了解自然界的对称性和守恒性。

5.2 库仑定律 静电力叠加原理

【思考 5-2】

如图 5-2-1 所示，将两个用细线悬挂的带电小球 A、B 靠近时，两者之间的相互作用与哪些因素有关？

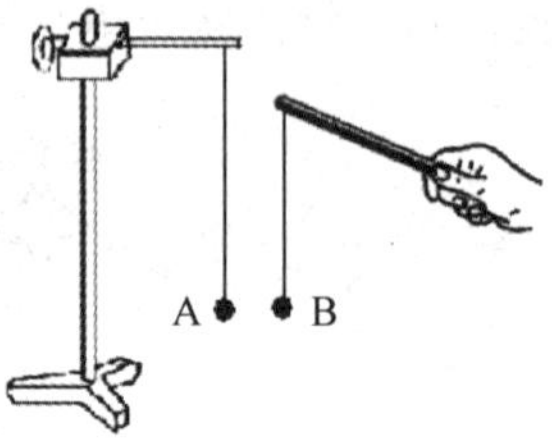

图 5-2-1

5.2.1 点电荷

静止的带电体间有相互作用力存在，这种力称为静电力(又称库仑力)，它是电荷的一种对外表现形式。在发现电现象后的两千多年里，人们对电的认识一直停留在定性阶段。从 18 世纪中叶开始，许多科学家有目的地进行一些实验性的研究，以便找出静止电荷之间的相互作用力的规律。直接研究带电体的相互作用十分复杂，因为此静电力不仅与电荷的正负、电荷量的多少、带电体之间的相对距离有关，还与它们的尺寸、形状以及周围介质等因素有关。为了简化问题，法国科学家库仑(C. A. Coulomb)(图 5-2-2)于 1785 年首先提出了**点电荷**(point charge)的理想模型，认为当带电体的大小和带电体之间的距离相比很小时，可以忽略其形状和大小，把它看作一个带电的几何点。

5.2.2 库仑定律

库仑通过扭秤实验(图 5-2-3)，对两个静止的点电荷之间的相互作用进行定量的分析，

图 5-2-2

图 5-2-3

得到了两个点电荷在真空中的相互作用规律，后人称之为库仑定律(Coulomb's law)，表述如下：真空中两个静止的点电荷之间相互作用力的大小与这两个点电荷所带电荷量 q_1 和 q_2 的乘积成正比，与它们之间的距离 r 的平方成反比。作用力的方向沿着两个点电荷的连线，同号电荷相互排斥，异号电荷相互吸引。其数学表达式为

$$\boldsymbol{F}_{12}=k\frac{q_1q_2}{r^2}\boldsymbol{e}_r \tag{5-2-1}$$

式中，$\boldsymbol{F}_{12}$ 表示电荷 q_1 对电荷 q_2 的作用力，如图 5-2-4 所示，其中图 5-2-4(a)表示 q_1、q_2 同号，$\boldsymbol{F}_{12}$ 为排斥力，图 5-2-4(b)表示 q_1、q_2 异号，$\boldsymbol{F}_{12}$ 为吸引力；$\boldsymbol{e}_r$ 表示位矢 $\boldsymbol{r}$ 方向的单位矢量，由施力电荷指向受力电荷方向；k 为比例系数，在国际单位制中，$k=8.9880\times10^9\mathrm{N}\cdot\mathrm{m}^2/\mathrm{C}^2\approx9.0\times10^9\mathrm{N}\cdot\mathrm{m}^2/\mathrm{C}^2$。为了使由库仑定律推导出的一些常用公式简化并方便计算，通常将 k 表示成

$$k=\frac{1}{4\pi\varepsilon_0}$$

式中，ε_0 称为真空电容率(permittivity of vacuum)，又称真空介电常数，$\varepsilon_0=\frac{1}{4\pi k}=8.85\times10^{-12}\mathrm{C}^2/(\mathrm{N}\cdot\mathrm{m}^2)$。这样，真空中的库仑定律通常可表示为

$$\boldsymbol{F}=\frac{1}{4\pi\varepsilon_0}\frac{q_1q_2}{r^2}\boldsymbol{e}_r \tag{5-2-2}$$

应特别指出的是，q_1 对 q_2 的作用力 $\boldsymbol{F}_{12}$ 与 q_2 对 q_1 的作用力 $\boldsymbol{F}_{21}$ 满足牛顿第三定律，即

$$\boldsymbol{F}_{12}=-\boldsymbol{F}_{21} \tag{5-2-3}$$

5.2.3 静电力叠加原理

当空间有多个静止的点电荷存在时，实验表明，其中每个点电荷所受的总静电力应等于所有其他点电荷单独作用的静电力的矢量和。这就是静电力叠加原理(superposition

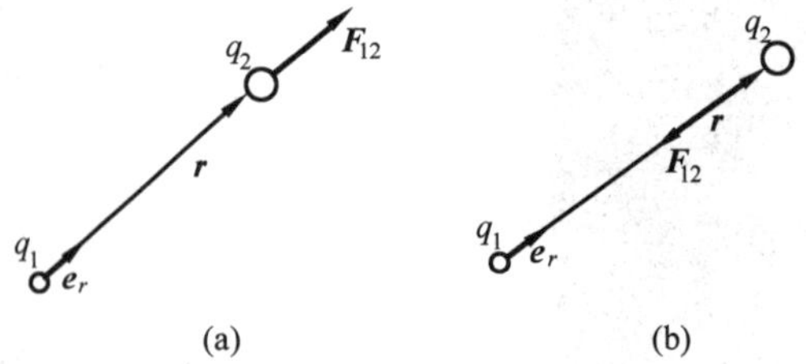

图 5-2-4

principle of electric force)。

图 5-2-5 表明点电荷 q 受到的静电力为其他点电荷 q_1、q_2、q_3 单独作用的静电力的矢量和。对于更多点电荷,其总静电力可写成数学表达式为

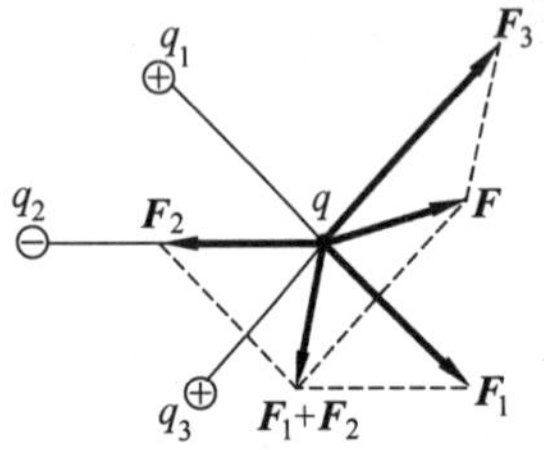

图 5-2-5

$$\boldsymbol{F}=\sum_{i}\boldsymbol{F}_i=\sum\frac{1}{4\pi\varepsilon_0}\frac{qq_i}{r_i^2}\boldsymbol{e}_{ri} \tag{5-2-4}$$

【讨论 5-2-1】

点电荷本身是不是必须很小?所带电荷量是不是也必须很少?

【分析】

点电荷和质点一样,都是理想模型。只有当带电体的大小和带电体之间的距离相比很小时,带电体才可以看作忽略形状和大小的一个带电的几何点。带电体能否视为点电荷,与点电荷本身的大小和所带电荷量无关。

【讨论 5-2-2】

由式(5-2-2)可知,当 $r=0$ 时,有 $F\to\infty$,可能吗?

【分析】

需要指出的是,式(5-2-2)只适用于真空、静止、点电荷的情况。点电荷是理想模型,当 $r\to 0$ 时,带电体不能看成点电荷,则该公式不再适用,当然推出的结论也就不成立。

【练习 5-2】

5-2-1 在正方形的四个顶点上各放一电荷量相等的同性点电荷 q,若在正方形中心放一点电荷 Q,使顶点上每个点电荷受到的合力恰为零,求 Q 与 q 的关系。

5-2-2 电荷为 $+q$ 和 $-2q$ 的两个点电荷分别置于 $x=1\text{m}$ 和 $x=-1\text{m}$ 处。一试验电荷应置于 x 轴上何处,它受到的合力才等于零?

5-2-3 如图 5-2-6 所示,两个质量均为 m 的小球带等量同号电荷 q,各用长为 l 的丝线悬挂于 O 点,当两小球受力平衡时,两线间夹角为 2θ(θ 很小)。设球半径和线的质量可忽略不计,求小球所带电荷量 q。

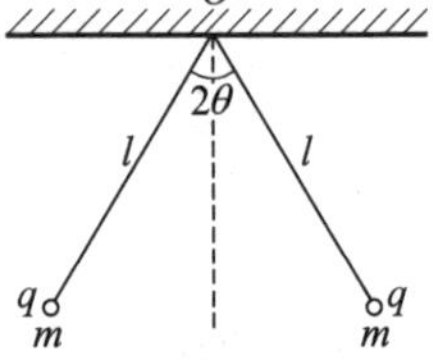

图 5-2-6

5-2-4 查阅资料了解静电力的研究历史。科学史上,还有两位英国科学家对电力做过定量的实验研究,并得到明确的结论。可惜,他们没能及时公布研究成果,没有对科学的发展起到应有的推动作用。一位是罗宾逊(J. Robinson,1739—1805),另一位是卡文迪许(H. Cavendish,

1731—1810)。由此可见,为了促进科学进步,仅仅提出丰富思想、开发新的实验、阐述新的问题或创立新的方法是不够的,还必须有效、及时地把创新成果与他人交流,为共有的知识大厦添砖加瓦。只有那些能及时被其他科学家有效认同和利用的研究成果才有意义。所以,做科学研究不仅要小心假设、大胆求证,而且要乐于分享,并及时发表科研成果,这样才能使科学成果造福于人类。

5.3 电场 电场强度

【思考 5-3】

带同种或异种电荷的小球互相靠近时,排斥力或吸引力是怎样作用的?这与我们推桌子或拎书包时的作用力的作用方式有什么不同?与树梢上成熟的苹果在万有引力的作用下掉落在地面有什么相似之处?

5.3.1 电场

库仑定律只给出了两个点电荷之间相互作用的定量关系,并未指明这种作用是通过怎样的方式进行的。我们常说"力是物体与物体间的相互作用"。这种作用常被习惯地理解为一种直接接触作用,例如,我们推桌子时,通过手和桌子直接接触,把力作用在桌子上;马拉车时,通过绳子和车直接接触,把力作用在车上。问题是电荷并没有接触,电荷间的相互作用力是如何作用的?需不需要时间呢?

在法拉第(M. Faraday)之前,人们认为电荷间的相互作用是直接发生的,不需要时间,是"超距作用"。英国物理学家法拉第首先提出以下观点(近代物理学的理论和实验完全证实)。

(1) 静电力同样是物质之间的相互作用。任何电荷在其周围都将激发起**电场**(electric field)。电荷和电荷之间是通过电场这种物质传递相互作用的,这种作用可以表示为

$$\text{电荷} \longleftrightarrow \text{电场} \longleftrightarrow \text{电荷}$$

(2) 电场也是一种物质,其物质性表现为:电场是一种客观实在,是物质存在的一种形态;电磁场可脱离电荷和电流而独立存在;电磁场有自己的运动规律,以光速运动;电磁场具有能量、动量等属性。

但是,电场这种物质与其他实物不同。几个电场可以同时占有同一空间,所以电场是一种特殊形式的物质。电磁场的物质性在它处于迅速变化的情况下才能更加明显地表现出来。本章只讨论相对于观察者静止的电荷在其周围空间所产生的电场,即静电场(electrostatic field)。静电场的对外表现主要有两点:①处于电场中的任何带电体都受到电场所作用的力;②当带电体在电场中移动时,电场所作用的力将对带电体做功。

5.3.2 电场强度

引入试验电荷(test charge)q_0,电场中任一点处电场的性质可由试验电荷在电场中受

力的特点来描述。试验电荷 q_0 应该满足两个条件：线度必须小到可以看作点电荷，以便确定电场中各点的电场性质；它所带的电荷量必须充分小，以免改变原有电荷的分布，从而影响原来的电场分布。

实验发现，当试验电荷 q_0 放在电场中一给定点处时，它所受的电场力的大小和方向是一定的；试验电荷 q_0 放在电场中的不同点处，其受到的电场力的大小和方向一般是不同的；试验电荷 q_0 放在电场中一固定点处，当 q_0 的电荷量改变时，它所受的力方向不变，但力的大小将随电荷量的改变而改变，然而始终保持力 $\boldsymbol{F}$ 和 q_0 的比值 $\dfrac{\boldsymbol{F}}{q_0}$ 为一恒矢量，说明比值 $\dfrac{\boldsymbol{F}}{q_0}$ 是与试验电荷的电荷量及其受力无关的，反映了 q_0 所在点处电场的性质。我们把电场中一点的比值 $\dfrac{\boldsymbol{F}}{q_0}$ 定义为该点的电场强度(intensity of electric field)，简称场强，用 $\boldsymbol{E}$ 表示，即

$$\boldsymbol{E}=\frac{\boldsymbol{F}}{q_0} \tag{5-3-1}$$

对电场强度说明如下。

(1) 电场强度是一个矢量。当 q_0 为一个单位正电荷时，电场中任一点的电场强度等于单位正电荷在该点所受的电场力。其方向与正电荷在该点所受的电场力方向相同。

(2) 在 SI 制中，电场强度 $\boldsymbol{E}$ 的单位是牛顿每库仑(N/C)，也可以写成伏特每米(V/m)。

(3) 在电场中，如果已知电场强度 $\boldsymbol{E}$，则电荷 q 所受的静电力为

$$\boldsymbol{F}=q\boldsymbol{E} \tag{5-3-2}$$

5.3.3 场强叠加原理

将试验电荷 q 放在点电荷系 $q_1, q_2, \cdots, q_n$ 所产生的电场中时，q 将受到各点电荷静电力的作用，如图 5-3-1 所示。由静电力叠加原理知，q 受到的总静电力

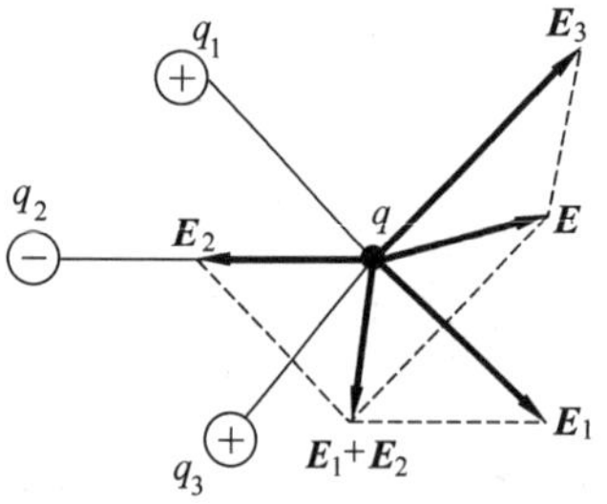

图 5-3-1

$$\boldsymbol{F}=\boldsymbol{F}_1+\boldsymbol{F}_2+\cdots+\boldsymbol{F}_n \tag{5-3-3}$$

两边除以 q，得

$$\frac{\boldsymbol{F}}{q}=\frac{\boldsymbol{F}_1}{q}+\frac{\boldsymbol{F}_2}{q}+\cdots+\frac{\boldsymbol{F}_n}{q} \tag{5-3-4}$$

由场强的定义有 $\boldsymbol{E}=\dfrac{\boldsymbol{F}}{q}$，则

$$\boldsymbol{E}=\boldsymbol{E}_1+\boldsymbol{E}_2+\cdots+\boldsymbol{E}_n=\sum_{i=1}^{n}\boldsymbol{E}_i \tag{5-3-5}$$

式(5-3-5)表明，电场中任一点处的总场强等于各个点电荷单独存在时在该点各自产生的场强的矢量和。这就是场强叠加原理(superposition principle of intensity of electric field)。

5.3.4 场强的计算

1. 点电荷的电场

设真空中有一点电荷 q(称为场源电荷),P 为空间一点(称为场点),$\boldsymbol{r}$ 为从 q 到 P 点的矢径。当试验电荷 q_0 放在 P 点时,q_0 所受电场力为

$$\boldsymbol{F}=\frac{1}{4\pi\varepsilon_0}\frac{qq_0}{r^2}\boldsymbol{e}_r \tag{5-3-6}$$

式中,$\boldsymbol{e}_r$ 为矢径 $\boldsymbol{r}$ 方向(从场源电荷指向场点)的单位矢量,如图 5-3-2 所示,场源电荷 q 为正电荷时,P 点的场强方向与 $\boldsymbol{e}_r$ 方向一致;q 为负电荷时,P 点的场强方向与 $\boldsymbol{e}_r$ 方向相反。则 P 点的场强为

$$\boldsymbol{E}=\frac{\boldsymbol{F}}{q_0}=\frac{1}{4\pi\varepsilon_0}\frac{q}{r^2}\boldsymbol{e}_r \tag{5-3-7}$$

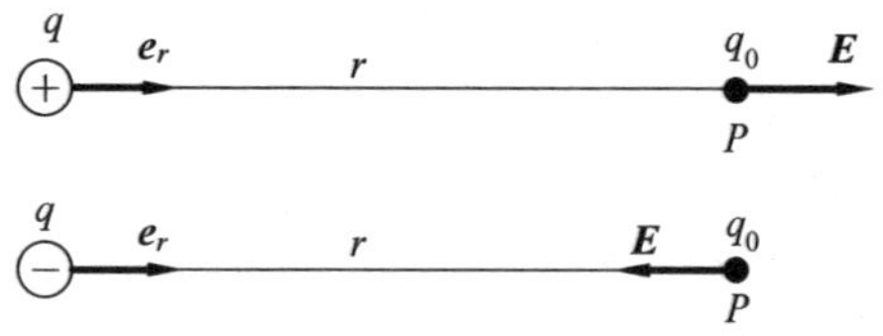

图 5-3-2

【讨论 5-3-1】

比较式 $\boldsymbol{E}=\dfrac{\boldsymbol{F}}{q_0}$ 与 $\boldsymbol{E}=\dfrac{q}{4\pi\varepsilon_0 r^2}\boldsymbol{e}_r$,它们有什么区别和联系?对前一公式中的 q_0 有何要求?

【分析】

$\boldsymbol{E}=\dfrac{\boldsymbol{F}}{q_0}$是场强的定义式,适合任意静电场,其中 q_0 为试验电荷,线度足够小,带电荷量足够少。由该定义式,场强的大小和方向与场源电荷分布及空间位置有关,与试验电荷 q_0 无关。$\boldsymbol{E}=\dfrac{q}{4\pi\varepsilon_0 r^2}\boldsymbol{e}_r$ 是点电荷的场强表达式,表明点电荷的场强大小与场源电荷的电荷量 q 的大小成正比,与场点和场源电荷之间的距离 r 的平方成反比。

【讨论 5-3-2】

点电荷的电场有何特点?

【分析】

式(5-3-7)表明,点电荷的场强大小为 $E=\dfrac{q}{4\pi\varepsilon_0 r^2}$;当 q 为正电荷时,$\boldsymbol{E}$ 与 $\boldsymbol{r}$(或 $\boldsymbol{e}_r$)同方向;q 为负电荷时,$\boldsymbol{E}$ 与 $\boldsymbol{r}$(或 $\boldsymbol{e}_r$)反方向,如图 5-3-3 所示。也就是说,在以 q 为球心的每一个球面上,各点场强的大小相等;正点电荷的场强方向垂直球面向外,负点电荷的场强方向垂直球面向里。我们称这样的电场分布具有球对称性。

2. 点电荷系的电场

设真空中有点电荷系 $q_1,q_2,\cdots,q_n$,用 $\boldsymbol{e}_{ri}$ 表示第 i 个点电荷 q_i 到任意场点 P 的矢径

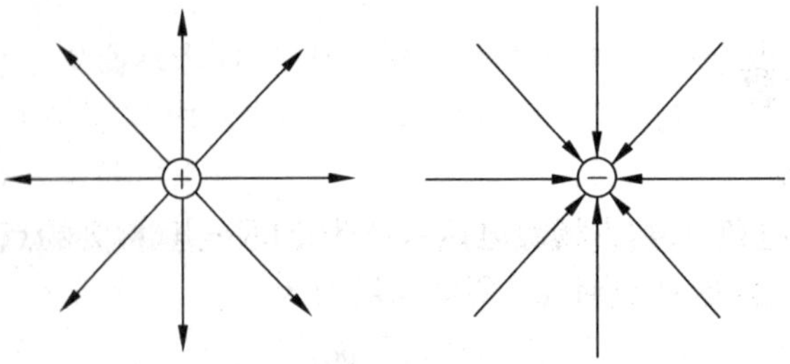

图　5-3-3

$\boldsymbol{r}_i$ 方向的单位矢量，$\boldsymbol{E}_i$ 为 q_i 单独存在时在 P 点产生的场强。则由式(5-3-7)得

$$\boldsymbol{E}_i=\frac{1}{4\pi\varepsilon_0}\frac{q_i}{r_i^2}\boldsymbol{e}_{ri} \tag{5-3-8}$$

根据场强叠加原理，得 P 点的总场强

$$\boldsymbol{E}=\sum_{i=1}^{n}\boldsymbol{E}_i=\sum_{i=1}^{n}\frac{1}{4\pi\varepsilon_0}\frac{q_i}{r_i^2}\boldsymbol{e}_{ri} \tag{5-3-9}$$

3. 电荷连续分布的带电体的电场

当带电体不能视为点电荷时，可以把带电体分割成无限多个电荷元 $\mathrm{d}q$，$\mathrm{d}q$ 单独在场点 P 产生的场强 $\mathrm{d}\boldsymbol{E}$ 遵循点电荷场强规律，由式(5-3-7)知

$$\mathrm{d}\boldsymbol{E}=\frac{\mathrm{d}q}{4\pi\varepsilon_0 r^2}\boldsymbol{e}_r \tag{5-3-10}$$

式中，$\boldsymbol{e}_r$ 为电荷元 $\mathrm{d}q$ 到 P 点的矢径 $\boldsymbol{r}$ 方向的单位矢量。根据场强叠加原理，带电体在 P 点的总场强为

$$\boldsymbol{E}=\int_V \mathrm{d}\boldsymbol{E}=\int_V \frac{1}{4\pi\varepsilon_0}\frac{\mathrm{d}q}{r^2}\boldsymbol{e}_r \tag{5-3-11}$$

若电荷连续分布在一体积内，用 ρ 表示电荷体密度，则 $\mathrm{d}q=\rho\mathrm{d}V$；若电荷连续分布在一曲面上或平面上，用 σ 表示电荷面密度，则 $\mathrm{d}q=\sigma\mathrm{d}S$；若电荷连续分布在一曲线或直线上，用 λ 表示电荷线密度，则 $\mathrm{d}q=\lambda\mathrm{d}l$。

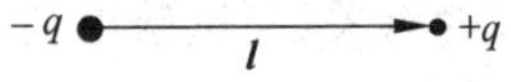

图 5-3-4　电偶极子

例 5-3-1　如图 5-3-4 所示，两个等值异号的点电荷 $+q$ 和 $-q$ 组成点电荷系，当它们之间的距离 l 比起所讨论问题中涉及的距离 r 小得多时，这一对点电荷系称为**电偶极子**。由 $-q$ 指向 $+q$ 的矢量 $\boldsymbol{l}$ 为电偶极子的轴，其中 $\boldsymbol{p}=q\boldsymbol{l}$ 称为电偶极矩(电矩)。

(1) 求电偶极子连线延长线的轴上一点 A 的场强；

(2) 求电偶极子连线的中垂线上一点 B 的场强。

解：(1) 选取如图 5-3-5 所示的直角坐标系，坐标原点 O 也是电偶极子连线的中点，轴线上 A 点的坐标为$(r,0)$。点电荷 $+q$ 和 $-q$ 在 A 点产生的场强大小分别为

$$E_+=\frac{1}{4\pi\varepsilon_0}\frac{q}{\left(r-\frac{l}{2}\right)^2}$$

$$E_-=\frac{1}{4\pi\varepsilon_0}\frac{q}{\left(r+\frac{l}{2}\right)^2}$$

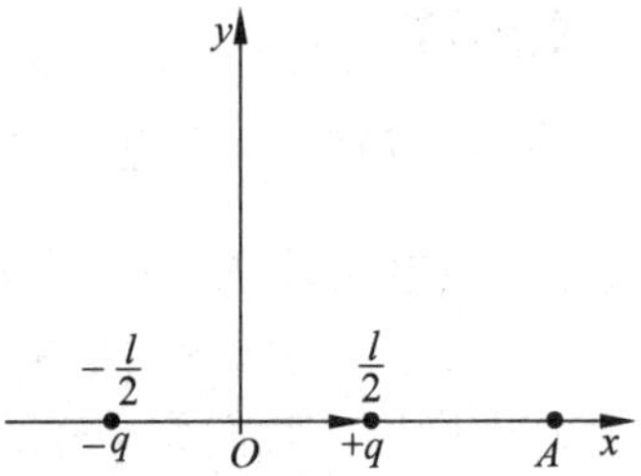

图　5-3-5

E_+ 沿 x 轴正向，E_- 沿 x 轴负向。故 A 点总场强大小为

$$E_A = E_+ - E_- = \frac{q}{4\pi\varepsilon_0}\left[\frac{1}{\left(r-\frac{l}{2}\right)^2} - \frac{1}{\left(r+\frac{l}{2}\right)^2}\right] = \frac{q\cdot 2lr}{4\pi\varepsilon_0\left[\left(r-\frac{l}{2}\right)\left(r+\frac{l}{2}\right)\right]^2}$$

当 $r \gg l$ 时，有

$$\boldsymbol{E}_A \approx \frac{2q\boldsymbol{l}}{4\pi\varepsilon_0 r^3} = \frac{2\boldsymbol{p}}{4\pi\varepsilon_0 r^3} \tag{5-3-12}$$

$\boldsymbol{E}_A$ 沿 x 轴正向，与电矩 $\boldsymbol{p}$ 方向相同。

(2) 建立直角坐标系如图 5-3-6 所示，电偶极子连线的中垂线上 B 点的坐标为$(0,r)$。点电荷 $+q$ 和 $-q$ 在 B 点产生的场强大小分别为

$$E_+ = E_- = \frac{q}{4\pi\varepsilon_0\left(r^2+\frac{l^2}{4}\right)}$$

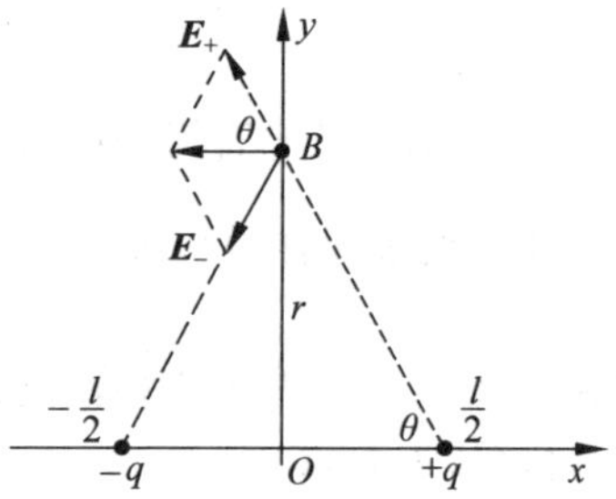

图 5-3-6

$\boldsymbol{E}_+$ 和 $\boldsymbol{E}_-$ 的方向如图 5-3-6 所示。根据对称性可知，$\boldsymbol{E}_+$ 和 $\boldsymbol{E}_-$ 的 y 轴分量可抵消，故 B 点总场强为

$$E_B = E_x = -2E_+\cos\theta = -2\frac{q}{4\pi\varepsilon_0}\frac{1}{\left(r^2+\frac{l^2}{4}\right)}\frac{\frac{l}{2}}{\sqrt{r^2+\frac{l^2}{4}}} = -\frac{ql}{4\pi\varepsilon_0\left(r^2+\frac{l^2}{4}\right)^{3/2}}$$

当 $r \gg l$ 时，有

$$\boldsymbol{E}_B \approx -\frac{q\boldsymbol{l}}{4\pi\varepsilon_0 r^3} = -\frac{\boldsymbol{p}}{4\pi\varepsilon_0 r^3} \tag{5-3-13}$$

$\boldsymbol{E}_B$ 沿 x 轴负向，与电矩 $\boldsymbol{p}$ 方向相反。

例 5-3-2 真空中有一均匀带电直线段，长为 L，总电荷量 q，如图 5-3-7 所示。求距直线段垂直距离为 a 的 P 点的场强。

解：为讨论简单起见，设 $q>0$。取 P 点到 L 的垂足 O 点为坐标原点，x 轴与 y 轴的正向如图 5-3-7 所示。P 点到线段两端的连线与 y 轴正方向的夹角分别为 θ_1 和 θ_2。在带电直线段上取一线元 $\mathrm{d}y$（又称电荷元），位于 y 处，令电荷的线密度为 λ，则电荷元的带电荷量为

$$\mathrm{d}q = \lambda\,\mathrm{d}y$$

$\mathrm{d}q$ 在 P 点产生的场强 $\mathrm{d}\boldsymbol{E}$ 的方向如图 5-3-7 所示，其大小为

$$\mathrm{d}E = \frac{1}{4\pi\varepsilon_0}\frac{\lambda\,\mathrm{d}y}{r^2}$$

$\mathrm{d}\boldsymbol{E}$ 在两坐标轴方向的分量分别为

$$\mathrm{d}E_x = \mathrm{d}E\sin(\pi-\theta) = \mathrm{d}E\sin\theta$$

$$\mathrm{d}E_y = -\mathrm{d}E\cos(\pi-\theta) = \mathrm{d}E\cos\theta$$

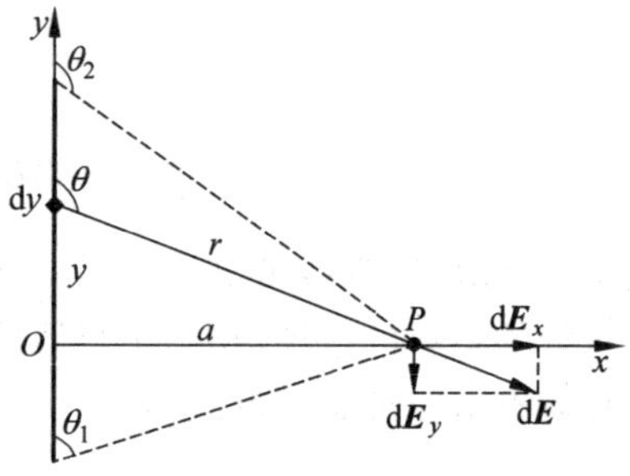

图 5-3-7

从图 5-3-7 中可知，$y = a\tan\left(\theta-\frac{\pi}{2}\right) = -a\cot\theta$，则 $\mathrm{d}y = a\csc^2\theta\,\mathrm{d}\theta$。又因为 $r^2 = a^2\csc^2\theta$，故有

$$dE_x = dE\sin\theta = \frac{\lambda}{4\pi\varepsilon_0 a}\sin\theta d\theta$$

$$dE_y = dE\cos\theta = \frac{\lambda}{4\pi\varepsilon_0 a}\cos\theta d\theta$$

上面两式分别积分得

$$E_x = \int_{\theta_1}^{\theta_2} \frac{\lambda}{4\pi\varepsilon_0 a}\sin\theta d\theta = -\frac{\lambda}{4\pi\varepsilon_0 a}(\cos\theta_2 - \cos\theta_1) \tag{5-3-14a}$$

$$E_y = \int_{\theta_1}^{\theta_2} \frac{\lambda}{4\pi\varepsilon_0 a}\cos\theta d\theta = \frac{\lambda}{4\pi\varepsilon_0 a}(\sin\theta_2 - \sin\theta_1) \tag{5-3-14b}$$

式中，λ 为均匀带电直线段的电荷线密度，有 $\lambda = \frac{q}{L}$。

P 点的总场强可写为

$$\boldsymbol{E} = E_x\boldsymbol{i} + E_y\boldsymbol{j} \tag{5-3-15}$$

将式(5-3-14a)和式(5-3-14b)代入式(5-3-15)即得(略)。

【讨论 5-3-3】

根据例 5-3-2 的计算结果，分析以下问题。

(1) 无限长均匀带电直线外的电场特点；

(2) 有限长均匀带电直线段的中垂线上的各点电场；

(3) 半无限长均匀带电直线的端点处的垂线上的各点电场。

【分析】

(1) 当带电均匀直线段且可视为无限长($L\to\infty$)时，其 λ 为常量，$\theta_1\to 0$，$\theta_2\to\pi$，则由式(5-3-14a)、式(5-3-14b)和式(5-3-15)得

$$\boldsymbol{E} = \frac{\lambda}{2\pi\varepsilon_0 a}\boldsymbol{i} \tag{5-3-16}$$

式(5-3-16)表明，无限长均匀带电直线外的场强大小与场点到直线的垂直距离成反比，方向垂直于直线(直线带正电时垂直于直线向外，带负电时垂直于直线向里)。

(2) 对于有限长均匀带电直线段的中垂线上的各点，有 $\theta_1 = \pi - \theta_2$，则由式(5-3-14a)、式(5-3-14b)和式(5-3-15)得

$$\boldsymbol{E} = \frac{\lambda\cos\theta_1}{2\pi\varepsilon_0 a}\boldsymbol{i} \tag{5-3-17}$$

若场点到直线的垂直距离 $a \gg L$，则有 $\cos\theta_1 = \dfrac{\frac{L}{2}}{\sqrt{\left(\frac{L}{2}\right)^2 + a^2}} \approx \dfrac{L}{2a}$，由式(5-3-17)得

$$\boldsymbol{E} = \frac{\lambda L}{4\pi\varepsilon_0 a^2}\boldsymbol{i} = \frac{q}{4\pi\varepsilon_0 a^2}\boldsymbol{i} \tag{5-3-18}$$

式中，$q = \lambda L$ 为直线带电荷总量。式(5-3-18)表明，有限长均匀带电直线段的中垂线上的无限远处的各点的电场，相当于直线段上全部电荷都集中在直线中点的点电荷的电场(由此可以理解点电荷理想模型的由来)。

(3) 对半无限长均匀带电直线的端点处的垂线上的各点，有 $\theta_1 = \frac{\pi}{2}$，$\theta_2 = \pi$，则由

式(5-3-14a)、式(5-3-14b)和式(5-3-15)得

$$\boldsymbol{E}=\frac{\lambda}{4\pi\varepsilon_0 a}\boldsymbol{i}-\frac{\lambda}{4\pi\varepsilon_0 a}\boldsymbol{j} \tag{5-3-19}$$

例 5-3-3 真空中一均匀带电圆环，环半径为 R，带电荷量为 q，试计算圆环轴线上任一点 P 的场强。

解：取环的轴线为 x 轴，环心 O 为坐标原点，x 轴正向如图 5-3-8 所示。设轴上 P 点与环心的距离为 x。在圆环上取线元 $\mathrm{d}l$，它与 P 点的距离为 r，张角为 θ。则线元的带电荷量为

$$\mathrm{d}q=\lambda\,\mathrm{d}l$$

设 $q>0$，则 $\mathrm{d}q$ 在 P 点产生的场强 $\mathrm{d}\boldsymbol{E}$ 的方向如图 5-3-8 所示，大小为

$$\mathrm{d}E=\frac{\lambda\,\mathrm{d}l}{4\pi\varepsilon_0 r^2}$$

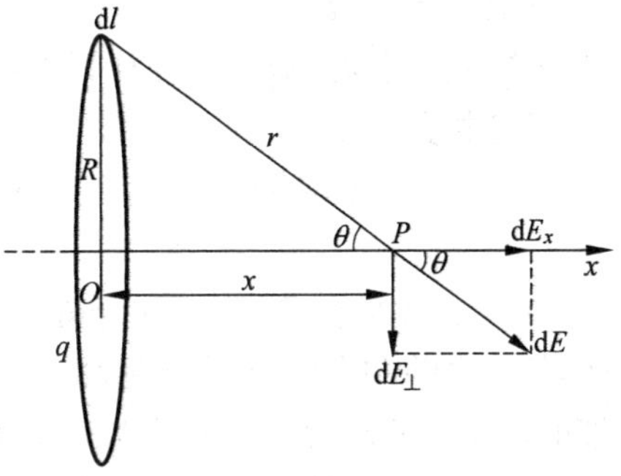

图 5-3-8

$\mathrm{d}\boldsymbol{E}$ 沿 x 轴方向和垂直于 x 轴方向的分量分别为

$$\mathrm{d}E_x=\frac{\lambda\,\mathrm{d}l}{4\pi\varepsilon_0 r^2}\cos\theta$$

$$\mathrm{d}E_\perp=\frac{\lambda\,\mathrm{d}l}{4\pi\varepsilon_0 r^2}\sin\theta$$

根据对称性可知，垂直于 x 轴方向的分量相互抵消，则 P 点产生的总场强为

$$E=\int_L \mathrm{d}E_x=\int_L \frac{\lambda\,\mathrm{d}l}{4\pi\varepsilon_0 r^2}\cos\theta=\int_L \frac{\lambda\,\mathrm{d}l}{4\pi\varepsilon_0 r^2}\,\frac{x}{r}$$

$$=\frac{\lambda x}{4\pi\varepsilon_0 r^3}\int_0^{2\pi R}\mathrm{d}l=\frac{qx}{4\pi\varepsilon_0 (R^2+x^2)^{3/2}} \tag{5-3-20}$$

式中，$\lambda=\dfrac{q}{2\pi R}$为均匀带电圆环的电荷线密度。考虑到场强方向，式(5-3-20)可写为

$$\boldsymbol{E}=\frac{qx}{4\pi\varepsilon_0 (R^2+x^2)^{3/2}}\boldsymbol{i}$$

当 $q>0$ 时，$\boldsymbol{E}$ 沿 x 轴离开原点 O 的方向；当 $q<0$ 时，$\boldsymbol{E}$ 沿 x 轴指向原点 O 的方向。对图 5-3-8 中的左侧轴线，即 x 轴负轴上的各点，也有同样的结论。

【讨论 5-3-4】

根据例 5-3-3 的结果，进一步探讨：真空中均匀带电圆环（环半径为 R，带电荷量为 q）的圆心和轴线上无限远处的场强。

【分析】

(1) 在环心处，即图 5-3-8 中 $x=0$ 处，由式(5-3-20)知

$$E=0 \tag{5-3-21}$$

此结果表明，均匀带电圆环环心处的电场强度为零。本结论也可由电荷分布的轴对称性获得。

(2) 当 $x \gg R$ 时，由式(5-3-20)知

$$E \approx \frac{q}{4\pi\varepsilon_0 x^2} \tag{5-3-22}$$

由式(5-3-22)可以看出，带电圆环在轴线上无限远处的场强，近似为处于环心的一点电荷的场强(由此可以理解点电荷理想模型的由来)。

【讨论 5-3-5】

总结应用场强叠加原理计算带电体场强的基本思路。

【分析】

对于不能视为点电荷或者分立的点电荷系的任意带电体，计算带电体场强的基本思路如下。

(1) 根据电荷分布，选取合适的电荷元 dq，写出 dq 在待求点的场强 $d\boldsymbol{E}$ 的表达式。比如，带电直线和细圆环可分割为一个个带电线元；带电平面可分割为一个个带电面积元；带电球面可分割为一个个带电圆环元；等等。

(2) 选取适当的坐标系，将场强的表达式分解为标量形式。

(3) 积分计算。特别注意，如果各电荷元产生的场强方向一致，则总场强可以直接积分，即

$$E = \int_q dE$$

如果各电荷元产生的场强方向不一致，则需把 $d\boldsymbol{E}$ 的各分量分别积分。比如，在直角坐标系中，

$$E_x = \int_q dE_x, \quad E_y = \int_q dE_y, \quad E_z = \int_q dE_z$$

在实践中，常常利用对称性来简化计算过程。

(4) 写出总的场强的矢量表达式，或求出场强大小和方向。在直角坐标系中，有

$$\boldsymbol{E} = E_x\boldsymbol{i} + E_y\boldsymbol{j} + E_z\boldsymbol{k}$$

总场强大小为

$$E = \sqrt{E_x^2 + E_y^2 + E_z^2}$$

电场方向与 x 轴、y 轴和 z 轴的夹角分别设为 α、β 和 γ，则有

$$\cos\alpha = \frac{E_x}{E}, \quad \cos\beta = \frac{E_y}{E}, \quad \cos\gamma = \frac{E_z}{E}$$

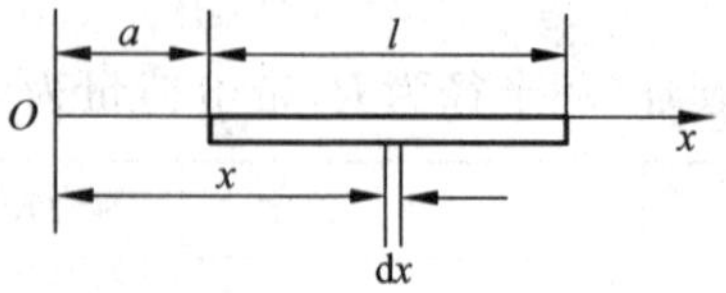

图 5-3-9

例 5-3-4 如图 5-3-9 所示，真空中一沿 x 轴放置的长度为 l 的不均匀带电细棒，其电荷线密度 $\lambda = \lambda_0(x-a)$，其中 λ_0 为一正常量。求坐标原点 O 处的电场强度。

解：在任意位置 x 处取线元 dx，其上带有电荷 $dq = \lambda_0(x-a)dx$，它在 O 点产生的场强大小为

$$dE = \frac{dq}{4\pi\varepsilon_0 x^2} = \frac{\lambda_0(x-a)dx}{4\pi\varepsilon_0 x^2}$$

方向沿 x 轴负向。分析可知，各个电荷元在 O 点产生的电场强度的方向相同，则 O 点总场强大小

$$E=\int \mathrm{d}E=\frac{\lambda_0}{4\pi\varepsilon_0}\left(\int_a^{a+l}\frac{\mathrm{d}x}{x}-a\int_a^{a+l}\frac{\mathrm{d}x}{x^2}\right)$$

$$=\frac{\lambda_0}{4\pi\varepsilon_0}\left(\ln\frac{a+l}{a}-\frac{l}{a+l}\right)$$

方向沿 x 轴负向。

【练习 5-3】

5-3-1 一半径为 R 的带有一缺口的细圆环，缺口长度为 $d(d\ll R)$。环上均匀带有正电，电荷为 q，如图 5-3-10 所示。求圆心 O 处的场强大小和方向。

5-3-2 电荷线密度为 λ 的均匀带电细棒 AB 被弯成半径为 R 的圆弧状，它所对的圆心角为 2θ，如图 5-3-11 所示，求圆心 O 处的电场强度。

5-3-3 电荷线密度为 λ 的无限长均匀带电导线被弯成如图 5-3-12 所示的图形，若圆弧半径为 R，求圆心 O 处的电场强度。

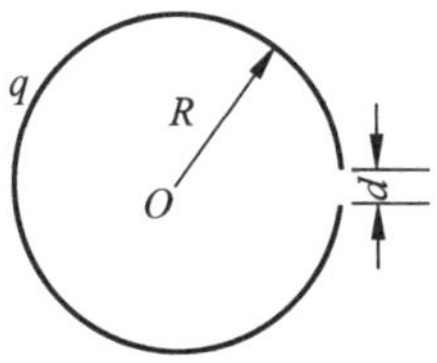

图 5-3-10

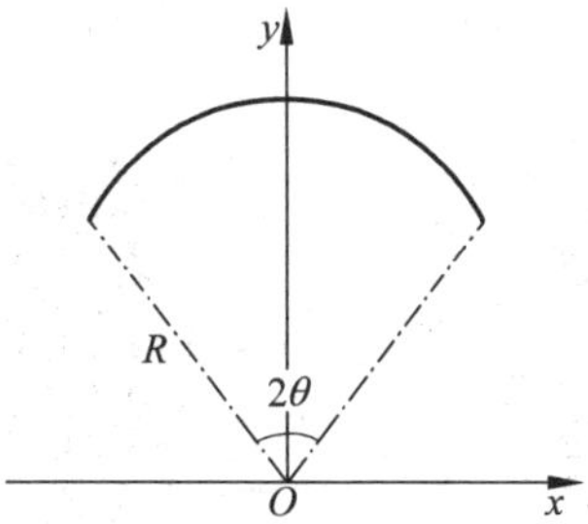

图 5-3-11

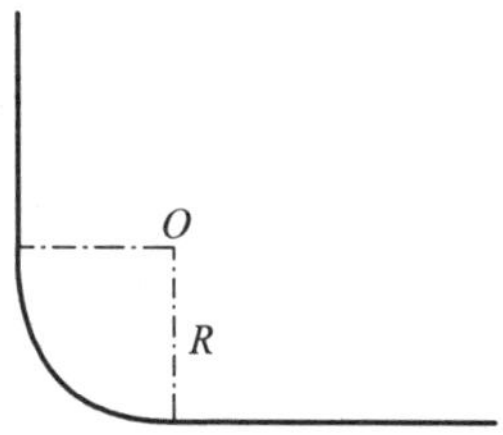

图 5-3-12

5-3-4 由讨论 5-3-4 可知，均匀带电圆环的圆心处场强为零，轴线的远处场强也为零，因此，在轴线上一定有场强最大处，求其轴线上场强最大值点的位置和场强的最大值。

5-3-5 有一半径为 R、电荷均匀分布的薄圆盘，其电荷面密度为 σ。设通过盘心且垂直盘面的轴线方向向外为 x 轴正向，盘心为坐标原点。

(1) 证明距盘心的距离为 x 处的轴线上的点的电场强度为

$$\boldsymbol{E}=\frac{\sigma x}{2\varepsilon_0}\left(\frac{1}{\sqrt{x^2}}-\frac{1}{\sqrt{x^2+R^2}}\right)\boldsymbol{i};$$

(2) 讨论 $x\ll R$ 和 $x\gg R$ 两种极限情况下电场强度的结果。

5-3-6 一半径为 R 的半球面，均匀带有电荷，电荷面密度为 σ，求球心 O 处的电场强度。

5-3-7 证明无限大均匀带电平面外为匀强电场(各处电场强度大小相等，方向处处相同)。其场强大小为 $E=\dfrac{\sigma}{2\varepsilon_0}$，其中 σ 为带电平面的电荷面密度。

5-3-8 求两个相互平行的无限大均匀带电平面产生的电场分布，已知两个带电平面的电荷面密度分别为

(1) $+\sigma$ 和 $-\sigma$；

(2) $+\sigma$ 和 $+\sigma$；

(3) $+\sigma$ 和 -2σ。

5.4 电场强度通量 高斯定理

5.4.1 电场线

因为场的概念比较抽象，所以法拉第在提出"场"的概念的同时引入了"力线"的概念，对场的物理图像作了非常直观的形象化描述。描述电场的力线称为电场线(electric field line)。

为了使电场线既能显示空间各处电场强度的大小，又能显示各点电场强度的方向，在绘制电场线时作如下规定：电场线上每一点的切线方向都与该点处的电场强度方向一致；在任一场点处，通过垂直于电场强度 $\boldsymbol{E}$ 的单位面积的电场线条数等于该点电场强度 $\boldsymbol{E}$ 的大小。按此规定绘制的电场线便可以很好地描述电场强度的分布。

几种常见电场线的分布如图 5-4-1 所示，从中可以看出电场线具有以下基本特征。

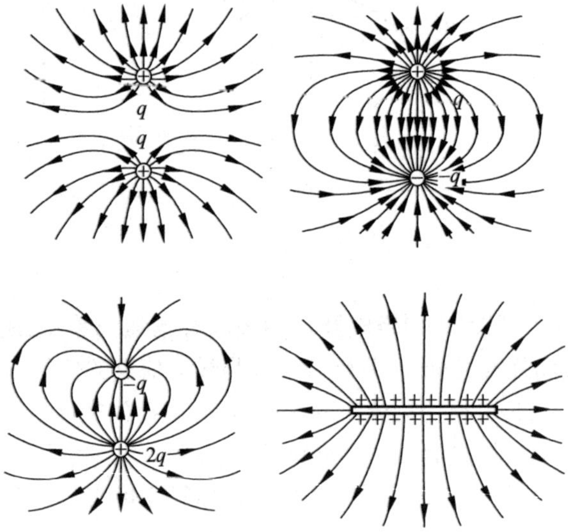

图 5-4-1

(1) 电场线总是始于正电荷(或无限远)，终止于负电荷(或无限远)，在没有电荷的地方电场线不会中断；

(2) 电场线为非闭合曲线；

(3) 在没有电荷处，任意两条电场线不会相交；

(4) 电场线密集处电场强度较大，电场线稀疏处电场强度较小。

应当指出，电场线只是为了描述电场的分布而引入的一簇曲线，而不是电荷在电场中运动的轨迹。

5.4.2 电场强度通量

通量是描述包括电场在内的一切矢量场的一个重要概念，理论上有助于说明场与源的关系。我们常常用穿过电场中某一个面的电场线条数来表示通过这个面的电场强度通量，简称电通量(electric flux)，用符号 Φ_e 表示。

下面分别讨论几种情况的电通量。

(1) 在匀强电场 $\boldsymbol{E}$ 中，通过与 $\boldsymbol{E}$ 方向垂直的平面 S 的电通量为 $\Phi_e=ES$，如图 5-4-2 所示。匀强电场中电场强度与面积矢量同向。

(2) 在匀强电场 $\boldsymbol{E}$ 中，若面积矢量 $\boldsymbol{S}$ 的方向(即平面 S 的正法线方向)$\boldsymbol{n}$ 与 $\boldsymbol{E}$ 方向的夹角为 θ，则 $\boldsymbol{S}$ 在垂直于 $\boldsymbol{E}$ 的方向上的投影面积为 $S'=S\cos\theta$，如图 5-4-3 所示，通过平面 S' 的电场线必定全部通过平面 S，所以通过平面 $\boldsymbol{S}$ 的电通量为

$$\Phi_e=ES'=ES\cos\theta=\boldsymbol{E}\cdot\boldsymbol{S} \tag{5-4-1}$$

(3) 在非匀强电场 $\boldsymbol{E}$ 中，若要确定通过任一曲面 S 的电通量，可把曲面划分为无限多个面积矢量元 $\mathrm{d}\boldsymbol{S}$，任意曲面的面元与电场强度成一定夹角，然后通过对整个曲面积分(求和)求出。如图 5-4-4 所示，设无限小的面元 $\mathrm{d}\boldsymbol{S}$ 的法线 $\boldsymbol{n}$ 方向与场强 $\boldsymbol{E}$ 方向的夹角为 θ，则通过面元 $\mathrm{d}\boldsymbol{S}$ 的电通量为 $\mathrm{d}\Phi_e=E\mathrm{d}S\cos\theta=\boldsymbol{E}\cdot\mathrm{d}\boldsymbol{S}$，通过曲面 S 的总电通量为

$$\Phi_e=\int_S \mathrm{d}\Phi_e=\int_S \boldsymbol{E}\cdot\mathrm{d}\boldsymbol{S} \tag{5-4-2}$$

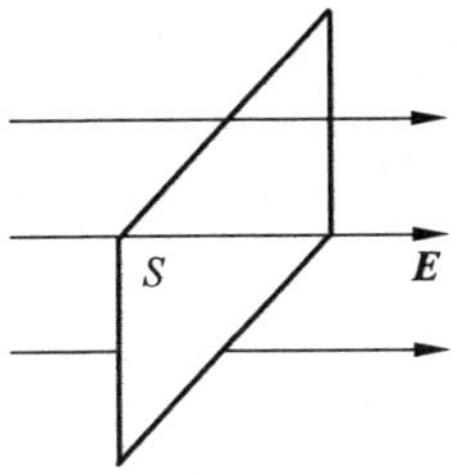

图 5-4-2

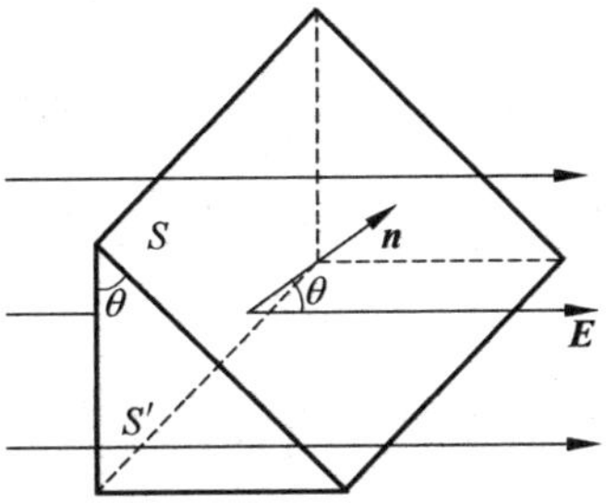

图 5-4-3

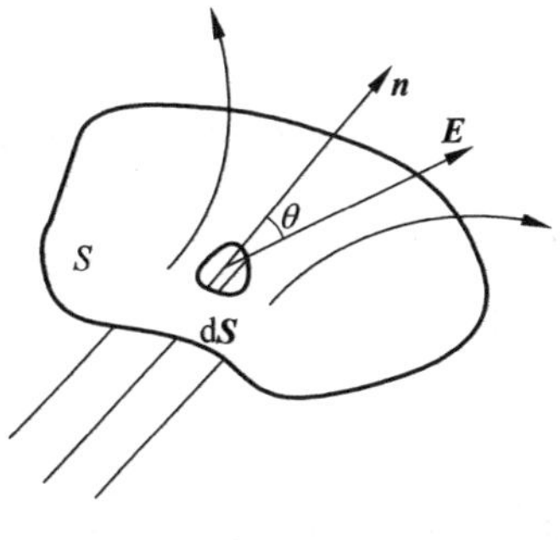

图 5-4-4

(4) 当曲面 S 为闭合曲面时，式(5-4-2)则写为

$$\Phi_e=\oint_S \mathrm{d}\Phi_e=\oint_S \boldsymbol{E}\cdot\mathrm{d}\boldsymbol{S} \tag{5-4-3}$$

需要注意的是，电通量虽是标量，但有正负之分。应用式(5-4-3)求通过闭合曲面的电通量时规定，面元 $\mathrm{d}\boldsymbol{S}$ 法线 $\boldsymbol{n}$ 的正向为指向闭合面的外侧。因此，当电场线从闭合曲面内向外穿出时，通过面元 $\mathrm{d}\boldsymbol{S}$ 的电通量为正值；当电场线从外部穿入闭合曲面内时，电通量为负值。

5.4.3 高斯定理

静电场中，通过闭合曲面的电通量与该闭合曲面内所包含的电荷有着确定的量值关系，这一关系可由高斯定理(Gauss's theorem)表述如下。

在真空中的静电场内，通过任一闭合曲面的电通量 Φ_e 等于包围在该闭合面内的所有电

荷的代数和$\sum q_i$的$\frac{1}{\varepsilon_0}$倍,而与闭合面外的电荷无关。其数学表达式为

$$\Phi_e = \oint_S \boldsymbol{E} \cdot \mathrm{d}\boldsymbol{S} = \frac{\sum q_i}{\varepsilon_0} \tag{5-4-4}$$

高斯定理中的闭合曲面常称为高斯面,$\sum q_i$ 表示高斯面内所有电荷的代数和。高斯定理在电磁学理论中占有重要位置。下面我们以点电荷电场为例(图 5-4-5),简单验证高斯定理。

1. 通过以点电荷为球心且包围点电荷 q 的所有同心球面的电通量都等于 q/ε_0

以点电荷 q 为球心、任意长度 r 为半径作闭合球面 S 包围点电荷,如图 5-4-5(a)所示。

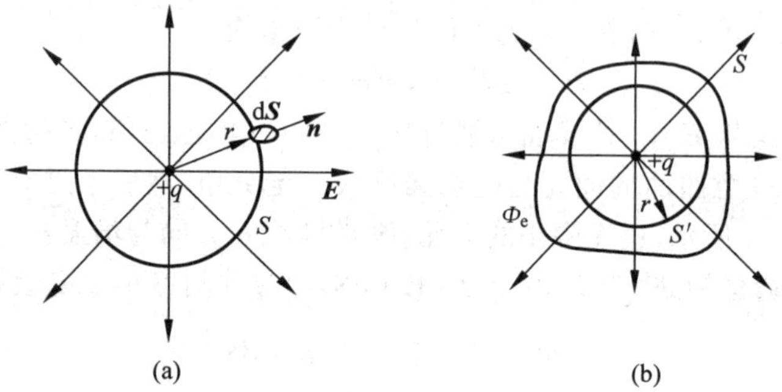

图 5-4-5

点电荷 q 在球面上各点场强的大小均为$E=\frac{1}{4\pi\varepsilon_0}\frac{q}{r^2}$,场强的方向沿半径向外呈辐射状。在球面 S 上取面元 $\mathrm{d}\boldsymbol{S}$,其法线 $\boldsymbol{n}$ 方向与该面元处的场强方向相同。因此,通过 $\mathrm{d}\boldsymbol{S}$ 的电通量

$$\mathrm{d}\Phi_e = E\cos 0^\circ \mathrm{d}S = \frac{1}{4\pi\varepsilon_0}\frac{q}{r^2}\mathrm{d}S$$

通过整个闭合球面 S 的电通量

$$\Phi_e = \oint_S \mathrm{d}\Phi_e = \oint_S \frac{q\,\mathrm{d}S}{4\pi\varepsilon_0 r^2} = \frac{q}{4\pi\varepsilon_0 r^2}\oint_S \mathrm{d}S = \frac{q}{\varepsilon_0}$$

此结果与球面半径 r 无关,只与被球面所包围的电荷量 q 有关。这意味着,对以点电荷 q 为球心的任意球面来说,通过闭合球面的电通量 Φ_e 都等于 q/ε_0。这同样表明,若无其他电荷,从点电荷发出的电场线连续指向无限远。

2. 通过包围点电荷 q 的任意闭合面 S 的电通量都等于 q/ε_0

如图 5-4-5(b)所示,在任意闭合曲面 S 内作一以 q 为球心的球面 S',由于 S 与 S'之间没有其他电荷,从 q 发出的电场线不会中断,所以穿过球面 S'的电场线都将穿过任意闭合曲面S。即通过任意闭合曲面的电通量与通过球面的电通量相等,在数值上都为 q/ε_0。

3. 通过不包围点电荷的任意闭合面 S 的电通量恒为零

如图 5-4-6 所示,点电荷$+q$ 在闭合曲面外。显然只有与闭合曲面 S 相切的锥体范围内的电场线才通过闭合曲面S。由于电场线的连续性,每一条电场线从某处穿入后必从另一处穿出,一进一出的电通量正负抵消。因此在闭合曲面 S 外的电荷对通过闭合曲面的电

通量没有贡献，即通过不包围电荷 q 的闭合曲面 S 的电通量为零。

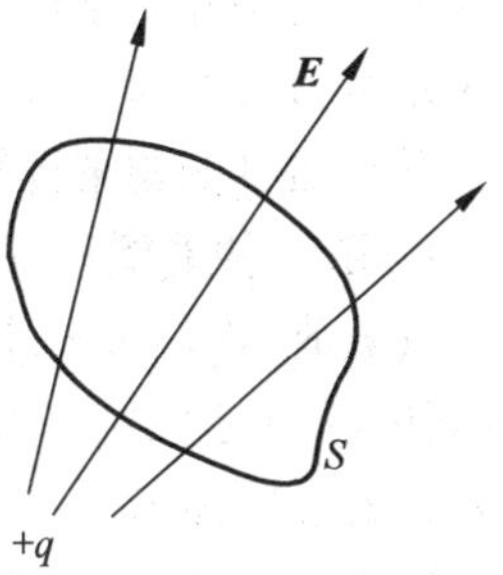

图 5-4-6

4. 点电荷系的电通量等于它们单独存在时的电通量的代数和

当带电体系由多个点电荷组成时，由场强叠加原理可得它们在高斯面上每个面元 $\mathrm{d}\boldsymbol{S}$ 处所产生的总场强 $\boldsymbol{E}=\sum_{i=1}^{n}\boldsymbol{E}_i$，其中 $\boldsymbol{E}_i$ 为系统中某点电荷 q_i 产生的场强。因此在这个点电荷系的电场中，通过任一闭合曲面 S 的电通量为

$$\Phi_{\mathrm{e}}=\oint_S \boldsymbol{E}\cdot\mathrm{d}\boldsymbol{S}=\oint_S\left(\sum_{i=1}^{n}\boldsymbol{E}_i\right)\cdot\mathrm{d}\boldsymbol{S}$$

在闭合曲面取定的情况下，有

$$\Phi_{\mathrm{e}}=\oint_S\left(\sum_{i=1}^{n}\boldsymbol{E}_i\right)\cdot\mathrm{d}\boldsymbol{S}=\sum_{i=1}^{n}\oint_S \boldsymbol{E}_i\cdot\mathrm{d}\boldsymbol{S}$$

由前面的分析可知，当某一点电荷 q_i 位于闭合曲面 S 内时，有 $\oint_S \boldsymbol{E}_i\cdot\mathrm{d}\boldsymbol{S}=\dfrac{q_i^{\mathrm{in}}}{\varepsilon_0}$；当 q_i 位于闭合曲面 S 之外时有 $\oint_S \boldsymbol{E}_i\cdot\mathrm{d}\boldsymbol{S}=0$。因此

$$\Phi_{\mathrm{e}}=\oint_S \boldsymbol{E}\cdot\mathrm{d}\boldsymbol{S}=\sum_{i=1}^{n}\oint_S \boldsymbol{E}_i\cdot\mathrm{d}\boldsymbol{S}=\frac{\sum q_i^{\mathrm{in}}}{\varepsilon_0}$$

式中，$\sum q_i^{\mathrm{in}}$ 表示闭合曲面内的电荷量的代数和。电荷连续分布的带电体与点电荷系的情况相同，至此我们简单地验证了高斯定理的正确性。

为了正确地理解高斯定理，需要注意以下几点：① 高斯定理的场强是由高斯面 S 面内和 S 面外全部电荷产生的总场强，并非仅由 S 面内的电荷产生。② 通过闭合曲面的电通量只取决于该闭合曲面所包含的电荷，闭合曲面外的电荷对闭合曲面的电通量无贡献。③ $\sum q_i^{\mathrm{in}}$ 是代数和，$\sum q_i^{\mathrm{in}}=0$ 表示闭合曲面内无电荷或电荷的代数和为零。④ 高斯定理从整体上描述了电荷和电场的关系：当闭合曲面内有净正电荷时，则 $\Phi_{\mathrm{e}}>0$，表示有电场线从曲面内发出；当闭合曲面内有净负电荷时，则 $\Phi_{\mathrm{e}}<0$，表示有电场线从外进入闭合曲面内，并终止在闭合曲面内的负电荷上。因此可以说，电荷是静电场（电场线）的源。高斯定理本质上反映了静电场是有源场。

5.4.4 高斯定理的应用

高斯定理不仅从一个侧面反映了静电场的性质，也可用来计算一些呈高度对称性分布的电场的电场强度，这往往比采用叠加法更简便。从高斯定理的数学表达式来看，电场强度位于积分号内，一般情况下不易求解。但是，如果高斯面上的电场强度大小处处相等，且方向与各点处面积元 $\mathrm{d}\boldsymbol{S}$ 的法线方向一致或具有相同的夹角，则此电场强度的大小可作为常量从积分号中移出来，从而可求出电场强度 E。综上所述，利用高斯定理计算电场强度，不仅要求电场强度分布具有对称性，而且还要根据电场强度的对称分布选取相应的高斯面，以便满足容易积分的条件：①高斯面上的电场强度大小处处相等；②高斯面上面积元 d$\boldsymbol{S}$ 的法线方向与该处的电场强度$\boldsymbol{E}$ 方向一致或具有相同的夹角。

下面通过例题来理解应用高斯定理求电场强度的方法。

1. 第一种类型——电场球对称分布

点电荷、均匀带电球面、均匀带电球体以及两同心均匀带电球壳等的电场都具有球对称性，其电场线是“中心”辐射线。对此电场，所取的高斯面为过场点且半径为 r、与带电体同球心的闭合球面 S。

例 5-4-1 对一半径为 R、电荷量为 q(设 $q>0$)的均匀带电球面，求其球面内、外的电场强度分布。

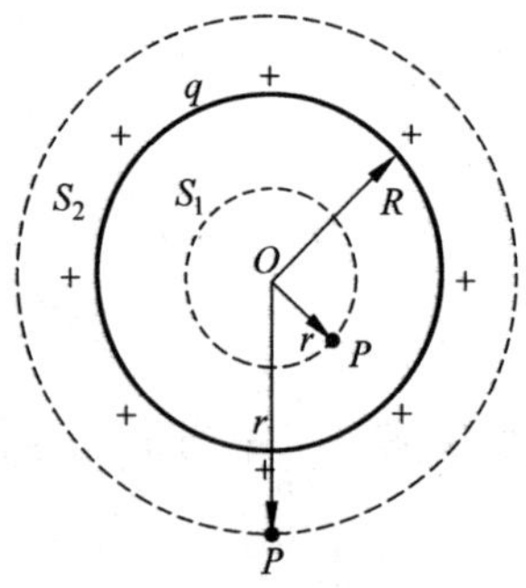

图 5-4-7

解：先分析电场分布的对称性。如图 5-4-7 所示，由于电荷分布关于球心 O 对称，在与带电球面同心的球面上各点的 $\boldsymbol{E}$ 的大小也一定相等，方向沿各自的矢径方向。因此 $\boldsymbol{E}$ 的分布具有球对称性。

为了计算空间 P 点的电场强度，可根据电场的球对称性特点，以 O 点为球心，过该点作一半径为 r 的闭合高斯面。由于高斯面上各点的电场强度大小处处相等，方向又分别与相应点处面积元 d$\boldsymbol{S}$ 上的法线方向一致，则通过此高斯面的电场强度通量为

$$\Phi_e=\oint_S \boldsymbol{E}\cdot d\boldsymbol{S}=\oint_S E dS=E\oint_S dS=E\cdot 4\pi r^2$$

(1) 若待求场点 P 在球面外($r>R$)，则高斯面 S_2 所包围的电荷量为 q，根据高斯定理得

$$E\cdot 4\pi r^2=\frac{q}{\varepsilon_0}$$

由此得 P 点的电场强度为

$$E=\frac{q}{4\pi\varepsilon_0 r^2},\quad r>R\text{，方向沿径向向外}$$

(2) 若 P 点在球面内($r<R$)，则高斯面 S_1 所包围的电荷量为 0，根据高斯定理得

$$E\cdot 4\pi r^2=0$$

则

$$E=0,\quad r<R$$

即均匀带电球面内部空间的电场强度处处为零。

需要注意的是：①均匀带电球面内的电场强度处处为零，并不意味着每个电荷面元在球面内产生的场强为零，而是带电球面的所有电荷面元在球面内产生场强的矢量和等于零；②非均匀带电球面在球面内任一点产生的场强一般不都为零(在个别点有可能为零)。

【讨论 5-4-1】

利用上述方法计算点电荷以及均匀带电球体的空间电场分布。

【分析】

无论是点电荷还是均匀带电球体(可视为由半径 $r=0\sim R$ 的无限多个均匀带电球面组成),由于电荷分布都具有球对称性,所以电场分布也具有球对称性。利用高斯定理求解电场时,选取的高斯面为过待求场点且与电荷分布同心的球面。因此,通过此高斯面的电场强度通量同样为

$$\Phi_e=\oint_S \boldsymbol{E}\cdot d\boldsymbol{S}=E\cdot 4\pi r^2$$

针对不同的球对称带电体,不同位置的高斯面内包含的电荷不同。

(1) 对点电荷 q,有 $\sum q_i=q$,由高斯定理得

$$E=\frac{q}{4\pi\varepsilon_0 r^2}$$

(2) 半径为 R 的均匀带电球体,总电荷量为 q。

对场点在球体内半径为 $r(r\leqslant R)$ 的球面,有

$$\sum q_i=\frac{q}{\frac{4}{3}\pi R^3}\times\frac{4}{3}\pi r^3=\frac{qr^3}{R^3}$$

由高斯定理得

$$E=\frac{qr}{4\pi\varepsilon_0 R^3},\quad r\leqslant R$$

对场点在球体外半径为 $r(r\geqslant R)$ 的球面,有 $\sum q_i=q$,由高斯定理得

$$E=\frac{q}{4\pi\varepsilon_0 r^2},\quad r\geqslant R$$

可以看到,无论是均匀带电球面,还是均匀带电球体,球外任一点的场强如同电荷全部集中在球心处的点电荷在该点产生的场强一样。图 5-4-8 给出了点电荷(图 5-4-8(a))、均匀带电球面(图 5-4-8(b))和均匀带电球体(图 5-4-8(c))的电场强度 E 关于距离 r 的函数曲线图像。

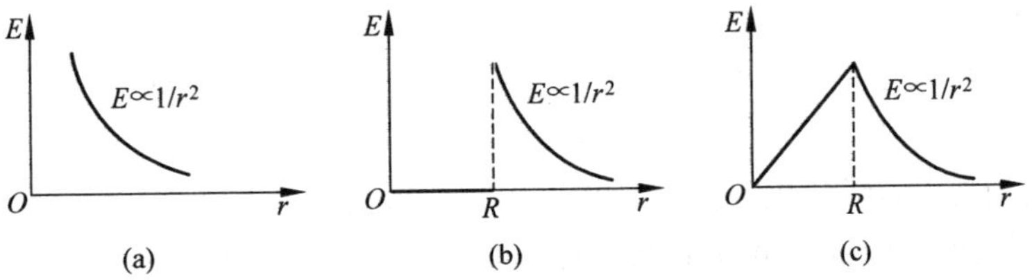

图 5-4-8

2. 第二种类型——电场轴对称分布

无限长均匀带电圆柱面、无限长均匀带电圆柱体、无限长均匀带电直线以及无限长均匀带电同轴圆柱面的组合等,它们的电场都具有轴对称性。电场特点为离圆柱面(或体)轴线垂直距离相等的各点场强大小相等,方向都垂直于圆柱面轴线。选取的高斯面为过所求场点 P 的同轴圆柱面,圆柱面高为 h,底面半径为 r。

例 5-4-2 试求半径为 R、电荷面密度为 σ 的无限长均匀带电圆柱面内、外的场强。

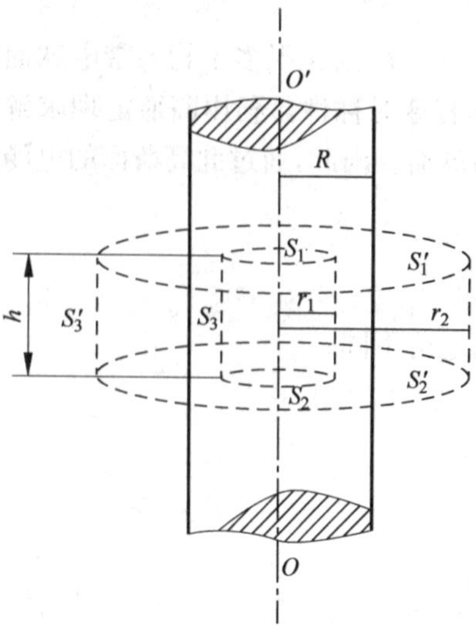

图 5-4-9

解：由于电荷分布具有轴对称性，因此带电圆柱面产生的电场也具有轴对称性，即离圆柱面轴线垂直距离相等的各点场强大小相等，方向都垂直于圆柱面轴线。当 $\sigma > 0$ 时，电场线呈辐射状垂直向外；当 $\sigma < 0$ 时，电场线呈辐射状垂直向内。如图 5-4-9 所示，取过待求场点 P 的一个同轴圆柱面为高斯面，圆柱面高为 h，底面圆柱面的半径为 r，上下底面积分别为 S_1、S_2（或 S'_1、S'_2），侧面积为 S_3（或 S'_3）。由于电场强度方向垂直于圆柱面，故通过高斯面上下底面 S_1、S_2（或 S'_1、S'_2）的电通量为零。而侧面 S_3（或 S'_3）上的场强大小相等，方向与 S_3（或 S'_3）的法向一致，所以通过高斯面侧面的电通量为

$$\Phi_{S_3} = \int \boldsymbol{E} \cdot \mathrm{d}\boldsymbol{S} = ES_3 = 2\pi rhE$$

则通过高斯圆柱面的电通量为

$$\oint_S \boldsymbol{E} \cdot \mathrm{d}\boldsymbol{S} = \Phi_{S_3} = 2\pi rhE$$

(1) 若待求场点 P 在柱面外（$r = r_2 > R$），则高斯面所包围的电荷量为 $\sum q = \sigma 2\pi Rh$，根据高斯定理得

$$E = \frac{R\sigma}{\varepsilon_0 r}, \quad r > R$$

若令 λ 表示圆柱面单位长度的带电荷量，即 $\lambda = 2\pi R\sigma$，则有

$$E = \frac{\lambda}{2\pi\varepsilon_0 r}, \quad r > R$$

(2) 若待求场点 P 在柱面内（$r = r_1 < R$），则高斯面所包围的电荷量为零，根据高斯定理得

$$E = 0, \quad r < R$$

【讨论 5-4-2】

计算无限长均匀带电直线和无限长均匀带电圆柱体的空间电场分布。

【分析】

无限长均匀带电直线和无限长均匀带电圆柱体（可视为由半径 $r = 0 \sim R$ 的无限多个无限长均匀带电圆柱面组成）的电场都具有轴对称性。因此，选取的高斯面也是为过所求场点 P，高为 h、底面半径为 r 的同轴圆柱面。则通过该高斯面的电通量同样为 $\oint_S \boldsymbol{E} \cdot \mathrm{d}\boldsymbol{S} = 2\pi rhE$。

(1) 对无限长带电直线，若令 λ 为单位长度的电量，则有 $\sum q_i = \lambda h$，由高斯定理得

$$E = \frac{\lambda}{2\pi\varepsilon_0 r}$$

(2) 对无限长均匀带电圆柱体，令单位长度所带的电量为 λ。

当 $r \leqslant R$ 时，有 $\sum q_i = \dfrac{\lambda \pi r^2 h}{\pi R^2}$，则

$$E=\frac{\lambda r}{2\pi\varepsilon_0 R^2},\quad r\leqslant R$$

当 $r\geqslant R$ 时，有 $\sum q_i=\lambda h$，则

$$E=\frac{\lambda}{2\pi\varepsilon_0 r},\quad r\geqslant R$$

可以看到，无论是无限长均匀带电圆柱面，还是无限长均匀带电圆柱体，柱外任一点的场强，如同电荷全部集中在轴上的一根无限长均匀带电直线在该点产生的场强一样。图 5-4-10 给出了无限长均匀带电直线（图 5-4-10(a)）、无限长均匀带电圆柱面（图 5-4-10(b)）和无限长均匀带电圆柱体（图 5-4-10(c)）的电场强度 E 关于距离 r 的函数曲线图像。

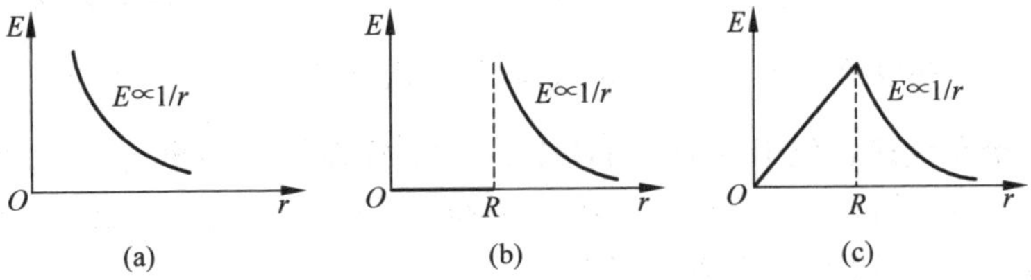

图 5-4-10

3. 第三种类型——电场面对称分布

无限大均匀带电平面和平板等的电场具有面对称性。它们的电场特点是：平面两侧离平面等距离处的电场强度大小相等，方向处处与带电平面垂直。选取的高斯面是过待求场点、轴线垂直于带电平面且被平面左右等分的圆柱面。

例 5-4-3 设有一无限大的均匀带电平面，电荷面密度为 σ，求此带电平面在空间的电场分布。

解：根据对称性分析，带电平面两侧的电场强度分布具有对称性，两侧离平面等距离处的电场强度大小相等，方向处处与带电平面垂直。当 $\sigma>0$ 时，垂直于带电平面向外；当 $\sigma<0$ 时，则垂直于带电平面向内。如图 5-4-11 所示，过待求场点 P 作圆柱形高斯面 S，其轴线垂直于带电平面且被平面左右等分，两底面面积 $S_1=S_2=\pi r^2$，侧面面积为 S_3。由于圆柱侧面上各点 $\boldsymbol{E}$ 的方向与侧面上各面积元 $\mathrm{d}\boldsymbol{S}$ 的法向垂直，所以通过侧面 S_3 的电通量为零。而底面各点的场强 $\boldsymbol{E}$ 大小相等，方向与各点处面积元的法向相同，所以通过两底面的电通量为 $2E\pi r^2$。故通过整个圆柱形高斯面的电场强度通量为

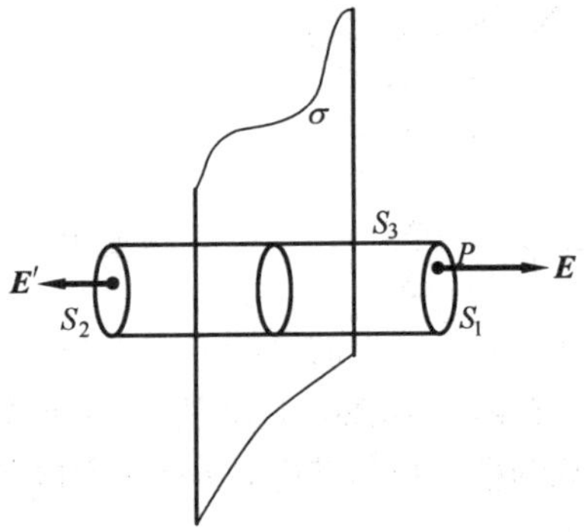

图 5-4-11

$$\Phi_e=\oint_S \boldsymbol{E}\cdot\mathrm{d}\boldsymbol{S}=2E\cdot\pi r^2$$

而该高斯面中所包围的电荷为

$$\sum_i q_i=\sigma\cdot\pi r^2$$

根据高斯定理，得

$$2E \cdot \pi r^2 = \frac{\sigma \cdot \pi r^2}{\varepsilon_0}$$

因此无限大均匀带电平面外的电场强度大小为

$$E = \frac{\sigma}{2\varepsilon_0}$$

方向垂直于带电平面。当 $\sigma>0$ 时，垂直于带电平面向外；当 $\sigma<0$ 时，则垂直于带电平面向内。

【练习 5-4】

5-4-1 有四个点电荷：q、$2q$、$-q$、$-2q$。设置一个闭合面，使它至少包围点电荷 $2q$(并且也许还有其他一些电荷)，而且穿过该闭合面的电通量分别为：(a)0；(b)$\frac{+3q}{\varepsilon_0}$；(c)$\frac{2q}{\varepsilon_0}$。

5-4-2 一个点电荷 q 位于一个立方体中心，立方体边长为 a，则通过立方体一个面的电场强度通量是多少？如果将该电荷移动到立方体的一个角上，这时通过立方体不与点电荷相连的每个面的电场强度通量分别是多少？

5-4-3 一个半径为 R 的均匀带电球体，球心为 O，电荷体密度为 ρ，现在球内挖去以 O' 为圆心、半径为 r 的球体，设 O' 与原球心 O 之间的距离为 a，且满足 $a+r<R$。求由此形成的空腔内任意一点的电场强度。

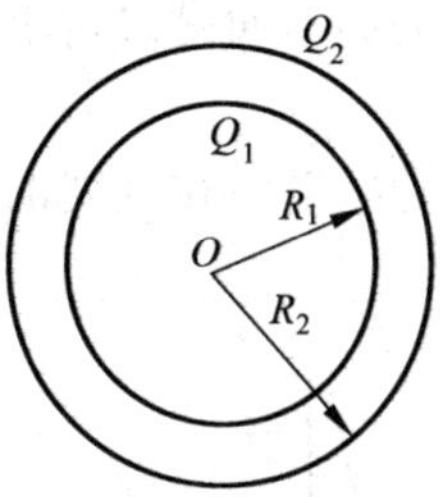

图 5-4-12

5-4-4 如图 5-4-12 所示，两个同心的均匀带电球面，内球面半径为 R_1，带有电荷 Q_1；外球面半径为 R_2，带有电荷 Q_2。

(1) 试求内球面内、两球面间以及外球面外空间各处的场强；

(2) 若 $Q_1=-Q_2$，情况如何？

5-4-5 一半径为 R 的非均匀带电球体，其电荷体密度分布为

$$\begin{cases} \rho(r)=\rho_0\left(1-\dfrac{r}{R}\right), & r\leqslant R \\ \rho(r)=0, & r>R \end{cases}$$

其中 $\rho_0=\frac{3Q}{\pi R^3}$ 是一个正的常量。求：(1)带电球体的总电荷；(2)球内、外各点的电场强度大小。

5-4-6 如图 5-4-13 所示，半径分别为 R_1 和 R_2 的两个无限长共轴圆柱面均匀带电，沿轴线方向单位长度上所带电荷分别为 λ_1 和 λ_2。

(1) 求内圆柱面内、两圆柱面之间以及外圆柱面外空间各点的场强；

(2) 若 $\lambda_1=-\lambda_2$，情况如何？

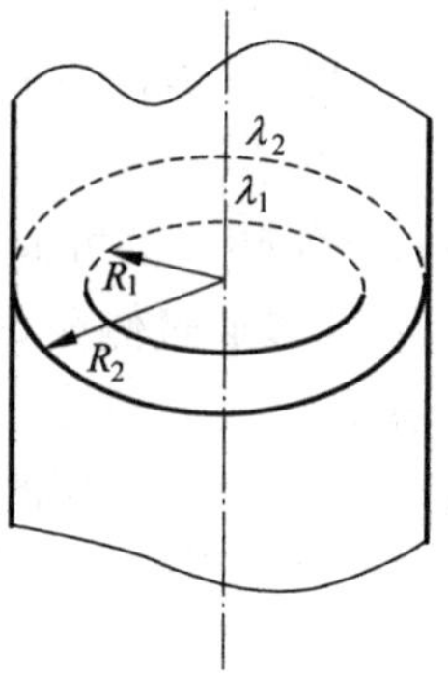

图 5-4-13

5-4-7 一半径为 R 的无限长圆柱形带电体，其电荷体密度为 $\rho=Ar(r\leqslant R)$，式中 A 为常量。试求圆柱体内、外各点场强的大小分布。

5-4-8 两无限长同轴均匀带电圆柱面，外圆柱面单位长度带正电荷 λ，内圆柱面单位长度带等量负电荷。两圆柱面间为真空，其中有一质量为 m 且带正电荷 q 的质点在垂直于轴线的平面内绕轴做圆周运动，试求此质点的速率。

5-4-9 类比法在科学研究中有着广泛的应用。高斯定理作为电磁学的基础理论之一，反映了电场的基本属性。高斯定理可由库仑定律和场强叠加原理引入，其中高斯定理建立的理论基础是库仑定律，其核心是库仑力的平方反比关系；而电磁场高斯定理的一个最重要实验基础就是库仑力的可叠加性。那么同样具有平方反比关系和可叠加性的万有引力是否能够建立类似的“万有引力场的高斯定理”呢？试着写一些它的数学表达式。

5.5 静电场的环路定理　电势能

【思考 5-5】

(1) 将石块竖直上抛又重新落回起点，在整个过程中，重力对其做功为多少？重力做功与重力势能的变化有怎样的关系？

(2) 一个带电粒子在静电场中运动时，在静电场力的作用下发生一段位移，试计算静电场力所做的功。比较静电力做功与重力做功的相似之处。

此前，从静电力的表现引入了场强这一物理量来描述静电场，高斯定理反映了静电场是有源场。从这一节起，我们将从静电力做功的表现来阐述电势这一物理量，描述静电场的另一性质。

5.5.1 静电场力所做的功

力学中引进了保守力和非保守力的概念。保守力的特征是其功只与始末两位置有关，而与路径无关。前面学过的保守力有重力、弹性力、万有引力等。在保守力场中还可以引进势能的概念，并且保守力做的功可表示为

$$W=-\Delta E_{\mathrm{p}} \quad \text{(势能增量的负值)} \tag{5-5-1}$$

接下来研究静电力的保守性质。

1. 点电荷的电场

如图 5-5-1 所示，点电荷 $+q$ 置于 O 点，试验电荷 q_0 (取 $q_0>0$) 由 a 点运动到 b 点。在路径中任一点 c 附近取一元位移 $\mathrm{d}\boldsymbol{l}$，q_0 在 $\mathrm{d}\boldsymbol{l}$ 处受到的电场力 $\boldsymbol{F}=q_0\boldsymbol{E}$，$\boldsymbol{F}$ 与 $\mathrm{d}\boldsymbol{l}$ 的夹角为 θ，则电场力经过元位移 $\mathrm{d}\boldsymbol{l}$ 对 q_0 做的功为

$$\mathrm{d}W=\boldsymbol{F}\cdot\mathrm{d}\boldsymbol{l}=q_0\boldsymbol{E}\cdot\mathrm{d}\boldsymbol{l}=q_0E\cos\theta\,\mathrm{d}l$$

因为 $\mathrm{d}l\cos\theta=\mathrm{d}r$，为位矢的模增量，所以

$$\mathrm{d}W=q_0E\cos\theta\,\mathrm{d}l=q_0E\,\mathrm{d}r=\frac{1}{4\pi\varepsilon_0}\frac{q_0q}{r^2}\mathrm{d}r$$

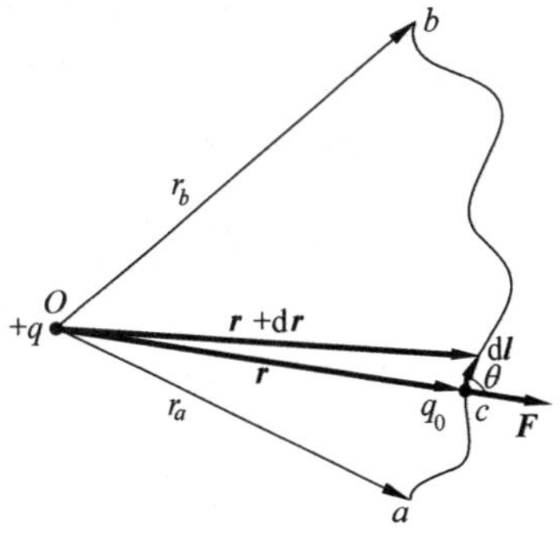

图 5-5-1

当 q_0 从 a 点移动到 b 点时，电场力做的功为

$$W_{ab}=\int_a^b\mathrm{d}W=\int_{r_a}^{r_b}\frac{1}{4\pi\varepsilon_0}\frac{q_0q}{r^2}\mathrm{d}r=\frac{q_0q}{4\pi\varepsilon_0}\left(\frac{1}{r_a}-\frac{1}{r_b}\right) \tag{5-5-2}$$

式中，r_a、r_b 分别表示路径的起点和终点离点电荷 q 的距离。式(5-5-2)表明，**点电荷的电场力对试验电荷所做的功与路径无关，只与点电荷 q、试验电荷 q_0 以及试验电荷的起点、终点的位置有关。**

2. 任意带电体的电场

上述结论可以推广到任意带电体的电场。任何一个带电体可以看成是许多点电荷的集合，总电场 $\boldsymbol{E}$ 等于各个点电荷单独产生的场强的矢量和，即

$$\boldsymbol{E}=\boldsymbol{E}_1+\boldsymbol{E}_2+\cdots+\boldsymbol{E}_n$$

在任意带电体的电场 $\boldsymbol{E}$ 中，试验电荷 q_0 从 a 点沿任意路径 acb 移到 b 点时，电场力做的功为

$$\begin{aligned}W_{ab}&=\int_a^b q_0\boldsymbol{E}\cdot\mathrm{d}\boldsymbol{l}\\&=\int_a^b q_0(\boldsymbol{E}_1+\boldsymbol{E}_2+\cdots+\boldsymbol{E}_n)\cdot\mathrm{d}\boldsymbol{l}\\&=\int_a^b q_0\boldsymbol{E}_1\cdot\mathrm{d}\boldsymbol{l}+\int_a^b q_0\boldsymbol{E}_2\cdot\mathrm{d}\boldsymbol{l}+\cdots+\int_a^b q_0\boldsymbol{E}_n\cdot\mathrm{d}\boldsymbol{l}\\&=\frac{q_0q_1}{4\pi\varepsilon_0}\left(\frac{1}{r_{a1}}-\frac{1}{r_{b1}}\right)+\frac{q_0q_2}{4\pi\varepsilon_0}\left(\frac{1}{r_{a2}}-\frac{1}{r_{b2}}\right)+\cdots+\frac{q_0q_n}{4\pi\varepsilon_0}\left(\frac{1}{r_{an}}-\frac{1}{r_{bn}}\right)\\&=\sum_{i=1}^{n}\frac{q_0q_i}{4\pi\varepsilon_0}\left(\frac{1}{r_{ai}}-\frac{1}{r_{bi}}\right)\end{aligned}$$

式中，r_{ai}、r_{bi} 分别表示路径的起点和终点离点电荷 q_i 的距离。上式表明，在任意带电体的电场中，电场力做的功也与路径无关。

综上所述，可以得出如下结论：**试验电荷在任何静电场中移动时，电场力所做的功只与该试验电荷电荷量的大小及其起点、终点的位置有关，与路径无关。**这是静电场力的一个重要特性，与重力场中重力对物体做功与路径无关的特性相同。因此，静电场力也是保守力，静电场为保守场(conservative field)。

5.5.2 静电场的环路定理

静电场力做功与路径无关的特性还可以用另一种形式来表达。设试验点电荷 q_0 从电场中 a 点经任意路径 acb 到达 b 点，再从 b 点经另一路径 bda 回到 a 点，如图 5-5-2 所示。考虑到电场力做功与路径无关的性质，电场力在整个闭合路径 $acbda$ 上做功为

$$W=\oint_L q_0\boldsymbol{E}\cdot\mathrm{d}\boldsymbol{l}=\int_{acb}q_0\boldsymbol{E}\cdot\mathrm{d}\boldsymbol{l}+\int_{bda}q_0\boldsymbol{E}\cdot\mathrm{d}\boldsymbol{l}=\int_{acb}q_0\boldsymbol{E}\cdot\mathrm{d}\boldsymbol{l}-\int_{adb}q_0\boldsymbol{E}\cdot\mathrm{d}\boldsymbol{l}=0$$

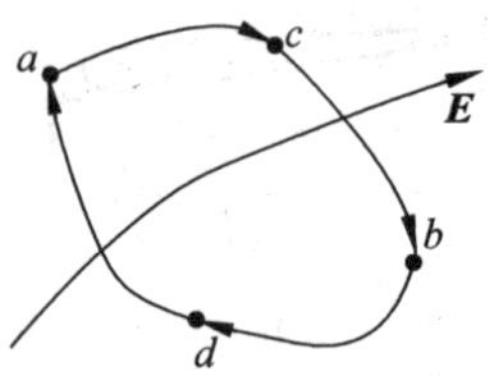

图 5-5-2

由于 $q_0\neq0$，所以

$$\oint_L\boldsymbol{E}\cdot\mathrm{d}\boldsymbol{l}=0\tag{5-5-3}$$

式(5-5-3)左边是场强 $\boldsymbol{E}$ 沿闭合路径的积分，称为静电场场强 $\boldsymbol{E}$ 的环流。它表明，**在静电场中，场强 $\boldsymbol{E}$ 的环流恒等于零。**这一结论称为**静电场的环路定理**(circuital theorem of electrostatic field)。此定理表明静电场是一种保守场，又称为有势场。

5.5.3 电势能

在力学中，重力是保守力，引入了重力势能的概念；弹性力是保守力，引入了弹性势能的概念。现在知道静电力也是保守力，因此同样也可以引入相应的电势能（electric potential energy）的概念，记作 E_p。

下面像引入重力势能一样引入电势能。由于重力做功为重力势能增量的负值，即

$$W = mgh_1 - mgh_2 = -(E_{p2} - E_{p1})$$

所以当试验电荷 q_0 从电场的 a 点移动到 b 点时，由式(5-5-1)可知，电场力对它做的功等于相应电势能增量的负值，即

$$W_{ab} = \int_a^b q_0 \boldsymbol{E} \cdot \mathrm{d}\boldsymbol{l} = -(E_{pb} - E_{pa}) = E_{pa} - E_{pb} \tag{5-5-4}$$

式中，E_{pa}、E_{pb} 分别为试验电荷在 a 点和 b 点的电势能。

电势能是标量，可正可负。在 SI 制，其单位为焦耳(J)。电场力做功只决定电场中试验电荷位置变化时电势能的变化，并不决定试验电荷在电场中某一点的电势能。式(5-5-4)表明电场力做正功($W_{ab} > 0$)时，$E_{pa} > E_{pb}$，电势能减少；电场力做负功($W_{ab} < 0$)时，$E_{pa} < E_{pb}$，电势能增大。

电势能是一个相对的量，要确定某点的电势能，必须先选定参考点(电势能零点)。电势能零点可以任意选择。若选择试验电荷在 b 点的电势能为零，即选定 $E_{pb} = 0$，则由式(5-5-4)可得 a 点电势能的相对大小为

$$E_{pa} = W_{ab} = \int_a^b q_0 \boldsymbol{E} \cdot \mathrm{d}\boldsymbol{l} \tag{5-5-5}$$

式(5-5-5)的意义是：试验电荷 q_0 在电场中某点的电势能，在数值上等于把它从该点移到电势能零点处静电场力所做的功。

当场源电荷局限在有限大小的空间里时，为了方便，常把电势能零点选在无穷远处，即规定 $E_{p\infty} = 0$，此时 q_0 在 a 点的电势能为

$$E_{pa} = \int_a^\infty q_0 \boldsymbol{E} \cdot \mathrm{d}\boldsymbol{l} \tag{5-5-6}$$

式(5-5-6)表明，试验电荷 q_0 在电场中 a 点的电势能不仅与电场 $\boldsymbol{E}$ 及 a 点位置有关，还与试验电荷的电荷量 q_0 有关。电势能是属于电场和试验电荷 q_0 系统共同所有的。

【练习 5-5】

5-5-1 试用环路定理证明：静电场的电场线永不闭合。

5.6 电势 电势的计算

5.6.1 电势 电势差

1. 电势

试验电荷 q_0 在电场中 a 点的电势能如式(5-5-6)所示，电势能 E_{pa} 不仅与电场性质及 a 点位置有关，还与试验电荷 q_0 有关。但是比值 $\dfrac{E_{pa}}{q_0}$ 与 q_0 无关，仅由电场性质和 a 点的位置

决定。因此,比值$\frac{E_{pa}}{q_0}$是描述电场中任一点 a 的电场性质的一个基本物理量,称为 a 点的**电势**(electric potential),用 V_a 表示,即

$$V_a=\frac{E_{pa}}{q_0}=\frac{W_{a\infty}}{q_0}=\int_a^\infty \boldsymbol{E}\cdot d\boldsymbol{l} \tag{5-6-1}$$

式(5-6-1)表明,**若规定无穷远处为电势零点,则电场中某点 a 的电势在数值上等于单位正电荷在该点的电势能,也等于把单位正电荷从该点沿任意路径移到无穷远处电场力所做的功。**

电势是标量,在 SI 制中,电势的单位是伏特,符号为 V。电势也是一个相对的量,要确定某点的电势,必须先选定参考点(电势零点)。当场源电荷局限在有限大小的空间里时,一般选取无穷远处为电势零点。但在许多实际问题中,常常选大地的电势为零,其他带电体的电势都是相对于地面而言的。一方面,因为地球是一个很大的导体,它本身的电势比较稳定;另一方面,在任何地方都可以方便地将带电体和地球作比较以确定其电势。

2. 电势差

静电场中任意 a 点和 b 点的电势之差称为 a、b 两点的**电势差**,在电路中常称为**电压**,用 U_{ab} 来表示。即

$$U_{ab}=V_a-V_b=\int_a^\infty \boldsymbol{E}\cdot d\boldsymbol{l}-\int_b^\infty \boldsymbol{E}\cdot d\boldsymbol{l}=\int_a^b \boldsymbol{E}\cdot d\boldsymbol{l} \tag{5-6-2}$$

式(5-6-2)表明,在静电场中,a、b 两点的电势差等于单位正电荷从 a 点移到 b 点时电场力所做的功。因此,当任意电荷 q 从 a 点移到 b 点时,电场力做的功可表示为

$$W_{ab}=q(V_a-V_b) \tag{5-6-3}$$

式(5-6-3)表明,在静电场中移动电荷时,电场力做功等于被移动电荷的电荷量乘以起点与终点的电势差。

5.6.2 电势的计算

1. 点电荷电场的电势

如图 5-6-1 所示,在点电荷 q 的电场中,场强为 $\boldsymbol{E}=\frac{q}{4\pi\varepsilon_0 r^2}\boldsymbol{e}_r$。根据电势的定义式(5-6-1),当选取无穷远处为电势零点时,电场中距离 q 为 r 处的 a 点的电势为

$$V_a=\int_a^\infty \boldsymbol{E}\cdot d\boldsymbol{l}=\int_r^\infty \frac{q}{4\pi\varepsilon_0 r^2}dr=\frac{q}{4\pi\varepsilon_0 r} \tag{5-6-4}$$

2. 电势叠加原理

1) 点电荷系的电场

如图 5-6-2 所示,若空间中有 n 个点电荷 $q_1,q_2,\cdots,q_n$,则由场强叠加原理(式(5-3-5))

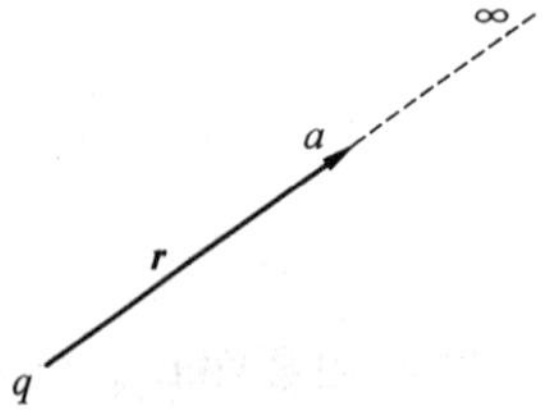

图 5-6-1

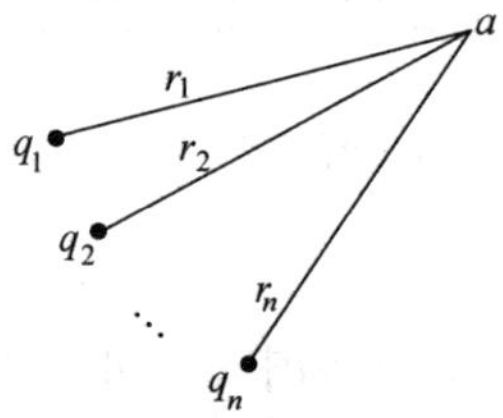

图 5-6-2

知，电场中任意一点 a 的总场强为

$$\boldsymbol{E}=\sum_{i=1}^{n}\boldsymbol{E}_i=\sum_{i=1}^{n}\frac{1}{4\pi\varepsilon_0}\frac{q_i}{r_i^2}\boldsymbol{e}_{ri}$$

取 $V_\infty=0$ 时，a 点的电势为

$$V_a=\int_a^\infty\boldsymbol{E}\cdot\mathrm{d}\boldsymbol{l}=\int_{r_i}^\infty\left(\sum_{i=1}^{n}\frac{1}{4\pi\varepsilon_0}\frac{q_i}{r_i^2}\boldsymbol{e}_{ri}\right)\cdot\mathrm{d}\boldsymbol{l}$$

$$=\sum_{i=1}^{n}\int_{r_i}^\infty\frac{1}{4\pi\varepsilon_0}\frac{q_i}{r_i^2}\mathrm{d}r_i=\sum_{i=1}^{n}\frac{q_i}{4\pi\varepsilon_0 r_i}\qquad(5\text{-}6\text{-}5)$$

式(5-6-5)是电势叠加原理的表达式。它表示点电荷系电场中任一点的电势，等于各个点电荷单独存在时在该点处的电势的代数和。显然，电势叠加是一种标量叠加。

2) 电荷连续分布的带电体的电场

如图 5-6-3 所示，对于电荷连续分布的带电体，可将其看作无限多个电荷元 $\mathrm{d}q$ 的集合，电荷元可视为点电荷，则每个电荷元在电场中某点 a 产生的电势为

$$\mathrm{d}V=\frac{\mathrm{d}q}{4\pi\varepsilon_0 r}$$

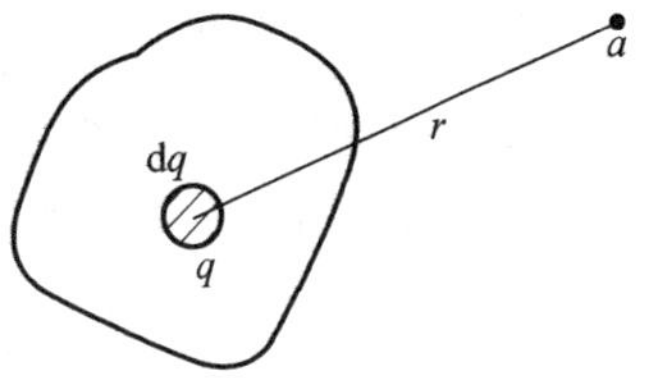

图 5-6-3

再根据电势叠加原理，可得 a 点的总电势为

$$V=\int\mathrm{d}V=\int\frac{\mathrm{d}q}{4\pi\varepsilon_0 r}\qquad(5\text{-}6\text{-}6)$$

需要注意的是，式(5-6-6)的积分遍及整个带电体，且取无限远处为电势零点。

例 5-6-1 求均匀带电球面的电场中电势的分布。设球面半径为 R，总电荷量为 q。

解：在例 5-4-1 中，由高斯定理已求得半径为 R、电荷量为 q 的均匀带电球面的场强，其大小分布为

$$\begin{cases}E=0, & r<R\\ E=\dfrac{q}{4\pi\varepsilon_0 r^2}, & r>R\end{cases}$$

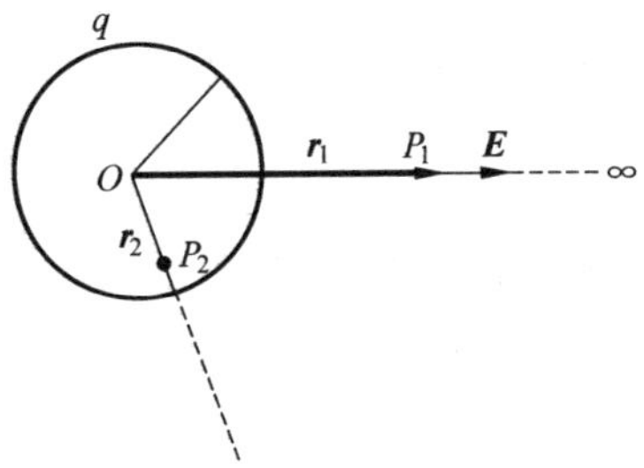

图 5-6-4

球面外 $\boldsymbol{E}$ 沿径矢方向。

选取无限远处的电势为零，如图 5-6-4 所示。

(1) 待求场点 P_1 在球面外，设 P_1 到球心的距离为 r_1，即有 $r_1>R$。则 P_1 点的电势为

$$V_{P_1}=\int_{P_1}^\infty\boldsymbol{E}\cdot\mathrm{d}\boldsymbol{l}=\int_{r_1}^\infty\frac{q}{4\pi\varepsilon_0 r^2}\mathrm{d}r=\frac{q}{4\pi\varepsilon_0 r_1}$$

(2) 待求场点 P_2 在球面内，P_2 到球心的距离为 r_2，即有 $r_2<R$。则 P_2 点的电势为

$$V_{P_2}=\int_{P_2}^\infty\boldsymbol{E}\cdot\mathrm{d}\boldsymbol{l}=\int_{r_2}^R 0\mathrm{d}r+\int_R^\infty\frac{q}{4\pi\varepsilon_0 r^2}\mathrm{d}r=\int_R^\infty\frac{q}{4\pi\varepsilon_0 r^2}\mathrm{d}r=\frac{q}{4\pi\varepsilon_0 R}$$

从本题的结论可以看出，均匀带电球面的内部各点的电势都相等，都等于球面处的电势。即球内是等势体，球面是等势面。

【讨论 5-6-1】

例 5-6-1 是应用电势定义求解电势，分析什么情况下使用该方法比较方便。应用该方

法求解均匀带电球体(设球体半径为 R,带电荷量为 q)的电场中的电势分布。

【分析】

如果积分路径上 $\boldsymbol{E}$ 的函数表达式容易写出,则可使用电势的定义来求解电势。尤其是在电场具有对称性分布时,使用电势定义法更方便。电场具有对称性分布时,用高斯定理容易解决场强的分布问题。同时,电场具有对称性分布时,容易选择合适的积分路径。由于电场力做功与路径无关,所以积分路径是任意的。为方便积分,常常选择积分路径同场强方向的夹角为特殊角。一般情况下,积分路径沿着或逆着电场线。使用电势定义求解电势,需要注意电势零点的选择问题。对于有限大的带电体,通常选无限远处的电势为零。

半径为 R、带电荷量为 q 的均匀带电球体的电场分布可由高斯定理求得:

$$E_{内}=\frac{qr}{4\pi\varepsilon_0 R^3},\quad E_{外}=\frac{q}{4\pi\varepsilon_0 r^2}$$

$\boldsymbol{E}$ 沿半径方向。

选取无限远处的电势为零,由电势定义可求得均匀带电球体内、外的电势分布。

(1) 待求场点 P_1 在球面外时,有

$$V_{外}=\int_{P_1}^{\infty}\boldsymbol{E}\cdot d\boldsymbol{l}=\int_r^{\infty}E_{外}\,dr=\int_r^{\infty}\frac{q}{4\pi\varepsilon_0 r^2}dr=\frac{q}{4\pi\varepsilon_0 r}$$

(2) 待求场点 P_2 在球面内时,有

$$V_{内}=\int_{P_2}^{\infty}\boldsymbol{E}\cdot d\boldsymbol{l}=\int_r^{R}E_{内}\,dr+\int_R^{\infty}E_{外}\,dr$$

$$=\int_r^{R}\frac{qr}{4\pi\varepsilon_0 R^3}dr+\int_R^{\infty}\frac{q}{4\pi\varepsilon_0 r^2}dr=\frac{q(R^2-r^2)}{8\pi\varepsilon_0 R^3}+\frac{q}{4\pi\varepsilon_0 R}$$

均匀带电球面和均匀带电球体外部的电势有何共同特点,请读者自行分析。

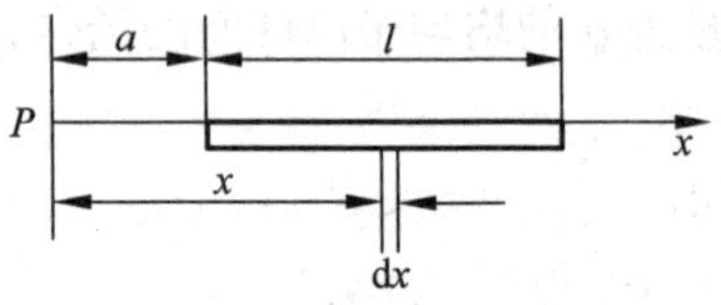

图 5-6-5

例 5-6-2 电荷 q 均匀分布在长为 l 的细杆上,如图 5-6-5 所示,求在杆外延长线上与杆端距离为 a 的 P 点的电势(设无穷远处为电势零点)。

解: 本题用电势叠加原理求解。当带电体不能视为点电荷时,常常将带电体看作无限多个电荷元的集合,每个电荷元可视为点电荷,则空间各点的电势为 $V=\int dV=\int\frac{dq}{4\pi\varepsilon_0 r}$。

设坐标原点位于 P 点,x 轴沿杆的方向,如图 5-6-5 所示。把细杆分成一系列电荷线元,每个电荷线元 dq 可视为点电荷。细杆的电荷线密度 $\lambda=q/l$,则在 x 处长度为 dx 的电荷元所带的电荷量为

$$dq=\lambda dx=\frac{q}{l}dx$$

取 $V_\infty=0$ 时,P 点的电势为

$$dV_P=\frac{dq}{4\pi\varepsilon_0 x}=\frac{q\,dx}{4\pi\varepsilon_0 lx}$$

整根细杆的电荷在 P 点的电势为

$$V_P=\frac{q}{4\pi\varepsilon_0 l}\int_a^{a+l}\frac{dx}{x}=\frac{q}{4\pi\varepsilon_0 l}\ln\frac{a+l}{a}$$

例 5-6-3 如图 5-6-6 所示的一个均匀带电圆环，半径为 R，电荷为 q，求其轴线上任一点的电势(设无穷远处为电势零点)。

解：建立坐标系如图 5-6-6 所示，坐标原点位于圆环的圆心，x 轴沿其轴线向右为正。设所求点 P 到坐标原点的距离为 x。把圆环分成一系列电荷元，每个电荷元 dq 可视为点电荷。当 $V_\infty=0$ 时，dq 在 P 点的电势为

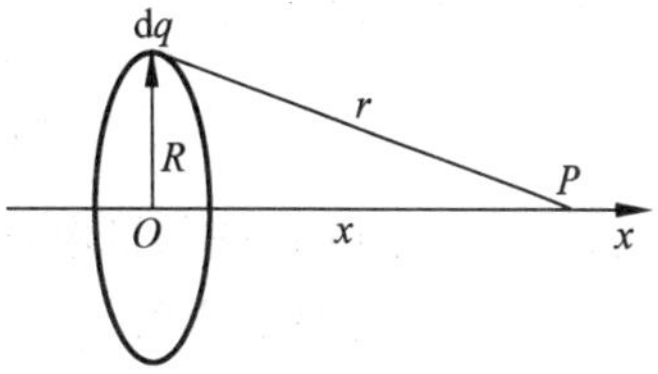

图 5-6-6

$$dV_P=\frac{dq}{4\pi\varepsilon_0 r}=\frac{dq}{4\pi\varepsilon_0\sqrt{R^2+x^2}}$$

式中，r 为电荷元 dq 到 P 点的距离，且有 $r^2=R^2+x^2$。整个环在 P 点的电势为

$$V_P=\int dV_P=\int_q\frac{dq}{4\pi\varepsilon_0\sqrt{R^2+x^2}}=\frac{q}{4\pi\varepsilon_0\sqrt{R^2+x^2}}$$

【讨论 5-6-2】

根据例 5-6-3 的结论，讨论均匀带电圆环在环心和轴线的无限远处的电势。

【分析】

(1) 环心处，即 $x=0$ 处，由例 5-6-3 的结论可得

$$V_O=\frac{q}{4\pi\varepsilon_0 R}$$

(2) 轴线的无限远处，即 $x\gg R$ 时，有

$$V_P=\frac{q}{4\pi\varepsilon_0 x}$$

这时，圆环可视为点电荷。

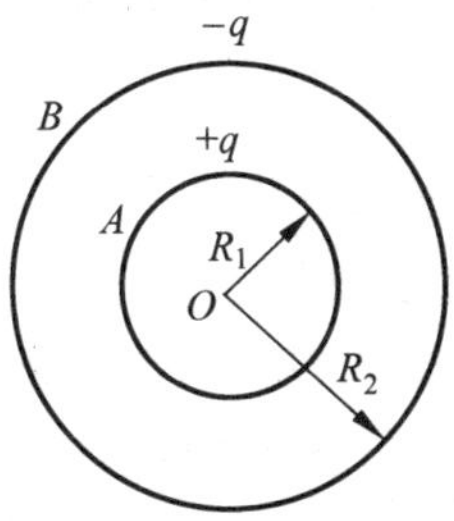

图 5-6-7

例 5-6-4 如图 5-6-7 所示，半径分别为 R_1、R_2 的两个同心均匀带电球面 A 和 B，内球面 A 带电 $+q$，外球面 B 带电 $-q$，求两球面间的电势差。

解：根据电势叠加原理可知，若空间有多个带电体，每个带电体的电势分别已知(或者容易求得)，则电场中任一点的电势等于各个带电体单独存在时在该点的电势的代数和。

根据例 5-6-1 的结论，带有电荷 $+q$ 的球面 A 在 A、B 球面上各点的电势分别为

$$V'_A=\frac{q}{4\pi\varepsilon_0 R_1},\quad V'_B=\frac{q}{4\pi\varepsilon_0 R_2}$$

而带有电荷 $-q$ 的球面 B 在 A、B 球面上的电势分别为

$$V''_A=\frac{-q}{4\pi\varepsilon_0 R_2},\quad V''_B=\frac{-q}{4\pi\varepsilon_0 R_2}$$

根据电势叠加原理得 A 球面的总电势

$$V_A = V'_A + V''_A = \frac{q}{4\pi\varepsilon_0}\left(\frac{1}{R_1} - \frac{1}{R_2}\right)$$

B 球面的总电势

$$V_B = V'_B + V''_B = 0$$

A、B 两球面间的电势差

$$U_{AB} = V_A - V_B = \frac{q}{4\pi\varepsilon_0}\left(\frac{1}{R_1} - \frac{1}{R_2}\right)$$

上式表明，两个同心均匀带电球面间的电势差只与内球面的带电荷量及两球面的半径有关，与外球面的带电荷量无关。

【讨论 5-6-3】

半径分别为 R_A、R_B 的两个同心均匀带电球面 A 和 B，内球面 A 带电 Q_A，外球面 B 带电 Q_B。求其空间的电势分布。

【分析】

求解方法同例 5-6-4。根据电势叠加原理和例 5-6-1 的结论可求得电势的空间分布。

当 $r \leqslant R_A$ 时，有

$$V_{\text{内}} = V_{A\text{内}} + V_{B\text{内}} = \frac{1}{4\pi\varepsilon_0}\left(\frac{Q_A}{R_A} + \frac{Q_B}{R_B}\right)$$

当 $R_A \leqslant r \leqslant R_B$ 时，有

$$V_{\text{间}} = V_{A\text{外}} + V_{B\text{内}} = \frac{1}{4\pi\varepsilon_0}\left(\frac{Q_A}{r} + \frac{Q_B}{R_B}\right)$$

当 $r \geqslant R_B$ 时，有

$$V_{\text{外}} = V_{A\text{外}} + V_{B\text{外}} = \frac{Q_A + Q_B}{4\pi\varepsilon_0 r}$$

例 5-6-4 和讨论 5-6-3 中的两均匀带电同心球面，其电场分布具有球对称性，可由高斯定理确定两球面间的电场。这时可用式(5-6-2)求解两球面间的电势差。读者可自行完成。

【练习 5-6】

5-6-1 三个电荷量相等的正点电荷 q 放在边长为 a 的等边三角形的三个顶点上，求该等边三角形中心处的电势(设无穷远处电势为零)。

5-6-2 电势是一个相对的量，电势零点选取不同，电势的大小也不同。如图 5-6-8 所示，在点电荷 q 的电场中，若选取以 q 为球心、R 为半径的球面上一点 P 处作电势零点，求与点电荷 q 距离为 r 的 P'点的电势。

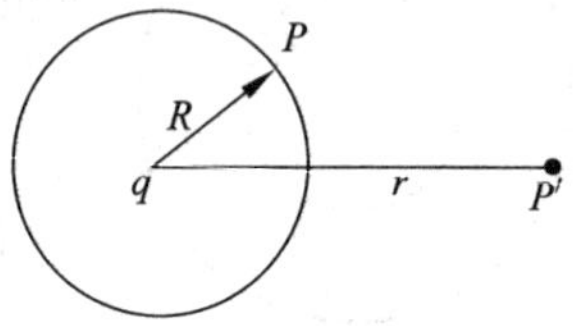

图 5-6-8

5-6-3 已知一个电荷总量为 Q 的球面(电荷不一定均匀分布)，球的半径为 R，求其球心处的电势(设无穷远处电势为零)。

5-6-4 已知一个电荷总量为 q 的带电圆环(电荷不一定均匀分布)，环的半径为 R，求其环心处的电势(设无穷远处电势为零)。

5-6-5 如果在积分路径上 $\boldsymbol{E}$ 的函数表达式已知，可使用电势的定义求解电势。例 5-3-3 中已经求得一个均匀带电圆环的轴线上各点的电场分布，试用电势的定义重新求解例 5-6-3。

5-6-6 分别用电势的定义和电势叠加原理两种方法求均匀带电圆盘(半径为 R,电荷面密度为 σ)的轴线上任一点的电势(设无穷远处电势为零)。

5-6-7 一半径为 R 的非均匀带电球体,其电荷体密度分布为

$$\begin{cases}\rho(r)=\rho_0\left(1-\dfrac{r}{R}\right), & r\leqslant R\\ \rho(r)=0, & r>R\end{cases}$$

式中,$\rho_0=\dfrac{3Q}{\pi R^3}$是一个正的常量。求球内、外各点的电势(设无穷远处电势为零)。

5-6-8 点电荷 $+q$ 和 $-q$ 如图 5-6-9 所示。

(1) 选取无限远处的电势为零,求 a 点、b 点以及 c 点(已知 $r\gg l$)的电势;

(2) 将一点电荷 $+q_0$ 沿箭头所示路径由 a 点移至 b 点,外力做功为多少?

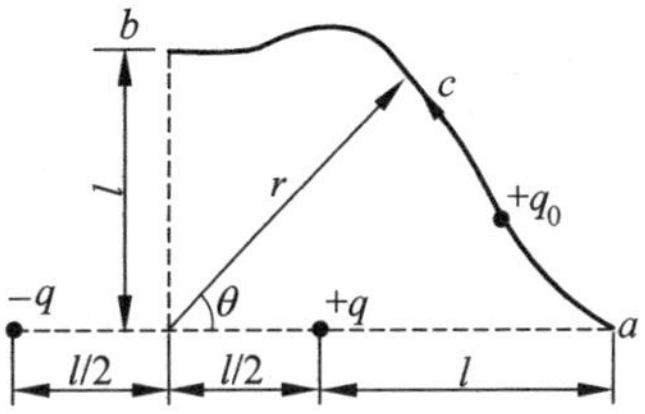

图 5-6-9

5-6-9 一质量为 m、电荷为 q 的粒子,从电势为 V_A 的 A 点在电场力作用下运动到电势为零的 B 点。若粒子到达 B 点时的速率为 v_B,求它在 A 点时的速率 v_A。

5.7 电场强度与电势梯度

5.7.1 等势面

在电场中,将电势相等的点连接起来构成的曲面称为等势面。比如,距点电荷距离相等的点的电势是相等的,这些点构成的曲面是以点电荷为球心的球面。也就是说,点电荷电场中的等势面是一系列以点电荷为球心的球面,如图 5-7-1 所示。又如,例 5-6-1 中的均匀带电球面的电场中的等势面也是一系列同心的球面。

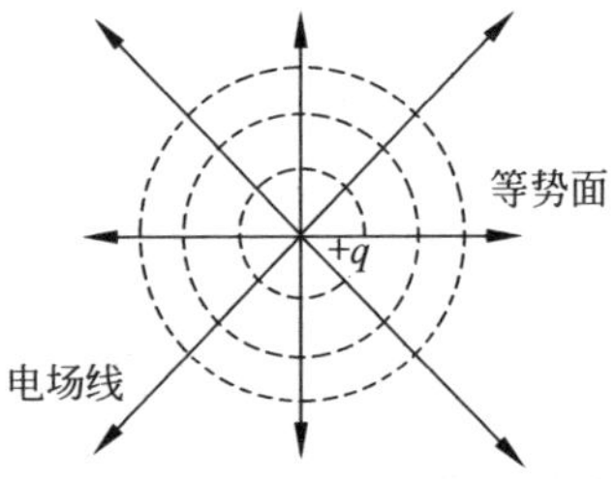

图 5-7-1

【讨论 5-7-1】

(1) 在等势面上移动电荷时,电场力做功有怎样的特点?

(2) 静电场中的电场线与等势面的关系是怎样的?

【分析】

(1) 如图 5-7-2 所示,设点电荷 q_0 沿等势面从 a 点运动到 b 点,电场力做功为

$$W_{ab}=-(E_{pb}-E_{pa})=-q_0(V_b-V_a)=0$$

即在等势面上移动电荷时,电场力不做功。

(2) 如图 5-7-3 所示,设点电荷 q_0 自 a 点沿等势面发生位移 $\mathrm{d}\boldsymbol{l}$,场强 $\boldsymbol{E}$ 与 $\mathrm{d}\boldsymbol{l}$ 的夹角为 θ,电场力做功为

$$\mathrm{d}W=q_0\boldsymbol{E}\cdot\mathrm{d}\boldsymbol{l}=q_0E\,\mathrm{d}l\cos\theta$$

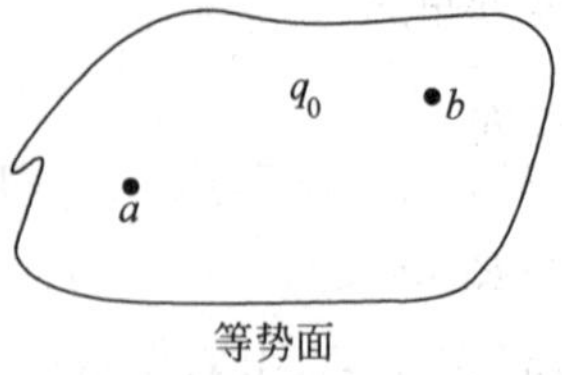

图 5-7-2

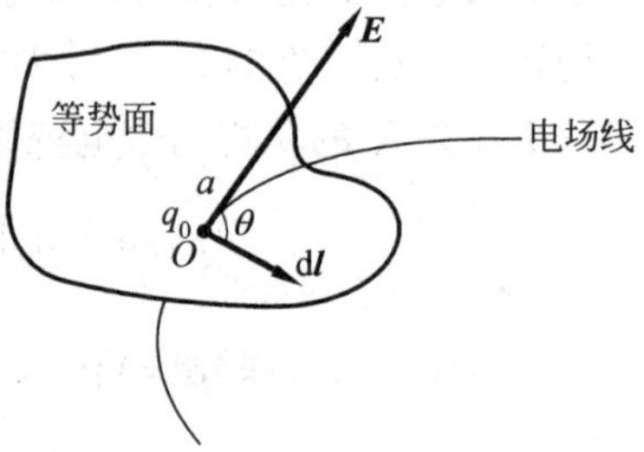

图 5-7-3

因为电荷在等势面上运动时，电场力对其不做功，即 $\mathrm{d}W=0$，因此有

$$q_0 E\,\mathrm{d}l\cos\theta=0$$

由于 $q_0\neq 0, E\neq 0, \mathrm{d}l\neq 0$，故 $\cos\theta=0$，则有 $\theta=\dfrac{\pi}{2}$。即静电场中的电场线与等势面正交，$\boldsymbol{E}$ 垂直于等势面。

在绘制等势面时，如果规定相邻等势面的电势差为常数，则等势面密集处场强较强。下面给出场强与电势的定量关系。

5.7.2 场强与电势梯度的关系

电场强度和电势都是描述电场的物理量，它们描述同一事物的两个不同的侧面，两者之间存在着一定的关系。5.6 节中给出的电势定义式(5-6-1)就是电势与电场强度的积分关系式，下面给出电场强度与电势的微分关系。

将试验电荷 q_0 在静电场中移动元位移 $\mathrm{d}\boldsymbol{l}$，根据式(5-6-3)，电场力对 q_0 所做的元功 $\mathrm{d}W=\boldsymbol{F}\cdot\mathrm{d}\boldsymbol{l}=q_0\boldsymbol{E}\cdot\mathrm{d}\boldsymbol{l}=-q_0\mathrm{d}V$，于是得到电势 V 与电场强度 $\boldsymbol{E}$ 间的一个重要关系式

$$\mathrm{d}V=-\boldsymbol{E}\cdot\mathrm{d}\boldsymbol{l}=-E\,\mathrm{d}l\cos\theta=-E_l\,\mathrm{d}l \tag{5-7-1}$$

式中，θ 为场强 $\boldsymbol{E}$ 与元位移 $\mathrm{d}\boldsymbol{l}$ 的夹角，$E_l=E\cos\theta$ 为场强 $\boldsymbol{E}$ 沿 $\boldsymbol{l}$ 方向的投影量。式(5-7-1)也可写成

$$E_l=-\frac{\mathrm{d}V}{\mathrm{d}l} \tag{5-7-2}$$

$\dfrac{\mathrm{d}V}{\mathrm{d}l}$称为电势沿 $\boldsymbol{l}$ 方向的方向导数(directional derivative)。式(5-7-2)表明，电场中某点的电场强度在任一方向上的投影等于电势沿该方向的方向导数的负值。因此，电场强度 $\boldsymbol{E}$ 在直角坐标系中的三个分量应为

$$E_x=-\frac{\partial V}{\partial x},\quad E_y=-\frac{\partial V}{\partial y},\quad E_z=-\frac{\partial V}{\partial z} \tag{5-7-3}$$

电场强度矢量可表示为

$$\boldsymbol{E}=-\left(\boldsymbol{i}\frac{\partial V}{\partial x}+\boldsymbol{j}\frac{\partial V}{\partial y}+\boldsymbol{k}\frac{\partial V}{\partial z}\right)=-\boldsymbol{\nabla}V=-\mathrm{grad}V \tag{5-7-4}$$

$\mathrm{grad}V$ 称为电势 V 的梯度，它在直角坐标系中表示为

$$\mathrm{grad}V=\boldsymbol{i}\frac{\partial V}{\partial x}+\boldsymbol{j}\frac{\partial V}{\partial y}+\boldsymbol{k}\frac{\partial V}{\partial z} \tag{5-7-5}$$

而$\boldsymbol{\nabla}=\boldsymbol{i}\frac{\partial}{\partial x}+\boldsymbol{j}\frac{\partial}{\partial y}+\boldsymbol{k}\frac{\partial}{\partial z}$代表一种运算，称为微分算符，它具有矢量微分双重性。式(5-7-4)表明，电场中某点的电场强度等于该点电势梯度的负值。进一步可以说明，电势梯度的大小等于电势沿等势面法线方向的方向导数，其方向为沿着等势面的法线并使电势增大的方向。

式(5-7-2)～式(5-7-4)是电场强度与电势的微分关系的等价形式，它们在实际中有着重要的应用。这是因为求电势是标量运算，当电荷分布给定时，便可通过上述关系式求出电场强度，这一方法比直接利用矢量运算求电场强度简便得多。

例 5-7-1 利用场强与电势的微分关系求点电荷 q 电场的场强。

解：建立坐标系如图 5-7-4 所示。在点电荷 q 的电场中取无限远处电势为零，P 的电势为

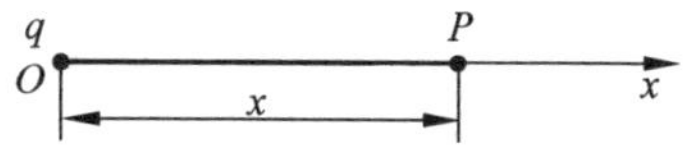

图 5-7-4

$$V_P=\frac{q}{4\pi\varepsilon_0 x}$$

由式(5-7-3)得

$$E_x=-\frac{\partial V_P}{\partial x}=\frac{q}{4\pi\varepsilon_0 x^2}$$

$$E_y=E_z=0$$

当 $q>0$ 时，$\boldsymbol{E}$ 沿 x 轴正向；当 $q<0$ 时，$\boldsymbol{E}$ 沿 x 轴负向。此结果与 5.3 节通过库仑定律和场强定义得到的结果一致。

例 5-7-2 根据例 5-6-3 的结果，求均匀带电圆环(半径为 R、电荷线密度为 λ)轴线上的场强分布。

解：由例 5-6-3 已得均匀带电圆环轴线上的电势分布为

$$V=\frac{q}{4\pi\varepsilon_0\sqrt{R^2+x^2}}$$

利用式(5-7-3)可得轴线上任意点的电场强度为

$$\begin{aligned}E=E_x&=-\frac{\partial V}{\partial x}\\&=-\frac{\partial}{\partial x}\left(\frac{q}{4\pi\varepsilon_0\sqrt{R^2+x^2}}\right)\\&=\frac{\lambda R x}{2\varepsilon_0(x^2+R^2)^{3/2}}\end{aligned}$$

即均匀带电圆环对轴线上任意点处的电场强度，是该点距环心 O 的距离 x 的函数，$E=E(x)$，方向沿轴线方向。这个结果与例 5-3-3 完全相同。

【练习 5-7】

5-7-1 已知在地球表面上电场强度方向指向地面，在地面以上电势随高度增加还是减小？

5-7-2 一只小鸟停在一条 30kV 的高压输电线上，它是否会受到伤害？

5-7-3 如图 5-7-5 所示,电偶极子电场中任意一点 A 到坐标原点的矢径为 $\boldsymbol{r}=x\boldsymbol{i}+y\boldsymbol{j}$,先求 A 点的电势,再根据电场强度与电势的微分关系求 A 点的电场强度大小。

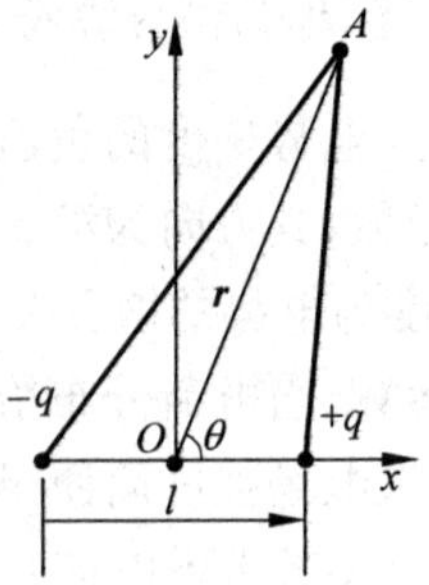

图 5-7-5

第6章　静电场中的导体和电介质

在静电场中，当有导体或电介质存在时，构成导体或电介质的带电微粒（原子核、电子）在外静电场的作用下，相对原来的位置可能发生位移，将可能引起新的宏观电荷分布。这些新的宏观电荷激发的场叠加在原来的电场上，就会改变原来的电场分布。本章主要讨论导体、电介质与静电场相互作用的规律以及有导体或电介质存在时静电场的性质。

6.1　静电场中的导体

【思考 6-1】

(1) 有人说："某一高压输电线有 50kV，因此你不可与之接触。"这句话对吗？维修工人在高压输电线上是如何带电作业的呢？

(2) 在高压电气设备周围常围上一接地的金属栅网，以保证栅外的工作人员人身安全，试说明其原理。

(3) 为什么高压电器设备上的金属部件的表面要尽可能不带棱角？

(4) 高大的建筑物都装有避雷装置，其作用是什么？

6.1.1　静电感应　静电平衡

1. 静电感应

从微观角度来看，金属导体由带正电的晶格点阵和自由电子构成，晶格不动，相当于骨架，而自由电子可自由运动，充满整个导体，是公有化的。例如，金属铜中的自由电子数密度为 $n_{Cu}=8\times10^{28}\mathrm{m}^{-3}$。当没有外电场时，导体中的正负电荷等量均匀分布，宏观上呈电中性。

当导体处于外电场 $\boldsymbol{E}_0$ 中时，它内部的自由电子将在电场力的作用下做定向运动（图 6-1-1(a)），从而使导体中的电荷重新分布，导体一侧将形成自由电子堆积而带负电，另一侧由于失去电子而带正电，导体内部场强为零，导体达到静电平衡（图 6-1-1(b)）。这就是静电感应现象，两侧出现的电荷称为感应电荷。

2. 静电平衡

导体两侧正负电荷的积累将影响外电场的分布，同时在导体内部建立电场，这一电场称

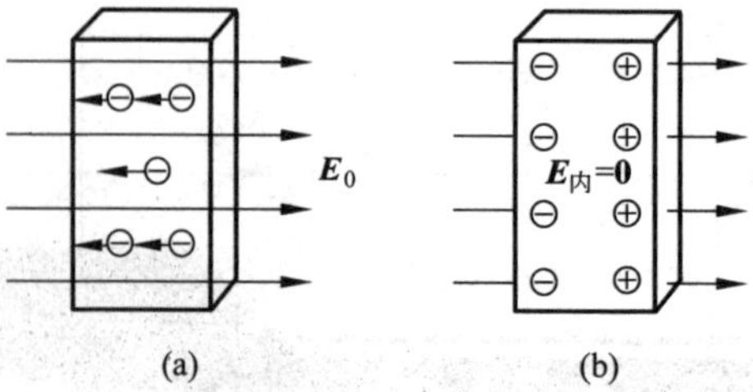

图 6-1-1

为内建电场(bulit-in field)。导体内部的电场强度由外加电场与内建电场的电场强度矢量叠加而成。随着导体两侧的感应电荷逐渐积累,内建电场逐渐加强,直至导体内部的外加电场 $\boldsymbol{E}_0$ 与内建电场场强的矢量和处处为零。这时自由电子的定向迁移停止,我们便说导体达到了静电平衡(electrostatic equilibrium),如图 6-1-1(b)所示。

不管导体原来是否带电和有无外电场的作用,当导体内部和表面都没有电荷的宏观定向运动时,这一状态称为导体的静电平衡状态。

3. 静电平衡条件(处于静电平衡状态的导体的电性质)

(1) 导体内部任何一点处的电场强度均为零,导体表面附近处电场强度的方向都与导体表面垂直。

(2) 在静电平衡时,导体上各点的电势处处相等,导体是一个等势体,导体表面是一个等势面。

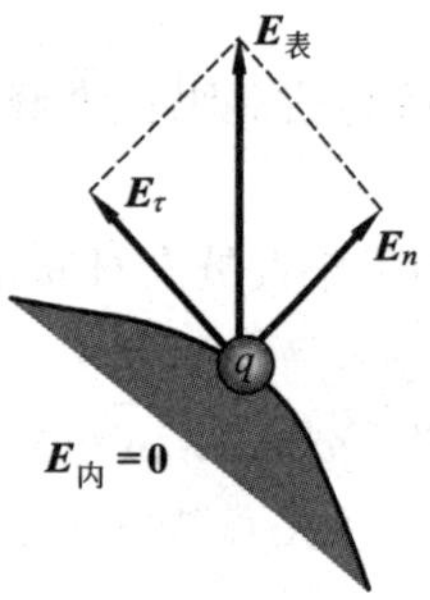

图 6-1-2

证明如下。如图 6-1-2 所示,假设导体表面的电场强度有切向分量,即 $E_\tau \neq 0$,则自由电子将沿导体表面有宏观定向运动,导体未达到静电平衡状态,和命题条件矛盾,因此有 $E_\tau = 0$,即导体表面附近的电场强度垂直于导体表面。

因为

$$E_{内} = 0, \quad E_\tau = 0 \tag{6-1-1}$$

所以

$$\frac{\mathrm{d}V}{\mathrm{d}n} = 0, \quad \frac{\mathrm{d}V}{\mathrm{d}\tau} = 0 \tag{6-1-2}$$

即导体为等势体,导体表面为等势面。

6.1.2 导体处于静电平衡状态时的电荷分布

1. 实心导体

(1) 处于静电平衡状态的实心导体,其内部各处的净电荷为零,电荷只能分布于导体外表面。

如图 6-1-3 所示,在实心导体内包围 P 点作闭合曲面 S,由静电平衡条件知曲面 S 上各点 $E_{内} = 0$,故由高斯定理得

$$\oint_S \boldsymbol{E}_{内} \cdot \mathrm{d}\boldsymbol{S} = \frac{\sum q_{内}}{\varepsilon_0} = 0$$

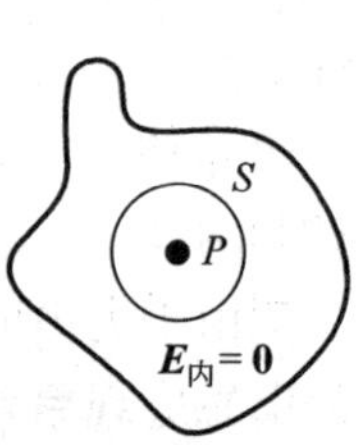

图 6-1-3

即 $\sum q_{内}=0$。由于闭合曲面 S 是任取的，可以无限缩小直至只包围一个点，所以处于静电平衡状态的实心导体，其内部各处的净电荷为零，电荷只能分布于导体外表面。

(2) 处于静电平衡的导体，其表面上各点的电荷面密度与表面邻近处场强的大小成正比。

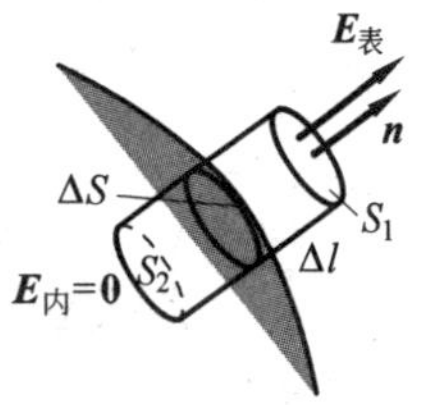

图 6-1-4

如图 6-1-4 所示，在导体表面任取无限小面积元 ΔS，可认为它是电荷分布均匀的带电平面，电荷面密度为 σ。作图 6-1-4 所示的扁平圆柱面为高斯面，该圆柱的轴垂直于导体表面，使其一个底面 S_1 在导体外部，另一个底面 S_2 在导体内部，两底面均与导体表面的面元 ΔS 平行且无限靠近，Δl 很小，则由高斯定理可得通过该高斯面的电通量为

$$\oint_S \boldsymbol{E}\cdot \mathrm{d}\boldsymbol{S}=\int_{S_1}\boldsymbol{E}_{表}\cdot \mathrm{d}\boldsymbol{S}+\int_{S_2}\boldsymbol{E}_{内}\cdot \mathrm{d}\boldsymbol{S}+\int_{侧}\boldsymbol{E}_{表}\cdot \mathrm{d}\boldsymbol{S}$$

$$=E_{表}\,\Delta S+0\cdot\Delta S+E_{表}\,\Delta S_{侧}\cos\frac{\pi}{2}$$

$$=E_{表}\,\Delta S=\frac{\sigma\Delta S}{\varepsilon_0}$$

由此得 $\sigma=\varepsilon_0 E_{表}$，即

$$\boldsymbol{E}_{表}=\frac{\sigma}{\varepsilon_0}\boldsymbol{n} \tag{6-1-3}$$

式中，$\boldsymbol{n}$ 为导体表面的外法线方向单位矢量。式(6-1-3)表明，处于静电平衡的导体表面某点邻近处场强的大小与该点的电荷面密度成正比，即 $E_{表}\propto\sigma$。当 $\sigma>0$ 时，$\boldsymbol{E}_{表}$ 垂直表面向外；当 $\sigma<0$ 时，$\boldsymbol{E}_{表}$ 垂直表面向里。需要说明的是，$\boldsymbol{E}_{表}$ 是由导体上及导体外所有电荷共同产生的合场强，而非仅由导体表面在该点处的电荷所产生。

例如，一个孤立的半径为 R 的均匀带电球面，球面外邻近表面的 P 点的场强大小为 $E_P=\frac{q}{4\pi\varepsilon_0 R^2}=\frac{\sigma}{\varepsilon_0}$，是由整个球面上电荷共同产生的，如图 6-1-5(a)所示。若带电导体球附近有点电荷 q_1，如图 6-1-5(b)所示，则同一 P 点处的场强由球面上原有电荷 q 和点电荷 q_1，以及导体球面上产生的感应电荷共同产生，即 $\boldsymbol{E}'=\boldsymbol{E}_q+\boldsymbol{E}_{q_1}+\boldsymbol{E}_{感应电荷}$，但仍然满足 $\boldsymbol{E}'_P=\frac{\sigma'}{\varepsilon_0}\boldsymbol{n}$。

(3) 处于静电平衡状态的孤立导体，其表面某处电荷面密度 σ 与该处表面曲率有关，曲

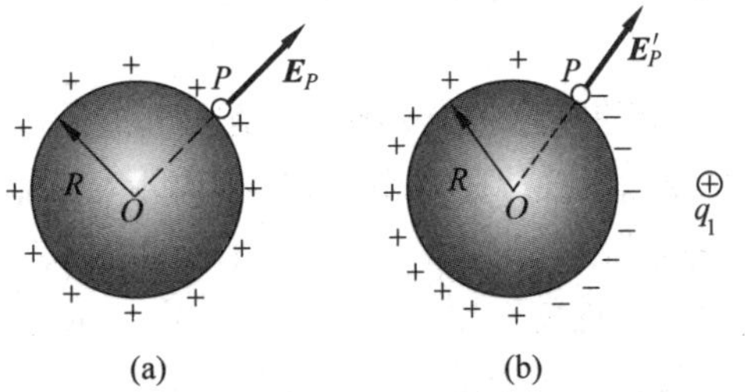

图 6-1-5

率越大(曲率半径越小)的地方,电荷面密度 σ 也越大。

【讨论 6-1-1】

有两个半径分别为 R 和 r 的导体球($R>r$),两球相距很远。若用细导线将两球相连接,处于静电平衡后,各带电荷分别为 Q 和 q。试分析电荷分布与球半径的关系。

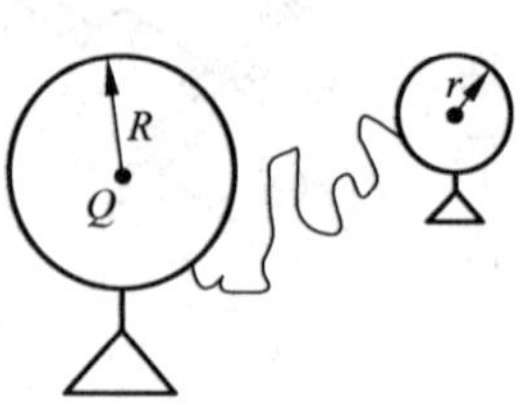

图 6-1-6

【分析】

如图 6-1-6 所示,当两导体球相距很远时,场相互作用可忽略,球体可视为孤立球。当达到静电平衡状态后,电荷均匀分布在两球体的表面。则两个球面的电荷面密度分别为

$$\sigma_R = \frac{Q}{4\pi R^2},\quad \sigma_r = \frac{q}{4\pi r^2}$$

又由于两球用导线相连,电势相等,则有

$$\frac{Q}{4\pi\varepsilon_0 R} = \frac{q}{4\pi\varepsilon_0 r}$$

即

$$\frac{Q}{q} = \frac{R}{r}$$

所以

$$\frac{\sigma_R}{\sigma_r} = \frac{r}{R}$$

这表示处于静电平衡的孤立导体球,其电荷面密度与导体球的曲率半径成反比,曲率半径小(即曲率大)处电荷面密度大。这个结论也适用于其他孤立导体。

【讨论 6-1-2】

解释尖端放电现象。

【分析】

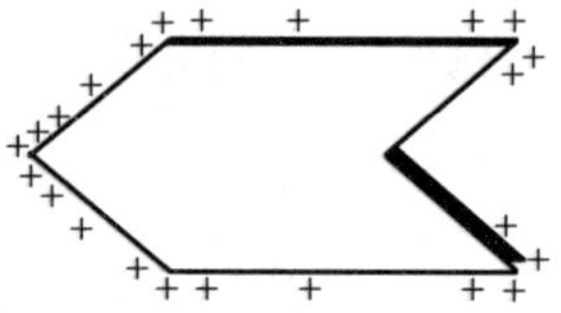
图 6-1-7

如图 6-1-7 所示,对于有尖端的带电导体,尖端处电荷面密度大,则导体表面邻近处的场强也特别大。如果有离子或其他带电粒子进入这一区域,在尖端处较强电场的作用下,带电粒子将加速运动,可以获得足够大的能量。当这些高能量的粒子和空气中其他分子碰撞时,可以使其他分子也电离成带电粒子。新的带电粒子又引起更多的分子电离,就会产生大量带不同符号电荷的粒子。和导体电荷同号的带电粒子被排斥,异号的带电粒子被吸引到导体上,并和导体上电荷中和引起导体放电。这种导体尖端电荷的场强度超过空气的击穿场强时,会产生空气被电离的放电现象,称为尖端放电。

闪电是大气中的激烈放电伴随强闪光的现象,是大气被强电场击穿的结果。干燥空气的击穿场强约为 $3\times10^6\,\mathrm{V/m}$。但是,在雷雨云层中,由于有水滴存在,而且气压比大气压小,所以空气的击穿不需要这样强的电场。云地之间的闪电常发生在雷雨云的负电区与地之间,说明陆地在产生雷暴中有重要作用。当带电的雷雨云接近地面时,由于静电感应使地上物体带异号电荷,这些电荷比较集中地分布在突出的物体上。当电荷积累到一定程度,就会在云层和这些物体之间发生强大的火花放电,这就是雷击现象。

应用尖端放电原理制作的避雷针就可以使建筑物免遭雷击。1760 年富兰克林在费城一座大楼上安装了世界上第一根避雷针。早在 1747 年富兰克林就从莱顿瓶中发现尖端容易放电的现象，天电和地电的统一使他意识到利用尖端容易放电的原理将天空中威力巨大的雷电巧妙地引入地面，以避免建筑物遭雷击。需要注意的是，建筑物的避雷装置一定要通电良好且接地，否则避雷针就变成了"引雷针"。

雷暴与人类生活有直接关系。例如，它可以引起森林火灾，击毁建筑物，当前它还是影响航空航天安全的重要因素。飞机遭雷击的事故时有发生。目前，有些国家已建立了雷击预测系统，它将有助于民航的安全和火箭发射精度的提高，对预防森林火灾、保护危险物资以及高压线和气体管道等也有重要意义。

2. 空腔导体

1）空腔导体内部无带电体

当空腔导体内部无带电体时，无论空腔导体是否带电、是否处于外电场中，达到静电平衡状态的空腔导体都具有下列性质：空腔内部及导体内部的电场强度处处为零，它们形成等电势区；电荷只能分布在导体的外表面上，内表面无电荷。

上述性质可用高斯定律证明。如图 6-1-8 所示，在空腔导体内作一高斯面 S，根据静电平衡条件，导体内部场强处处为零，则通过高斯面 S 的电通量为零，所以导体内表面电荷的代数和为零。假设内表面某处的电荷面密度 $\sigma>0$，则必有另一处 $\sigma<0$，两者之间就必有电场线相连，就有电势差存在，这与导体是一个等势体的结论相矛盾。因此导体的内表面处处 $\sigma_e=0$。

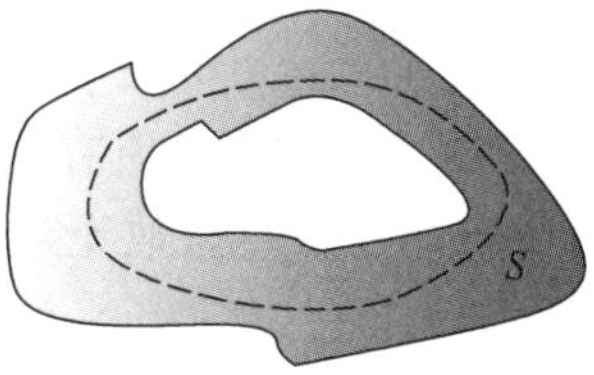

图 6-1-8

这些结论不受腔外电场的影响，腔外电场与腔外表面电荷在腔内场强的总贡献为零。

2）空腔导体腔内有带电体

当空腔导体腔内有带电体，空腔导体达到静电平衡状态时，电荷分布在空腔导体的内、外表面上，其中内表面感应电荷的电荷量与腔内带电体所带的电荷量等量异号，外表面则感应等量同号电荷，空腔导体本身所带的净电荷则分布在导体的外表面上，如图 6-1-9(a)所示；导体中场强为零，空腔内部的电场取决于腔内带电体，空腔外的电场则取决于空腔外表面的电荷分布。其电荷分布和电场性质仍可用高斯定理验证(读者可自行证明)。

如果空腔导体接地，则可证明空腔内带电体的电荷变化将不再影响导体外的电场，如图 6-1-9(b)所示。

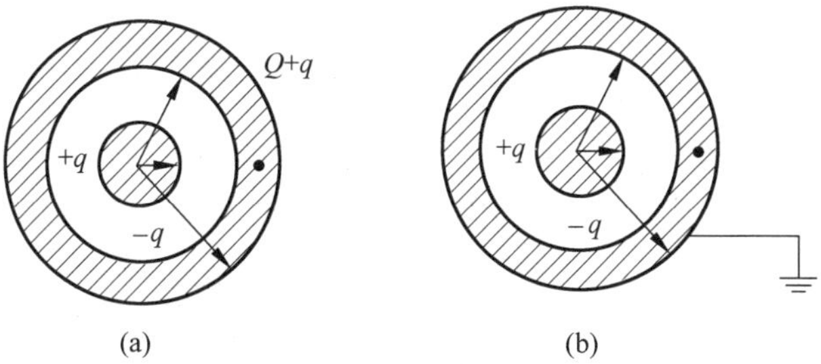

图 6-1-9

综上所述，处于静电平衡状态时，空腔导体外面的带电体不会影响空腔内部的电场分布；一个接地的空腔导体，空腔内的带电体对腔外电场也不会产生影响。我们把这种现象称为静电屏蔽(详见6.6节的讨论)。

例 6-1-1 半径为 R 的不带电导体球附近有一点电荷 $+q$，它与球心 O 相距 d，如图 6-1-10 所示。

(1) 求导体球上感应电荷在球心处产生的电场强度及此时球心处的电势；

(2) 若将导体球接地，球上的净电荷为多少？

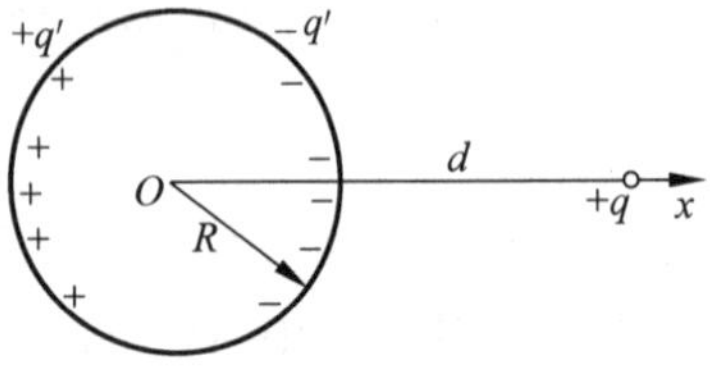

图 6-1-10

解：(1) 如图 6-1-10 所示，导体球上感应电荷只能分布在导体表面。当导体球处于静电平衡时，球心 O 处场强 E_O 为零，这是感应电荷的电场 $\boldsymbol{E}'$ 和点电荷 q 的电场 $\boldsymbol{E}$ 叠加的结果，即

$$E_O = |\boldsymbol{E} + \boldsymbol{E}'| = 0$$

故感应电荷在 O 点产生的场强

$$\boldsymbol{E}' = -\boldsymbol{E} = -\frac{q}{4\pi\varepsilon_0 d^2}(-\boldsymbol{i}) = \frac{q}{4\pi\varepsilon_0 d^2}\boldsymbol{i}$$

方向沿图 6-1-10 中的 x 轴正方向。

又因为导体表面所有感应电荷到球心 O 处的距离相等，且感应电荷的净电荷为零，故它们在 O 处的电势(取无限远处为电势零点)为

$$V' = \int_{\pm q'} \frac{\mathrm{d}q'}{4\pi\varepsilon_0 R} = 0$$

(2) 将导体球接地，设球上的净电荷为 q'。取无限远处为电势零点，当导体球处于静电平衡时，导体球包括球心 O 处的电势 V 都为零，这是感应电荷 q' 的电势 $V_{q'}$ 和点电荷 q 的电势 V_q 的叠加结果，即

$$V_O = V_q + V_{q'} = 0$$

式中，$V_q = \dfrac{q}{4\pi\varepsilon_0 d}$，$V_{q'} = \dfrac{q'}{4\pi\varepsilon_0 R}$，代入上式得

$$q' = -\frac{R}{d}q$$

例 6-1-2 图 6-1-11 所示为一半径为 a 的带电导体球，带电荷为 $+Q$，其外部同心地罩一内、外半径分别为 b、c 的金属球壳。达到静电平衡状态后：

(1) 求球体和球壳的电荷分布；

(2) 设无穷远处为电势零点，求空间各处($r<a$，$a<r<b$，$b<r<c$，$r>c$)的场强和电势；

(3) 若将外球壳接地，空间各处($r<a$，$a<r<b$，$b<r<c$，$r>c$)的场强和电势。

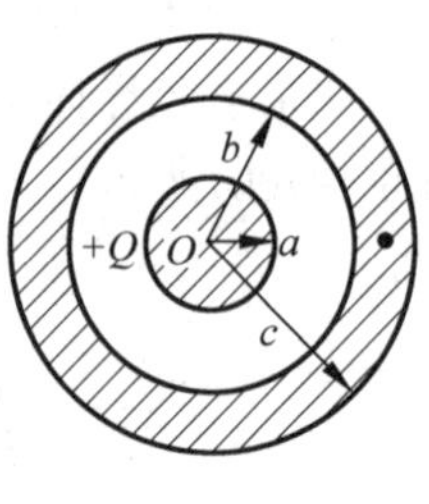

图 6-1-11

解：(1) 导体处于静电平衡时，根据高斯定理和电荷守恒定律可知：在内球体表面分布电荷 $+Q$，外球壳的内表面上分布电荷 $-Q$，外球壳的外表面上分布电荷 $+Q$。

(2) 由于系统具有球对称性，电荷在内球体表面以及外球壳内、外表面上必均匀分布。

空间的电场分布和电势分布等同于同心的三个均匀带电球面共同激发。由场强叠加原理和电势叠加原理可确定其场强和电势。

当 $r<a$ 时，有

$$E=E_{a内}+E_{b内}+E_{c内}=0 \quad \text{(根据静电平衡条件也可得到)}$$

$$V=V_{a内}+V_{b内}+V_{c内}=\frac{Q}{4\pi\varepsilon_0}\left(\frac{1}{a}-\frac{1}{b}+\frac{1}{c}\right)$$

当 $a<r<b$ 时，有

$$E=E_{a外}+E_{b内}+E_{c内}=\frac{Q}{4\pi\varepsilon_0 r^2}$$

$$V=V_{a外}+V_{b内}+V_{c内}=\frac{Q}{4\pi\varepsilon_0}\left(\frac{1}{c}-\frac{1}{b}+\frac{1}{r}\right)$$

当 $b<r<c$ 时，有

$$E=E_{a外}+E_{b外}+E_{c内}=0 \quad \text{(根据静电平衡条件也可得到)}$$

$$V=V_{a外}+V_{b外}+V_{c内}=\frac{Q}{4\pi\varepsilon_0 c}$$

当 $r>c$ 时，有

$$E=E_{a外}+E_{b外}+E_{c外}=\frac{Q}{4\pi\varepsilon_0 r^2}$$

$$V=V_{a外}+V_{b外}+V_{c外}=\frac{Q}{4\pi\varepsilon_0 r}$$

(3) 若将外球壳接地，导体处于静电平衡时，外球壳外表面不带电，在内球体表面($r=a$)上仍均匀分布$+Q$，外球壳的内表面($r=b$)上仍均匀分布$-Q$。这时，空间的电场分布和电势分布等同于两个均匀带电的同心球面共同激发。

当 $r<a$ 时，有

$$E=E_{a内}+E_{b内}=0 \quad \text{(根据静电平衡条件也可得到)}$$

$$V=V_{a内}+V_{b内}=\frac{Q}{4\pi\varepsilon_0}\left(\frac{1}{a}-\frac{1}{b}\right)$$

当 $a<r<b$ 时，有

$$E=E_{a外}+E_{b内}=\frac{Q}{4\pi\varepsilon_0 r^2}$$

$$V=V_{a外}+V_{b内}=\frac{Q}{4\pi\varepsilon_0}\left(\frac{1}{r}-\frac{1}{b}\right)$$

当 $b<r<c$ 时，有

$$E=E_{a外}+E_{b外}=0 \quad \text{(根据静电平衡条件也可得到)}$$

$$V=V_{a外}+V_{b外}=0 \quad \text{(外球壳接地)}$$

当 $r>c$ 时，有

$$E=E_{a外}+E_{b外}=0$$

$$V=V_{a外}+V_{b外}=0$$

此结果表明，接地的空腔导体内带电体的电荷分布不影响导体外的电场，这是静电屏蔽的一种类型。

【练习 6-1】

6-1-1 两块大导体平板 A、B 相互平行放置，平板面积都为 S，所带电荷量分别为 q_1 和 q_2。设两极板的间距远小于平板的线度，不考虑边缘效应。

(1) 求平板各表面上的电荷面密度及空间的电场分布；

(2) 其相对的两表面上的电荷面密度是否一定大小相等、符号相反？

6-1-2 无限大均匀带电平面(面电荷密度为 σ)两侧场强为 $E=\dfrac{\sigma}{2\varepsilon_0}$，而在静电平衡状态下，导体表面(该处表面面电荷密度为 σ)附近场强为 $E=\dfrac{\sigma}{\varepsilon_0}$，为什么前者比后者小一半？

6-1-3 民航飞机大多都装有不同数量的放电刷，其作用是什么？

6-1-4 在空气干燥的季节汽车表面很容易产生静电，有哪些方法可以消除静电？

6-1-5 在加油站和面粉厂等地方，为什么不能拨打和接听移动电话？

6-1-6 查阅资料，了解雷雨天气避免雷击的一些措施。

6.2 静电场中的电介质

【思考 6-2】

带电细棒吸引干燥软木屑，木屑接触到棒以后，往往又剧烈地跳离此棒，试解释此现象。

电介质(dielectric)是指电阻率很高、导电能力极差的物质，以前电介质只是被作为电气绝缘材料来应用，故又称绝缘体(insulator)。比如，空气、氢气等气态电介质；纯水、油漆等液态电介质；玻璃、云母、橡胶、塑料等固态电介质。从电介质的电结构分析，它与导体完全不同，不存在自由电子，分子中的电子被原子核紧紧束缚。即使在外电场作用下，电子一般也只能相对于原子核有一微观的位移。因此可以想象，当放在外电场中时，电介质不会像导体那样由于大量自由电子的定向迁移而在表面出现感应电荷。实验发现，放在外电场中，电介质的表面也会出现电荷，这是什么原因呢？其实，电介质除了具有电气绝缘性能外，在电场作用下的电极化也是它的一个重要特征。在介绍电介质的极化之前，下面先简单介绍电介质的分类。

6.2.1 电介质的分类

电介质由分子组成，分子中带负电的电子和带正电的原子核紧密地结合在一起，构成中性分子。

根据电介质分子的结构不同，电介质一般分为两大类。

分子中正、负电荷的中心不重合，其间有一定距离，每个分子可等效地看作由一对等值异号的点电荷构成的电偶极子，这样的分子称为有极分子(polar molecule)，分子的固有电偶极矩不为零。如氯化氢(HCl)、水(H_2O)、氨(NH_3)等。

分子中正、负电荷的中心重合的分子称为无极分子(nonpolar molecule)，分子的固有电偶极矩为零。如氦(He)、氢(H_2)、甲烷(CH_4) 等。

无论有极分子构成的电介质还是无极分子构成的电介质，不存在外电场时，电介质整体呈中性，介质中任意宏观小体积元内的分子电偶极矩的矢量和都为零。对于无极分子，这是由于每个分子的贡献都为零；对于有极分子，则是由于大量分子的电偶极子的无规则取向，各个分子的贡献互相抵消的缘故。

6.2.2 电介质的极化

电介质在外电场中，无极分子将发生位移极化，有极分子将发生取向极化。电介质在外电场作用下出现的带电现象称为**电介质极化**(polarization)。电介质极化所出现的电荷称为**极化电荷**(polarization charge)。极化电荷一般不能脱离电介质，也不能在介质中自由移动，因此又称为束缚电荷。

1. 位移极化

如图 6-2-1(a)所示，当无外电场时，无极分子正、负电荷中心重合。而当无极分子电介质处在外电场中时，原来重合的分子的正、负电荷中心将发生相对位移，形成电偶极子。这些电偶极子的电矩 $\boldsymbol{P}$ 的方向与外电场 $\boldsymbol{E}_0$ 的方向一致，在垂直于外电场 $\boldsymbol{E}_0$ 方向的介质两端表面上分别出现正负极化电荷，这种极化机制称为位移极化，如图 6-2-1(b)所示。

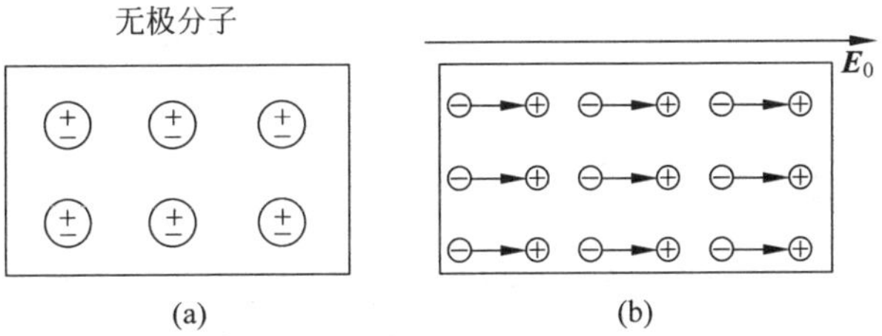

图 6-2-1

2. 取向极化

如图 6-2-2(a)所示，无外电场时，有极分子电介质混乱取向。而有极分子电介质处在外电场中时，介质中的分子电偶极子将受到外电场的力矩作用，从而使其电矩的取向与外电场 $\boldsymbol{E}_0$ 的方向趋于一致，在垂直于外电场 $\boldsymbol{E}_0$ 方向的介质两端表面上也会出现正负极化电荷，这种极化机制称为取向极化，如图 6-2-2(b)所示。

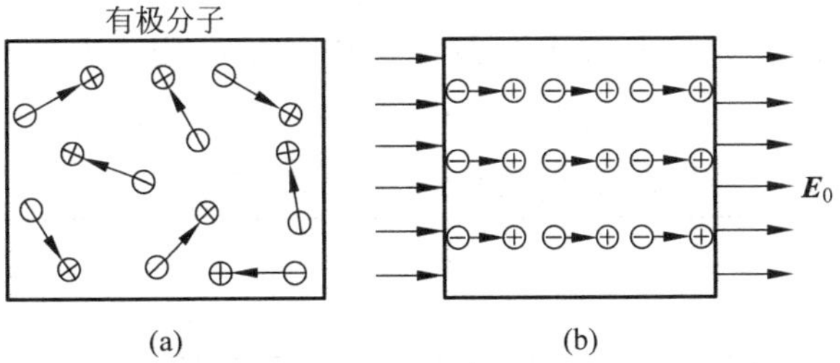

图 6-2-2

位移极化和取向极化虽然在微观机制上不同，但产生的宏观效果相同，即在电介质表面出现了极化电荷。因此，在宏观上描述电介质的极化现象时，一般不再对两类电介质加以区分。

6.2.3 电极化强度

根据上述电介质的极化机制可知，在外电场中，分子电偶极矩的有序排列越整齐，则电介质表面出现的极化电荷密度越大，这表明极化程度越强。分子电偶极矩有序排列的整齐程度可以用单位体积内的分子电偶极矩的矢量和$\sum \boldsymbol{p}_i$来反映。为此引入物理量——电极化强度(electric polarization)。

在电介质中任取一体积元ΔV(其中仍包含大量的分子)，在没有外电场时，ΔV内的分子电偶极矩的矢量和$\sum \boldsymbol{p}_i=\boldsymbol{0}$；当存在外电场时，电介质发生极化，$\sum \boldsymbol{p}_i \neq \boldsymbol{0}$。我们把电介质中单位体积内的分子电偶极矩的矢量和定义为电极化强度，用$\boldsymbol{P}$表示。即

$$\boldsymbol{P}=\lim_{\Delta V \to 0} \frac{\sum \boldsymbol{p}_i}{\Delta V} \tag{6-2-1}$$

实验表明，在外电场不太强时，对于各向同性电介质，介质中的电极化强度$\boldsymbol{P}$的大小与该类介质内的总场强$\boldsymbol{E}$的大小成正比，且方向相同，即

$$\boldsymbol{P}=\chi_e \varepsilon_0 \boldsymbol{E} \tag{6-2-2}$$

式中，χ_e称为电介质的电极化率(electric susceptibility)，它与电场强度$\boldsymbol{E}$无关，只与电介质的种类有关，可用来表征介质材料的属性。若χ_e为常量，则表明电介质各点的性质相同，称之为均匀电介质。

6.2.4 电介质的电容率

电场中的电介质产生极化后，极化电荷在电介质内也产生一个极化电场$\boldsymbol{E}'$。极化电场与外电场$\boldsymbol{E}_0$的方向相反，则电介质中的合场强$\boldsymbol{E}$为两者的矢量和，即

$$\boldsymbol{E}=\boldsymbol{E}_0+\boldsymbol{E}'$$

实验发现，当空间充满均匀、线性、各向同性的电介质时，总电场强度和外电场强度的大小关系为$\boldsymbol{E}=\dfrac{\boldsymbol{E}_0}{\varepsilon_r}$。式中$\varepsilon_r$为电介质的相对电容率(relative permittivity)，又称相对介电常数，其大小满足

$$\varepsilon_r=\chi_e+1 \tag{6-2-3}$$

并称$\varepsilon=\varepsilon_0\varepsilon_r$为电介质的电容率(permittivity)，也称介电常数。

真空的$\varepsilon_r=1$，空气的ε_r近似等于1，其他电介质的ε_r均大于1。表6-2-1给出了常见电介质的相对电容率(ε_r)。

表6-2-1　电介质的相对电容率($\boldsymbol{\varepsilon}_r$)

电介质	空气	水	云母	玻璃	纸	聚乙烯	二氧化钛	钛酸钡
$\boldsymbol{\varepsilon}_r$	1.000 59	78	6～7	5～10	3.5	2.3	100	10^3～10^4

在充满均匀介质的空间里，由于电介质的影响，两个点电荷的相互作用力只有它们在真空中的$1/\varepsilon_r$，所以介质中的库仑定律应写成

$$\boldsymbol{F}=\frac{1}{4\pi\varepsilon_0}\frac{q_1q_2}{\varepsilon_r r^2}\boldsymbol{e}_r=\frac{q_1q_2}{4\pi\varepsilon r^2}\boldsymbol{e}_r$$

同样地，点电荷的场强公式应写为

$$\boldsymbol{E}=\frac{1}{4\pi\varepsilon_0}\frac{q}{\varepsilon_r r^2}\boldsymbol{e}_r=\frac{q}{4\pi\varepsilon r^2}\boldsymbol{e}_r$$

6.2.5 电极化强度与束缚电荷面密度的关系

在 SI 制中，电极化强度的单位为库仑每平方米(C/m^2)，与电荷面密度的单位一致。电介质的极化，从宏观上表现为在电介质表面出现极化电荷。因此，电极化强度必定与极化电荷存在定量关系。

可以证明，对于均匀电介质，任一表面 ΔS 上产生的极化电荷面密度 σ' 在数值上等于电极化强度在该面法线方向上的分量，即

$$\sigma'=P_n \tag{6-2-4}$$

还可以证明，在均匀电介质中，电极化强度 $\boldsymbol{P}$ 通过闭合曲面 S 的通量等于闭合曲面 S 所包围体积内极化电荷总量的负值，即

$$\oint_S \boldsymbol{P}\cdot \mathrm{d}\boldsymbol{S}=-\sum_{S内} q_i' \tag{6-2-5}$$

【练习 6-2】

6-2-1 电介质的极化现象与导体的静电感应现象有什么区别?

6-2-2 如果把在电场中已极化的一块电介质分为两部分，然后撤出电场，问这两半块电介质是否带净电荷？为什么?

6-2-3 证明极化电荷面密度 σ' 和电极化强度大小的关系式(6-2-4)。

6-2-4 证明电极化强度和极化电荷总量的关系式(6-2-5)。

6-2-5 有的电介质在机械力的作用下会发生极化，这种性质称为压电性。查阅资料，了解压电性的原理和应用。

6-2-6 有的电介质具有铁电性，即电介质被外电场极化后，去掉外电场后电介质还能保持极化状态。这类电介质(铁电体)在新技术领域有广泛的应用前景，查阅资料了解其具体应用。

6-2-7 电介质除了有压电性和铁电性等功能特性外，有的电介质还具有电致压缩或者热释电性等，查阅资料了解这些功能特性的原理及其应用。

6-2-8 查阅资料，了解微波炉的加热原理，并思考下面的问题。

(1) 哪些物质适合用微波加热?

(2) 金属、陶瓷、玻璃、塑料制品、聚乙烯等，哪些材料可以用来制作微波加热的容器？哪些不能？为什么?

(3) 为什么含水分多的物质更容易实现微波加热?

6.3 电位移矢量　有电介质时的高斯定理

6.3.1 有电介质时的高斯定理

当外电场中存在电介质时，由于极化将引起周围电场的重新分布，这时空间任意一点处

的总电场 $\boldsymbol{E}$ 包括自由电荷产生的电场 $\boldsymbol{E}_0$ 和极化电荷产生的附加电场 $\boldsymbol{E}'$。因此，高斯定理中封闭曲面所包围的电荷不仅仅是自由电荷 q_i，还应该包括极化电荷 q'_i。有电介质存在时，高斯定理应写为

$$\oint_S \boldsymbol{E} \cdot \mathrm{d}\boldsymbol{S} = \frac{1}{\varepsilon_0}\left(\sum_{i=1}^{n} q_i + \sum_{i=1}^{n} q'_i\right) \tag{6-3-1}$$

式中，$\sum_{i=1}^{n} q_i$、$\sum_{i=1}^{n} q'_i$ 分别为高斯面内的自由电荷与极化电荷的代数和。利用电极化强度与极化电荷的关系式 $\oint_S \boldsymbol{P} \cdot \mathrm{d}\boldsymbol{S} = -\sum q'_i$，式(6-3-1)可写为

$$\oint_S (\varepsilon_0 \boldsymbol{E} + \boldsymbol{P}) \cdot \mathrm{d}\boldsymbol{S} = \sum q_i \tag{6-3-2}$$

由此，定义电位移矢量(electric displacement，简称电位移)为

$$\boldsymbol{D} = \varepsilon_0 \boldsymbol{E} + \boldsymbol{P} \tag{6-3-3}$$

就得到

$$\oint_S \boldsymbol{D} \cdot \mathrm{d}\boldsymbol{S} = \sum q_i \tag{6-3-4}$$

式(6-3-4)称为**有电介质时的高斯定理**，表述为：**在静电场中，通过任意闭合曲面的电位移矢量通量等于闭合面内自由电荷的代数和。**

需要说明的是，$\boldsymbol{D}$ 线仅由自由电荷激发，而在有介质存在时的电场强度 $\boldsymbol{E}$ 由自由电荷、极化电荷共同激发，因此描述介质中的电场仍为 $\boldsymbol{E}$，而 $\boldsymbol{D}$ 仅是个辅助量。

6.3.2 $\boldsymbol{E}$、$\boldsymbol{D}$、$\boldsymbol{P}$ 的关系

对于均匀、线性、各向同性的电介质，电极化强度和介质中的电场强度满足 $\boldsymbol{P} = \chi_e \varepsilon_0 \boldsymbol{E}$，代入式(6-3-3)得

$$\boldsymbol{D} = \varepsilon_0 \boldsymbol{E} + \boldsymbol{P} = \varepsilon_0 \boldsymbol{E} + \varepsilon_0 \chi_e \boldsymbol{E} = \varepsilon_0 (1 + \chi_e) \boldsymbol{E} \tag{6-3-5}$$

其中，$1 + \chi_e = \varepsilon_r$ 为电介质的相对电容率。把介质的电容率 $\varepsilon = \varepsilon_r \varepsilon_0$ 代入式(6-3-5)则得 $\boldsymbol{D} = \varepsilon_0 \varepsilon_r \boldsymbol{E} = \varepsilon \boldsymbol{E}$。所以对于均匀、线性、各向同性电介质，电位移矢量和电场强度的关系为

$$\boldsymbol{D} = \varepsilon \boldsymbol{E} \tag{6-3-6}$$

对于非均匀介质，ε 是空间坐标的函数；对于各向异性介质，例如，一些晶体在某些方向容易极化，沿其他方向却难于极化，这种介质的极化率 χ_e 需要用一个张量(常用一个 3×3 矩阵表示它的 9 个分量)表示，从而其电容率 ε 也是一个张量。本书中涉及的都是均匀、线性、各向同性的电介质，其 χ_e、ε 都是实常数。

在电介质分布、自由电荷分布具有某种对称性时，常常应用介质的高斯定理先求出 $\boldsymbol{D}$ 的分布，然后用式(6-3-6)求出 $\boldsymbol{E}$ 的分布。

例 6-3-1 一半径为 R 的导体球带有自由电荷 q，周围充满无限大的均匀电介质，其相对电容率为 ε_r，求介质内任一点的电场强度和电势。

解：(1) 在没有电介质时，均匀分布在导体表面上的自由电荷所激发的电场具有球对称性。充满电介质后，电介质极化产生的极化电荷均匀分布在与导体球表面相邻的介质边界面上，它所激发的电场也具有球对称性，因此，介质内的总场强具有球对称性，方向均沿径向。在导体球外，以 r 为半径，作一个与导体球同球心的封闭球面，根据有电介质时的高斯

定理：$\oint_S \boldsymbol{D} \cdot \mathrm{d}\boldsymbol{S} = \sum_i q_i$，有

$$D \cdot 4\pi r^2 = q$$

即得

$$D = \frac{q}{4\pi r^2}$$

所以由式(6-3-6)得

$$E = \frac{q}{4\pi\varepsilon_0\varepsilon_r r^2}$$

$\boldsymbol{E}$ 的方向沿径向。

(2) 按照电势的定义，取无限远处为电势零点，介质中任一点的电势为

$$V = \int_P^\infty \boldsymbol{E} \cdot \mathrm{d}\boldsymbol{l} = \int_P^\infty \frac{q}{4\pi\varepsilon_0\varepsilon_r r^2}\mathrm{d}r = \frac{q}{4\pi\varepsilon_0\varepsilon_r r}$$

【练习 6-3】

6-3-1 说明电位移矢量 $\boldsymbol{D}$ 和电场强度 $\boldsymbol{E}$ 的区别与联系。

6-3-2 在一对无限大均匀带电(电荷面密度为 $\pm\sigma$)的平行导体板 A、B 间充满相对电容率为 ε_r 的电介质，板间距离为 d，求两板之间的电场强度及其电势差。

6.4 电容

【思考 6-4】

当我们打开一些电子器件时，经常会看见一些如图 6-4-1 所示的配件，你认识它们吗？它们在电路中的作用是什么？它们上面的标示(如 20μF、1000pF 等)的意义又是什么？

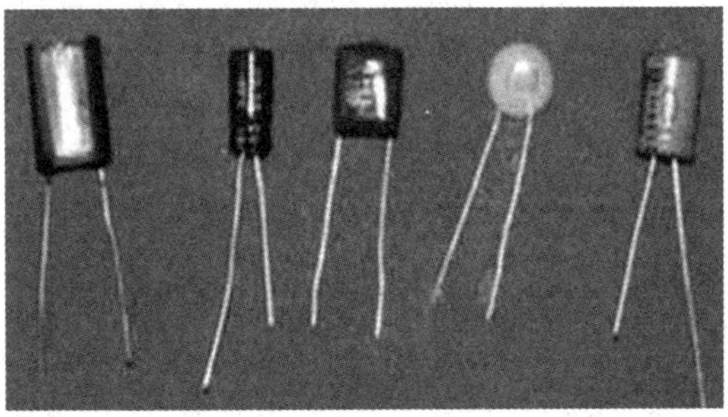

图 6-4-1

6.4.1 孤立导体的电容

【讨论 6-4-1】

一个带电荷量为 q 的孤立导体球，其半径为 R，求其电势，并讨论其电势和所带电荷量的关系。

【分析】

一个半径为R、带电荷量为q的孤立导体球，当处于静电平衡时，其电荷均匀分布在球面上，其周围的电场分布和电势分布等同于一个半径为R的均匀带电球面产生的电场。因此，它的球内为等势体，球面为等势面。取无限远处为电势零点，其电势为

$$V=\frac{q}{4\pi\varepsilon_0 R}$$

其电势与所带电荷量之比$\frac{V}{q}=\frac{1}{4\pi\varepsilon_0 R}$是一个与球体半径、周围介质有关的常量，即孤立带电球体的电势与其所带电荷量成正比。

上述的结论对任何孤立导体都成立。一个带电荷量为q的任意孤立导体，在静电平衡时，它的电势V是一定值。理论和实验都证明，它的电势V与其所带电荷量q成正比，即

$$\frac{q}{V}=C \tag{6-4-1}$$

比例系数C是与q、V都无关的常量，其大小仅与导体的尺寸、形状及周围介质有关。C被称为孤立导体的电容(capacity)，其物理意义是使导体每升高单位电势所需增加的带电荷量。

在SI制中，电容的单位是库仑每伏特，称为法拉，符号为F。常用微法(μF)、皮法(pF)等单位，它们之间的换算关系为

$$1\text{F}=10^6\mu\text{F}=10^{12}\text{pF}$$

6.4.2 电容器及其电容

理想的孤立导体是不存在的。当导体周围有其他导体或电介质存在时，该导体的电势就会受到影响，从而引起电容的变化。要消除周围环境的影响，可以采取静电屏蔽的方法，电容器就是这样一个装置。两个靠得很近的导体A、B构成电容器(capacitor)，两个导体分别称为电容器的两个极板。电容器带电时，两极板分别带有等量异号电荷。电容器的电容定义为电容器一个极板所带的电荷q(指绝对值)和两极板的电势差之比，即

$$C=\frac{q}{V_A-V_B}=\frac{q}{U_{AB}} \tag{6-4-2}$$

电容器的电容与导体的大小、形状、相对位置以及极板间电介质的电容率有关。

电容器是用于储存电荷和电能的元件，在无线电、电子计算机和电器等的电子线路中有广泛的应用。

电容器有很多种，按电容值是否可调分为可调电容器、微调电容器、双连电容器、固定电容器等；按介质可分为空气电容器、云母电容器、陶瓷电容器、纸质电容器、电解电容器等；按体积可分为大型电容器、小型电容器、微型电容器等；按形状可分为平行板电容器、圆柱形电容器、球形电容器等。本书只讨论三种常见的理想电容器。

6.4.3 典型电容器的电容

一般情况下，理论上严格计算各种电容器的电容是很复杂的，甚至不可能，实际中多采用实验方法来确定电容器的电容。理想情况下常见的典型电容器的电容计算方法如下。①假设两极板分别带等量异号的电荷$\pm Q$；②计算出两极板间的电场分布；③根据电场分

布求出两极板的电势差；④根据电容器电容的定义式(6-4-2)求出电容。

1. 平行板电容器

平行板电容器由两个彼此靠得很近、相互平行的导体薄板 A、B 构成。两极板的面积均为 S，两极板间距为 d。设它的两极板的带电荷量分别是 $\pm q$，则两极板的电荷面密度分别为 $\pm\sigma=\pm q/S$。对于 $\sqrt{S}\gg d$ 的平行板电容器，其两极板间为匀强电场，电场强度为

$$E=\frac{\sigma}{\varepsilon_0}$$

两极板的电势差为

$$U_{AB}=\int_A^B \boldsymbol{E}\cdot \mathrm{d}\boldsymbol{l}=Ed=\frac{\sigma d}{\varepsilon_0}=\frac{qd}{\varepsilon_0 S}$$

根据电容的定义式 $C=\dfrac{q}{V_A-V_B}=\dfrac{q}{U_{AB}}$，则有

$$C=\frac{q}{U_{AB}}=\frac{\varepsilon_0 S}{d} \tag{6-4-3}$$

式(6-4-3)表明，真空中的平板电容器的电容与极板的面积成正比，与极板之间的距离成反比。

2. 球形电容器

球形电容器由半径分别为 R_A 和 $R_B(R_A<R_B)$ 的两个同心金属球壳组成，设球形电容器的两极板 A、B 分别带有电荷 $\pm q$。由高斯定理可知，两导体之间的电场强度值为

$$E=\frac{1}{4\pi\varepsilon_0}\frac{q}{r^2}$$

方向沿矢径。两极板 A、B 之间的电势差为

$$U_{AB}=\int_A^B \boldsymbol{E}\cdot \mathrm{d}\boldsymbol{l}=\int_{R_A}^{R_B}\frac{q}{4\pi\varepsilon_0 r^2}\mathrm{d}r$$

$$=\frac{q}{4\pi\varepsilon_0}\left(\frac{1}{R_A}-\frac{1}{R_B}\right)=\frac{q}{4\pi\varepsilon_0 R_A R_B}(R_B-R_A)$$

则电容为

$$C=\frac{q}{U_{AB}}=\frac{q}{q(R_B-R_A)/(4\pi\varepsilon_0 R_A R_B)}$$

即真空中的球形电容器的电容为

$$C=\frac{4\pi\varepsilon_0 R_A R_B}{R_B-R_A} \tag{6-4-4}$$

顺便指出，当 $R_B\to\infty$ 时有 $C=4\pi\varepsilon_0 R_A$，正是【讨论 6-4-1】中的孤立球形导体的电容。

3. 圆柱形电容器

圆柱形电容器由半径分别为 R_A 和 $R_B(R_A<R_B)$ 的两个同轴圆柱面构成，且圆柱面的长度 l 比半径 R_B 大得多。设圆柱形电容器的两极板 A、B 分别带有电荷 $\pm q$，电荷线密度 $\lambda=\dfrac{q}{l}$。由高斯定理可知，两极板间的电场强度为

$$E=\frac{\lambda}{2\pi\varepsilon_0 r}$$

两极板 A、B 的电势差为

$$U_{AB}=\int_A^B \boldsymbol{E}\cdot \mathrm{d}\boldsymbol{l}=\int_{R_A}^{R_B}\frac{\lambda}{2\pi\varepsilon_0 r}\mathrm{d}r$$

$$=\frac{\lambda}{2\pi\varepsilon_0}\ln\frac{R_B}{R_A}$$

则电容为

$$C=\frac{q}{U_{AB}}=\frac{\lambda l}{\lambda\ln(R_B/R_A)/(2\pi\varepsilon_0)}$$

即真空中的圆柱形电容器的电容为

$$C=\frac{2\pi\varepsilon_0 l}{\ln\dfrac{R_B}{R_A}} \tag{6-4-5}$$

可见,圆柱面越长,其电容 C 越大;两圆柱面间的间隙越小,其电容 C 也越大。

由式(6-4-3)~式(6-4-5)可以看出,真空中的三种电容器的电容仅取决于电容器的几何因素(如平行板电容器的电容只依赖于极板面积 S 和极板间距 d),与其所带电荷量和电势差无关。

需要说明的是,以上讨论的都是两极板间为真空的情形。如电容器两极板之间存在电介质,则电容器的电容还与电介质的性质有关。当两极板间充满相对电容率为 ε_r 的均匀线性各向同性电介质时,由于介质极化产生的极化电荷激发的附加电场,削弱了原来的电场,即 $\boldsymbol{E}=\dfrac{\boldsymbol{E}_0}{\varepsilon_r}$,则两极板 A、B 的电势差为 $U'_{AB}=\dfrac{U_{AB}}{\varepsilon_r}$,极板间充满电介质的电容器的电容 $C=\varepsilon_r C_0$,或者

$$\frac{C}{C_0}=\varepsilon_r \tag{6-4-6}$$

此种情况下,式(6-4-3)、式(6-4-4)、式(6-4-5)可分别表示为

$$C=\frac{\varepsilon_0\varepsilon_r S}{d}=\frac{\varepsilon S}{d} \tag{6-4-7}$$

$$C=\frac{4\pi\varepsilon_0\varepsilon_r R_A R_B}{R_B-R_A}=\frac{4\pi\varepsilon R_A R_B}{R_B-R_A} \tag{6-4-8}$$

$$C=\frac{2\pi\varepsilon_0\varepsilon_r l}{\ln\dfrac{R_B}{R_A}}=\frac{2\pi\varepsilon l}{\ln\dfrac{R_B}{R_A}} \tag{6-4-9}$$

式(6-4-6)表明,电容器极板间充满电介质的电容 C 是真空情况下的电容 C_0 的 ε_r 倍。以上各式中,ε_r 称为相对电容率,ε_0 称为真空中的电容率,ε 称为介质的电容率。

6.4.4 电容器的串联和并联

电容器的电容和耐压值是其主要的性能参数,一般电容器上都会标出。市场上能购买到的电容器不一定能同时满足使用要求,因此常常需要把几个电容器适当地连接起来。最简单、最基本的电容器的连接方式有两种:串联和并联。

1. 电容器的并联

电容器并联（connection in parallel）时，系统的等效总电容等于各个电容器的电容之和：

$$C=C_1+C_2+\cdots+C_n \tag{6-4-10}$$

2. 电容器的串联

电容器串联（connection in series）时，系统的等效总电容的倒数等于各个电容器电容的倒数之和：

$$\frac{1}{C}=\frac{1}{C_1}+\frac{1}{C_2}+\cdots+\frac{1}{C_n} \tag{6-4-11}$$

可以看出，电容器串联后，系统的等效总电容较原来各电容器的电容都小，但耐压值提高；而电容器并联后，系统的等效总电容较原来各电容器的电容都大，不过耐压值不变。在实际使用中一般采用混联组合。

【练习 6-4】

6-4-1 人体的某些细胞壁两侧带有等量异号的电荷。设某细胞壁厚为 5.2×10^{-9}m，两表面所带电荷面密度为 $\pm0.52\times10^{-3}\mathrm{C/m^2}$，内表面为正电荷。如果细胞壁物质的相对电容率为 6.0，求：(1)细胞壁内的电场强度；(2)细胞壁两表面的电势差。（提示：细胞壁两侧可视为平行板电容器的两个极板。）

6-4-2 有些计算机键盘的每一个键下面连接一小块金属片，在它下面隔一定空气隙处，另有一块小的固定金属片，这样的两金属片就组成一个小平行板电容器。当键被按下时，此小电容器的电容就会发生变化，与之相连的电子线路就能检测出是哪个按键被按下了，从而给出相应的信号。设每个金属片的面积为 $50.00\mathrm{mm^2}$，两金属片之间的距离为 0.600mm。如果电子线路检测出的电容变化为 0.25pF，那么键需要按下多大的距离才能给出必要的信号？

6-4-3 对球形电容器的电容表达式 $C=\dfrac{4\pi\varepsilon_0 R_A R_B}{R_B-R_A}$，讨论 $R_B\approx R_A$ 且 $R_B-R_A=d\ll R_A$ 情况下的结论。

6-4-4 对圆柱形电容器的电容表达式 $C=\dfrac{2\pi\varepsilon_0 l}{\ln\dfrac{R_B}{R_A}}$，讨论 $R_B\approx R_A$ 且 $R_B-R_A=d\ll R_A$ 情况下的结论。

6-4-5 实际上，在导线之间、电子元器件、印制电路板上铜箔之间等均有电容，统称为分布电容。在安装电子设备时，尤其是高频电路中必须考虑分布电容的影响。设有两根半径为 a 的平行长直导线，它们中心轴线间的距离为 d，且有 $d\gg a$。求单位长度的电容。

6-4-6 一空气平行板电容器，两极板面积均为 S，板间距离为 d（d 远小于极板线度），在两极板间平行地插入一面积也为 S、厚度为 t（$<d$）的金属片，如图 6-4-2 所示。试问：

(1) 电容 C 等于多少？

(2) 金属片放在两极板间的位置对电容值有无影响？

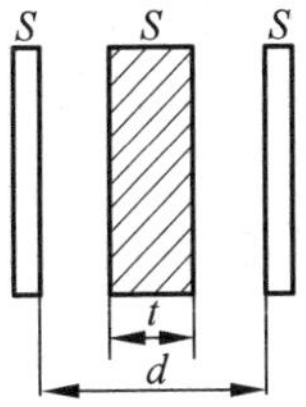

图 6-4-2

6-4-7 证明电容器并联后的系统的等效总电容等于各个电容器的电容之和,即证明

$$C=C_1+C_2+\cdots+C_n$$

6-4-8 证明电容器串联后系统的等效总电容的倒数是各个电容器电容的倒数之和,即证明

$$\frac{1}{C}=\frac{1}{C_1}+\frac{1}{C_2}+\cdots+\frac{1}{C_n}$$

6-4-9 在什么情况下宜采用电容器并联?又在什么情况下宜采用电容器串联?

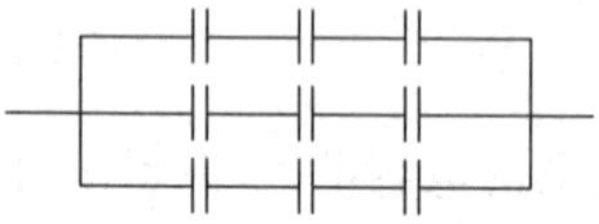

图 6-4-3

6-4-10 电路如图 6-4-3 所示,所有电容器的电容都为 C,求该电路的等效电容。

6-4-11 两个电容均为 10μF 的平行板电容器,其耐压分别为 5000V 和 50V,中间均填充相对电容率为 3.7、击穿场强为 20×10^6 V/m 的电容器纸。问这两个电容器的极板面积和体积分别为多少?它们的体积之比为多少?

6.5 静电场的能量 能量密度

【思考 6-5】

(1) 如果把一个已充电的电容器两极板用导线短接而放电,可见到放电的火花。放电火花的光能和热能是由充了电的电容器中储存的电能转化而来。那么电容器储存的电能又是从哪里来的呢?

(2) 便携式医用除颤器是应急医疗队用来阻止心脏病发作患者纤维性颤动的设备,它是如何通过电池获得高功率工作的?

我们已经知道,任何带电过程实质上都是正、负电荷的分离或迁移过程。当分离正、负电荷时,外界必须克服电荷之间的相互作用的静电力而做功。因此,带电系统通过外力做功便可获得一定的能量。根据能量守恒定律,外界所供给的能量必定转换为带电系统的静电能,它在数值上等于外力克服静电力所做的功,所以任何带电体都具有一定的能量。

6.5.1 带电系统的能量

带电体 A 从不带电到带有电荷 Q 的整个过程积蓄的能量为

$$W=\int \mathrm{d}W=\int_0^Q U\mathrm{d}q \tag{6-5-1}$$

对于电容为 C 的平行板电容器,当两极板分别带有电荷 $+Q$、$-Q$,两极板的电势差为 U 时,电容器具有能量

$$W=\int_0^Q U\mathrm{d}q=\int_0^Q \frac{q}{C}\mathrm{d}q=\frac{1}{2}\frac{Q^2}{C} \tag{6-5-2}$$

也可以表示为

$$W=\frac{1}{2}CU^2=\frac{1}{2}UQ \tag{6-5-3}$$

式(6-5-2)和式(6-5-3)称为电容器的能量公式,适用于任何电容器。

6.5.2 电场能量

为简单起见，考虑一个理想的平行板电容器，它的极板面积为 S，极板间的电场空间体积 $V=Sd$，极板上的自由电荷为 Q，极板间的电压为 U，则该电容器储存的能量 $W=\frac{1}{2}QU$。因为极板上的电荷面密度 $\sigma=\frac{Q}{S}=D$，$U=Ed$，所以

$$W=\frac{1}{2}QU=\frac{1}{2}\sigma SU=\frac{1}{2}DSEd=\frac{1}{2}DEV \tag{6-5-4}$$

静电场中单位体积的电场能量称为电场能量密度，以 w 表示。平行板电容器的两极板间为匀强电场，各处 E 和 D 大小相等。则有

$$w=\frac{W}{V}=\frac{1}{2}DE \tag{6-5-5}$$

可以证明，电场能量密度的公式适用于任何电场。在电场不均匀时，能量密度是逐点变化的，总电场能量等于 w 在场强不为零的空间 V 中的体积分。即

$$W=\int_V \mathrm{d}W=\int_V \frac{1}{2}DE\,\mathrm{d}V \tag{6-5-6}$$

在真空中，$\boldsymbol{D}=\varepsilon_0\boldsymbol{E}$，则电场能量为

$$W=\int_V \frac{1}{2}\varepsilon_0 E^2\,\mathrm{d}V \tag{6-5-7}$$

W 是纯粹的电场能量。

在各向同性电介质中，$\boldsymbol{D}=\varepsilon_0\varepsilon_r\boldsymbol{E}=\varepsilon\boldsymbol{E}$，则电场能量为

$$W=\int_V \frac{1}{2}\varepsilon E^2\,\mathrm{d}V$$

这里的 W 包含了电介质的电极化能。

在各向异性电介质中，$\boldsymbol{D}$ 与 $\boldsymbol{E}$ 的方向不同，电场能量应采用以下形式：

$$W=\int_V \frac{1}{2}\boldsymbol{D}\cdot\boldsymbol{E}\,\mathrm{d}V \tag{6-5-8}$$

电场具有能量，表明电场确实是一种物质。

例 6-5-1 计算均匀带电球体的静电能。球的半径为 R，带电荷量为 Q。设球内外介质的电容率均可视为 ε_0。

解：直接计算定域电场中的能量。均匀带电球体的电场分布可由高斯定理求出，$\boldsymbol{E}$ 沿着球的半径方向，大小为

$$E=\frac{Qr}{4\pi\varepsilon_0 R^3},\quad r\leqslant R$$

$$E=\frac{Q}{4\pi\varepsilon_0 r^2},\quad r\geqslant R$$

取半径为 r、厚为 $\mathrm{d}r$ 的薄球壳，其体积为 $\mathrm{d}V=4\pi r^2\mathrm{d}r$。将上述球内、外的场强表达式代入式(6-5-7)，可得静电场的能量

$$W=\int_V \frac{1}{2}\varepsilon_0 E^2\,\mathrm{d}V=\frac{\varepsilon_0}{2}\int_0^R\left(\frac{Qr}{4\pi\varepsilon_0 R^3}\right)^2 4\pi r^2\,\mathrm{d}r+\frac{\varepsilon_0}{2}\int_R^{\infty}\left(\frac{Q}{4\pi\varepsilon_0 r^2}\right)^2 4\pi r^2\,\mathrm{d}r$$

$$=\frac{Q^2}{8\pi\varepsilon_0 R^6}\int_0^R r^4\mathrm{d}r+\frac{Q^2}{8\pi\varepsilon_0}\int_R^\infty\frac{\mathrm{d}r}{r^2}=\frac{Q^2}{40\pi\varepsilon_0 R}+\frac{Q^2}{8\pi\varepsilon_0 R}=\frac{3Q^2}{20\pi\varepsilon_0 R}$$

【练习 6-5】

6-5-1 两个极板面积和极板间距都相等的电容器,一个板间为空气,一个板间为瓷质。两者并联时,哪个储存的电能多?两者串联时,哪个储存的电能多?

6-5-2 查阅资料,了解闪光照相术和频闪照相术的工作原理。

6-5-3 真空中的球形电容器两个极板的内、外半径分别为 R_1 和 R_2,所带电荷为 $\pm Q$。问此电容器储存的电场能量为多少?

6-5-4 真空中的圆柱形电容器两个极板的内、外半径分别为 R_1 和 R_2,所带电荷的线密度为 $\pm\lambda$。问此电容器单位长度储存的电场能量为多少?

6-5-5 求真空中带电荷量为 Q、半径为 R 的导体球的静电场能量。

6-5-6 空气平板电容器的极板面积为 S,极板间距为 d,其中插入一块厚度为 d' 的相同面积的平行铜板。现在将电容器充电到电势差为 U,切断电源后再将铜板抽出。试求抽出铜板时外力所做的功。

6-5-7 心脏除颤器是应用电击来抢救和治疗心律失常的一种医疗电子设备,其核心元件为电容器。如果把一个已充电的电容器在极短的时间内放电,则可得到较大的功率。除颤器的工作原理是首先采用电池或低压直流电源给电容器充电,充电过程不到 1min,然后利用电容器的瞬间放电,产生较强的脉冲电流对心脏进行电击。如果除颤器中一个 $70\mu\mathrm{F}$ 的电容器被充电到 5000V,求该电容器中储存的能量。

6-5-8 物理学家开尔文第一个把大气层构建为一个电容器模型,地球表面是这个电容器的一个极板,带有 $-5\times10^5\mathrm{C}$ 的电荷,距其 5km 的大气等效为另一块极板,带正电荷。(1)试求这个球形电容器的电容;(2)求地球表面的能量密度以及球形电容器的能量(地球半径近似为 6400km)。

6-5-9 超级电容器是指介于传统电容器和充电电池之间的一种新型储能装置,它既有电容器快速充放电的特性,同时又具有电池的储能特性。查阅资料,了解其发展现状及其发展前景。

6.6 静电的应用

静电的应用很多,这里只介绍电容式传感器和静电屏蔽现象。

6.6.1 电容式传感器

传感器(transducer)是一种检测装置,能感受被测量的信息,并能将检测到的信息按一定规律变换成为电信号或其他所需形式的信息输出,以满足信息的传输、处理、存储、显示、记录和控制等要求。它是实现自动检测和自动控制的首要环节。

传感器种类繁多,原理各异。例如,物理型传感器是利用被测量物质的某些物理性质发生明显变化的特性制成的;化学型传感器是利用能把化学物质的成分、浓度等化学量转化成电学量的敏感元件制成的;而生物型传感器是利用各种生物或生物物质的特性做成的,用以检测与识别生物体内化学成分。其中,物理型传感器又分为电阻式传感器、电阻应变式传感器、压阻式传感器、热电阻传感器、激光传感器、霍尔传感器、温度传感器、光敏传感器等。

目前，由于电学量的测量技术准确度高、灵敏度高，能进行连续测量，便于自动记录，而且便于利用计算机进行存储、计算和处理，所以电学量是目前最易于处理且最便于传输的信号。因此，将科学技术和工程上难以测量的非电量，如机械量(力、位移、速度、加速度等)、热工量(温度、压力、流量等)，设法转化成电学量来测量，于是各种类型的物理型传感器应运而生。例如，电阻式传感器是将被测量，如位移、形变、力、加速度、湿度、温度等物理量转换成电阻变化量的一种器件，主要有电阻应变式、压阻式、热电阻、热敏、气敏、湿敏等电阻式传感器件。

下面简单介绍电容式传感器，它把被测量的机械量转换为电容量的变化。它的敏感部分是具有可变参数的电容器。其最常用的形式就是平行板式电容器，其电容 $C=\frac{\varepsilon S}{d}$，板间介质的电容率 ε、极板面积 S 和板间距离 d 三个参数中任一个发生变化都将引起电容 C 的变化，并可用于测量。因此电容式传感器分为极距变化型、面积变化型和介质变化型三类。电容式传感器的优点是结构简单、价格便宜、灵敏度高、过载能力强等，缺点是输出有非线性，寄生电容和分布电容对测量精度的影响较大等。不过，随着集成电路的发展，与微型测量仪表一起封装的电容式传感器大大减小了分布电容的影响。

6.6.2 静电屏蔽

隔离或者抑制外界的场(包括电场、磁场、电磁场)干扰的措施，称为屏蔽。屏蔽一般分为静电屏蔽、静磁屏蔽、电磁屏蔽。这三种屏蔽分别依据不同的物理原理，利用屏蔽壳上由外场产生的感应效应来抵御外场的影响，抑制外界的干扰。

为了避免外界电场对仪器设备的影响，或者为了避免电器设备的电场对外界的影响，用一个空腔导体把外电场隔离，使其内部不受影响，也不使电器设备对外界产生影响，这叫作静电屏蔽(electrostatic shielding)。

空腔导体屏蔽外电场如图 6-6-1 所示，在空腔导体外，若有一带正电的带电体，由于静电感应，空腔导体外表面上的电荷将重新分布。静电平衡时，则有：①空腔外的带电体使空腔导体外表面上电荷重新分布；②空腔导体内的电场等于零；③腔内不受外电场影响。但此时空腔导体内的带电体 A 所产生的电场会影响空腔导体外的空间，如图 6-6-2(a)所示。而当空腔导体接地时，如图 6-6-2(b)所示，空腔导体内的带电体 A 所产生的电场不会影响空腔导体外的空间。

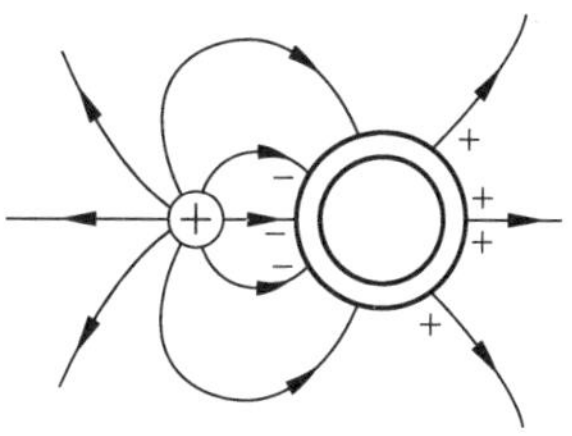

图 6-6-1

显然，空腔导体(无论接地与否)能够使腔内空间不受外电场的影响，而接地空腔导体能够使外部空间不受空腔内电场的影响。我们把不接地的空腔导体的屏蔽称为外屏蔽，它只能屏蔽外电场对腔内空间的影响，而不能屏蔽空腔内导体的电场对外部空间的影响；把接地空腔导体的屏蔽称为内屏蔽，它不但能屏蔽外电场对腔内空间的影响，也能屏蔽空腔内导体的电场对外部空间的影响，故又称为全屏蔽。

利用静电屏蔽现象，可制成屏蔽线、屏蔽室、屏蔽服等，可以使放在金属壳内的电子设

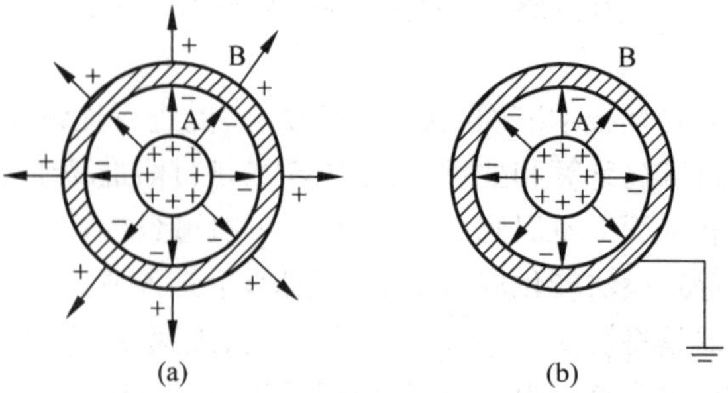

图 6-6-2

备、人体、电子信号等免受外电场的干扰。

著名的实验之一——法拉第笼实验就是一个静电屏蔽实验,如图 6-6-3 所示。法拉第冒着被电击的危险,把自己关在金属笼内,当笼外发生强大的静电放电时,他并未受到任何影响。由于不知道实验的安全性,在实验之前,他还为自己买了保险。

图 6-6-3

在工程技术上,如果需要屏蔽的区域较大,则常采用金属屏蔽网达到良好的屏蔽效果。

另外,利用磁导率很大的铁磁材料做成的空腔可以屏蔽外界磁场对腔内空间的影响,是一种良好的静磁屏蔽装置。而电磁屏蔽则是利用电磁波在电介质中的趋肤效应制成电磁屏蔽装置,用来屏蔽或者抑制外来高频电磁波的干扰,或者避免作为干扰源去影响其他设备。以上这三种屏蔽常常兼用。

静电的应用非常广泛,本书不一一介绍,感兴趣的读者可以阅读相关的书籍。

第7章 恒定磁场

人类对磁现象的认识经历了漫长曲折的过程。早在公元前数百年，人们就已经发现了天然磁石能吸铁的现象。12世纪初，我国已将指南针用于航海。但在很长的一个历史时期内，人们普遍认为电和磁是两种不同性质的相互作用，是互不相关的。直到1820年，丹麦物理学家奥斯特(H. Oersted)发现了电流的磁效应，即通电导线会使得与其平行放置的磁针偏转。奥斯特的发现说明电和磁是相互联系的，这个历史性的成就随即引起了一系列新的研究和发现。特别是安培发现了载流导线之间以及载流线圈之间也有相互作用，并根据环形电流与磁铁产生磁力的相似性提出了大胆的假设：磁性均来源于电流。现代理论表明，电荷周围的空间存在电场，电荷之间的相互作用是通过电场传递的；运动的电荷(包括电流)周围除了电场外，还存在另外一种特殊物质，称为磁场(magnetic field)，运动的电荷之间通过磁场传递磁相互作用。

静止的电荷激发静电场，恒定电流(或相对参考系以恒定速度运动的电荷)激发恒定磁场，磁场对进入其中的其他电流或运动电荷有磁力的作用。根据运动电荷在磁场中所受磁力的情况可以定义描述磁场的物理量——磁感应强度，通常用 $\boldsymbol{B}$ 表示。静电场和恒定磁场虽是性质不同的两种场，但电现象和磁现象是密切相关的，在研究思想和研究方法上都有很多类似之处。因此，在学习恒定磁场时应注意与静电场的相关内容进行类比。

本章主要讨论恒定磁场的规律和性质。主要内容包括：描述磁场的物理量(磁感应强度 $\boldsymbol{B}$)、恒定电流激发磁场的规律(毕奥-萨伐尔定律)、恒定磁场的性质(磁场的高斯定理、安培环路定理)、磁场对运动电荷和电流的作用力(洛伦兹力、安培力)、磁场中的磁介质等。

7.1 磁场 磁感应强度

【思考7-1】

(1) 在电磁学中经常遇到矢量的矢量积(叉乘)运算。什么是右手螺旋定则？矢量积的大小和方向如何确定？比较矢量积和标量积的区别。

(2) 计算机磁盘靠近磁铁时，你可能会意外发现磁盘上的数据被清除了，为什么？

(3) 吸铁石有磁性，一些银行卡上有磁条，磁带有磁性，等等，可以说磁现象到处存在。生活中还有哪些磁现象？磁现象的本质是什么？

(4) 电场和磁场都是场,它们的描述方法是否一样?它们的规律是否类似?按照定义电场强度的方法,试着定义描述磁场的物理量——磁感应强度。

7.1.1 基本磁现象

人们最早发现的磁现象来自天然的磁铁矿(成分是 Fe_3O_4),这种磁体称为永久磁铁(permanent magnet)。磁现象(the magnetic phenomena)主要有以下特点:①磁铁具有吸引铁、镍、钴等物质的性质,这种性质称为磁性(magnetism)。②磁铁的两端是磁性最强的区域,磁性最强处称为磁极(magnetic pole)。磁极有 N 极、S 极之分。③磁极之间的相互作用称为磁力(magnetic force)。同种磁极相斥,异种磁极相吸。④截至目前自然界中还没有发现磁单极子(magnetic monopole),即没有发现独立存在的 S 极或 N 极。

地球本身就是一个永久磁体,地磁场两极的方向与地理的南北极相反。指南针也是一个永久磁体。根据同种磁极相斥、异种磁极相吸的原理,放在地球表面的指南针的南极就指向地球地理的南极。值得注意的是,地球磁场的南北极方向与地理南北极方向之间有一个夹角,称为磁偏角(magnetic declination)。各地的磁偏角不同,而且某一地点的磁偏角会随时间而改变。许多海洋动物可以感应到磁偏角并利用它来识途。磁偏角对远洋航行和长途飞行也有影响。

磁力不仅存在于磁铁和磁铁之间,还存在于磁铁与电流(或运动电荷)、电流(或运动电荷)与电流(或运动电荷)之间。举例如下。

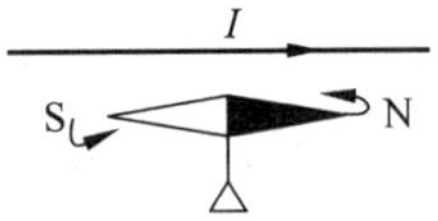

图 7-1-1

(1) 一个小磁针在地球磁场中会沿南北取向,并最终保持静止。但如果小磁针附近有一根导线且通以电流,小磁针就会转动(图 7-1-1);若导线通以相反方向的电流,小磁针则反方向转动,这些现象均说明小磁针受到了电流的磁作用力。

(2) 把一段导线悬挂于蹄形磁铁的两磁极之间,当导线中通以电流时,视电流方向不同,导线会被从蹄形磁铁两极间推出或吸入(图 7-1-2),表明通电导线会受到磁铁的磁作用力。

(3) 两段平行载流直导线,当通以方向相同的电流时,互相吸引;当通以方向相反的电流时,互相排斥。这说明电流和电流之间存在相互作用力(图 7-1-3)。

(4) 在阴极射线管的两个电极加上电压后,就会有电子束从阴极 K 射向阳极 A。当把一个蹄形磁铁放到射线管近旁时(图 7-1-4),会观察到电子束偏转。这显示出运动电子受到了磁铁的作用力。

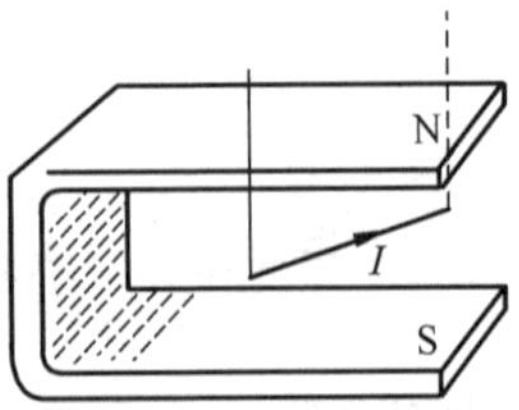

图 7-1-2

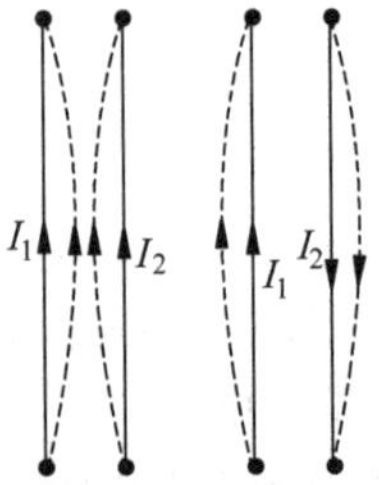

图 7-1-3

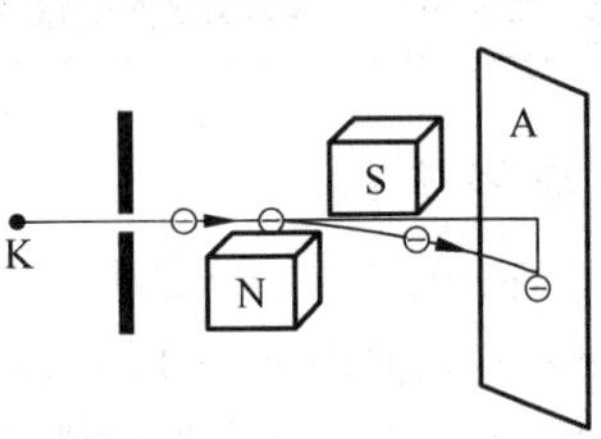

图 7-1-4

7.1.2 磁场

根据环形电流与磁铁产生磁力的相似性，法国物理学家安培(André-Marie Ampère)在全然不知原子、分子内部结构的情况下，于 1822 年提出了分子电流假说。他提出：磁铁带有磁性的主要原因是磁铁内分子电流的存在。由于电流是电荷的定向移动，所以磁力本质上是运动电荷之间的一种相互作用。

电荷之间的电相互作用是通过电场来传递的。类似地，运动电荷之间的磁相互作用是通过磁场传递的，表示为

$$\text{运动电荷} \Longleftrightarrow \text{磁场} \Longleftrightarrow \text{运动电荷}$$

也就是说，运动电荷在其周围激发磁场，磁场对进入场中的运动电荷有磁力的作用。因此，电流与电流之间、电流与磁铁之间以及磁铁与磁铁之间的磁相互作用都是通过磁场来传递的，不存在超距作用。

磁场和电场一样，是客观存在的特殊形态的物质。正如电荷和电荷之间的作用力称为电作用力一样，运动电荷与运动电荷之间的这种作用力称为磁作用力，简称**磁力**。所以磁性是运动电荷的属性。磁场对进入场中的运动电荷或载流导体有磁力的作用；磁场具有能量，可以和其他形式的能量相互转化。

7.1.3 磁感应强度

在静电场中，引入电场强度作为描述电场性质的物理量。同样，引入物理量**磁感应强度**(magnetic induction)来描述磁场的性质，两者的定义方法类似。

在静电场中的某点，试验电荷所受的静电力 $\boldsymbol{F}$ 的大小与其电荷 q 的大小成正比，据此定义电场强度为

$$\boldsymbol{E}=\frac{\boldsymbol{F}}{q}$$

如果可以得到磁单极子，类比电场强度的定义，也可得到相似的公式。但是迄今为止并没有发现这种现象，因此必须采用其他方式。比如，可以采用运动电荷在磁场中受力或者载流小线圈在磁场中所受力矩来定义磁场的大小。本书通过运动电荷的受力定义磁感应强度。

如图 7-1-5 所示，在磁场中某点放一运动的试验电荷 q，让 q 以不同的速度$\boldsymbol{v}$ 运动，并测出它相应的受力 $\boldsymbol{F}$。实验发现，磁场作用在运动电荷上的力的大小和方向不仅与运动电荷所带的电荷量大小及正负有关，而且还与运动电荷的速度大小及方向有关。并且发现，磁场中存在有一个特别的方向。当电荷沿此方向或其反方向运动时所受的磁力均为零(称该直线为零力线)；而当电荷垂直于此方向运动时，电荷所受到的磁力最大(记为 $F_{\max}$)。对于磁场中某一点而言，$F_{\max}/qv$ 的绝对值是固定的数值，与 q、v 的大小无关。当运动电荷的速度方向与磁场的零力线方向的夹角 α 为任意值时，磁力的大小不但与 qv 的大小成正比，还与 $\sin\alpha$ 成正比。

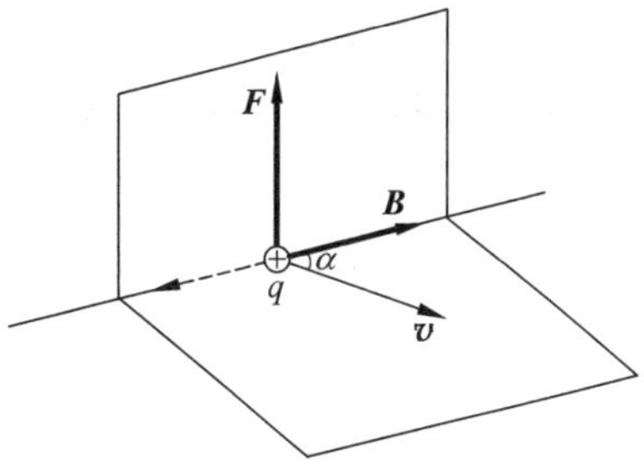

图 7-1-5

根据以上实验结果，磁场中某一点的磁感应强度 $\boldsymbol{B}$ 的大小可以定义为

$$B = \frac{F_{\max}}{qv} \tag{7-1-1}$$

磁场中某点磁感应强度 $\boldsymbol{B}$ 的方向规定为：沿着运动电荷 q 在该点的零力线方向，并且 $\boldsymbol{B}$ 的方向、正的运动电荷的速度 $\boldsymbol{v}$ 的方向以及其在该点所受最大磁力 $\boldsymbol{F}$ 的方向满足右手螺旋定则，如图 7-1-6 所示。这个方向也与置于此处的小磁针 N 极的指向是一致的。

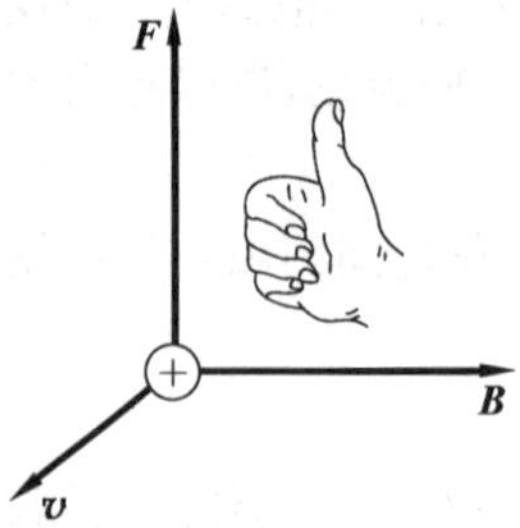

图 7-1-6

对两个带等量异号以相同速度 $\boldsymbol{v}$ 运动的电荷来说，在磁场中任一点沿任意方向所受的磁力大小相等，方向相反。结合矢量积(叉乘)的定义，如果已知某点的磁感应强度 $\boldsymbol{B}$，反过来可以得到任一速度为 $\boldsymbol{v}$ 的运动电荷 q 在此处所受磁力 $\boldsymbol{F}$ 的计算公式，即

$$\boldsymbol{F} = q\boldsymbol{v} \times \boldsymbol{B} \tag{7-1-2}$$

在国际单位制中，磁感应强度 $\boldsymbol{B}$ 的单位名称为特斯拉，其符号为 T，1T＝1N・s/(C・m)。

一般情况下，空间各处的磁感应强度的大小和方向是不同的，$\boldsymbol{B}$ 是空间坐标和时间的函数，即

$$\boldsymbol{B} = \boldsymbol{B}(x, y, z, t) \tag{7-1-3}$$

所以空间各点的磁感应强度形成一个矢量场。对恒定磁场来说，空间各处磁感应强度的大小和方向都不随时间变化。

7.1.4 磁感线

和电场线相似，为了形象直观地描绘磁场，人们通常用磁感应线(magnetic induction line，简称磁感线)来反映磁感应强度的方向、大小以及分布情况。磁感线上某点的切线方向为该点的磁感应强度方向；用磁感线的密度表示磁感应强度的大小，即磁场强的地方磁感线分布比较密，磁场弱的地方磁感线分布比较稀疏。

图 7-1-7 用磁感线给出了长直线电流、圆形电流周围的磁感应强度分布情况。从中可以看出，磁感线有如下特点。

(1) 磁感线都是闭合曲线，或者两端伸向无穷远；

(2) 任何两条磁感线在空间不会相交；

(3) 磁感线和电流的方向遵循右手螺旋定则。

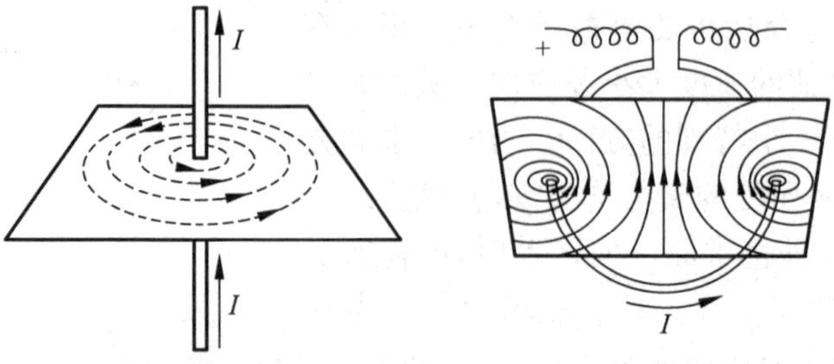

图 7-1-7

磁场的分布情况可以通过实验的方法显现出来。比如在恒定磁场中，可以在载流导线周围撒上铁屑，轻轻震动，铁屑就会按一定的规律排列起来，显示出磁场的分布，也就是磁感线的形状和分布。

【练习 7-1】

7-1-1 为什么不把作用于运动电荷的磁力的方向定义为磁感应强度的方向？

7-1-2 用载流小线圈在磁场中所受力矩也可以定义磁感应强度，查阅其他参考书，了解这种定义方法。

7-1-3 在理论物理学中，磁单极子是指一些仅带有 N 极或 S 极单一磁极的磁性物质，它们的磁感线分布类似于点电荷的电场线分布。1931 年，著名的英国物理学家狄拉克首先从理论上用极精美的数学物理公式预言，磁单极子是可以独立存在的。但是这种物质的存在性在科学界时有纷争，截至目前尚未发现这种物质。晚年的狄拉克也对磁单极子是否存在产生了深深的怀疑。磁极能否单独存在可以说是 21 世纪物理学界重要的研究主题之一。查阅有关的资料，思考问题：物理学家关于磁单极子做了哪些理论推断和实验验证？你的观点是什么？

7.2 毕奥-萨伐尔定律及其应用

【思考 7-2】

(1) 在某些电子仪器中，须将电流大小相等、方向相反的导线扭在一起，这样做的好处是什么？

(2) 在静电学中，一个静止的电荷系统所产生的静电场可视为系统中各电荷元(点电荷)所产生静电场的矢量叠加。如果要计算真空中恒定电流在周围空间产生的磁场，而且电流是弯曲的，怎么办？微元法是解决这类问题的常用方法，你能给出研究思路吗？

7.2.1 毕奥-萨伐尔定律

在奥斯特发现电流的磁效应不久，安培就观察到了长直载流导线产生的磁场和导线垂直，并总结出了确定磁场方向的“右手定则”(图 7-1-7)。毕奥(J. B. Biot)、萨伐尔(F. Savart)更进一步用实验确定了长直载流导线周围各点磁感应强度的大小，结果发现 B 与该点到导线的垂直距离 r_0 成反比，可表示为

$$B=\frac{\mu_0 I}{2\pi r_0} \tag{7-2-1}$$

式中，I 为电流，即通过导线截面的电荷随时间的变化率：

$$I=\frac{\mathrm{d}q}{\mathrm{d}t} \tag{7-2-2}$$

在国际单位制中，电流 I 的单位名称为安培，其符号为 A，1A＝1C/s。当元电荷 e 以单位 C，即 A·s 表示时，将其固定数值取为 $1.602\,176\,634\times10^{-19}$ 来定义安培。换句话说，1A 就是 1s 内$(1/1.602\,176\,634)\times10^{19}$ 个电子移动所产生的电流。电流不是矢量，但为了方便，通常将正电荷流动的方向规定为电流的方向。式(7-2-1)中的比例系数的形式是由于采

用国际单位制产生的，其中 μ_0 为**真空磁导率**(permeability of vacuum)，其值为

$$\mu_0 = 4\pi \times 10^{-7}\,\mathrm{N/A^2}$$

毕奥和萨伐尔也在实验中测定了圆形电流中心处磁感应强度的大小，结果为

$$B = \frac{\mu_0 I}{2R} \tag{7-2-3}$$

式中，R 为圆形电流的半径。

毕奥和萨伐尔也希望能在理论上计算任意形状的载流导线在空间各处激发的磁感应强度。在计算带电体产生的静电场时，一个基本方法是将电荷分成许多电荷元 $\mathrm{d}q$，然后利用电场强度叠加原理计算空间各点的电场强度。在恒定磁场中也可应用类似的方法。要计算真空中恒定电流在周围空间产生的磁场，可将其分成无穷多个小段，每一小段线元矢量 $\mathrm{d}\boldsymbol{l}$ 对应一个电流元，然后将各个电流元在空间某处产生的磁感应强度进行矢量合成，如图 7-2-1 所示。然而，在实验中，可以实现一个孤立的点电荷或者电荷元，但是却无法实现一个孤立的电流元。因此，仅通过实验去确定电流元的磁场是办不到的。实际上只有通过对载流闭合回路磁场的实验数据加以综合分析，借助于数学手段进行反演才能得到电流元产生的磁感应强度的表达式。这个表达式的正确性只能通过对各种载流导线产生磁场的正确计算结果得到验证。毕奥、萨伐尔得到的规律后来经法国数学家、天文学家拉普拉斯(Pierre-Simon marquis de Laplace)从数学上推导，得到了电流元产生磁场的计算公式。因此，有时也把毕奥-萨伐尔定律(the Biot-Savart law)称为毕奥-萨伐尔-拉普拉斯定律。

首先，确定和电荷元 $\mathrm{d}q$ 对应的电流元。在载流导线上考虑一线元矢量 $\mathrm{d}\boldsymbol{l}$，$\mathrm{d}\boldsymbol{l}$ 的大小就是一段无穷小导线元的长度 $\mathrm{d}l$，$\mathrm{d}\boldsymbol{l}$ 的方向为电流的方向。运动的电荷产生磁场，所以真空中某处磁感应强度微元 $\mathrm{d}\boldsymbol{B}$ 的大小应该和电荷元 $\mathrm{d}q$ 及其运动速度 $v=\mathrm{d}l/\mathrm{d}t$ 成正比，即 $\mathrm{d}B \propto \mathrm{d}q(\mathrm{d}l/\mathrm{d}t)$。对于恒定电流，$\mathrm{d}q/\mathrm{d}t = I$ 为常数，就应该有 $\mathrm{d}B \propto I\mathrm{d}l$。我们把每一线元矢量 $\mathrm{d}\boldsymbol{l}$ 与电流 I 的乘积 $I\mathrm{d}\boldsymbol{l}$ 称为电流元(current element)，其方向是 $\mathrm{d}l$ 所在处电流的方向，如图 7-2-1 所示。根据载流直导线及其他形状的载流导线激发的磁场的方向，可以确定电流元 $I\mathrm{d}\boldsymbol{l}$ 在任一给定点 P 所激发的磁感应强度微元 $\mathrm{d}\boldsymbol{B}$ 的方向。设 $\boldsymbol{r}$ 是由电流元 $I\mathrm{d}\boldsymbol{l}$ 到 P 点的矢径，则 $\mathrm{d}\boldsymbol{B}$ 的方向垂直于 $\mathrm{d}\boldsymbol{l}$ 和 $\boldsymbol{r}$ 所组成的平面，可由矢量积 $\mathrm{d}\boldsymbol{l}\times\boldsymbol{r}$ 确定。沿矢径 $\boldsymbol{r}$ 方向取单位矢量 $\boldsymbol{e}_r$，则应有 $\mathrm{d}\boldsymbol{B}\propto \mathrm{d}\boldsymbol{l}\times\boldsymbol{e}_r$，即电流元 $I\mathrm{d}\boldsymbol{l}$ 在给定点 P 所产生的磁感应强度微元 $\mathrm{d}\boldsymbol{B}$ 的大小不仅与电流元 $I\mathrm{d}\boldsymbol{l}$ 成正比，还与电流元 $I\mathrm{d}\boldsymbol{l}$ 与矢径 $\boldsymbol{r}$ 间的夹角 θ 的正弦成正比，这也是拉普拉斯深刻的洞察力之一。而从与库仑定律和万有引力定律的类比可以推测，$\mathrm{d}\boldsymbol{B}$ 的大小还与电流元到 P 点的距离 r 的平方成反比。所以，在国际单位制中，**真空中的毕奥-萨伐尔定律**可表达为

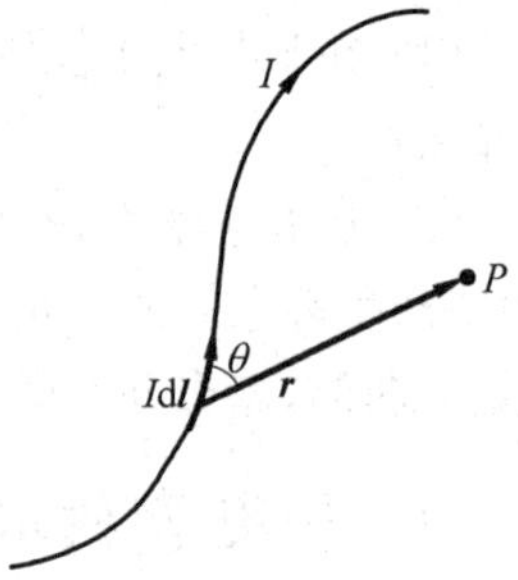

图　7-2-1

$$\mathrm{d}\boldsymbol{B} = \frac{\mu_0}{4\pi}\frac{I\mathrm{d}\boldsymbol{l}\times\boldsymbol{e}_r}{r^2} \tag{7-2-4}$$

或数量表达式

$$\mathrm{d}B = \frac{\mu_0}{4\pi}\frac{I\mathrm{d}l\sin\theta}{r^2} \tag{7-2-5}$$

由叠加原理可知，任意形状的载流导线在给定点 P 产生的磁场，等于各段电流元在该点产

生的磁场的矢量和，即

$$\boldsymbol{B}=\int_L \mathrm{d}\boldsymbol{B}=\int_L \frac{\mu_0}{4\pi}\frac{I\mathrm{d}\boldsymbol{l}\times\boldsymbol{e}_r}{r^2} \tag{7-2-6}$$

【讨论 7-2-1】

在一个以电流元为球心、半径为 R 的球面上，哪些点的磁场最强？哪些点的磁场最弱？

【分析】

根据毕奥-萨伐尔定律，$\mathrm{d}\boldsymbol{B}$ 的大小为

$$\mathrm{d}B=\frac{\mu_0}{4\pi}\frac{I\mathrm{d}l\sin\theta}{r^2}$$

式中，θ 为电流元与空间各点相应的矢径 $\boldsymbol{r}$ 间的夹角。若 $\theta=0$ 或 π，则 $\mathrm{d}B=0$，即电流元在其直线延长线方向不产生磁场；若 $\theta=\dfrac{\pi}{2}$，则在其他因素不变的情形下，$\mathrm{d}B$ 最大，最大值为

$$\mathrm{d}B_{\max}=\frac{\mu_0}{4\pi}\frac{I\mathrm{d}l}{r^2}$$

因此，在一个以电流元为球心、半径为 R 的球面上，过电流元且与电流元方向垂直的平面与球面相交的圆周上各点的磁场最强，沿电流元所在方向的直线与球面的两交点处磁场最弱，等于零。

7.2.2 毕奥-萨伐尔定律的应用

应用毕奥-萨伐尔定律计算磁感应强度有以下几个步骤。

(1) 将载流导线看成由无数个电流元组成。

(2) 任取一个电流元 $I\mathrm{d}\boldsymbol{l}$，应用毕奥-萨伐尔定律确定电流元在空间某处产生的 $\mathrm{d}\boldsymbol{B}$ 的大小和方向。

(3) 对所有电流元在该处产生的 $\mathrm{d}\boldsymbol{B}$ 积分，即 $\boldsymbol{B}=\int_L \mathrm{d}\boldsymbol{B}$。需要注意的是，磁感应强度叠加是矢量叠加。若各 $\mathrm{d}\boldsymbol{B}$ 方向一致，可直接积分，有 $B=\int_L \mathrm{d}B$，总磁场方向与每一个电流元产生的 $\mathrm{d}\boldsymbol{B}$ 方向相同；若各 $\mathrm{d}\boldsymbol{B}$ 方向不一致，则可建立直角坐标系，将矢量积分化作分量积分求解，即

$$B_x=\int_L \mathrm{d}B_x,\quad B_y=\int_L \mathrm{d}B_y,\quad B_z=\int_L \mathrm{d}B_z$$

总磁感应强度为

$$\boldsymbol{B}=B_x\boldsymbol{i}+B_y\boldsymbol{j}+B_z\boldsymbol{k} \tag{7-2-7}$$

其大小为 $B=\sqrt{B_x^2+B_y^2+B_z^2}$，其方向可用磁感应强度与各坐标轴的夹角来表示。

例 7-2-1　载流直导线的磁场。 在真空中有一通有电流 I 的直导线段 CD，试求此直导线段附近任意一点 P 处的磁感应强度 $\boldsymbol{B}$。已知点 P 与直导线段的垂直距离为 r_0，如图 7-2-2 所示。

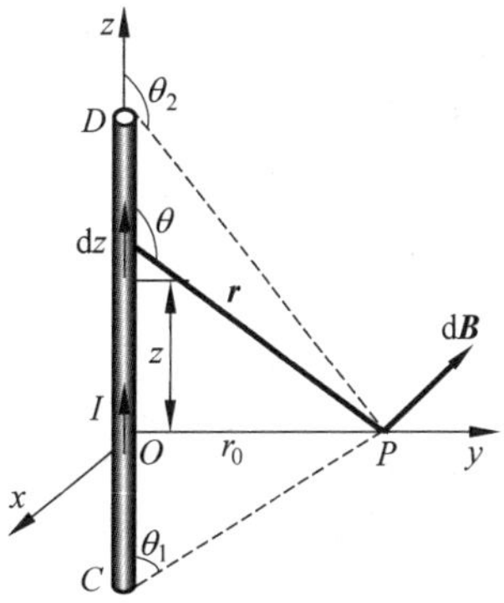

图 7-2-2

解： 建立直角坐标系如图 7-2-2 所示。先把直导线电流分为无数电流元，在 z 轴上坐标为 z 处任取一电流元 $I\mathrm{d}\boldsymbol{l}$，

其中 $\mathrm{d}l=\mathrm{d}z$，$I\mathrm{d}\boldsymbol{l}$ 与 $\boldsymbol{r}$ 的夹角为 θ，$I\mathrm{d}\boldsymbol{l}$ 到 P 点的距离为 r，则电流元在给定点 P 处所产生的磁感应强度微元 $\mathrm{d}\boldsymbol{B}$ 的大小为

$$\mathrm{d}B=\frac{\mu_0}{4\pi}\frac{I\mathrm{d}z\sin\theta}{r^2}$$

$\mathrm{d}\boldsymbol{B}$ 的方向垂直于电流元 $I\mathrm{d}\boldsymbol{l}$ 与矢径 $\boldsymbol{r}$ 所决定的 yOz 平面，即垂直纸面向里。

分析可知，所有电流元在 P 点产生的磁场方向相同，于是直导线段上各电流元在 P 点所产生的总磁感应强度大小为

$$B=\int_L \mathrm{d}B=\int_L \frac{\mu_0}{4\pi}\frac{I\mathrm{d}z\sin\theta}{r^2}$$

从图 7-2-2 中可以看出，

$$r=\frac{r_0}{\sin\theta},\quad z=-r_0\cot\theta$$

所以

$$\mathrm{d}z=\frac{r_0}{\sin^2\theta}\mathrm{d}\theta$$

代入并积分得

$$B=\frac{\mu_0 I}{4\pi r_0}\int_{\theta_1}^{\theta_2}\sin\theta\mathrm{d}\theta=\frac{\mu_0 I}{4\pi r_0}(\cos\theta_1-\cos\theta_2) \tag{7-2-8}$$

式中，θ_1 表示电流流入端的电流元 $I\mathrm{d}\boldsymbol{l}$ 与该电流元到 P 点的矢径 $\boldsymbol{r}$ 的夹角；θ_2 表示电流流出端的电流元 $I\mathrm{d}\boldsymbol{l}$ 与该电流元到 P 点的矢径 $\boldsymbol{r}$ 的夹角，如图 7-2-2 所示。P 点的总磁场方向沿 Ox 轴负向，即垂直纸面向里。

【讨论 7-2-2】

(1) 讨论以下几种特殊情况下，直线电流在给定空间各点产生的磁感应强度的大小和方向。

① 无限长的载流直导线周围的空间各点；

② 半无限长的载流直导线的端点处的垂直线上各点；

③ 有限长载流直导线的延长线方向上各点。

(2) 从讨论(1)①推出的无限长直电流的磁场公式，或从式(7-2-1)入手，如考察点无限接近导线($r_0\to 0$)，则有 $B\to\infty$，这个结论是否有物理意义？

【分析】

(1) ①对无限长的载流直导线，即导线长度 L 比垂距 r_0 大得多($L\gg r_0$)时，有 $\theta_1\to 0$，$\theta_2\to\pi$，则

$$B=\frac{\mu_0 I}{2\pi r_0}$$

这个结果和毕奥-萨伐尔实验测定的长直载流导线周围各点磁感应强度的大小(式(7-2-1))相符。$\boldsymbol{B}$ 的方向由右手螺旋定则确定。

② 对半无限长的载流直导线的端点处的垂直线上各点，有 $\theta_1=\frac{\pi}{2}$，$\theta_2\to\pi$，则

$$B=\frac{\mu_0 I}{4\pi r_0} \tag{7-2-9}$$

$\boldsymbol{B}$ 的方向也由右手螺旋定则确定。

③ 对有限长的载流直导线的延长线方向上的点，由于电流元在其直线延长线方向不产生磁场，故有

$$B=0 \tag{7-2-10}$$

(2) 公式 $B=\frac{\mu_0 I}{2\pi r_0}$ 只对忽略导线粗细的理想导线电流适用。当 $r_0 \to 0$ 时，导线的尺寸不能忽略，此电流就不能称为线电流，此公式不适用。

例 7-2-2　圆形电流轴线上的磁场。在真空中有一半径为 R 的圆形载流线圈，通有电流 I，计算在圆线圈的轴线上任一点 P 的磁感应强度。

解：建立如图 7-2-3 所示的坐标系，取圆形电流的圆心为原点，x 轴沿轴线向右为正，P 点离圆心的距离为 x。在圆电流上取一电流元 $I\mathrm{d}\boldsymbol{l}$，它在轴上 P 点所产生的磁感应强度微元 $\mathrm{d}\boldsymbol{B}$ 的大小为

$$\mathrm{d}B=\frac{\mu_0}{4\pi}\frac{I\mathrm{d}l}{r^2}$$

$\mathrm{d}\boldsymbol{B}$ 的方向如图 7-2-3 所示，垂直于 $I\mathrm{d}\boldsymbol{l}$ 和 $\boldsymbol{r}$ 组成的平面，满足右手螺旋定则。

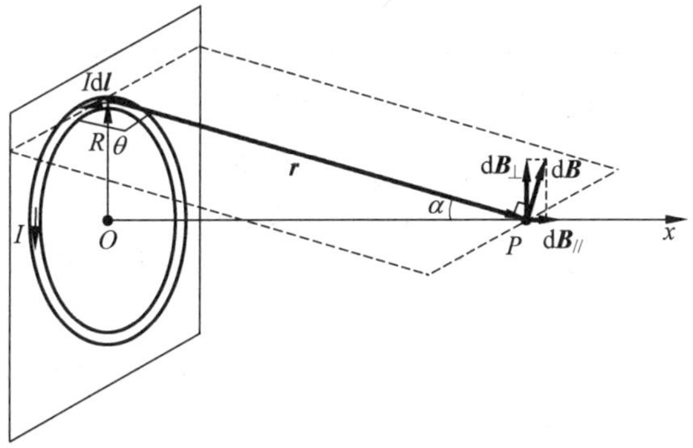

图　7-2-3

显然，各电流元在 P 点所产生的磁感应强度微元 $\mathrm{d}\boldsymbol{B}$ 的方向各不相同。因此，我们把 $\mathrm{d}\boldsymbol{B}$ 分解为与轴线平行的分量 $\mathrm{d}\boldsymbol{B}_{/\!/}$ 和与轴线垂直的分量 $\mathrm{d}\boldsymbol{B}_{\perp}$。由对称性可知，每一对位置对圆心 O 对称的电流元在 P 点产生的 $\mathrm{d}\boldsymbol{B}_{\perp}$ 抵消，即

$$B_{\perp}=\int \mathrm{d}B_{\perp}=0$$

所以 P 点的磁场只有沿 x 轴的分量。考虑所有电流元在 P 点的贡献，且利用图 7-2-3 中的几何关系，有

$$\begin{aligned} B&=\int_L \mathrm{d}B_{/\!/}=\int_L \mathrm{d}B\sin\alpha=\int_L \frac{\mu_0}{4\pi}\frac{I\mathrm{d}l}{r^2}\frac{R}{r} \\ &=\frac{\mu_0}{4\pi}\frac{IR}{r^3}\int_0^{2\pi R}\mathrm{d}l=\frac{\mu_0}{4\pi}\frac{2\pi R^2 I}{r^3} \end{aligned}$$

$$=\frac{\mu_0}{2}\frac{R^2 I}{(R^2+x^2)^{3/2}} \tag{7-2-11}$$

【讨论 7-2-3】

(1) 图 7-2-3 中，圆形电流左侧轴线上各点的磁场方向怎样？

(2) 圆形电流(半径 R，电流 I)的圆心处的磁场大小和方向如何？

(3) 圆形电流(半径 R，电流 I)的轴线上无限远处的磁场的大小如何？

(4) 如果是半圆形电流(半径 R，电流 I)或者任意弧长的电流(半径 R，电流 I)，它们圆心处的磁场大小和方向如何？

【分析】

(1) 圆形电流轴线上磁场的方向均垂直于圆电流平面，沿轴向，且磁场的方向与圆电流环绕方向构成右螺旋关系。

(2) 圆形电流的圆心处，即当 $x=0$ 时，由式(7-2-11)得磁感应强度大小

$$B=\frac{\mu_0 I}{2R}$$

这个结果和毕奥-萨伐尔实验测定的圆形电流中心磁感应强度的大小(式(7-2-3))相符。

(3) 圆形电流的轴线上无限远处，即当 $x\gg R$ 时，由式(7-2-11)得磁感应强度大小

$$B\approx\frac{\mu_0 IR^2}{2x^3}=\frac{\mu_0}{2\pi}\frac{I\pi R^2}{x^3} \tag{7-2-12}$$

式中，$\pi R^2=S$ 为圆形电流所围的平面面积。如果定义一个矢量 $\boldsymbol{p}_{\mathrm{m}}=IS\boldsymbol{i}$，其中 $\boldsymbol{i}$ 为 x 轴正向的单位矢量，则式(7-2-12)的相应的矢量式可改写为

$$\boldsymbol{B}=\frac{\mu_0 IS}{2\pi x^3}\boldsymbol{i}=\frac{\mu_0 \boldsymbol{p}_{\mathrm{m}}}{2\pi x^3} \tag{7-2-13}$$

此式与电偶极子产生的电场表达式相似，因此我们把圆形电流看成磁偶极子(magnetic dipole)。

一般地，对任一平面载流线圈，其电流为 I、线圈所围面积为 S，定义该平面载流线圈电流的磁矩(magnetic moment)为

$$\boldsymbol{p}_{\mathrm{m}}=IS\boldsymbol{n} \tag{7-2-14a}$$

磁矩的方向由单位矢量 $\boldsymbol{n}$ 表示，$\boldsymbol{n}$ 沿线圈法向，且与线圈电流环绕方向构成右螺旋关系。即：如果右手弯曲的四指指向电流环绕方向，则拇指所指的方向即为磁矩的方向。如果线圈电流由 N 匝导线构成，则其磁矩为

$$\boldsymbol{p}_{\mathrm{m}}=NIS\boldsymbol{n} \tag{7-2-14b}$$

磁矩的单位为 $\mathrm{A\cdot m^2}$。

(4) 半圆形电流在圆心处的磁感应强度的大小为

$$B_0=\frac{\mu_0 I}{4R}$$

一般地，任意弧长(弧长 l、圆心角 θ)的圆弧形电流(半径 R，电流 I)在圆心处的磁感应强度的大小

$$B_0=\frac{\mu_0 I}{2R}\frac{l}{2\pi R}=\frac{\mu_0 I}{2R}\frac{\theta}{2\pi} \tag{7-2-15}$$

需要注意的是,以上各种情况的 $\boldsymbol{B}$ 的方向都与电流环绕方向构成右手螺旋关系。

【讨论 7-2-4】

有一条载有电流 I 的导线弯成如图 7-2-4 所示的 $abcda$ 形状。其中 ab、cd 是直线段,其余为圆弧。两段圆弧的长度和半径分别为 l_1、R_1 和 l_2、R_2,且两段圆弧共面共心。求圆心 O 处的磁感应强度 $\boldsymbol{B}$。

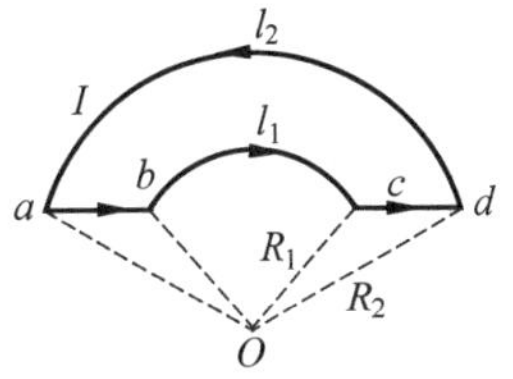

图 7-2-4

【分析】

如果空间中有多根导线电流,则空间某点的磁感应强度是空间所有电流单独在该点产生的磁感应强度的矢量叠加(矢量和)。即

$$\boldsymbol{B}=\boldsymbol{B}_1+\boldsymbol{B}_2+\boldsymbol{B}_3+\cdots \tag{7-2-16}$$

式(7-2-16)称为**磁感应强度叠加原理**。

图 7-2-4 中,圆心 O 处的磁感应强度 $\boldsymbol{B}$ 可以看成直线电流 ab、圆弧电流 bc、直线电流 cd 以及圆弧电流 da 四段电流产生的磁感应强度的叠加。根据前面得出相应的磁感应强度大小公式及方向结果,可以得到圆心 O 处的磁感应强度 $\boldsymbol{B}$ 的大小:

$$B=\frac{\mu_0 I}{2\pi R_1\cos\dfrac{l_1}{2R_1}}\left(-\sin\frac{l_1}{2R_1}+\sin\frac{l_2}{2R_2}\right)+\frac{\mu_0 I}{4\pi}\left(\frac{l_1}{R_1^2}-\frac{l_2}{R_2^2}\right)$$

方向垂直纸面向里。

例 7-2-3　载流直螺线管内部的磁场。均匀地绕成圆柱形的螺旋线圈称为螺线管。设螺线管的半径为 R,总长度为 L,单位长度内的匝数为 n,通有电流 I。若线圈用细导线绕得很密,则每匝线圈可视为圆形线圈。计算此螺线管轴线上任一场点 P 的磁感应强度 $\boldsymbol{B}$。

解:密绕情形下,螺旋线圈可看作由很多圆形线圈紧密排列而成,截面图如图 7-2-5 所示。在螺线管轴线上距 P 点为 l 的地方,螺线管上取长为 $\mathrm{d}l$ 的微元,其上有 $n\mathrm{d}l$ 匝线圈。对点 P 而言,这一微元上的线圈等效于电流强度为 $In\mathrm{d}l$ 的一个圆形电流元,P 点则在该圆形电流元的轴线上,且距该圆形电流元的圆心的距离为 l。利用例 7-2-2 的结果,可得该圆形电流元在 P 点产生的磁感应强度的大小为

$$\mathrm{d}B=\frac{\mu_0}{2}\frac{R^2 In\mathrm{d}l}{(R^2+l^2)^{3/2}}$$

方向与圆电流构成右手螺旋关系。由于螺线管上各小段的圆形电流元在 P 点所产生的磁感应强度方向都相同,因此整个载流螺线管在 P 点的磁感应强度大小为

$$B=\int\mathrm{d}B=\int\frac{\mu_0}{2}\frac{R^2 In\mathrm{d}l}{(R^2+l^2)^{3/2}}$$

由图 7-2-5 可以得到几何关系 $l=R\cot\beta$ 和 $\mathrm{d}l=-R\csc^2\beta\mathrm{d}\beta$,以及 $R^2+l^2=\dfrac{R^2}{\sin^2\beta}=R^2\csc^2\beta$,将它们代入上式,得

$$B=\int\frac{\mu_0}{2}\frac{R^2 In\mathrm{d}l}{(R^2+l^2)^{3/2}}=\int_{\beta_1}^{\beta_2}\left(-\frac{\mu_0}{2}nI\sin\beta\right)\mathrm{d}\beta=\frac{\mu_0}{2}nI(\cos\beta_2-\cos\beta_1) \tag{7-2-17}$$

式中,β_1 和 β_2 的几何意义如图 7-2-5 所示。

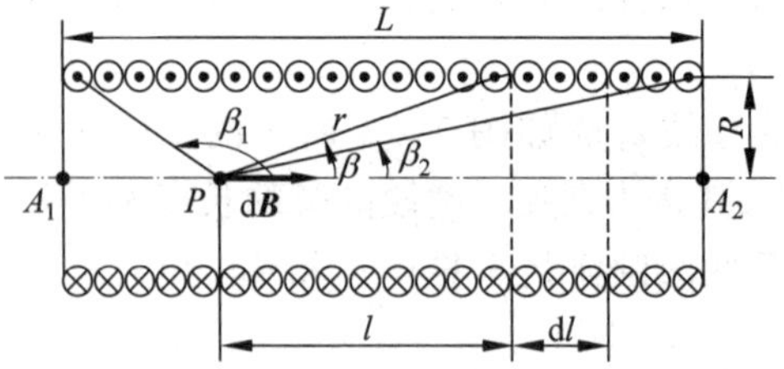

图　7-2-5

对无限长的螺线管内部轴线上任一点，即当 $R \ll L$ 时，有 $\beta_1 \to \pi$，$\beta_2 \to 0$，所以

$$B = \mu_0 nI \tag{7-2-18}$$

对长螺线管的端点来说，可视作半无限长螺线管的端点。例如对 A_1 点，有 $\beta_1 \to \pi/2$，$\beta_2 \to 0$，则 A_1 处磁感应强度的大小为

$$B = \frac{\mu_0 nI}{2} \tag{7-2-19}$$

当螺线管长 $L = 10R$ 时，其轴线上的磁感应强度的分布曲线如图 7-2-6 所示。

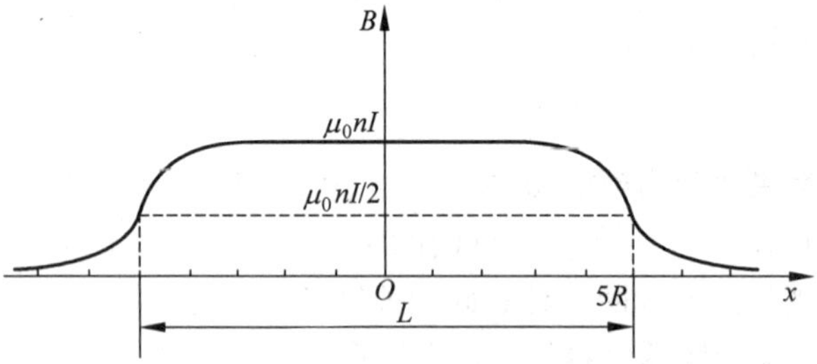

图　7-2-6

由后面的章节还可以知道，可视为无限长的长直螺线管内部任一点的磁感应强度大小均等于 $\mu_0 nI$，即长直螺线管内部可近似视为均匀磁场，且其磁场方向沿轴线，并与电流的绕向成右手螺旋关系。

7.2.3　匀速运动的点电荷的磁场

电流是定向运动的电荷形成的，毕奥-萨伐尔定律中的电流元产生的磁场实质上是电流元中的运动电荷产生的磁场。

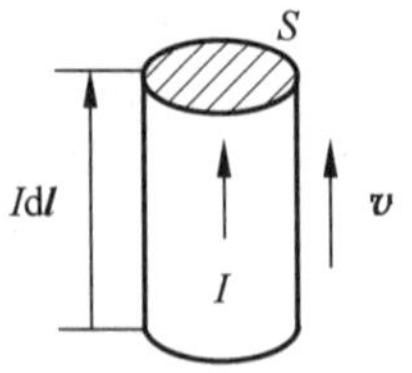

图　7-2-7

如图 7-2-7 所示，一根载流导线横截面积为 S，通有电流 I。设电流中单位体积中的运动电荷数为 n，运动电荷的定向漂移速度大小为 v，则电流的表达式为 $I = nqvS$，代入式(7-2-4)，可得到电流元激发磁场的另一种表达式

$$\mathrm{d}\boldsymbol{B} = \frac{\mu_0}{4\pi}\frac{nqvS\,\mathrm{d}\boldsymbol{l} \times \boldsymbol{e}_r}{r^2}$$

以正电荷为研究对象，$\mathrm{d}\boldsymbol{l}$ 和 $\boldsymbol{v}$ 同向，$v\mathrm{d}\boldsymbol{l} = \mathrm{d}l\boldsymbol{v}$，上式可写为

$$\mathrm{d}\boldsymbol{B}=\frac{\mu_0}{4\pi}\frac{nqS\mathrm{d}l\,\boldsymbol{v}\times\boldsymbol{e}_r}{r^2}$$

电流元中的运动电荷数为 $\mathrm{d}N=nS\mathrm{d}l$，则每个运动电荷产生的磁感应强度为

$$\boldsymbol{B}=\frac{\mathrm{d}\boldsymbol{B}}{\mathrm{d}N}=\frac{\mathrm{d}\boldsymbol{B}}{nS\mathrm{d}l}=\frac{\mu_0}{4\pi}\frac{q\,\boldsymbol{v}\times\boldsymbol{e}_r}{r^2} \tag{7-2-20}$$

由式(7-2-20)可知，$\boldsymbol{B}$ 的方向垂直于 $\boldsymbol{v}$ 和 $\boldsymbol{r}$ 组成的平面。当 q 为正电荷时，$\boldsymbol{B}$ 的方向与矢量积 $\boldsymbol{v}\times\boldsymbol{r}$ 的方向相同；当 q 为负电荷时，$\boldsymbol{B}$ 的方向与矢量积 $\boldsymbol{v}\times\boldsymbol{r}$ 的方向相反。

在低速($v\ll c$)情形下，电场的表达式为

$$\boldsymbol{E}=\frac{1}{4\pi\varepsilon_0}\frac{q}{r^2}\boldsymbol{e}_r$$

可以证明，$c^2=\dfrac{1}{\varepsilon_0\mu_0}$。由此可以推算出点电荷在空间运动时产生的磁场与电场强度的关系式，即

$$\boldsymbol{B}=\frac{\mu_0}{4\pi}\frac{q\,\boldsymbol{v}\times\boldsymbol{e}_r}{r^2}=\frac{1}{4\pi\varepsilon_0c^2}\frac{q\,\boldsymbol{v}\times\boldsymbol{e}_r}{r^2}=\frac{1}{c^2}\boldsymbol{v}\times\boldsymbol{E} \tag{7-2-21}$$

应当指出，上面的讨论均是在低速($v\ll c$)情况下得到的。在高速时(即接近光速时)需要考虑相对论效应。

【练习 7-2】

7-2-1 如图 7-2-8 所示，弯成直角的无限长直导线中通有电流 $I=10\mathrm{A}$。在直角所决定的平面内，求距两段导线的距离都是 $a=20\mathrm{cm}$ 的 P 点处的磁感应强度。

7-2-2 一半径为 $r=10\mathrm{cm}$ 的细导线圆环，通过 $I=3\mathrm{A}$ 的电流，求细环中心的磁感应强度大小。

7-2-3 若把氢原子的基态电子轨道看作圆形轨道，已知电子轨道半径为 r，绕核运动速度大小为 v，求氢原子基态电子在原子核处产生的磁感应强度大小。

7-2-4 将通有电流 $I=5.0\mathrm{A}$ 的无限长导线折成如图 7-2-9 所示的形状，已知半圆环的半径 $R=0.10\mathrm{m}$，求圆心 O 点的磁感应强度。

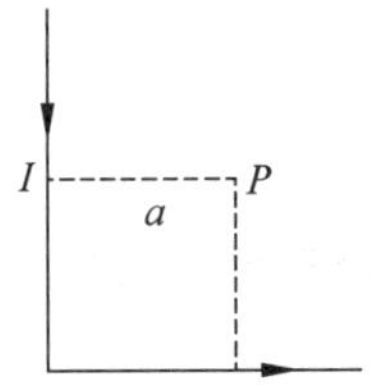

图 7-2-8

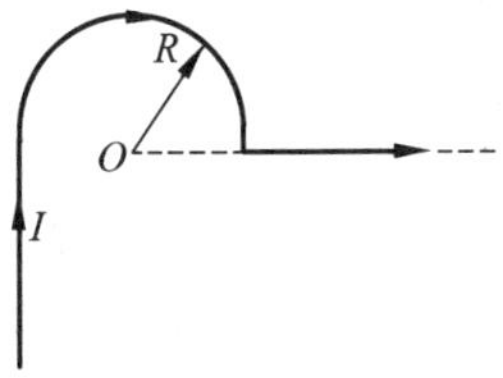

图 7-2-9

7-2-5 已知半径为 R 的载流圆线圈与边长为 a 的载流正方形线圈的磁矩之比为 2∶1，且载流圆线圈在中心 O 处产生的磁感应强度为 B_0，求在正方形线圈中心 O' 处的磁感应强度大小。

7-2-6 如图 7-2-10 所示，一无限长载流平板宽度为 a，通过电流 I 均匀分布，求与平板共面且距平板一边为 b 的任意点 P 的磁感应强度大小。

7-2-7 如图 7-2-11 所示，一半径 $R=1.0\text{cm}$ 的无限长 1/4 圆柱形金属薄片，沿轴向通有电流 $I=10.0\text{A}$ 的电流，设电流在金属片上均匀分布，试求圆柱轴线上任意一点 P 的磁感应强度大小。

7-2-8 如图 7-2-12 所示，半径为 R、电荷线密度为 $\lambda(\lambda>0)$ 的均匀带电的圆环绕过圆心与圆平面垂直的轴以角速度 ω 转动，求圆环中心 O 点的磁感应强度。

7-2-9 如图 7-2-13 所示，两个共面的平面带电圆环，其内外半径分别为 R_1、R_2 和 R_2、R_3，外面的圆环以每秒钟 n_2 转的转速顺时针转动，里面的圆环以每秒钟 n_1 转的转速逆时针转动。若电荷面密度都是 σ，n_1 和 n_2 的比值为多大时，圆心处的磁感应强度为零？

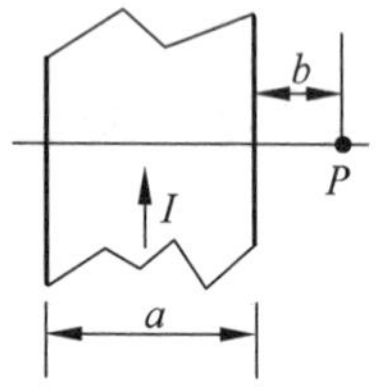

图 7-2-10

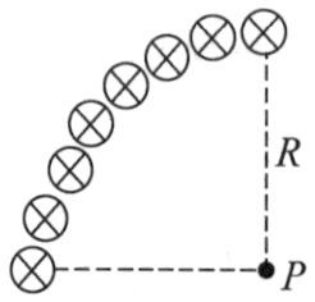

图 7-2-11

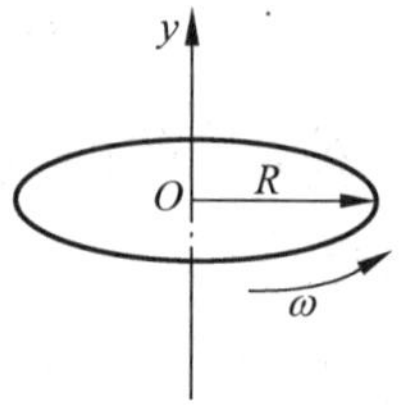

图 7-2-12

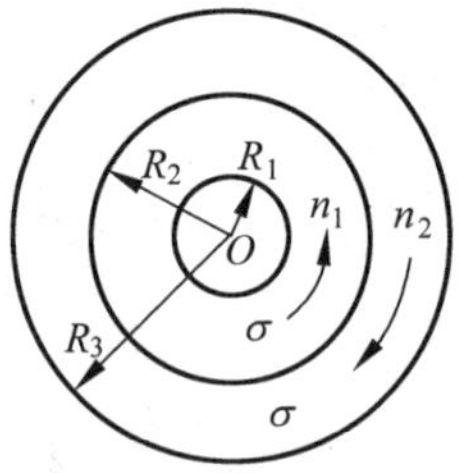

图 7-2-13

7.3 磁通量 磁场的高斯定理

【思考 7-3】

(1) 在 7.2 节中利用毕奥-萨伐尔定律计算了几种常见恒定电流(无限长直线电流、圆形电流、无限长螺线管中电流)的磁场分布，你能画出它们的磁感线吗？磁感线和电场线有哪些异同点？它们的异同点说明了什么？

(2) 电场中引入了电场强度通量，磁场中是否同样可以定义磁通量？按照电场强度通量的定义，你能给出通过任意磁场中任意曲面的磁通量的表达式吗？

(3) 通过磁场中任意闭合曲面的磁通量有什么特点？静电场的高斯定理反映了电场是有源场，你能得到磁场的高斯定理吗？它反映了磁场的什么性质？

7.3.1 磁通量

前面在静电场中定义了电场强度通量，并得到了反映静电场有源性的高斯定理。事实上，在任何一个矢量场中，都可以按类似的方法定义通过一给定面积的通量。本节首先在磁场中引入**磁通量**(magnetic flux)的概念，然后根据恒定磁场的性质得到磁场的高斯定理。

首先考虑在磁感应强度为 $\boldsymbol{B}$ 的均匀磁场中取一面积为 S 的平面。若给定平面面积 S 一个单位法线矢量 $\boldsymbol{e}_n$，就得到一个面积矢量 $\boldsymbol{S}=S\boldsymbol{e}_n$。设平面面积矢量 $\boldsymbol{S}$ 与均匀磁场 $\boldsymbol{B}$ 的夹角为 θ，则 $\boldsymbol{S}$ 在磁场方向的投影面积为 $S_\perp=S\cos\theta$，通过该平面的磁通量定义为

$$\Phi_m=BS_\perp=BS\cos\theta=\boldsymbol{B}\cdot\boldsymbol{S} \tag{7-3-1}$$

特别是均匀磁场 $\boldsymbol{B}$ 与平面 $\boldsymbol{S}$ 的方向相同时，即 $\theta=0$ 时，通过平面 S 的磁通量为 $\Phi_m=BS$。

接着考虑一般情况。在非均匀磁场中，空间各处磁感应强度 $\boldsymbol{B}$ 的大小、方向各不相同。对通过任一曲面的磁通量，需要应用面积分的方法来定义和计算。如图 7-3-1 所示，将曲面 S 分为无穷多的无限小面元矢量 $\mathrm{d}\boldsymbol{S}$。由于面元面积非常小，任一面元 $\mathrm{d}\boldsymbol{S}$ 都可看作平面，且通过面元 $\mathrm{d}\boldsymbol{S}$ 上各点的磁感应强度 $\boldsymbol{B}$ 可看作均匀磁场。任取一面元矢量 $\mathrm{d}\boldsymbol{S}$，设 $\mathrm{d}\boldsymbol{S}$ 与该面元上 $\boldsymbol{B}$ 的夹角为 θ，则 $\mathrm{d}\boldsymbol{S}$ 在磁场方向的投影为 $\mathrm{d}S_{\perp}=\mathrm{d}S\cos\theta$，通过该面元的磁通量微元为

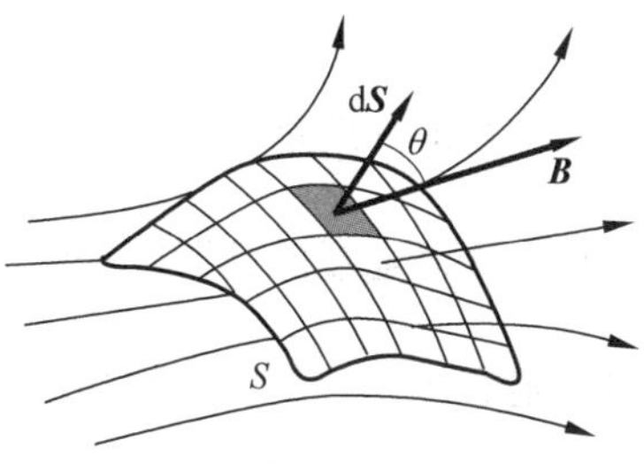

图 7-3-1

$$\mathrm{d}\Phi_{\mathrm{m}}=B\mathrm{d}S_{\perp}=B\mathrm{d}S\cos\theta=\boldsymbol{B}\cdot\mathrm{d}\boldsymbol{S} \quad (7\text{-}3\text{-}2)$$

式中，$\boldsymbol{B}$ 为面积微元 $\mathrm{d}\boldsymbol{S}$ 上任一点的磁感应强度。则通过曲面 S 的磁通量为

$$\Phi_{\mathrm{m}}=\int_S \mathrm{d}\Phi_{\mathrm{m}}=\int_S B\mathrm{d}S\cos\theta=\int_S \boldsymbol{B}\cdot\mathrm{d}\boldsymbol{S} \quad (7\text{-}3\text{-}3)$$

对磁场中的任意闭合曲面来说，磁通量均可以按上述面积分定义。只是和电场强度通量一样，一般取曲面向外法向为正向，这样就使得磁感线穿出闭合曲面的磁通量为正，磁感线穿入闭合曲面的磁通量为负。通过闭合曲面 S 的磁通量表示为

$$\Phi_{\mathrm{m}}=\oint_S B\mathrm{d}S\cos\theta=\oint_S \boldsymbol{B}\cdot\mathrm{d}\boldsymbol{S} \quad (7\text{-}3\text{-}4)$$

在国际单位制中，磁通量的单位为韦伯(Wb)，$1\mathrm{Wb}=1\mathrm{T}\cdot\mathrm{m}^2$。

我们前面用磁感线来直观地描述磁场的情况，也常用通过磁场中某一曲面的磁感线条数来形象地描述通过该面的磁通量。

例 7-3-1 一根长直导线载有恒定电流 I。电流旁边有一与直导线共面的矩形线圈，宽为 b，长为 l，其中一条边与载流直导线平行且相距为 a，如图 7-3-2 所示。求通过该线圈所围面积的磁通量。

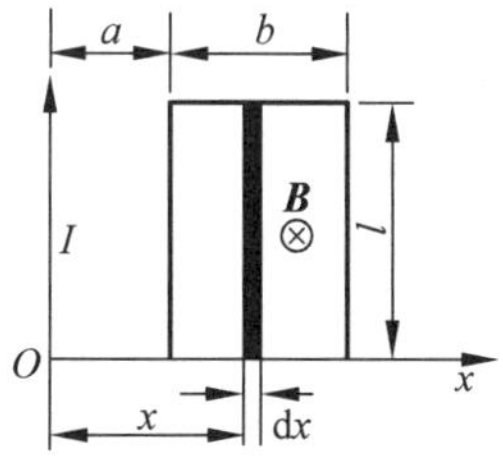

图 7-3-2

解：设无限长直导线中电流方向自下而上，取线圈所围矩形面积法向垂直纸面向里，和磁感应强度方向相同。建立坐标系如图 7-3-2 所示，则在坐标 x 处的磁感应强度大小为

$$B=\frac{\mu_0 I}{2\pi x}$$

在坐标 x 至 $x+\mathrm{d}x$ 处取一无穷小矩形面元 $\mathrm{d}S=l\mathrm{d}x$，通过该面元的磁通量微元为

$$\mathrm{d}\Phi_{\mathrm{m}}=\boldsymbol{B}\cdot\mathrm{d}\boldsymbol{S}=B\mathrm{d}S=\frac{\mu_0 I}{2\pi x}l\mathrm{d}x$$

通过整个矩形线圈的磁通量为

$$\Phi=\int_S \boldsymbol{B}\cdot\mathrm{d}\boldsymbol{S}=\int_a^{a+b}\frac{\mu_0 I}{2\pi x}l\mathrm{d}x=\frac{\mu_0 Il}{2\pi}\ln\frac{a+b}{a}$$

7.3.2 磁场的高斯定理

对磁场中的任意闭合曲面来说，由于磁感线都是无头无尾的闭合曲线，穿入闭合曲面的磁感线条数和穿出闭合曲面的磁感线条数一定相等。换句话说，有多少条磁感线进入闭合曲面，就必然有多少条磁感线穿出闭合曲面。即穿过任意闭合曲面的总磁通量必为零，其数

学表达式为

$$\oint_S \boldsymbol{B} \cdot d\boldsymbol{S} = 0 \tag{7-3-5}$$

这就是**磁场的高斯定理**(Gauss's law for magnetic field)。

真空中静电场的高斯定理$\oint_S \boldsymbol{E} \cdot d\boldsymbol{S} = \dfrac{\sum q_i}{\varepsilon_0}$中,因为$\sum q_i \neq 0$时,电通量$\Phi_e \neq 0$,说明静电场是有源场。而磁场的高斯定理$\oint_S \boldsymbol{B} \cdot d\boldsymbol{S} = 0$则说明,磁场是无源场。这也说明了不存在单独的磁荷(磁单极子)。

【练习 7-3】

7-3-1 试证明穿过以闭合曲线 C 为共同边界的任意曲面 S_1 和 S_2 的磁通量大小相等。

7-3-2 如图 7-3-3 所示,已知均匀磁场的磁感应强度大小 $B=2.0\text{T}$,方向沿 x 轴正向,试求:

(1) 通过图中 $abOc$ 面的磁通量;

(2) 通过图中 $bedO$ 面的磁通量;

(3) 通过图中 $acde$ 面的磁通量。

7-3-3 如图 7-3-4 所示,在无限长直载流导线的右侧有面积为 S_1 和 S_2 的两个矩形回路。两个回路与长直载流导线在同一平面,且矩形回路的一边与长直载流导线平行。求通过面积为 S_1 的矩形回路的磁通量与通过面积为 S_2 的矩形回路的磁通量之比。

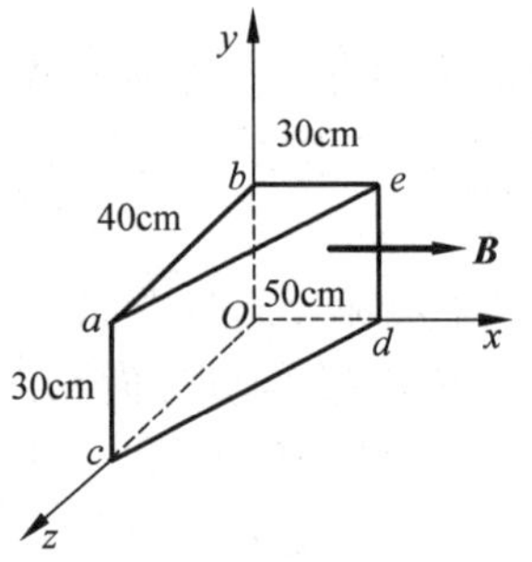

图 7-3-3

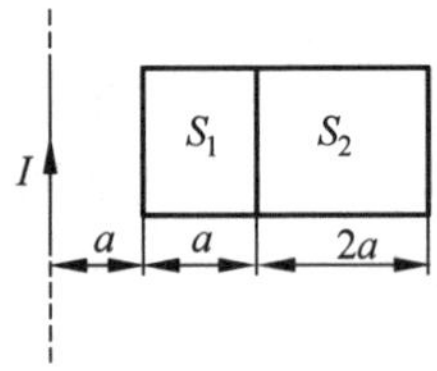

图 7-3-4

7.4 安培环路定理及其应用

【思考 7-4】

(1) 真空中的静电场满足高斯定理$\oint_S \boldsymbol{E} \cdot d\boldsymbol{S} = \dfrac{\sum q_i}{\varepsilon_0}$和环路定理$\oint_L \boldsymbol{E} \cdot d\boldsymbol{l} = 0$,分别反映了静电场的有源性和保守性;对真空中的恒定磁场,我们已经得到了反映其无源性的高斯定理$\oint_S \boldsymbol{B} \cdot d\boldsymbol{S} = 0$,那么恒定磁场的环路积分$\oint_L \boldsymbol{B} \cdot d\boldsymbol{l} =$? 恒定磁场是保守场吗?

(2) 通有恒定电流 I 的无限长直导线产生的磁场中,沿以下路径 L 计算积分$\oint_L \boldsymbol{B} \cdot d\boldsymbol{l}$,

会得到什么结果?

① 设 L 为垂直于电流的某平面内的圆周,电流垂直穿过圆心,且流向与 L 绕向成右手螺旋关系或者反向;

② 设 L 为垂直于电流的某平面内的任意形状的闭合路径,电流穿过路径所围面积,且流向与 L 绕向成右手螺旋关系或者反向;

③ 设 L 为垂直于电流的某平面内的任意形状的闭合路径,但电流不穿过路径所围面积,且流向与 L 绕向成右手螺旋关系或者反向;

④ 推广到空间中有多个任意恒定电流,对任意平面闭合路径积分的情况。

7.4.1 安培环路定理

安培环路定理(Ampère's circuital theorem)的表述如下:**在真空中的恒定磁场中,磁感应强度 $\boldsymbol{B}$ 沿任意闭合路径 $\boldsymbol{L}$ 的线积分(即 $\boldsymbol{B}$ 的环流),等于穿过这闭合路径的所有电流(即穿过以闭合曲线为边界的任意曲面的电流)的代数和的 μ_0 倍**。其数学表达式为

$$\oint_L \boldsymbol{B}\cdot \mathrm{d}\boldsymbol{l}=\mu_0\sum I_i \tag{7-4-1}$$

式中,电流 I_i 的正、负与闭合路径 L 的绕行方向有关。如果电流 I_i 的流向(拇指方向)与 L 的绕行方向(四指方向)符合右手螺旋关系,则 I_i 为正;否则 I_i 为负。

下面用几个特例来验证环路定理的正确性。以通有恒定电流 I 的无限长直导线产生的磁场为例,分几种情况讨论。

(1) 闭合路径 L 环绕电流(图 7-4-1)。

设 L 在垂直于导线的平面内,电流穿过闭合路径,与平面交点为 O,流向与 L 绕向成右手螺旋关系。在闭合路径 L 上任取一线元 $\mathrm{d}l$,$\mathrm{d}l$ 距 O 点的距离为 r,张角为 $\mathrm{d}\varphi$。从图 7-4-1 中可以看出,$\mathrm{d}l$ 所在处的磁感应强度为 $B=\dfrac{\mu_0 I}{2\pi r}$,此处半径为 r、圆心角为 $\mathrm{d}\varphi$ 的圆弧弧长 $r\mathrm{d}\varphi\approx \mathrm{d}l\cos\theta$,所以有

$$\oint_L \boldsymbol{B}\cdot \mathrm{d}\boldsymbol{l}=\oint_L B\cos\theta \mathrm{d}l=\oint_L Br\mathrm{d}\varphi=\int_0^{2\pi}\frac{\mu_0 I}{2\pi r}r\mathrm{d}\varphi=\mu_0 I$$

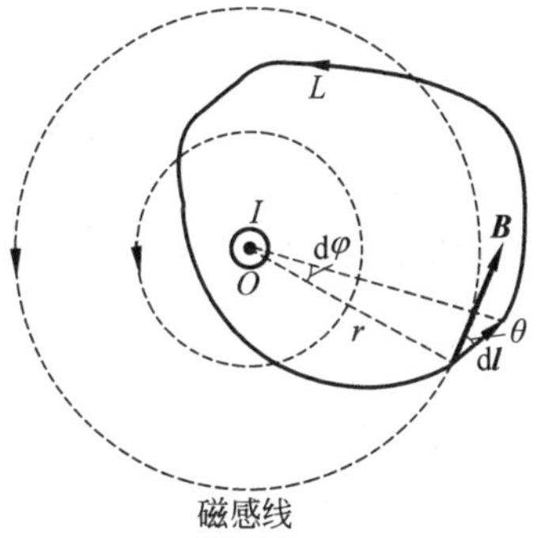

图 7-4-1

若电流的流向与路径绕向成左手螺旋关系,则

$$\oint_L \boldsymbol{B}\cdot \mathrm{d}\boldsymbol{l}=-\mu_0 I$$

(2) 闭合路径 L 不环绕电流(图 7-4-2)。

设 L 在垂直于导线的平面内,电流不穿过闭合路径。将路径分为如图 7-4-2 所示的两段路径 L_1 和 L_2,两段路径对 O 点的张角大小都是 φ_0。由(1)的计算可得

$$\oint_L \boldsymbol{B}\cdot \mathrm{d}\boldsymbol{l}=\int_{L_1}\boldsymbol{B}\cdot \mathrm{d}\boldsymbol{l}+\int_{L_2}\boldsymbol{B}\cdot \mathrm{d}\boldsymbol{l}=\frac{\mu_0 I}{2\pi}\left(\int_{L_1}\mathrm{d}\varphi+\int_{L2}\mathrm{d}\varphi\right)=\frac{\mu_0 I}{2\pi}(\varphi_0-\varphi_0)=0$$

(3) 推广到空间存在多条恒定电流的情况。

可能有的电流穿过 L,有的电流不穿过 L,但 L 上各点的磁感应强度是各个电流单独存在时在该点产生的磁感应强度的矢量和:

$$\boldsymbol{B}=\boldsymbol{B}_1+\boldsymbol{B}_2+\cdots$$

所以

$$\oint_L \boldsymbol{B}\cdot \mathrm{d}\boldsymbol{l}=\oint_L \boldsymbol{B}_1\cdot \mathrm{d}\boldsymbol{l}+\oint_L \boldsymbol{B}_2\cdot \mathrm{d}\boldsymbol{l}+\cdots$$

根据(1)和(2)的讨论，只有穿过 L 的电流 I_i 才对环流 $\oint_L \boldsymbol{B}\cdot \mathrm{d}\boldsymbol{l}$ 有贡献，所以有

$$\oint_L \boldsymbol{B}\cdot \mathrm{d}\boldsymbol{l}=\mu_0\sum I_i$$

其中，$\sum I_i$ 为穿过闭合路径 L 的所有电流的代数和。

安培环路定理只适用于恒定电流。如图 7-4-3 所示，通过以 L 为边界的任何曲面(如 S_1、S_2)的电流 I 都相等。所以电流"穿过"L 是指：设想闭合路径 L 为一条首尾相连的绳子，绳子勒紧后能把电流捆住，即为穿过。安培环路定理表明磁场为非保守场。

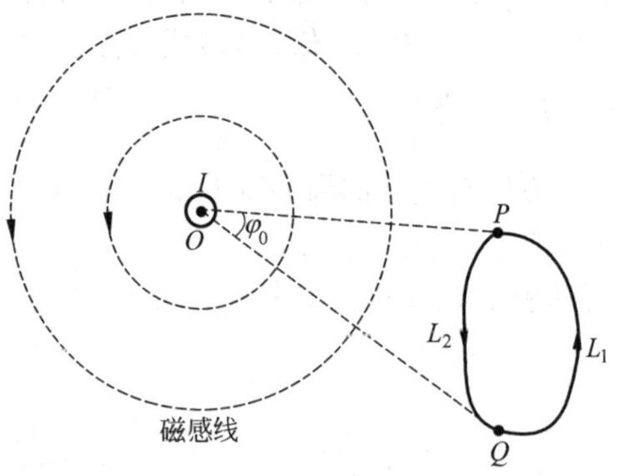

图 7-4-2

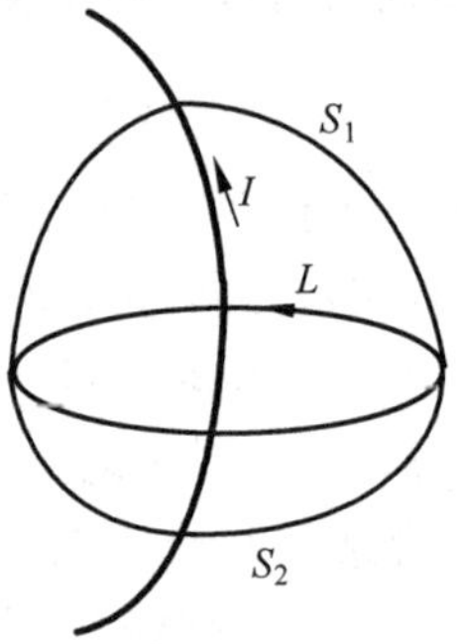

图 7-4-3

【讨论 7-4-1】

(1) 在安培环路定理的表达式 $\oint_L \boldsymbol{B}\cdot \mathrm{d}\boldsymbol{l}=\mu_0\sum I_i$ 中，讨论：

① $\sum I_i$ 的意义；② $\oint_L \boldsymbol{B}\cdot \mathrm{d}\boldsymbol{l}$ 中 $\boldsymbol{B}$ 的意义。

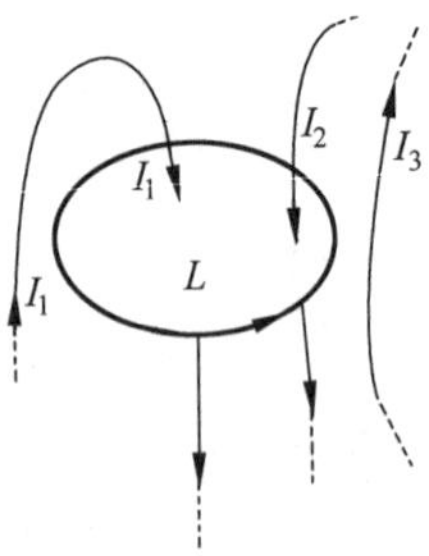

图 7-4-4

(2) 电流和闭合路径 L 如图 7-4-4 所示，讨论：

① 闭合路径 L 上的 $\boldsymbol{B}$ 是否与闭合路径外的电流有关？

② $\oint_L \boldsymbol{B}\cdot \mathrm{d}\boldsymbol{l}=?$

(3) ① 若 $\oint_L \boldsymbol{B}\cdot \mathrm{d}\boldsymbol{l}=0$，是否闭合路径 L 上各处 $\boldsymbol{B}=\boldsymbol{0}$？

② 若 $\oint_L \boldsymbol{B}\cdot \mathrm{d}\boldsymbol{l}=0$，是否闭合路径 L 内无电流穿过？

【分析】

(1) ① $\sum I_i$ 指穿过闭合路径 L 的所有恒定电流的代数和；

② $\oint_L \boldsymbol{B}\cdot \mathrm{d}\boldsymbol{l}$ 中的 $\boldsymbol{B}$ 指闭合路径 L 上各点的磁感应强度，是由环路 L 内外所有电流所产生磁感应强度的叠加。

(2) ①闭合路径 L 上的 $\boldsymbol{B}$ 与闭合路径外的电流有关；

② $\oint_L \boldsymbol{B} \cdot \mathrm{d}\boldsymbol{l} = -\mu_0(I_1 + I_2)$。

(3) ① 否。$\oint_L \boldsymbol{B} \cdot \mathrm{d}\boldsymbol{l} = 0$，说明 $\boldsymbol{B}$ 沿闭合路径 L 的线积分为零，但不能说明在闭合路径 L 上各点的 $\boldsymbol{B}$ 均为零。

② 否。$\oint_L \boldsymbol{B} \cdot \mathrm{d}\boldsymbol{l} = 0$，说明穿过闭合路径 L 的电流的代数和为零，不能说明闭合路径 L 内一定无电流穿过。

7.4.2 安培环路定理的应用

和应用静电场中的高斯定理一样，在磁场具有对称性时，应用安培环路定理可以比较方便地求解磁场。解题步骤一般是：首先分析电流产生磁场的对称性；然后在具有对称性的磁场中选取适当的闭合路径，一般选择磁场大小不变的闭合路径或者沿着垂直于磁感线的闭合路径，沿着这样的路径进行积分计算比较方便；最后根据安培环路定理确定磁感应强度的大小。

例 7-4-1 求载流无限长圆柱面内外的磁场。如图 7-4-5 所示，设圆柱面半径为 R，通有恒定电流 I。

解：先求柱面外的磁场($r>R$)。

(1) 对称性分析。将圆柱面沿轴线方向分为无限多窄条，每个窄条可看作载有电流 $\mathrm{d}I$ 的无限长直导线。任取一对相对于图 7-4-5 中一半径 $\boldsymbol{r}$ 对称的窄条 $\mathrm{d}I_1$、$\mathrm{d}I_2$，它们在图中 P 点产生的磁感应强度分别为 $\mathrm{d}\boldsymbol{B}_1$、$\mathrm{d}\boldsymbol{B}_2$，其合磁感应强度 $\mathrm{d}\boldsymbol{B}$ 垂直于 $\boldsymbol{r}$ 方向(且在垂直于圆柱面轴线的平面内，下同)。P 点的磁感应强度就是所有这样一对一对的窄条电流产生的磁感应强度叠加而成的。因此 P 点的磁感应强度 $\boldsymbol{B}$ 一定也垂直于 $\boldsymbol{r}$ 方向。其他场点也是如此。同时，由于圆柱面上电流分布的轴对称性，可知距圆柱面轴线距离相同的各点，磁感应强度的大小相同。

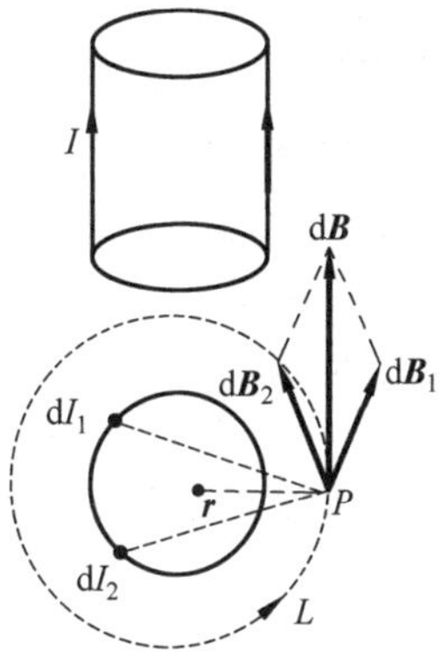

图 7-4-5

(2) 选取合适的积分路径。根据上述对称分析知，合适的路径应是在垂直于轴线的平面内、过 P 点且以 r 为半径的圆形路径 L，路径的正方向与电流流向成右手螺旋关系。

(3) 根据安培环路定理进行计算。根据磁场的对称性计算沿所选的闭合路径的环流得

$$\oint_L \boldsymbol{B} \cdot \mathrm{d}\boldsymbol{l} = B\oint_L \mathrm{d}l = B \cdot 2\pi r$$

穿过所选的闭合路径的电流为 I。由安培环路定理得圆柱面外的磁感应强度的大小为

$$B_{外} = \frac{\mu_0 I}{2\pi r} \tag{7-4-2a}$$

采用同样的方法(读者自行推证)可求圆柱面内的磁感应强度为

$$B_{内} = 0 \tag{7-4-2b}$$

载流无限长圆柱面的磁场分布 B-r 曲线如图 7-4-6 所示。

载流无限长圆柱面产生的磁感应强度的对称性也可以进行如下分析。因为圆柱面上电流分布具有轴对称性，所以磁感应强度对圆柱面的轴线也有轴对称性，磁感线(如果磁感应强度不为零的话)是在垂直于轴线的平面内以轴线为中心的一组组同心圆。即任一点的 **B** 均垂直于相应的 **r** 方向，且与电流流向成右手螺旋关系，同一条磁感线上各点的 **B** 大小相同。选取所求点所在的磁感线为闭合路径，由安培环路定理即可求出所求点的 **B**。

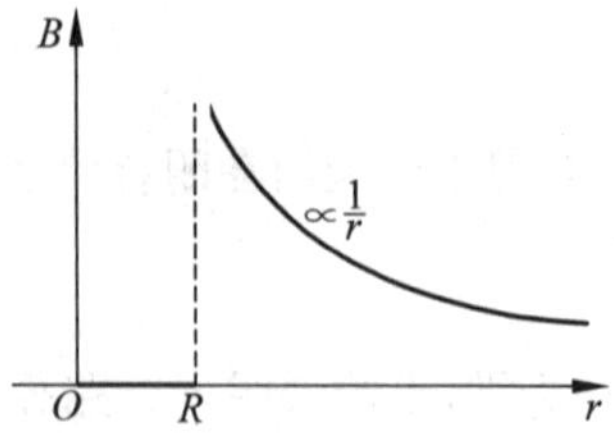

图 7-4-6

【讨论 7-4-2】

设载流无限长圆柱体的横截面半径为 R，通有恒定电流 I。应用安培环路定理求解圆柱体内、外的磁感应强度大小分别为

$$B_{外}=\frac{\mu_0 I}{2\pi r} \tag{7-4-3a}$$

$$B_{内}=\frac{\mu_0 I r}{2\pi R^2} \tag{7-4-3b}$$

磁场分布如图 7-4-7 所示。

【分析】

载流无限长圆柱体可视为半径 $r=0\sim R$ 的无限多个载流无限长圆柱面的集合。因为每个载流无限长圆柱面的磁场具有轴对称性，所以载流无限长圆柱体的磁场也具有轴对称性。其磁感线也是在垂直于轴线的平面内以轴线为中心的一组组同心圆，同一条磁感线上各点的 **B** 的大小相同，与电流流向成右手螺旋关系。

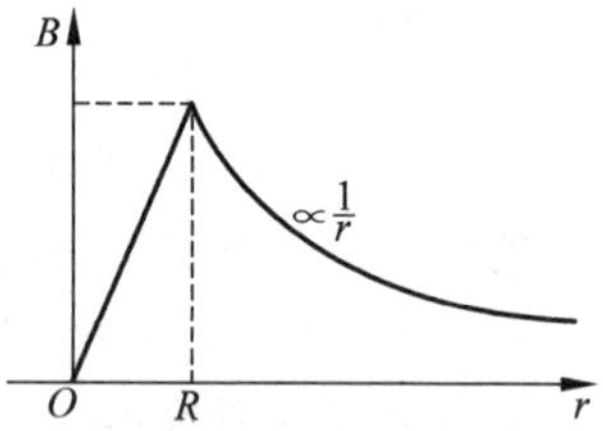

图 7-4-7

选择闭合路径为过所求点的磁感线所在的圆周，绕行方向与电流流向成右手螺旋关系，则有

$$\oint_L \boldsymbol{B}\cdot \mathrm{d}\boldsymbol{l}=B\oint_L \mathrm{d}l=B\cdot 2\pi r$$

在圆柱体外，穿过所选的闭合路径的电流

$$\sum I_i=I$$

在圆柱体内，穿过所选的闭合路径的电流

$$\sum I_i=\frac{I}{\pi R^2}\pi r^2$$

根据安培环路定理可求得式(7-4-3)，并可做出如图 7-4-7 所示的 B-r 变化曲线。

例 7-4-2 分析载流无限长直螺旋线管内的磁场。设螺线管单位长度线圈的匝数为 n，线圈中的电流为 I。

解：由于载流螺旋线管无限长，且电流分布具有对称性，可知螺旋线圈内的磁感线是一组平行于轴线的直线，且距轴线距离相同的各点的磁场大小相同，磁感线的切向与电流的流向成右手螺旋关系。在螺线管外部贴近管壁处，忽略其漏磁，可认为 $B=0$。

根据以上分析，为计算管内某点的磁感应强度，过该点作一矩形闭合路径 $abcda$，如

图 7-4-8 所示。沿所选路径的环流为

$$\oint_L \boldsymbol{B} \cdot \mathrm{d}\boldsymbol{l} = \int_a^b \boldsymbol{B} \cdot \mathrm{d}\boldsymbol{l} + \int_b^c \boldsymbol{B} \cdot \mathrm{d}\boldsymbol{l} + \int_c^d \boldsymbol{B} \cdot \mathrm{d}\boldsymbol{l} + \int_d^a \boldsymbol{B} \cdot \mathrm{d}\boldsymbol{l}$$

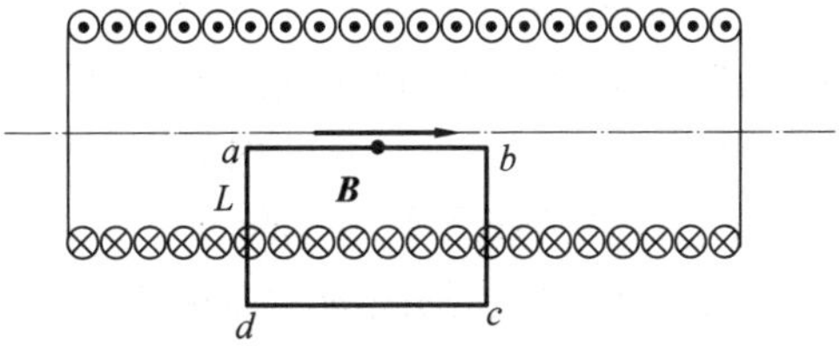

图 7-4-8

其中右端第二、三、四项均为零(读者自行思考),所以

$$\oint_L \boldsymbol{B} \cdot \mathrm{d}\boldsymbol{l} = \int_a^b \boldsymbol{B} \cdot \mathrm{d}\boldsymbol{l} = B \cdot \overline{ab}$$

穿过所选闭合路径的电流为

$$\sum I_i = n\overline{ab}I$$

根据安培环路定理得

$$B = \mu_0 nI \tag{7-4-4}$$

由上式可知,载流无限长直螺旋线管内的磁场是匀强磁场,管内各点磁场的大小和轴线上各点的磁场大小相同,磁场的方向可用右手法则判断,如图 7-4-8 所示。

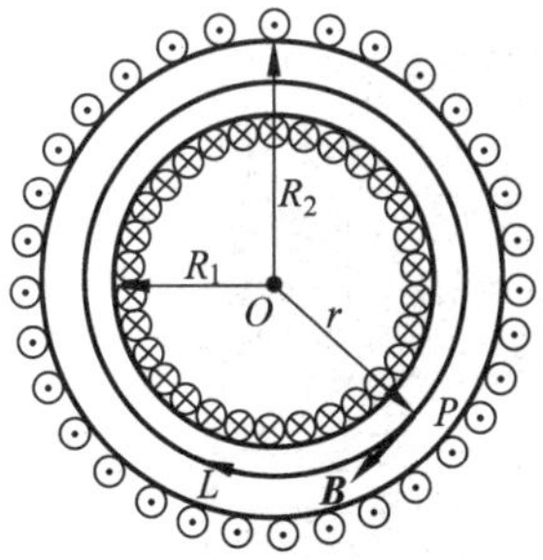

图 7-4-9

例 7-4-3 分析载流螺绕环内部的磁场。设螺绕环有 N 匝线圈,线圈中通有电流 I,尺寸如图 7-4-9 所示。

解:由螺绕环电流分布的对称性可知(读者自行分析),螺绕环内的磁感线是与螺绕环同心的圆周。在同一条磁感线上,$\boldsymbol{B}$ 的大小相等,方向沿该圆形磁感线的切线方向,并与电流流向成右手螺旋关系,如图 7-4-9 所示。

计算管内任一点 P 的磁感应强度,可选择在环形螺线管内取过点 P 的磁感线为闭合路径 L,半径为 r,路径方向与磁场方向一致。沿所选闭合路径的环流为

$$\oint_L \boldsymbol{B} \cdot \mathrm{d}\boldsymbol{l} = B\oint_L \mathrm{d}l = B \cdot 2\pi r$$

穿过所选闭合路径的电流为

$$\sum I_i = NI$$

根据安培环路定理得

$$B = \frac{\mu_0 NI}{2\pi r} \tag{7-4-5}$$

对细的螺绕环($R_2 - R_1 \ll R_1$ 或 R_2),上述结果中的 r 可用环的中心线半径 $R_中$ 来代替,于是

$$B = \frac{\mu_0 NI}{2\pi R_中} = \mu_0 nI \tag{7-4-6}$$

式中,$n = \dfrac{N}{2\pi R_中}$ 为单位周长上的匝数。可见,在细螺绕环的情形下,其内部的磁场可视为均匀磁场。

模拟太阳产生能量的原理,在地球上建造可控并持续反应的核聚变装置——“人造太阳”,是人类的终极能源梦想。20 世纪 50 年代,位于苏联莫斯科的库尔恰托夫研究所的阿

齐莫维奇等建成了最早的人工核聚变装置——托卡马克(Tokamak)。托卡马克是一种利用磁约束来实现受控核聚变的环形容器。托卡马克的中央是一个环形的真空室,外面缠绕着线圈。通电时托卡马克的内部会产生巨大的螺旋形磁场,将其中的等离子体加热到很高的温度,以达到核聚变的目的。

为了产生更强的磁场,人们将超导技术成功地应用于产生托卡马克强磁场的线圈上,建成了超导托卡马克,使得磁约束位形的连续稳态运行成为现实。1994 年我国通过国际合作成功研制出 HT-7 超导托卡马克,使我国成为继俄、日、法之后第四个拥有该类装置的国家。2003 年,我国开始建设“先进实验超导托卡马克”(EAST),见图 7-4-10。EAST 装置的主机部分高 11m,直径 8m,质量 400t,由超高真空室、纵场线圈、极向场线圈、内外冷屏、外真空杜瓦、支撑系统等六大部件组成。EAST 装置是正在运行的世界首个全超导托卡马克核聚变实验装置,不仅规模更大,还具有独特的非圆截面、全超导及主动冷却内部结构三大特性。2023 年 4 月 12 日,EAST 成功实现了 403s 稳态长脉冲高约束模式等离子体运行,创造了一项新的世界纪录。超导托卡马克被公认为是探索、解决未来稳态聚变反应堆工程及物理问题的最有效的装置。目前,以实现聚变能源为目标的中国聚变工程试验堆(CFETR)已完成工程设计,未来瞄准建设世界首个聚变示范堆,为人类开发清洁而又无限的核聚变能做出重大贡献。

图 7-4-10

【练习 7-4】

7-4-1 两条长直导线通有电流 I,三种闭合回路 a、b 和 c 如图 7-4-11 所示。求通过各闭合回路的环流。

7-4-2 一同轴电缆,其尺寸如图 7-4-12 所示,它的内、外两导体中的电流大小均为 I,且在横截面上均匀分布,但两者电流的流向相反。求空间各处($r<R_1$,$R_2>r>R_1$,$R_3>r>R_2$,$r>R_3$)的磁感应强度大小。

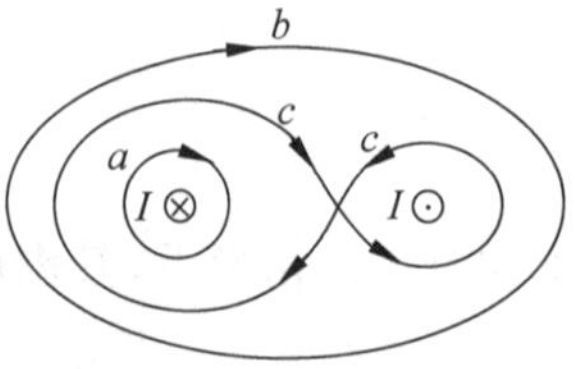

图 7-4-11

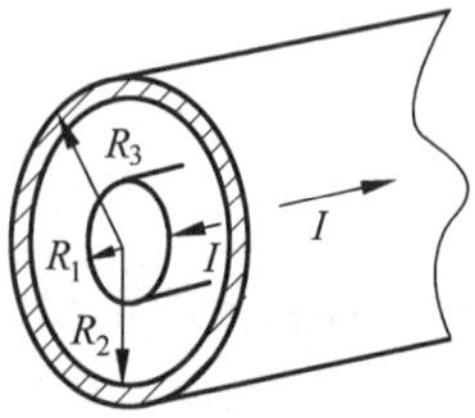

图 7-4-12

7-4-3 一长直螺线管由直径 $d=0.2\text{mm}$ 的漆包线密绕而成。当它通以 $I=0.5\text{A}$ 的电流时，求其内部的磁感应强度大小(忽略绝缘层厚度)。

7-4-4 一无限长圆柱形铜导体(磁导率为 μ_0)半径为 R，通有均匀分布的电流 I。今取一矩形平面 S(长为 1m，宽为 $2R$)，位置如图 7-4-13 中画斜线部分所示，求通过该矩形平面的磁通量。

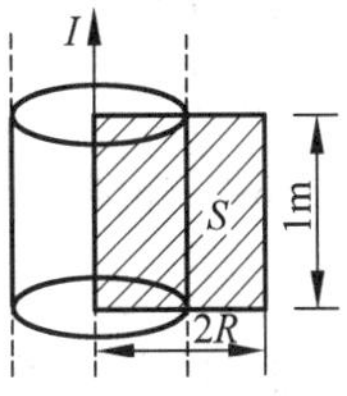

图 7-4-13

7.5 带电粒子在磁场中的运动

【思考 7-5】

(1) 磁流体发电机是如何发电的？有什么优势？

(2) 为什么磁铁靠近电视机的屏幕时会使图像变形？

(3) 电场和磁场都会使运动的带电粒子发生侧向偏转，这两种偏转有什么不同？

7.5.1 洛伦兹力

通常把带电粒子在磁场中运动时受到的磁场力称为洛伦兹力(Lorentz force)。设运动粒子带电荷 q，运动速度为 $\boldsymbol{v}$，磁场的磁感应强度为 $\boldsymbol{B}$，则其所受的洛伦兹力的矢量表达式为

$$\boldsymbol{F}_{\text{m}}=q\boldsymbol{v}\times\boldsymbol{B} \tag{7-5-1}$$

按照右手螺旋定则，洛伦兹力 $\boldsymbol{F}_{\text{m}}$ 的方向始终垂直于 $\boldsymbol{v}$ 和 $\boldsymbol{B}$ 组成的平面。q 为正电荷时，$\boldsymbol{F}_{\text{m}}$ 与 $\boldsymbol{v}\times\boldsymbol{B}$ 同向；q 为负电荷时，$\boldsymbol{F}_{\text{m}}$ 与 $\boldsymbol{v}\times\boldsymbol{B}$ 反向。如图 7-5-1 所示，正电荷受到洛伦兹力的方向垂直于纸面向里，其运动轨迹会朝着垂直于速度 $\boldsymbol{v}$ 和磁场 $\boldsymbol{B}$ 的方向弯曲；洛伦兹力的大小为

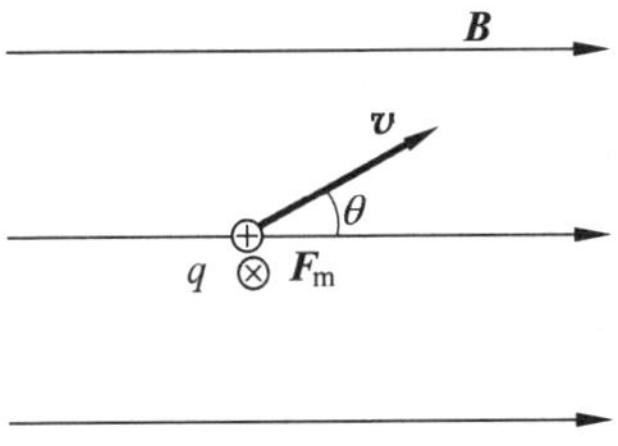

图 7-5-1

$$F_{\text{m}}=|q|vB\sin\theta \tag{7-5-2}$$

式中，θ 为电荷的运动方向和磁场方向之间的夹角。由式(7-5-2)知，当 $\theta=0$ 或 π 时，$F_{\text{m}}=0$(最小)；当 $\theta=\pi/2$ 时，$F_{\text{m}}=|q|vB$(最大)。即：当电荷沿着或逆着磁场方向运动时，其不受洛伦兹力；当电荷垂直于磁场方向运动时，其所受洛伦兹力最大。

需要注意的是，由于洛伦兹力 $\boldsymbol{F}_{\text{m}}$ 始终垂直于 $\boldsymbol{v}$ 和 $\boldsymbol{B}$ 组成的平面，所以 $\boldsymbol{F}_{\text{m}}$ 对电荷永远不做功，它仅能改变电荷运动的方向，而不能改变电荷运动速度的大小。

7.5.2 带电粒子在均匀磁场中的运动

质量为 m、带电荷 q 的带电粒子以不同的运动方式进入磁感应强度为 $\boldsymbol{B}$ 的均匀磁场，其运动情况是不同的。不考虑其他外场，带电粒子仅受到均匀磁场的作用时，下面分三种情况讨论。

1. 带电粒子的速度$\boldsymbol{v}_0$与$\boldsymbol{B}$同向或反向

当带电粒子以平行于磁场方向的速度$\boldsymbol{v}_0$进入均匀磁场时，因$\sin\theta=0(\theta=0$或$\pi)$，根据式(7-5-2)知，粒子不受洛伦兹力，粒子将沿着(或逆着)磁场方向做匀速直线运动，如图7-5-2所示。

2. 带电粒子的速度$\boldsymbol{v}_0$垂直于$\boldsymbol{B}$

当带电粒子进入均匀磁场的速度$\boldsymbol{v}_0$与磁场$\boldsymbol{B}$垂直时，根据式(7-5-2)知，其所受洛伦兹力$F_m=qv_0B\sin\frac{\pi}{2}=qv_0B$，且由于洛伦兹力方向始终垂直于速度$\boldsymbol{v}_0$，其大小始终不变；洛伦兹力的方向同时又垂直于磁场$\boldsymbol{B}$，故带电粒子将在垂直于磁场$\boldsymbol{B}$的平面内做半径为$R$的匀速率圆周运动，图7-5-3所示为电荷$q(>0)$的运动轨迹。粒子做匀速圆周运动的半径由牛顿第二定律$qv_0B=mv_0^2/R$求得，即

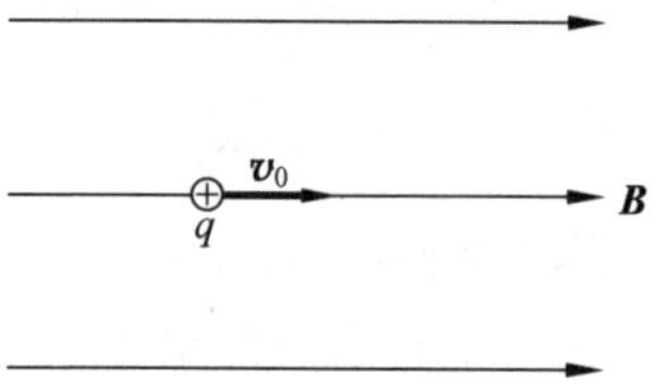

图 7-5-2

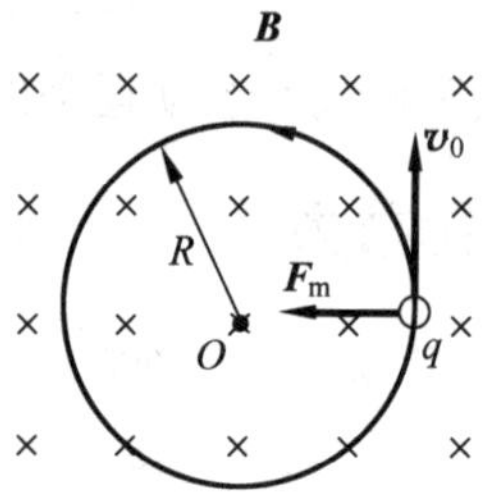

图 7-5-3

$$R=\frac{mv_0}{qB} \tag{7-5-3}$$

式中，R称为回旋半径。它与带电粒子速度的大小v_0成正比，与磁感应强度的大小B成反比。带电粒子沿圆形轨道绕行一周所需的时间称为回旋周期，用符号T表示，即

$$T=\frac{2\pi R}{v_0}=\frac{2\pi m}{qB} \tag{7-5-4}$$

单位时间内粒子所运行的圈数称为回旋频率，用符号f表示，即

$$f=\frac{1}{T}=\frac{qB}{2\pi m} \tag{7-5-5}$$

由式(7-5-4)和式(7-5-5)可知，当q、m一定时，回旋周期和回旋频率与v_0和R无关。

需要指出的是，上述结论只适用于带电粒子速度远小于光速的非相对论情形。当带电粒子的速度接近于光速时，上述公式虽然仍可沿用，但粒子的质量m不再是常量，而是随速度趋于光速而增加。相应地，带电粒子的回旋周期将变长，回旋频率将减小。

3. 带电粒子的速度$\boldsymbol{v}_0$与$\boldsymbol{B}$有一夹角θ

当带电粒子进入磁场的速度$\boldsymbol{v}_0$与$\boldsymbol{B}$有一夹角θ时，可以将带电粒子的初速度$\boldsymbol{v}_0$分解为平行于$\boldsymbol{B}$的分量$\boldsymbol{v}_{/\!/}$和垂直于$\boldsymbol{B}$的分量$\boldsymbol{v}_{\perp}$(图7-5-4)，即有

$$\boldsymbol{v}=\boldsymbol{v}_{/\!/}+\boldsymbol{v}_{\perp}$$

$$v_{/\!/}=v_0\cos\theta,\quad v_{\perp}=v_0\sin\theta$$

这时带电粒子的运动可以视为两个运动的合成。粒子将沿着(或逆着)磁场方向以速率 $v_{//}=v_0\cos\theta$ 做匀速直线运动；同时在垂直于磁场方向的平面内以速率 $v_{\perp}=v_0\sin\theta$ 做匀速圆周运动。因此,带电粒子的合运动是以磁场方向为轴的等螺距的旋线运动,如图 7-5-4 所示(以 $q>0$ 为例)。螺旋线半径

$$R=\frac{mv_{\perp}}{qB}=\frac{mv_0\sin\theta}{qB} \tag{7-5-6}$$

回旋周期

$$T=\frac{2\pi R}{v_{\perp}}=\frac{2\pi m}{qB} \tag{7-5-7}$$

带电粒子在一个周期内沿磁场方向前进的距离称为螺距,有

$$h=v_{//}T=\frac{2\pi m}{qB}v_0\cos\theta \tag{7-5-8}$$

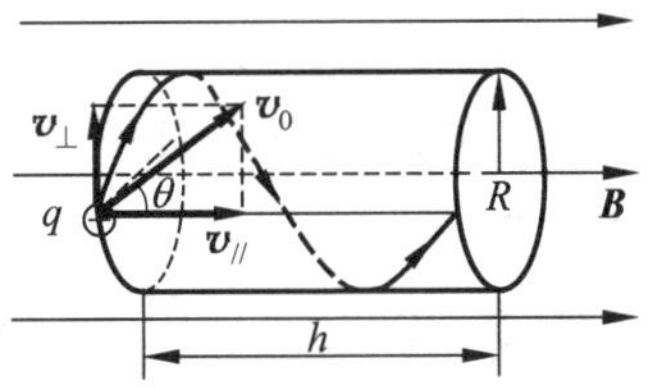

图 7-5-4

【练习 7-5】

7-5-1 质子(质量记为 m_1)和电子(质量记为 m_2)以相同的速度垂直飞入磁感应强度为 $\boldsymbol{B}$ 的均匀磁场中,试求质子的轨道半径 R_1 与电子的轨道半径 R_2 的比值。

7-5-2 一电子以 $v=10^5\,\mathrm{m/s}$ 的速率在垂直于均匀磁场的平面内做半径 $R=1.2\mathrm{cm}$ 的圆周运动,求穿过此圆周所包围面积的磁通量。(忽略电子运动产生的磁场,已知电子电荷 $e=1.6\times10^{-19}\mathrm{C}$,电子质量 $m_e=9.11\times10^{-31}\mathrm{kg}$。)

7-5-3 一电子以速率 $v=2.20\times10^6\,\mathrm{m/s}$ 垂直磁场方向射入磁感应强度为 $B=2.36\mathrm{T}$ 的均匀磁场,已知电子质量为 $m=9.11\times10^{-31}\mathrm{kg}$,求该电子的轨道磁矩。

7-5-4 在带电粒子穿过过饱和蒸气的路径上,过饱和蒸气凝结成小液滴,从而显示出粒子的运动轨迹,这就是云室的原理。今在云室中有磁感应强度大小为 $B=1\mathrm{T}$ 的均匀磁场,观测到一个质子的径迹是半径 $r=20\mathrm{cm}$ 的圆弧。已知质子的电荷 $q=1.6\times10^{-19}\mathrm{C}$,静止质量 $m=1.67\times10^{-27}\mathrm{kg}$,求该质子的动能。

7-5-5 一电子以 $v=6\times10^7\,\mathrm{m/s}$ 的速度垂直磁场方向射入磁感应强度为 $B=10\mathrm{T}$ 的均匀磁场中,求这电子所受的洛伦兹力与本身重力之比。已知电子质量为 $m=9.1\times10^{-31}\mathrm{kg}$,基本电荷 $e=1.6\times10^{-19}\mathrm{C}$。

7-5-6 图 7-5-5 中 A_1、A_2 的距离为 0.1m,A_1 端有一电子,其初速度 $v=1.0\times10^7\,\mathrm{m/s}$,若它所处的空间为均匀磁场,它在洛伦兹力作用下沿圆形轨道运动到 A_2 端,求电子通过这段路程所需的时间 t。

7-5-7 如图 7-5-6 所示,在均匀磁场中的 A 处引入带电粒子束,各粒子的速率差不多相等,速度方向与 $\boldsymbol{B}$ 方向不一样(但速度和 $\boldsymbol{B}$ 之间的夹角都非常小),这些粒子的 $v_{\perp}$ 虽不同,但在垂直于 $\boldsymbol{B}$ 的平面内做圆周运动的周期相同；另外,这些粒子的 $v_{//}$ 几乎一样,因而螺距 h 近似相同。经过一个周期,所有粒子将重新在 A' 处($AA'=h$)相聚,这种现象称为磁聚焦(magnetic focusing)。磁聚焦广泛用于电真空器件,特别是电子显微镜中。查阅相关资料,了解磁聚焦的应用。

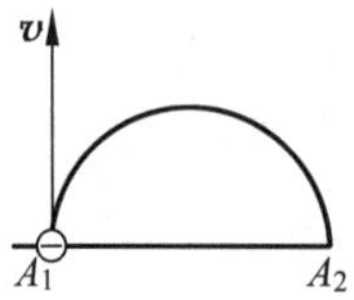

图 7-5-5

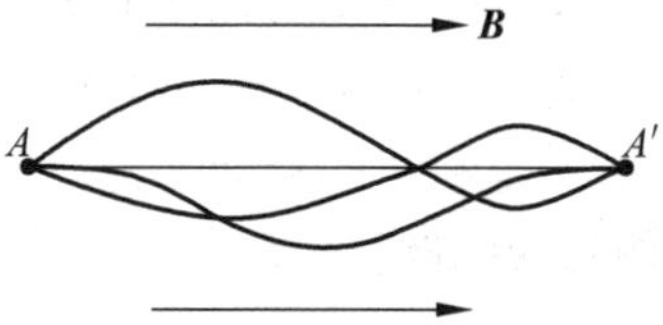

图 7-5-6

7-5-8 式(7-5-4)和式(7-5-5)为回旋加速器的设计依据。查阅有关回旋加速器的资料，了解其工作原理，体会装置设计的巧妙性和科学性。并讨论回旋加速器加速粒子的局限性及其改进方案。

7-5-9 在非均匀磁场中，带电粒子向磁场较强的方向运动时，回旋半径将不断减小(由前已知，回旋半径正比于 $1/B$)；同时，洛伦兹力恒有一指向磁场较弱方向的分力(也可从图 7-5-7 中发现此分力的存在)，此分力阻止带电粒子向磁场较强的方向运动。这可使粒子沿磁场方向的速度减小到零，然后朝反方向运动。在图 7-5-8 所示的特殊磁场(轴对称；中间弱，两端强)中，粒子可局限在一定范围内往返运动，此装置称**磁塞**；因这又好像光线被镜面反射，故该装置又称**磁镜**(magnetic mirror)。在受控热核反应中，可用此法把等离子体约束在一定范围之内。查阅相关资料，了解磁镜的更多应用。

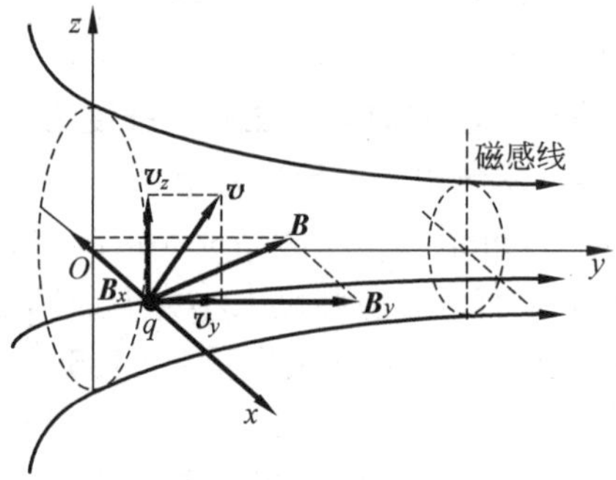

图 7-5-7

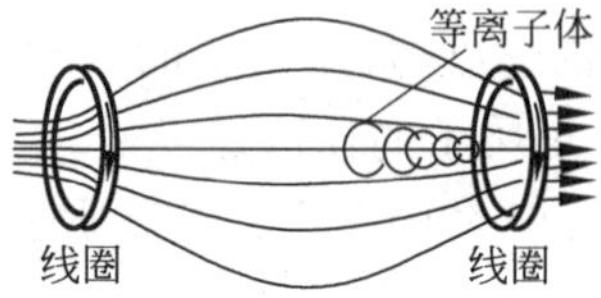

图 7-5-8

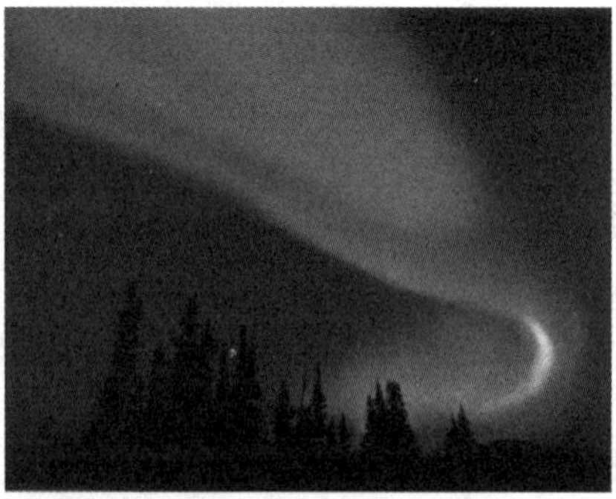

图 7-5-9

7-5-10 美丽的极光(aurora)如图 7-5-9 所示。查阅相关资料，了解什么叫范艾伦辐射带(Van Allen radiation belts)，以及极光是怎样产生的。

7-5-11 美籍华人物理学家崔琦和另外两位物理学家因研究和发现分数量子霍尔效应对量子物理学的贡献，共同获得 1998 年的诺贝尔物理学奖。什么是霍尔效应？霍尔效应有哪些应用？量子霍尔效应又是怎样的现象？中国科学院院士薛其坤在这个领域做了哪些贡献？有何重大意义？

7.6 载流导线在磁场中所受的力

【思考 7-6】

（1）7.1 节中曾指出，磁场对载流导线有磁力的作用，磁力的本质是什么？载流导线在磁场中所受的磁力有规律可循吗？

（2）要使一个弯曲的载流导线在均匀磁场中受到的磁力合作用为零，应如何放置？

（3）在一个均匀磁场中，两个面积相等、通有相同电流的线圈，一个是三角形，一个是圆形。这两个线圈所受的磁力矩是否相等？

（4）电动机是如何工作的？输出力矩的大小与哪些因素有关？

7.6.1 安培定律

磁场对载流导线的作用力（即磁力）又称**安培力**。安培力的本质就是磁场对形成导线中电流的运动电荷的洛伦兹力。

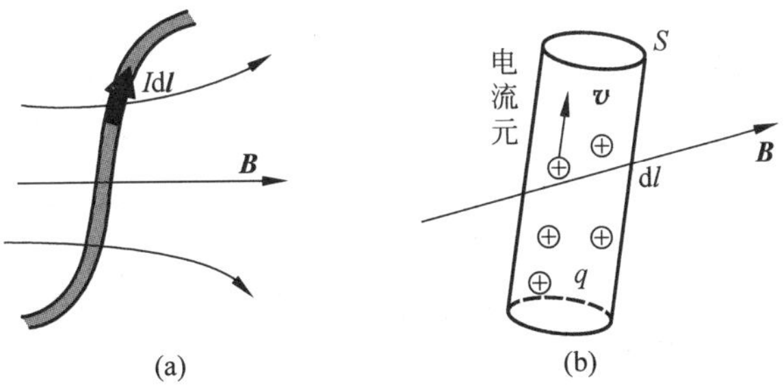

图 7-6-1

如图 7-6-1(a)所示，欲确定磁场对整条载流导线的安培力，先分析其中任意一电流元 $I\mathrm{d}\boldsymbol{l}$ 受到的磁力 $\mathrm{d}\boldsymbol{F}$。在图 7-6-1(b)中，设载流导线的横截面积为 S，载流导线中载流子数密度为 n，则电流元 $I\mathrm{d}l$ 中的电荷数为 $nS\mathrm{d}l$。设每个载流子带电荷 q，平均定向运动速度为 $\boldsymbol{v}$，在磁感应强度为 $\boldsymbol{B}$ 的磁场中每个载流子受到磁场作用力 $q\boldsymbol{v}\times\boldsymbol{B}$。电流元 $I\mathrm{d}\boldsymbol{l}$ 可视为处于均匀磁场中，各载流子受到的洛伦兹力方向都相同，故电流元所受的安培力

$$\mathrm{d}\boldsymbol{F}=nqS\mathrm{d}l\boldsymbol{v}\times\boldsymbol{B}$$

由于电流大小 $I=n|q|Sv$，$q\mathrm{d}l\boldsymbol{v}=|q|v\mathrm{d}\boldsymbol{l}$（因为 $\mathrm{d}\boldsymbol{l}$ 方向沿电流方向，即 $q\boldsymbol{v}$ 的方向），所以

$$\mathrm{d}\boldsymbol{F}=I\mathrm{d}\boldsymbol{l}\times\boldsymbol{B} \tag{7-6-1}$$

这就是安培力公式，也称为**安培定律**。由式(7-6-1)可知，$\mathrm{d}\boldsymbol{F}$ 的大小与磁感应强度大小 B、电流元的大小 $I\mathrm{d}l$ 以及 $I\mathrm{d}\boldsymbol{l}$ 与 $\boldsymbol{B}$ 的夹角的正弦成正比，即

$$\mathrm{d}F=BI\mathrm{d}l\sin\theta \tag{7-6-2}$$

$\mathrm{d}\boldsymbol{F}$ 的方向垂直于 $I\mathrm{d}\boldsymbol{l}$ 与 $\boldsymbol{B}$ 所组成的平面，指向按右手螺旋定则确定。

一段导线在磁场中所受到的安培力等于导线上所有电流元所受的安培力 $\mathrm{d}\boldsymbol{F}$ 的矢量和，即

$$\boldsymbol{F}=\int_L\mathrm{d}\boldsymbol{F}=\int_L I\mathrm{d}\boldsymbol{l}\times\boldsymbol{B} \tag{7-6-3}$$

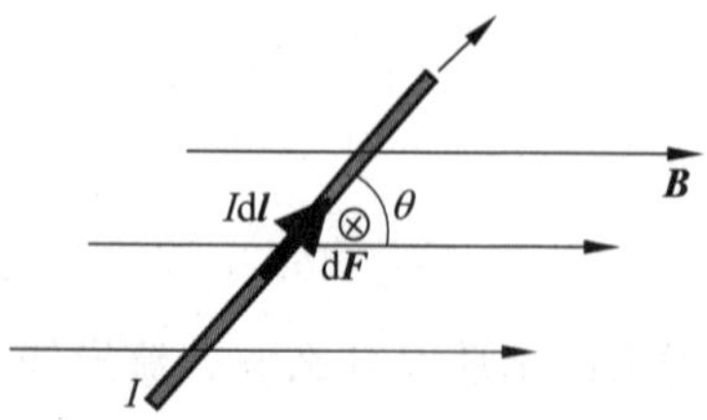

图 7-6-2

应特别注意，在计算时矢量积分一般要化成分量积分，以简化计算过程。

例 7-6-1 如图 7-6-2 所示，在均匀磁场 $\boldsymbol{B}$ 中有一条长为 L 的直导线通有恒定电流 I，导线与磁场的夹角为 θ，求其所受的安培力。

解：在直导线上任取一电流元 $I\mathrm{d}\boldsymbol{l}$，根据安培定律，电流元所受的安培力大小为

$$\mathrm{d}F = BI\mathrm{d}l\sin\theta$$

由于是均匀磁场，直导线上每段电流元所受安培力的方向均为垂直纸面向里，所以直导线所受的总安培力方向垂直纸面向里，大小为

$$F = \int_L BI\mathrm{d}l\sin\theta = ILB\sin\theta \tag{7-6-4}$$

例 7-6-2 如图 7-6-3 所示，在垂直纸面向里的均匀磁场中放置一半圆形载流导线，导线半径为 R，通有电流 I，求其所受的安培力。

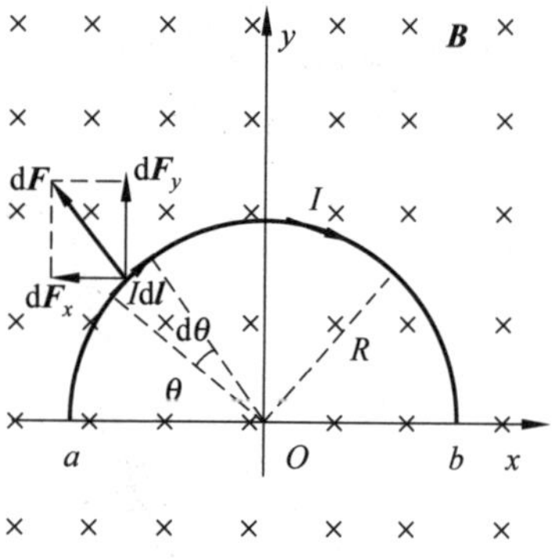

图 7-6-3

解：在半圆形导线上任取一电流元 $I\mathrm{d}\boldsymbol{l}$，其受力大小为 $\mathrm{d}F = BI\mathrm{d}l$，建立坐标系如图 7-6-3 所示，则电流元所受的两分力大小分别为

$$\mathrm{d}F_x = -\mathrm{d}F\cos\theta = -BI\mathrm{d}l\cos\theta = -IRB\cos\theta\mathrm{d}\theta$$

$$\mathrm{d}F_y = \mathrm{d}F\sin\theta = BI\mathrm{d}l\sin\theta = IRB\sin\theta\mathrm{d}\theta$$

式中，$\mathrm{d}\theta$ 为 $\mathrm{d}l$ 所对的圆心角。考虑所有电流元的贡献，由电流分布的对称性或计算均可知

$$F_x = \int \mathrm{d}F_x = \int_0^{\pi} -IRB\cos\theta\mathrm{d}\theta = 0$$

于是整条半圆形载流导线所受的安培力大小

$$F = F_y = \int \mathrm{d}F_y = \int_0^{\pi} IRB\sin\theta\mathrm{d}\theta = 2IRB$$

受力方向沿图中 y 轴向上。

所求结果 $2IRB$ 等效于沿图中直径 ab 放置的载流直导线所受的力。可以证明：任意形状的平面载流导线在均匀磁场中所受的安培力的大小和方向，与从平面导线起点到终点的载流直导线在该磁场所受的安培力相同。

进一步可知：在均匀磁场中，任意形状的平面闭合载流线圈所受总的安培力为零，所以闭合的平面线圈在均匀磁场中不会发生平动。

【讨论 7-6-1】

7.1 节中曾介绍，两条平行载流直导线，当通以方向相同的电流时，互相吸引；当通以相反方向的电流时，互相排斥。用安培定律定量分析两导线间的安培力的大小和方向。

【分析】

如图 7-6-4 所示，在两无限长平行载流直导线上分别取两段电流元 $I_1\mathrm{d}\boldsymbol{l}_1$、$I_2\mathrm{d}\boldsymbol{l}_2$。$I_1\mathrm{d}\boldsymbol{l}_1$ 处的磁场应由 I_2 产生，其大小为

$$B_1=\frac{\mu_0 I_2}{2\pi a}$$

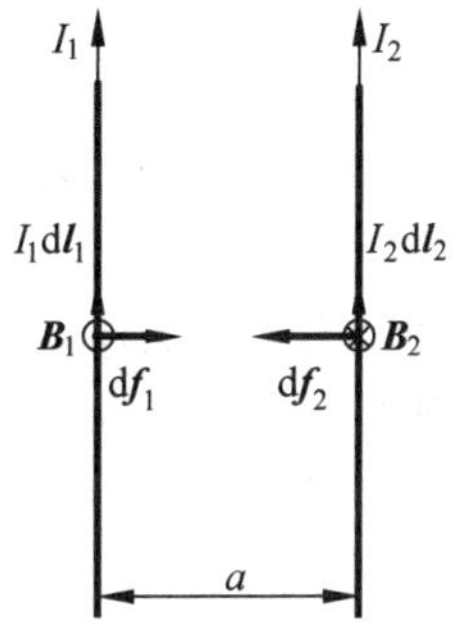

图 7-6-4

$I_1\mathrm{d}\boldsymbol{l}_1$ 受到的安培力大小为

$$\mathrm{d}f_1=I_1\mathrm{d}l_1B_1=\frac{\mu_0 I_1 I_2}{2\pi a}\mathrm{d}l_1$$

受力方向如图 7-6-4 所示。

$I_2\mathrm{d}\boldsymbol{l}_2$ 处的磁场应由 I_1 产生,其大小为

$$B_2=\frac{\mu_0 I_1}{2\pi a}$$

$I_2\mathrm{d}\boldsymbol{l}_2$ 受到的安培力大小为

$$\mathrm{d}f_2=I_2\mathrm{d}l_2B_2=\frac{\mu_0 I_1 I_2}{2\pi a}\mathrm{d}l_2$$

受力方向如图 7-6-4 所示。

因此,单位长度导线所受的安培力

$$\frac{\mathrm{d}f_1}{\mathrm{d}l_1}=\frac{\mathrm{d}f_2}{\mathrm{d}l_2}=\frac{\mu_0 I_1 I_2}{2\pi a} \tag{7-6-5}$$

即两无限长平行载流直导线的单位长度所受的安培力大小相等,且电流同向时相互吸引。

同样可知,两相互平行的无限长反向直线电流的单位长度所受的安培力大小相等,且相互排斥。

应指出,类似于上述方法,若计算一对垂直的电流元的相互作用,所得结果与牛顿第三定律相矛盾。这表明电流元在实际中不存在。如计算整个回路之间的相互作用力,则完全符合牛顿第三定律。

7.6.2 磁场作用于载流线圈的磁力矩

为简便起见,下面只讨论均匀磁场对平面载流矩形线圈的作用。如图 7-6-5(a)所示,在均匀磁场 $\boldsymbol{B}$ 中有平面载流矩形线圈 $MNOP$,电流大小为 I,方向 $M\to N\to O\to P\to M$。已知边长 $MN=l_2$,$NO=l_1$,线圈磁矩 $\boldsymbol{p}_m$ 的方向与磁场 $\boldsymbol{B}$ 的方向夹角为 $\theta\left(\text{线圈平面与磁场的夹角为 }\varphi,\theta+\varphi=\frac{\pi}{2}\right)$。图 7-6-5(b)是从上向下看的俯视图。由安培定律,导线 PM 和 NO 所受的安培力分别为 $\boldsymbol{F}_3$ 和 $\boldsymbol{F}_4$,它们的大小分别为

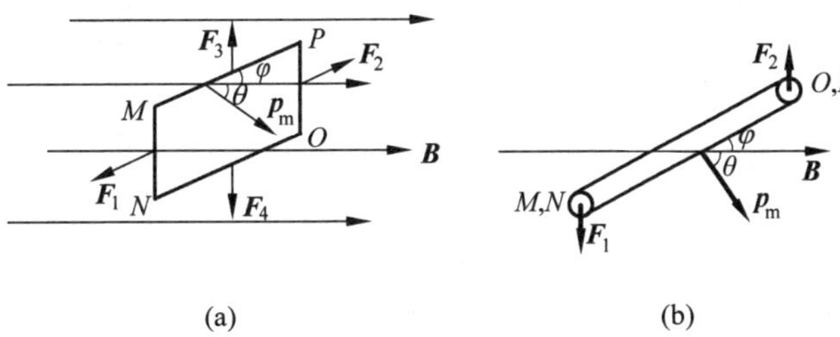

图 7-6-5

$$F_3 = BIl_1\sin(\pi - \varphi) = BIl_1\sin\varphi,\quad F_4 = BIl_1\sin\varphi$$

这两个力在同一直线上，大小相等、方向相反，相互抵消，且不会引起线圈转动。而导线 MN 和 OP 都与磁场垂直，它们所受的安培力分别为 $\boldsymbol{F}_1$ 和 $\boldsymbol{F}_2$，它们的大小为

$$F_1 = F_2 = BIl_2$$

这两个力虽然大小相等，方向相反，但不在同一直线上，形成一对力偶。这对力偶形成的力矩即为载流线圈所受的磁力矩

$$M = F_1 l_1 \sin\theta = BIl_2 l_1 \sin\theta$$

即

$$M = BIS\sin\theta \tag{7-6-6}$$

如果线圈有 N 匝，那么线圈所受磁力矩的大小为

$$M = NBIS\sin\theta \tag{7-6-7}$$

由载流线圈的磁矩的定义得

$$\boldsymbol{p}_{\mathrm{m}} = NIS\boldsymbol{n}$$

则磁力矩的大小为

$$M = p_{\mathrm{m}}B\sin\theta \tag{7-6-8a}$$

考虑到磁力矩的方向，磁力矩可以写成如下的矢量式：

$$\boldsymbol{M} = \boldsymbol{p}_{\mathrm{m}} \times \boldsymbol{B} \tag{7-6-8b}$$

注意力矩的方向是沿轴的方向，不是指"顺时针"或"逆时针"方向。

需要说明的是，上述磁力矩公式对处于均匀磁场中的任意形状的平面载流线圈均成立。

【讨论 7-6-2】

讨论磁力矩对载流线圈的作用效果。

【分析】

均匀磁场对置于其中的平面载流线圈的合磁力为零，线圈不会发生平动。但是，均匀磁场对线圈有磁力矩 $\boldsymbol{M} = \boldsymbol{p}_{\mathrm{m}} \times \boldsymbol{B}$ 作用，线圈将发生转动。

当 $\theta = 0$ 时，线圈平面与 $\boldsymbol{B}$ 垂直，如图 7-6-6(a)所示，磁矩 $\boldsymbol{p}_{\mathrm{m}}$ 与 $\boldsymbol{B}$ 同方向，线圈所受的磁力矩为零，合磁力也为零，此时线圈处于稳定的平衡状态。

当 $\theta = \dfrac{\pi}{2}$ 时，线圈平面与 $\boldsymbol{B}$ 平行，如图 7-6-6(b)所示，磁矩 $\boldsymbol{p}_{\mathrm{m}}$ 与 $\boldsymbol{B}$ 垂直，线圈所受的磁力矩最大，最大值为 $M = NBIS$。磁力矩使得磁矩 $\boldsymbol{p}_{\mathrm{m}}$ 趋向磁场 $\boldsymbol{B}$ 的方向。

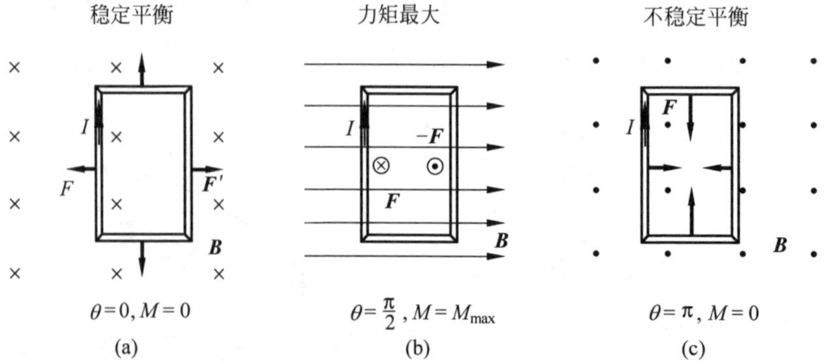

图 7-6-6

当 $\theta=\pi$ 时,线圈平面与 $\boldsymbol{B}$ 也垂直,如图 7-6-6(c)所示,但磁矩 $\boldsymbol{p}_{\mathrm{m}}$ 与 $\boldsymbol{B}$ 反向,线圈所受的磁力矩也为零,此时线圈处于非稳定平衡位置。一旦外界扰动使线圈稍稍偏离这一平衡位置,磁场对线圈的磁力矩作用就使线圈继续偏离,直到 $\boldsymbol{p}_{\mathrm{m}}$ 与 $\boldsymbol{B}$ 的方向一致,达到稳定平衡为止。

因此,磁力矩作用效果是使 $\boldsymbol{p}_{\mathrm{m}}$ 朝着和 $\boldsymbol{B}$ 尽量一致的方向转动。或者说,其作用是使 $\boldsymbol{p}_{\mathrm{m}}$ 朝着 θ 减小的方向转动。

例 7-6-3 载有电流 I 的半圆形闭合线圈半径为 R,放在均匀的外磁场 $\boldsymbol{B}$ 中,$\boldsymbol{B}$ 的方向与线圈平面平行,如图 7-6-7 所示。求此时线圈所受磁力矩的大小和方向。

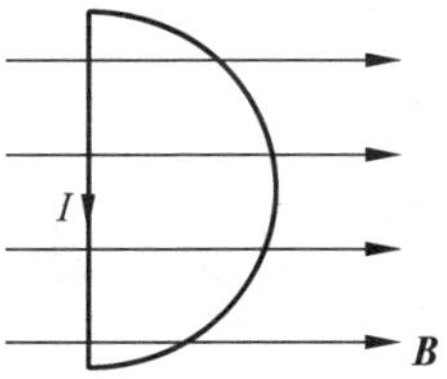

图 7-6-7

解:线圈的磁矩

$$\boldsymbol{p}_{\mathrm{m}}=IS\boldsymbol{n}=I\frac{\pi R^2}{2}\boldsymbol{n}$$

在图 7-6-7 中的情形下,线圈磁矩 $\boldsymbol{p}_{\mathrm{m}}$ 与 $\boldsymbol{B}$ 垂直,垂直纸面向外。由式(7-6-8a)知此时线圈所受磁力矩的大小为

$$M=p_{\mathrm{m}}B\sin\frac{\pi}{2}=\frac{1}{2}\pi IBR^2$$

磁力矩的方向为垂直于 $\boldsymbol{B}$ 的方向竖直向上。

【练习 7-6】

7-6-1 有一半径为 a、流过恒定电流 I 的 1/4 圆弧形载流导线 bc,按图 7-6-8 所示的方式置于均匀外磁场 $\boldsymbol{B}$ 中,求该载流导线所受安培力的大小。

7-6-2 通有电流 I 的直导线在一平面内被弯成半径为 R 的半圆形状,如图 7-6-9 所示,放于垂直进入纸面的均匀磁场 $\boldsymbol{B}$ 中,求该载流导线所受安培力的大小和方向。

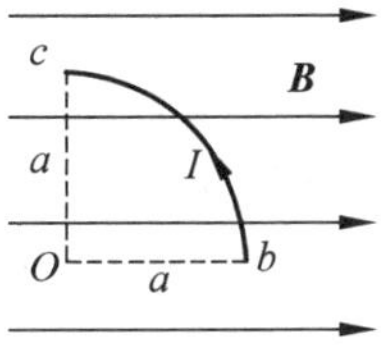

图 7-6-8

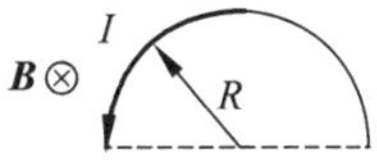

图 7-6-9

7-6-3 载有电流 I_1 的长直导线 ab 竖直放置,载有电流 I_2 的导线 MN 水平放置,长度为 l,两者共面且 M 距直导线的距离为 d,如图 7-6-10 所示,求载流导线 MN 所受安培力的大小和方向。

7-6-4 如图 7-6-11 所示,半圆形线圈(半径为 R)通有电流 I,处在与线圈平面平行的均匀磁场中。求线圈所受磁力矩的大小和方向。

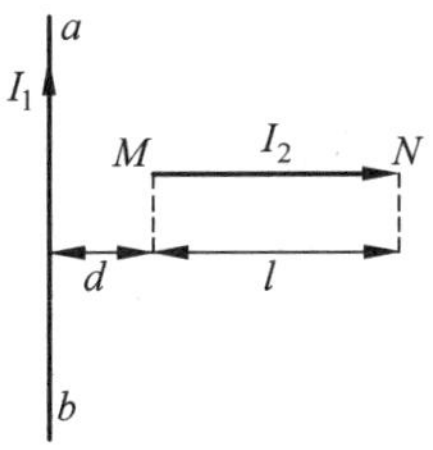

图 7-6-10

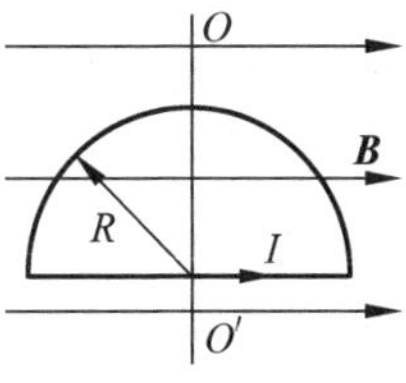

图 7-6-11

7-6-5 两个同心圆形线圈,大圆半径为 R,通有电流 I_1;小圆半径为 r,通有电流 I_2。若 $r \ll R$(大线圈在小线圈处产生的磁场近似为均匀磁场),求当它们处在同一平面内时小线圈所受磁力矩的大小。

7-6-6 电磁炮是一种利用电流间相互作用的安培力将弹头发射出去的武器。查阅资料,了解它的工作原理。

7-6-7 磁电式电表和直流电动机都应用了安培定律。查阅资料,了解它们的设计原理。

7.7 有磁介质存在时的磁场

【思考 7-7】

(1) 装指南针的盒子一般用胶木等材料做成,而不用铁,为什么?

(2) 恒定磁场是由恒定电流产生的,永久磁铁是不是靠电流来产生磁场?

(3) 如何使一根磁针的磁性反转过来?

前面讨论的都是运动电荷或电流在真空中所激发的磁场的性质和规律,如果运动电荷或电流周围存在其他物质,这些物质的状态会在磁场的作用下发生变化,反过来这些状态发生变化的物质也会影响磁场的分布。在分析物质受磁场的影响或它对磁场的影响时,物质都称为**磁介质**(magnetic medium)。本节讨论有磁介质存在时的磁场的性质。

7.7.1 物质的磁性

在外磁场的作用下,磁介质的磁性发生变化,如原来没有磁性的物质变得具有磁性等,称为磁介质的磁化(magnetization)。磁介质被磁化后会产生附加磁场,从而改变原来空间磁场的分布。设某一电流分布在真空中激发的磁感应强度为 $\boldsymbol{B}_0$,如果在同一电流分布下,当放入磁介质后,因磁介质被磁化而激发的附加磁感应强度为 $\boldsymbol{B}'$,那么磁介质中各点的磁感应强度 $\boldsymbol{B}$ 应为这两个磁感应强度的矢量和,即

$$\boldsymbol{B} = \boldsymbol{B}_0 + \boldsymbol{B}'$$

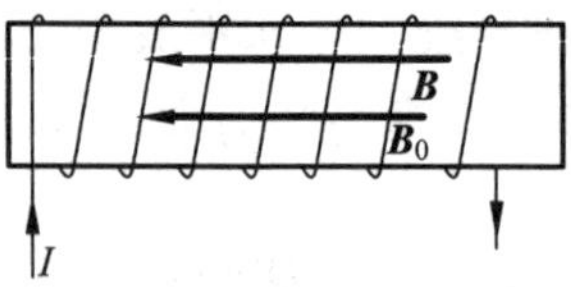

图 7-7-1

如图 7-7-1 所示,将一个长直螺线管通以电流 I,则其内部形成一个均匀磁场 $\boldsymbol{B}_0$。实验发现:保持电流不变,将螺线管内部充满不同的磁介质时,其内部的磁场 $\boldsymbol{B}$ 与 $\boldsymbol{B}_0$ 不同,有时磁场增强($B > B_0$),有时磁场减弱($B < B_0$)。当各向同性的介质均匀充满磁场所在空间时,有

$$\boldsymbol{B} = \mu_r \boldsymbol{B}_0 \tag{7-7-1}$$

式中,μ_r 为介质的相对磁导率(relative permeability)。

按照相对磁导率 μ_r 的不同,磁介质分为**顺磁质**(paramagnetic substance)、**抗磁质**(diamagnetic substance)和**铁磁质**(ferromagnetic substance)。$\mu_r > 1(B > B_0)$的磁介质称为顺磁质,如 Mn、Al、O_2 等;$\mu_r < 1(B < B_0)$的磁介质称为抗磁质,如 Cu、Ag、H_2 等。顺磁质和抗磁质对磁场的影响都极为微弱,它们的相对磁导率 μ_r 和 1 相差甚微。此外,还有一类磁介质,像 Fe、Co、Ni 以及它们的合金这类物质,它们的 $\mu_r \gg 1(B \gg B_0)$,称为铁磁质。

不同类型的磁介质之所以具有不同的磁性,与物质内部的电磁结构有着密切的联系。

从微观上看，一切磁介质都是由分子、原子组成的。原子中的电子绕原子核转动产生电流，这个电流产生的磁矩称作电子的轨道磁矩。同时，电子本身还有自旋。电子的自旋并不是像宏观物体绕自身的轴转动，如地球的自转。电子的自旋是电子的一个基本量子数，就像电子的质量和电荷一样。电子的自旋可以看作电子的内禀角动量，具有相应的内禀磁矩，称为自旋磁矩。一个分子常由若干个原子核和许多电子构成，分子的磁矩是其中所有电子的轨道磁矩、自旋磁矩以及原子核磁矩的矢量和。通常原子核磁矩数值约为电子磁矩的千分之一，在研究磁介质的磁性时，原子核磁矩可以不予考虑。在研究介质和磁场相互作用时，常把一个分子的磁矩等效为一个圆电流的磁矩，并称这个圆电流为**分子电流**(molecular current)，相应的磁矩称为**分子固有磁矩**(molecular intrinsic magnetic moment)，简称为**分子磁矩**，用 $\boldsymbol{p}_{\mathrm{m}}$ 表示。在研究磁介质和磁场相互作用时，就可以把每个分子看成磁矩为 $\boldsymbol{p}_{\mathrm{m}}$ 的小磁偶极子。

顺磁质是分子磁矩 $\boldsymbol{p}_{\mathrm{m}}$ 不等于零的介质。在不存在外磁场的情况下，由于分子热运动，各个分子磁矩的取向是杂乱无章的。由于分子数目非常大，所有的分子磁矩可以认为相互抵消，顺磁质对外不表现为磁性，如图 7-7-2(a)所示。当存在外磁场时，这些分子磁矩在外磁场作用下转向外磁场方向排列，磁介质被磁化而激发的附加磁场的方向和外磁场方向相同，相互加强，如图 7-7-2(b)所示。

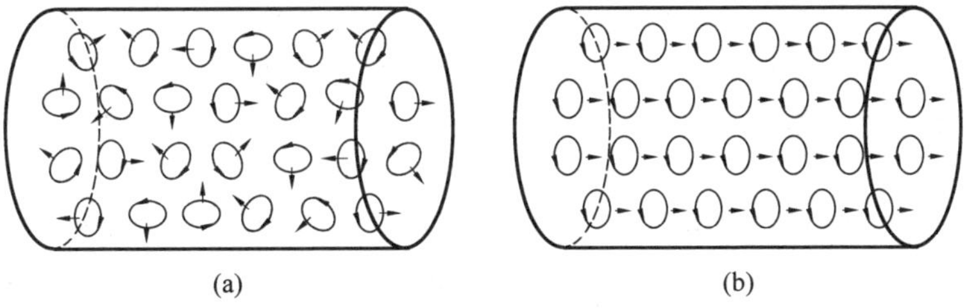

图 7-7-2

抗磁质的分子磁矩等于零。当不存在外磁场时，由于每个分子磁矩都是零，抗磁质对外无磁性。在有外磁场作用时，抗磁质的分子产生了感应磁矩(induced magnetic moment)。以在外磁场中电子的轨道磁矩为例，由于电子绕原子核运动具有轨道角动量 $\boldsymbol{L}$，相应地有轨道磁矩 $\boldsymbol{\mu}$。在有外磁场 $\boldsymbol{B}_0$ 作用时，每个电子都会受到 $\boldsymbol{M}=\boldsymbol{\mu}\times\boldsymbol{B}_0$ 的磁力矩作用，如图 7-7-3 所示。根据角动量定理有

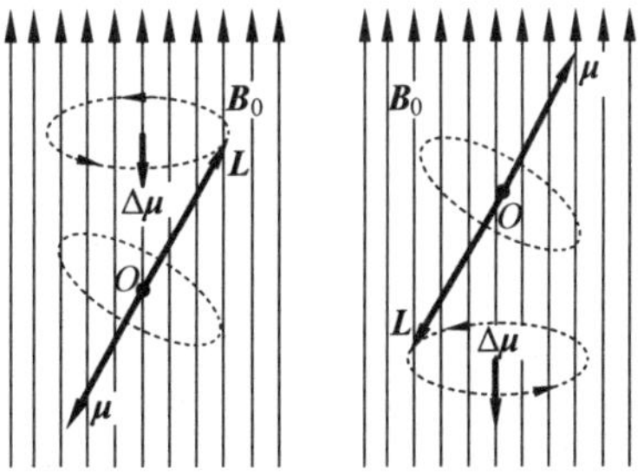

图 7-7-3

$$\mathrm{d}\boldsymbol{L}=\boldsymbol{M}\mathrm{d}t$$

$\mathrm{d}\boldsymbol{L}$ 的方向与磁力矩 $\boldsymbol{M}$ 的方向相同，与 $\boldsymbol{L}$ 的方向垂直，所以电子绕核运动轨道平面的法向将绕外磁场方向进动，使电子产生附加的转动。这个附加的转动产生的磁矩 $\Delta\boldsymbol{\mu}$ 就是感应磁矩。容易看出，感应磁矩 $\Delta\boldsymbol{\mu}$ 的方向总是和外加磁场 $\boldsymbol{B}_0$ 方向相反，所以磁化后抗磁质激发的附加磁场的方向和外磁场方向相反，这就是称这类磁介质为抗磁质的原因。电子自旋以及核自旋在外磁场中也会产生和外场反方向的感应磁矩。分子在外场中的所有附加磁矩的矢量和就是这个分子在外场中的感应磁矩。所以在有外磁场时，由于每个分子都产生逆外

场方向的感应磁矩,就有了抗磁性,介质内总的磁场小于外磁场。

应当指出,顺磁质在外磁场中其每个分子也会产生感应磁矩。但在通常实验室条件下,分子感应磁矩的大小比分子固有磁矩要小很多(典型值小五个数量级)。因此,顺磁质的感应磁矩的影响可忽略,其磁化可只归结为分子固有磁矩定向取向的结果。

7.7.2 磁介质中的磁场 磁场强度

无论是顺磁质还是抗磁质,在无外磁场作用时,如果在介质内任取一体积元 ΔV,对体积元中所有分子的磁矩求和,其结果都等于零。但是有了外磁场,其结果便不再为零。

以顺磁质为例。磁介质放在外磁场中,分子磁矩将趋向于沿外磁场方向排列。其结果是在介质内任意体积元 ΔV 中,分子磁矩的矢量和 $\sum_i \boldsymbol{p}_{mi}$ 不再是零,而产生附加磁场,这种现象就是磁介质的磁化。磁介质中单位体积内分子磁矩的矢量和记为 $\boldsymbol{M}$,即

$$\boldsymbol{M}=\frac{\sum_i \boldsymbol{p}_{mi}}{\Delta V} \tag{7-7-2}$$

$\boldsymbol{M}$ 称为磁化强度矢量(magnetization intensity vector),单位为 A/m。

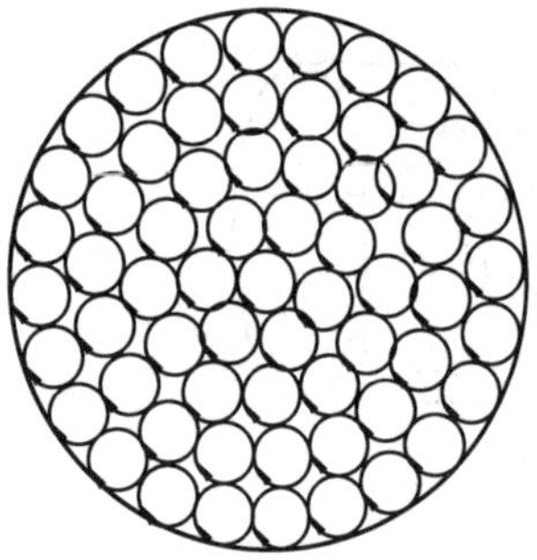

图 7-7-4

当存在外磁场时,由于分子电流的规则排列,在非均匀介质内部以及两均匀介质交界面附近,这些分子电流互相拼接,可能形成宏观的电流分布。如图 7-7-4 所示,圆柱形介质被沿柱轴(垂直于纸面向里)的磁场磁化。对于各向同性均匀介质,均匀磁化时,介质内部的分子电流相互抵消,而在柱表面各分子电流互相连接,形成(顺时针流动)圆电流,记为 I_m。这些电流称为磁化电流(magnetization current)。磁化电流不同于自由电流,它不伴随任何带电粒子的宏观位移,而是被约束在每个分子周围,所以又称作束缚电流(bound current)。

对磁化强度 $\boldsymbol{M}$ 一定的情形,设每个分子的平均磁矩均为 $\boldsymbol{p}_m$,并把 $\boldsymbol{p}_m$ 等效为面积为 $\boldsymbol{a}$、电流强度为 i 的电流圈。设介质内单位体积中的分子数为 n,则

$$\boldsymbol{M}=\frac{\sum_i \boldsymbol{p}_{mi}}{\Delta V}=\frac{N\boldsymbol{p}_m}{\Delta V}=n\boldsymbol{p}_m=ni\boldsymbol{a}$$

在介质内任取一曲面 S,L 为 S 的边界线。在边线 L 上任取一线元 $\mathrm{d}\boldsymbol{l}$,以 $\boldsymbol{a}$ 为底,以 $\mathrm{d}\boldsymbol{l}$ 为斜高,作一小柱体。显然只有那些中心位于小柱体内的分子,其分子电流圈才被 $\mathrm{d}\boldsymbol{l}$ 所穿过,与 S 相交一次,对 I_m 有贡献,即被 $\mathrm{d}\boldsymbol{l}$ 穿过的分子电流

$$\mathrm{d}I_m=ni\boldsymbol{a}\cdot\mathrm{d}\boldsymbol{l}=n\boldsymbol{p}_m\cdot\mathrm{d}\boldsymbol{l}=\boldsymbol{M}\cdot\mathrm{d}\boldsymbol{l}$$

穿过以 L 为边界的曲面 S 面的总磁化电流

$$I_m=\oint_L \boldsymbol{M}\cdot\mathrm{d}\boldsymbol{l} \tag{7-7-3}$$

在其他情形下,或者分子电流根本不通过 S,或者从 S 背面流出来再从前面流入,对 I_m 没有贡献。

式(7-7-3)表明,磁化强度矢量沿闭合回路 L 的环量等于穿过以 L 为边界的曲面的磁化电流。

当磁场中有磁介质存在时,磁场中任意点的磁感应强度 $\boldsymbol{B}$ 是自由电流 I 和磁化电流 I_m 共同激发的。安培环路定理应修改为

$$\oint_L \boldsymbol{B} \cdot d\boldsymbol{l} = \mu_0 (I + I_m) \tag{7-7-4}$$

I_m 是穿过以 L 为边界的曲面 S 的磁化电流。磁化电流 I_m 是不易控制和观测的量,我们希望把它消去。将式(7-7-3)代入式(7-7-4)得

$$\oint_L \boldsymbol{B} \cdot d\boldsymbol{l} = \mu_0 \left(I + \oint_L \boldsymbol{M} \cdot d\boldsymbol{l} \right)$$

$$\oint_L \left(\frac{\boldsymbol{B}}{\mu_0} - \boldsymbol{M} \right) \cdot d\boldsymbol{l} = I \tag{7-7-5}$$

引进一个新的物理量 $\boldsymbol{H}$,令

$$\boldsymbol{H} = \frac{\boldsymbol{B}}{\mu_0} - \boldsymbol{M} \tag{7-7-6}$$

$\boldsymbol{H}$ 称为**磁场强度**(magnetic intensity)。式(7-7-5)可以写为

$$\oint_L \boldsymbol{H} \cdot d\boldsymbol{l} = I \tag{7-7-7}$$

式(7-7-7)表明,磁场强度的环量只和自由电流有关,沿任意闭合回路的线积分,等于该回路所包围的自由电流的代数和,这就是**有磁介质时的安培环路定理**。和静电场情况下的电位移矢量 $\boldsymbol{D}$ 类似,$\boldsymbol{H}$ 也是一个辅助量。

定义 $\boldsymbol{H}$ 的关系式(7-7-6)还可以写成

$$\boldsymbol{B} = \mu_0 \boldsymbol{H} + \mu_0 \boldsymbol{M} \tag{7-7-8}$$

式(7-7-8)对于均匀介质、非均匀介质以及铁磁介质都适用。满足条件 $\boldsymbol{M} = \chi_m \boldsymbol{H}$ 的磁介质称为线性介质。对线性介质,

$$\boldsymbol{B} = \mu_0 (1 + \chi_m) \boldsymbol{H} = \mu_0 \mu_r \boldsymbol{H} = \mu \boldsymbol{H} \tag{7-7-9}$$

式中,$\mu_r = 1 + \chi_m$ 为相对磁导率;μ 为磁导率。

7.7.3 铁磁质

铁磁质是以铁为代表的一类磁性很强的物质。不同于一般顺磁质,铁磁质的磁性主要来源于电子自旋磁矩。在铁磁质中,电子间因自旋引起的相互作用非常强烈,使得电子自旋磁矩可以在小范围内“自发地”排列起来,形成一个个小的“自发磁化区”,称为磁畴(magnetic domain)。单个磁畴的体积为 $10^{-12} \sim 10^{-19}\,\mathrm{m}^3$,磁畴内可以包含有 $10^{17} \sim 10^{20}$ 个原子,磁畴内各个电子的自旋磁矩排列很整齐,因此具有很强的磁性。

单个磁畴的磁矩取向称为磁畴的磁化方向。在没有外磁场的条件下,铁磁质内各个磁畴的排列方向是无序的,各磁畴的磁矩互相抵消,铁磁质整体上对外不显磁性。加上外磁场后,磁畴的磁化方向趋向一致,且与外磁场方向相同,所以即使外磁场不是很强,铁磁质也会产生很强的附加磁场,一般附加磁场的强度要比外磁场的磁场强度大几十倍到几千倍,甚至达到数百万倍。

尽管铁磁质和顺磁质一样,分子固有磁矩不为零,在外磁场中由于磁矩的取向产生附加磁场,但由于其特殊的微观磁性结构,铁磁质具有一系列不同于顺磁质的重要性质。比如铁

磁性物体的形状和体积在磁场变化时也会发生变化，这种现象叫磁致伸缩。另外，当铁磁体温度升高到某一临界温度时，铁磁体的磁畴结构会因为剧烈的分子热运动而被破坏，铁磁质的铁磁性消失，铁磁质就变成普通的顺磁质。这个临界温度叫作居里温度或居里点。不同材料的铁磁质具有不同的居里温度，如铁的居里温度为 1043K。

铁磁质不同于一般的顺磁质，还表现在两者具有完全不同的 B-H 曲线，并且铁磁质被磁化后当 $H=0$ 时 $B\neq0$，即被磁化的铁磁质在外场撤去后并不能完全恢复到磁化前的状态，这就使铁磁质表现出剩磁(remanence)现象。

实验测得铁芯(铁磁质)中 B-H 曲线如图 7-7-5 所示，其特点如下：

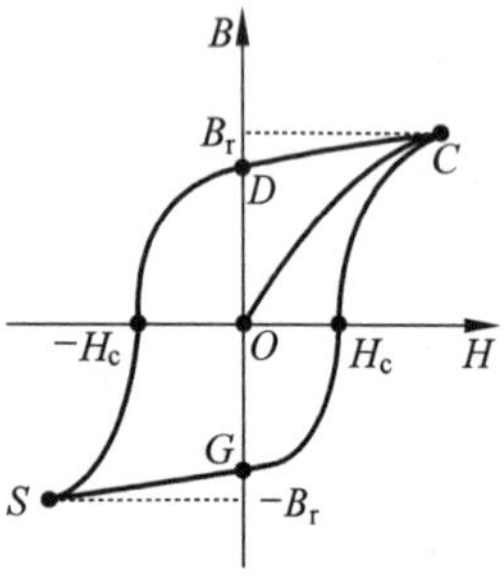

图 7-7-5

(1) OC 段称为初始磁化曲线，B 随 H 增大而非线性地增大，在 C 点达到饱和，即再增大外磁场强度 H 时，B 的增加就十分缓慢，呈现出磁化已达饱和的现象。

(2) 在铁磁质磁化达到饱和后，减小电流以减小 H 值，B 的变化不是沿 CO 返回，而是沿 CD 减小，并且 B 的变化落后于 H 的变化，这种现象叫作磁滞现象，简称磁滞；特别当 $H=0$ 时，B 并不等于零，而是等于一定值 B_r。B_r 称为剩余磁感应强度，简称剩磁。

(3) 改变电流方向并增大反向电流，使 H 反方向增大到 H_c，此时 $B=0$。H_c称为矫顽力(coercive force)。继续增大反向电流，H 反向增大到 S 点，磁化达到反向饱和。

(4) 减小反向电流到零，B-H 曲线沿 SG 变化；再改变电流到正方向并使外磁场 H 继续增大，B-H 曲线从 G 到达 C，完成一个循环。

铁磁质的 B-H 曲线称为磁滞回线(hysteresis loop)。由磁滞回线可以看出，铁磁质的 $\mu=\dfrac{B}{H}$不是恒量，而是依赖于 H 的大小和磁化的历史。通常用初始磁化曲线上$\dfrac{B}{H}$的值得到单值的μ，此定义下的 μ 仍然是 B 的非线性函数。

铁磁材料在工程技术中有广泛的应用。一种铁磁材料是否适合于某种用途，取决于它的磁滞回线的形状。图 7-7-6 给出了三种典型的磁性材料的磁滞回线。

图 7-7-6(a)的磁滞回线窄、瘦；磁导率大，矫顽力小；容易被磁化，也容易退磁。这种铁磁材料称为软磁材料，适合用于制造变压器、电机、电磁铁的铁芯。

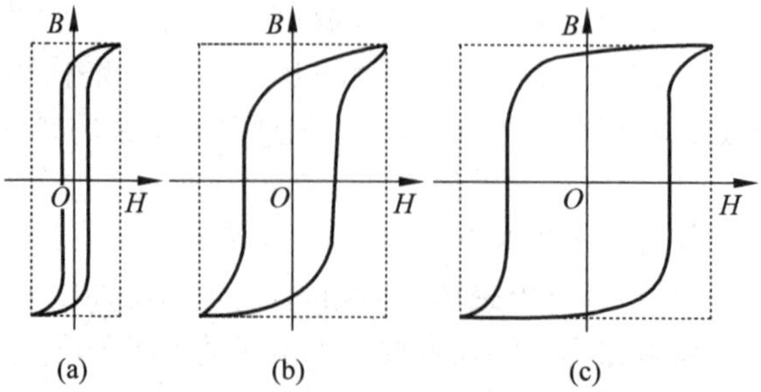

图 7-7-6

图 7-7-6(b)的磁滞回线宽、肥，矫顽力大；被磁化后，有很强的剩磁。这种材料适合于

制造永久磁铁，称为硬磁材料（或永磁材料）。

图 7-7-6(c)的磁滞回线呈矩形，被磁化后总是处在 $B=B_r$ 或 $-B_r$ 两个状态，正好可以用来表示（编码）“0”和“1”，非常适合制造信息存储元件。这种铁磁材料称为矩磁材料。

阿尔法磁谱仪（AMS）是人类送入太空的第一台粒子物理精密磁谱仪，由美籍华裔物理学家丁肇中（1936 年生，1976 年获诺贝尔物理学奖）领导建造，其核心部分是由中国科学院电工研究所等单位研制的一台用钕铁硼（NdFeB）材料制成的大型永磁体，直径 1.2m，高 0.8m，质量 2.2t，中心场强为 0.136T。实验主要物理目标是寻找暗物质和原初反物质，并研究宇宙线的起源，这对人类认识宇宙有极其重要的意义。1998 年 6 月 3 日，AMS-1 搭乘美国“发现号” 航天飞机被送入太空，在太空进行反物质和暗物质的探测。2011 年 5 月 16 日，永磁体又随 AMS-2 由美国“奋进号”航天飞机送入国际太空站，持续进行科学探测，并将工作到 2030 年。截至 2017 年，AMS 在太空中已经收集到超过 1000 亿宇宙射线事件，它的实验结果加深了人类对宇宙的认识。

【练习 7-7】

7-7-1 试比较磁介质的磁化机制与电介质的极化机制。

7-7-2 将磁介质做成针状，从中间吊起来，放在均匀磁场中静止时，发现有些磁介质与磁场平行，有些磁介质与磁场垂直。试判断哪种是顺磁质，哪种是抗磁质。

7-7-3 在工厂里搬运烧到赤红的钢锭时，不能用装有电磁铁的起重机，试说明原因。

7-7-4 把磁导率不同的两种磁介质放在磁场中，由于磁化强度不同，在它们的交界面上磁感应强度 $\boldsymbol{B}$ 的大小和方向都会发生突变，引起磁感线的折射。利用这种性质可以用铁磁质在空间某些区域屏蔽磁场。了解磁屏蔽的相关知识及其用途。

第8章　电磁感应　电磁场

前面几章分别讨论了静电场和恒定磁场的性质，本章将进一步讨论与变化的磁场和变化的电场相关的现象和规律。

自从奥斯特在1820年发现了电流的磁效应以后，人们自然地会反向联想：电流可以产生磁场，磁场是否也可以产生电流呢？法拉第(M. Faraday)通过大量实验，终于在1831年发现，磁场在一定条件下也能产生电流，这就是"**电磁感应**"(electromagnetic induction)。法拉第对电磁感应现象及其规律进行了详细的研究，并设计了第一台发电机。后来，麦克斯韦在全面总结前人研究成果的基础上，提出了"**感生电场**"(induced electric field)和"**位移电流**"(displacement current)的假说，进一步揭示了变化电场和变化磁场间的相互激发，把电场和磁场统一为电磁场，建立了完整的电磁场理论。

本章着重研究电磁感应的主要现象和基本定律，并分别对动生电动势和感生电动势进行讨论。在此基础上，介绍自感和互感、磁场的能量以及麦克斯韦电磁场理论的基本概念，为学习电工学、电子技术、现代通信、信息技术等课程打下基础。

8.1　电动势　电磁感应定律

【思考8-1】

(1) 在生活中常见的电源有哪些？有的电池上标注3.0V，有的标注4.5V或者9.0V，这些数字的意义是什么？

(2) 直流电和交流电有什么不同？电的传输目前主要通过交流电，为什么？用直流电如何？

8.1.1　电源　电动势

电磁感应是利用磁场来获得电流的现象。要想在导体中产生持续不断的电流，导体两端必须维持一定的电势差。这种能产生和维持电势差的装置就是"**电源**"(power source)。

图8-1-1所示为一个含有电源的闭合回路。电源的正极电势高，负极电势低。在电源外电路中，正电荷在静电力的作用下从正极流向负极，导线中就产生电流(导线中的电流实际是带负电的电子反向流动形成的，此处用正电荷是为了叙述方便)。但要想在电路中保持

持续的电流，必须及时地把负极处多余的正电荷经过电源内部移回到正极处，否则这些正电荷就会和负电荷中和，使得电路中的电流迅速衰减而消失。这就需要在电源内部有非静电性质的作用力，克服静电力做功，把正电荷从电势低的负极处移动到电势高的正极处。**电源**就是提供这种非静电力克服静电力做功的装置。在电源的作用下，电荷在闭合电路中连续不断地流动而形成电流。

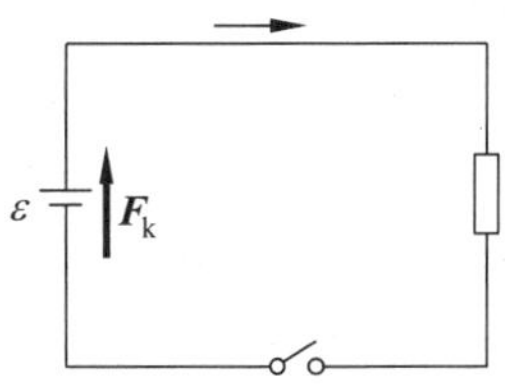

图 8-1-1

从场的观点来看，可把非静电力看作一种非静电场对电荷的作用。仿照静电学中对电场强度的定义，可把作用在单位正电荷上的非静电力称为非静电电场强度，记作 $\boldsymbol{E}_k$。电荷 q 所受的非静电力为

$$\boldsymbol{F}_k = q\boldsymbol{E}_k \tag{8-1-1a}$$

则有

$$\boldsymbol{E}_k = \frac{\boldsymbol{F}_k}{q} \tag{8-1-1b}$$

为了描述不同电源非静电力的做功本领，我们引进电动势的概念。电源的**电动势**(electromotive force)ε 的定义为：把单位正电荷(经电源内部)由负极移向正极的过程中非静电力所做的功，即

$$\varepsilon = \frac{W_k}{q} = \int_{-}^{+} \boldsymbol{E}_k \cdot \mathrm{d}\boldsymbol{l} \tag{8-1-2}$$

由于非静电力只集中在电源内部，因此式(8-1-2)中的积分沿电源内部路径从负极板到正极板。但注意到，在电源外电路中，$\boldsymbol{E}_k = \boldsymbol{0}$，式(8-1-2)也可写作

$$\varepsilon = \oint_L \boldsymbol{E}_k \cdot \mathrm{d}\boldsymbol{l} \tag{8-1-3}$$

即电源电动势也可表示为把单位正电荷绕闭合回路一周时，电源中非静电力所做的功。如果电动势存在于整个闭合回路 L，式(8-1-3)仍可使用。

电动势是标量，但通常规定自负极经电源内部到正极的方向为电动势的方向。在国际单位制中，电动势的单位为伏特(V)，和电势差的单位相同。虽然电动势和电势差的单位相同，但二者意义不同：电动势描述电源内非静电力做功的本领，而电势差则描述静电力做功的本领。

电源有许多类型，不同类型电源的非静电力的本质不同。例如，在化学电池中的非静电力是由化学作用提供的，一般发电机中的非静电力则由洛伦兹力提供。

非静电力做功的过程就是把其他形式的能量转化为电势能的过程，所以电源也可以说成是把其他形式的能量转化为电势能的装置。我们经常使用的电源，如蓄电池、发电机、太阳能电池等，分别把化学能、机械能、太阳能等转化为电势能。电动势的大小反映了电源转化能量本领的大小，是由电源本身的性质决定的，与外电路无关。

8.1.2 电磁感应现象

1831 年，法拉第发现，当导线中的电流随时间变化时，在该导线附近的闭合回路中就有电流产生。随后，法拉第又做了大量实验，对电磁感应现象及其规律进行了详细的研究。下面选取两个典型的实验加以说明。

图 8-1-2 中,线圈和电流计 G 组成一个闭合回路。当线圈和其上方的磁铁保持相对静止时,G 的指针为零,说明线圈中没有电流。当磁铁迅速向线圈移动(或线圈向磁铁快速移动)时,G 的指针偏转,即线圈中产生了电流,我们称这种电流为**感应电流**(induction current)。当磁铁快速离开线圈(或线圈快速离开磁铁)时,G 的指针也偏转,但方向相反。磁铁和线圈之间的相对运动速度越快,G 的指针偏转越大,即感应电流越大。实验还发现,在线圈中插有铁芯时,重做上述实验,线圈中的感应电流显著增大。这些实验结果表明,当闭合线圈处的磁场发生变化时,线圈中就会产生感应电流,感应电流的大小和磁感应强度随时间的变化率有关。

图 8-1-3 中,闭合导线框 *abcd* 处于恒定磁场中,其中 *ab* 边可以移动。导线框连有电流计 G。当 *ab* 边切割磁感线快速移动时,G 的指针发生偏转,即回路中产生感应电流。当 *ab* 边反向切割磁感线移动时,G 的指针也偏转,但方向相反。*ab* 边移动的速度越快,G 的指针偏转越大,即感应电流越大。该实验表明,当闭合回路的面积发生变化时,线圈中就会产生感应电流,感应电流的大小和闭合回路面积随时间的变化率有关。

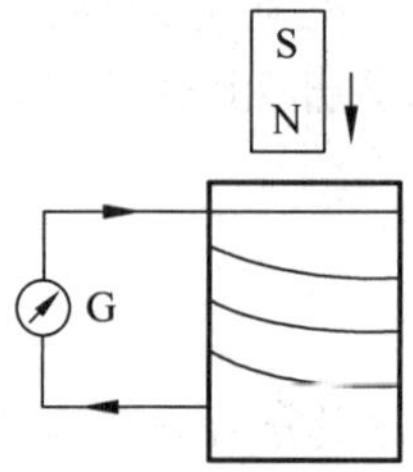

图 8-1-2

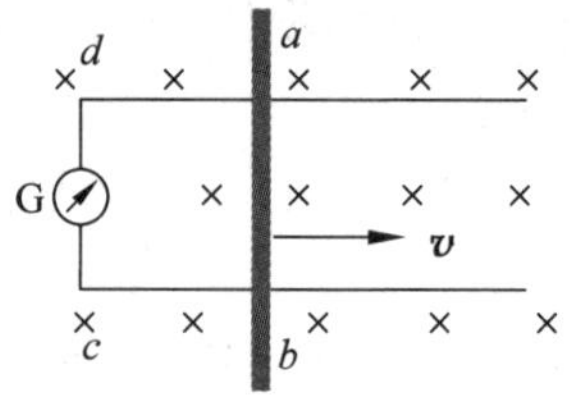

图 8-1-3

上述两类实验的共同点是当穿过闭合回路的磁通量发生变化时,回路中就出现感应电流。闭合回路中的电流是由电动势产生的,引起感应电流的电动势称为**感应电动势**(induction electromotive force)。如果在闭合导线框中串联不同的电阻,其他条件不变,则感应电流与回路的电阻成反比,但感应电动势不变;而在不构成回路的导线中虽然不会持续产生感应电流,但感应电动势仍然存在。因此,在电磁感应现象中,感应电动势是比感应电流更为本质的东西。当穿过闭合回路中的磁通量发生变化时,回路中出现感应电动势的现象称为**电磁感应**(electromagnetic induction)。

8.1.3 电磁感应定律

在国际单位制中,**电磁感应定律**可表述为:**当穿过闭合回路所围曲面的磁通量发生变化时,回路中就会产生感应电动势,且感应电动势等于磁通量对时间的变化率的负值**。即

$$\varepsilon = -\frac{\mathrm{d}\Phi}{\mathrm{d}t} \tag{8-1-4}$$

其中磁通量的单位为韦伯(Wb),时间的单位为秒(s),电动势的单位为伏特(V)。

若线圈密绕 N 匝,则整个回路中的感应电动势是每匝线圈中产生的感应电动势之和,即

$$\varepsilon = \left(-\frac{\mathrm{d}\Phi_1}{\mathrm{d}t}\right) + \left(-\frac{\mathrm{d}\Phi_2}{\mathrm{d}t}\right) + \cdots + \left(-\frac{\mathrm{d}\Phi_N}{\mathrm{d}t}\right)$$
$$= -\frac{\mathrm{d}}{\mathrm{d}t}(\Phi_1 + \Phi_2 + \cdots + \Phi_N)$$

令 $\Psi=\Phi_1+\Phi_2+\cdots+\Phi_N$，称为**磁通链**(magnetic flux linkage)或者**全磁通**。当 $\Phi_1=\Phi_2=\cdots=\Phi_N=\Phi$ 时，有 $\Psi=N\Phi$。则

$$\varepsilon = -\frac{\mathrm{d}\Psi}{\mathrm{d}t} \tag{8-1-5}$$

若闭合回路的总电阻为 R，则回路导线中的感应电流为

$$I = \frac{\varepsilon}{R} = -\frac{1}{R}\frac{\mathrm{d}\Psi}{\mathrm{d}t} \tag{8-1-6}$$

【讨论 8-1-1】

在电磁感应现象中，一定时间内通过回路导线中任一截面的感应电量和这段时间内通过回路导线所围面积磁通量的变化量之间的关系是怎样的？

【分析】

设 t_1 时刻通过回路导线所围面积的磁通量为 Φ_1，t_2 时刻通过的磁通量为 Φ_2，则根据式(8-1-6)可得在 $\Delta t=t_2-t_1$ 内通过回路导线中任一截面的感应电量为

$$q = \int_{t_1}^{t_2} I\,\mathrm{d}t = -\frac{1}{R}\int_{\Phi_1}^{\Phi_2}\mathrm{d}\Phi = \frac{1}{R}(\Phi_1 - \Phi_2)$$

可见，回路中的感应电量只与磁通量的变化有关，而与磁通量的变化率无关。人们根据这一原理制成磁强计，用来测量磁场的变化。

【讨论 8-1-2】

讨论式(8-1-4)中负号的意义。

【分析】

式(8-1-4)中的负号反映了感应电动势的方向。如图 8-1-4 所示，任意取定回路 L 的绕行方向，且规定曲面 S 的正法向 $\boldsymbol{n}$ 与 L 的绕行方向成右手螺旋关系，Φ 表示通过曲面 S 的磁通量。根据式(8-1-4)，若 $\frac{\mathrm{d}\Phi}{\mathrm{d}t}<0$，有 $\varepsilon>0$，则表示感应电动势的方向和回路 L 的绕行方向相同；若 $\frac{\mathrm{d}\Phi}{\mathrm{d}t}>0$，有 $\varepsilon<0$，则表示感应电动势的方向和回路 L 的绕行方向相反。

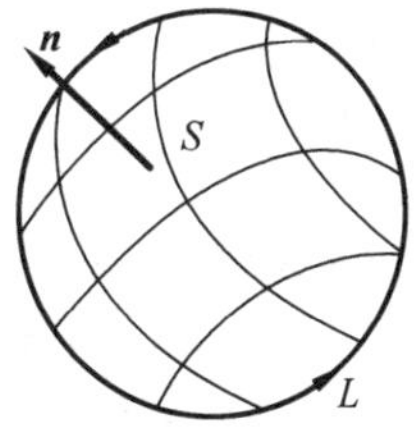

图 8-1-4

8.1.4 楞次定律

1834 年，楞次(Lenz)提出了一个比较容易操作的确定感应电流方向的法则，称为**楞次定律**，即：**感应电流的方向总是使得它所激发的磁场阻止或补偿引起感应电流的磁通量的变化**。

例如，图 8-1-2 中，当磁铁的 N 极向下移向线圈时，线圈中的磁场增强，穿过线圈的磁通量增加，线圈中产生感应电流。根据楞次定律，感应电流产生的磁场应和磁铁产生的磁场方向相反，抵抗磁通量的增加。由确定通电螺线管内部磁场方向的右手螺旋定则，就可确定相

应的感应电流的方向——从线圈上方看,感应电流应为逆时针方向。

从能量的角度看,当图 8-1-2 中磁铁的 N 极向下移向线圈时,载有感应电流的线圈就相当于一个磁棒,线圈上端相当于 N 极。当磁铁移向线圈时,外力需克服两个 N 极之间的斥力做机械功,这部分机械功转化为感应电流的电能。因此,楞次定律是能量守恒和转化定律在电磁感应现象中的具体表现,即要产生感应电流必须消耗其他形式的能量,感应电流只有按照楞次定律所规定的方向流动,才能符合能量守恒和转化定律。楞次定律也可以表述为:**感应电流的效果,总是反抗引起感应电流的原因**。这里"原因"既可指磁通量的变化,也可指导致感应电流的其他原因。

【讨论 8-1-3】

在图 8-1-3 中,当 ab 边切割磁感线向右移动时,分别应用电磁感应定律和楞次定律判断感应电流的方向。

【分析】

在图 8-1-3 中,设回路的绕行方向为顺时针方向 $abcda$,穿过矩形 $abcd$ 的磁通量为正,当 ab 边切割磁感线向右移动时,穿过闭合回路 $abcda$ 的磁通量增加,磁通量的变化率 $\frac{\mathrm{d}\Phi}{\mathrm{d}t}$ 为正,由式(8-1-4)知 $\varepsilon<0$,表示感应电动势的方向和回路 L 的绕行方向相反,即感应电流方向为逆时针方向。

感应电流的方向也可根据楞次定律判断。当 ab 边切割磁感线向右移动时,闭合回路 $abcda$ 中的磁通量增加,此时感应电流所激发的磁场需阻止磁通量的增加,产生与原磁场相反方向的磁场,其方向垂直纸面向外。由右手螺旋定则可知,相应的感应电流的方向为逆时针方向。很明显,这样确定的感应电流的方向和用电磁感应定律确定的方向是一致的。

例 8-1-1 一根无限长的直导线载有交变电流 $I(t)=I_0\sin\omega t$,其中 I_0 和 ω 均为正的常数。电流旁边有一与直导线共面的矩形线圈,宽为 b,长为 l,其中一条边与直导线平行且相距为 a,相对位置如图 8-1-5 所示。求在线圈中产生的感应电动势。

解:建立坐标系如图 8-1-5 所示。设某一时刻 $I(t)>0$ 表示无限长直导线中电流方向自下而上,则在此时刻,距直导线 x 处的磁感应强度大小为

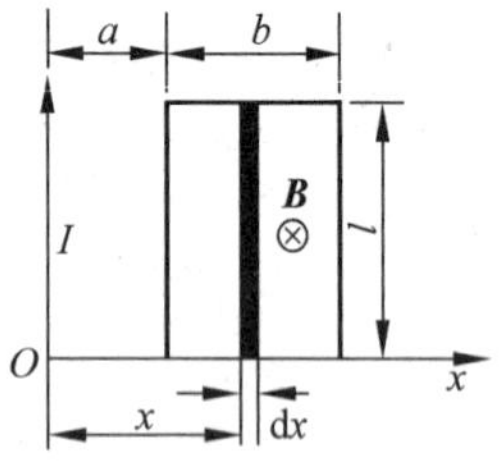

图 8-1-5

$$B=\frac{\mu_0 I}{2\pi x}$$

方向垂直纸面向里。矩形线圈以顺时针方向为绕行方向,线圈面积法向也垂直纸面向里,则通过整个线圈的磁通量为

$$\Phi=\int_S \boldsymbol{B}\cdot\mathrm{d}\boldsymbol{S}=\int_a^{a+b}\frac{\mu_0 I}{2\pi x}l\,\mathrm{d}x=\frac{\mu_0 I_0 l}{2\pi}\ln\frac{a+b}{a}\sin\omega t$$

根据电磁感应定律,线圈中产生的感应电动势为

$$\varepsilon=-\frac{\mathrm{d}\Phi}{\mathrm{d}t}=-\frac{\mu_0 I_0 l\omega}{2\pi}\ln\frac{a+b}{a}\cos\omega t$$

此结果表明,ε 随时间作周期性变化。当 $\varepsilon>0$ 时,感应电动势沿顺时针方向;当 $\varepsilon<0$ 时,感应电动势沿逆时针方向。

【练习 8-1】

8-1-1 一半径 $r=0.10\text{m}$、电阻 $R=2.0\times10^{-3}\Omega$ 的圆形导体回路置于均匀磁场中。设磁感应强度 $\boldsymbol{B}$ 与回路所围面积的法线之间夹角为 $\pi/3$，$\boldsymbol{B}$ 的大小随时间变化的规律为 $B=(t^2+2t+7)\times10^{-4}\text{T}$，求 $t=4\text{s}$ 时回路中的感应电动势和感应电流的大小。

8-1-2 在例 8-1-1 中，若长直导线中的电流 I 随时间 t 的变化关系如图 8-1-6 所示，在 $0\sim T/2$ 时间内，直导线中的电流向上。求在 $T/2\sim T$ 时间内，矩形线圈中感应电动势的大小和方向。

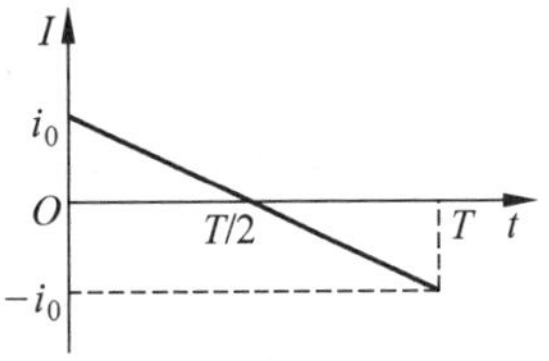

图 8-1-6

8-1-3 在图 8-1-3 中，若均匀磁场的磁感应强度大小为 B，闭合回路 $abcd$ 中 ab 的长度为 l，当 ab 边以匀速率 v 切割磁感线向右移动时，应用电磁感应定律，求在回路中产生的感应电动势的大小。

8-1-4 如图 8-1-7 所示，ACD 为等腰三角形，$AC=AD$。等腰三角形平面回路 $ACDA$ 位于磁感应强度为 $\boldsymbol{B}$ 的均匀磁场中，$\boldsymbol{B}=\boldsymbol{K}t$，$\boldsymbol{K}$ 为常矢量，磁场方向垂直于回路平面向里。回路上的 CD 段为滑动导线，它以匀速 $\boldsymbol{v}$ 远离 A 端运动，并始终保持回路为等腰三角形。设滑动导线 CD 到 A 端的垂直距离为 x，且 $t=0$ 时，$x=0$。求回路中的感应电动势 ε 和时间 t 的关系。

8-1-5 载流长直导线与矩形回路 $ABCD$ 共面，导线平行于边 AB。已知长直导线中电流 $I=I_0\sin\omega t$，矩形回路 $ABCD$ 以垂直于导线的速度 $\boldsymbol{v}$ 远离导线匀速运动，初始位置如图 8-1-8 所示。求矩形回路 $ABCD$ 中的感应电动势。

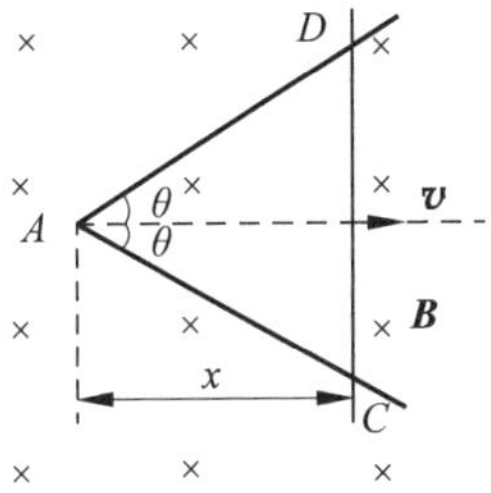

图 8-1-7

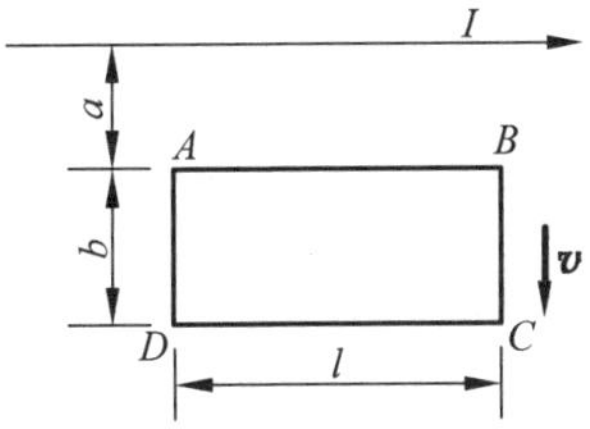

图 8-1-8

8.2 动生电动势和感生电动势

【思考 8-2】

(1) 引起磁通量变化的原因有哪些?

(2) 一根不闭合的导线切割磁感线，导线两端也会产生感应电动势，这和电磁感应定律矛盾吗?

(3) 比较动生电动势和感生电动势的异同。

根据电磁感应定律，只要穿过闭合回路的磁通量发生变化，无论什么原因，在回路中就会产生感应电动势。引起磁通量变化的原因有两种：一种是回路或其中一部分在磁场中有相对磁场的运动；另一种是回路不动，但穿过回路的磁场发生了变化。因此，感应电动势也可分为两类：由于导体相对磁场运动而产生的感应电动势称为动生电动势；由于磁场变化而产生的感应电动势称为感生电动势。

虽然动生电动势和感生电动势在电磁感应现象中的表现是相同的，但产生两类电动势的非静电力不同，即动生电动势和感生电动势具有不同的产生机制。

8.2.1 动生电动势

考虑一个矩形导体回路，如图 8-2-1 所示，其中 ab 段导体在均匀磁场 $\boldsymbol{B}$ 中以速度 $\boldsymbol{v}$ 匀速切割磁感线向右运动。根据电磁感应定律，导体回路中产生逆时针方向的感应电流。

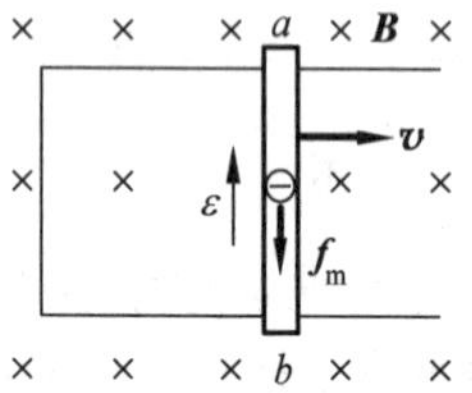

图 8-2-1

上述闭合回路中产生电流的原因，就是 ab 段导线切割磁感线时产生了动生电动势。当 ab 段导线以速度 $\boldsymbol{v}$ 切割磁感线向右运动时，导线中的电子随之向右运动。电子在磁场中运动时受到洛伦兹力

$$\boldsymbol{f}_{\mathrm{m}} = -e(\boldsymbol{v} \times \boldsymbol{B})$$

$\boldsymbol{f}_{\mathrm{m}}$ 的方向从 a 到 b。$\boldsymbol{f}_{\mathrm{m}}$ 使得 a 端失去电子而带正电，b 端则聚集电子而带负电。这样，ab 段导线对电路其余部分相当于电源，使得闭合回路中产生感应电流。a 端电势高于 b 端电势，在电源内部电动势方向 $b \to a$。不动的导体上没有电动势，只提供电流的通路。

可见，产生动生电动势的非静电力是洛伦兹力。根据定义，非静电电场强度为

$$\boldsymbol{E}_{\mathrm{k}} = \frac{\boldsymbol{f}_{\mathrm{m}}}{-e} = \boldsymbol{v} \times \boldsymbol{B}$$

由电动势的定义式(8-1-2)，导线 ab 中从 $b \to a$ 的动生电动势为

$$\varepsilon = \int_{-}^{+} \boldsymbol{E}_{\mathrm{k}} \cdot \mathrm{d}\boldsymbol{l} = \int_{b}^{a} (\boldsymbol{v} \times \boldsymbol{B}) \cdot \mathrm{d}\boldsymbol{l} \tag{8-2-1}$$

上式中当 $\boldsymbol{v}$ 和 $\boldsymbol{B}$ 均为常矢量且互相垂直时，有 $\varepsilon = vB\overline{ab}$。一般情况下，一个任意形状的导线 L(闭合的或不闭合的)在任意磁场 $\boldsymbol{B}$ 中运动时，导线 L 上各个线元 $\mathrm{d}\boldsymbol{l}$ 的速度 $\boldsymbol{v}$ 都可能不同，线元中所产生的动生电动势为

$$\mathrm{d}\varepsilon = (\boldsymbol{v} \times \boldsymbol{B}) \cdot \mathrm{d}\boldsymbol{l}$$

则在整个导线 L 中所产生的动生电动势应为积分

$$\varepsilon = \int_{L} (\boldsymbol{v} \times \boldsymbol{B}) \cdot \mathrm{d}\boldsymbol{l} \tag{8-2-2}$$

【讨论 8-2-1】

非静电力做功的过程就是把其他形式的能量转化为电势能的过程。但电子所受洛伦兹力 $\boldsymbol{f}_{\mathrm{m}}$ 的方向与电子速度方向垂直，不会对电子做功。这个矛盾该如何解释？

【分析】

实际上，电子在磁场中除了随导体以速度 $\boldsymbol{v}$ 运动之外，还在导体中以速度 $\boldsymbol{u}$ 相对导体运动，如图 8-2-2 所示。因此电子的合速度为 $\boldsymbol{u}+\boldsymbol{v}$，电子所受的洛伦兹力应为

$$\boldsymbol{F} = -e(\boldsymbol{u} + \boldsymbol{v}) \times \boldsymbol{B}$$

这个洛伦兹力 $\boldsymbol{F}$ 和 $\boldsymbol{u}+\boldsymbol{v}$ 垂直，对电子不做功。

虽然洛伦兹力总起来对电子不做功，但洛伦兹力的两个分量却有不同的作用。图 8-2-2 中，$\boldsymbol{f}_m=-e(\boldsymbol{v}\times\boldsymbol{B})$对电子做正功，产生动生电动势；$\boldsymbol{f}'_m=-e(\boldsymbol{u}\times\boldsymbol{B})$和导线运动方向相反，阻碍导体运动。要使导线匀速向右运动，需要有外力克服 $\boldsymbol{f}'_m$做功。因此，在导线向右运动过程中，洛伦兹力并不对带电粒子做功，也不提供能量，而只传递能量，即通过洛伦兹力 $\boldsymbol{f}_m=-e(\boldsymbol{v}\times\boldsymbol{B})$把外力克服力 $\boldsymbol{f}'_m=-e(\boldsymbol{u}\times\boldsymbol{B})$所做的功转换为感应电流的能量，并提供非静电力产生动生电动势。

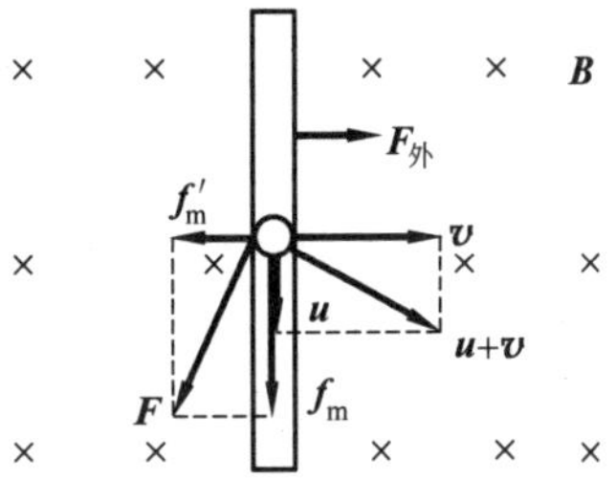

图 8-2-2

例 8-2-1 如图 8-2-3 所示，均匀磁场 $\boldsymbol{B}$ 垂直于纸面向里，长为 l 的导线 OA 以匀角速度 ω 绕过端点 O 的水平轴逆时针转动，垂直切割磁感线。求导线 OA 中感应电动势的大小和方向。

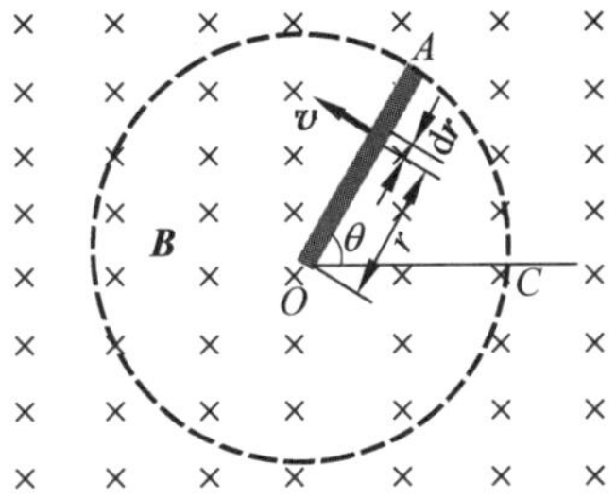

图 8-2-3

解：在导线上距 O 点 r 处取线元 $\mathrm{d}\boldsymbol{r}$，线元方向从 O 到 A，线元速度大小 $v=r\omega$。由于$\boldsymbol{v}\times\boldsymbol{B}$ 与 $\mathrm{d}\boldsymbol{r}$ 的方向相反，所以在线元 $\mathrm{d}\boldsymbol{r}$ 上产生的动生电动势为

$$\mathrm{d}\varepsilon=(\boldsymbol{v}\times\boldsymbol{B})\cdot\mathrm{d}\boldsymbol{r}=-r\omega B\,\mathrm{d}r$$

导线 OA 中产生的动生电动势为

$$\varepsilon=\int_O^A\mathrm{d}\varepsilon=\int_0^l-\omega Br\,\mathrm{d}r=-\frac{1}{2}\omega Bl^2$$

负号说明导线 OA 中产生的动生电动势的方向为从 A 指向 O，O 点电势高。

例 8-2-2 两平行长直导线相距 L，其中分别通有电流 I_1 和 I_2，电流方向相反。两导线间有一长度为 l 且与导线共面垂直的金属棒 ab(图 8-2-4)，其 a 端与左侧导线距离为 d。金属棒以速度$\boldsymbol{v}$ 匀速向上运动，求棒中感应电动势的大小和方向。

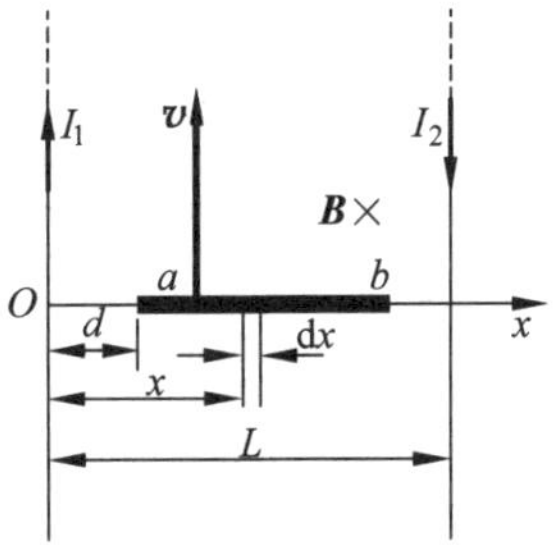

图 8-2-4

解：建立坐标系如图 8-2-4 所示。在金属棒上坐标为 x 处取线元 $\mathrm{d}\boldsymbol{l}$，$\mathrm{d}\boldsymbol{l}$ 的长度为 $\mathrm{d}x$，方向沿 x 轴正向。两电流在此处产生的合磁感应强度大小为

$$B=\frac{\mu_0I_1}{2\pi x}+\frac{\mu_0I_2}{2\pi(L-x)}$$

方向垂直纸面向里。线元 $\mathrm{d}\boldsymbol{l}$ 中产生的动生电动势

$$\begin{aligned}\mathrm{d}\varepsilon&=(\boldsymbol{v}\times\boldsymbol{B})\cdot\mathrm{d}\boldsymbol{l}=-vB\,\mathrm{d}x\\&=-\frac{\mu_0v}{2\pi}\left(\frac{I_1}{x}+\frac{I_2}{L-x}\right)\mathrm{d}x\end{aligned}$$

整个金属棒中的动生电动势为

$$\begin{aligned}\varepsilon&=\int_a^b\mathrm{d}\varepsilon=-\int_d^{d+l}\frac{\mu_0v}{2\pi}\left(\frac{I_1}{x}+\frac{I_2}{L-x}\right)\mathrm{d}x\\&=-\frac{\mu_0v}{2\pi}\left(I_1\ln\frac{d+l}{d}+I_2\ln\frac{L-d}{L-d-l}\right)\end{aligned}$$

积分结果 $\varepsilon<0$，表示电动势方向和 x 轴正方向相反，即由 b 指向 a，a 端电势高。

8.2.2 感生电动势

如图 8-2-5 所示，在通有电流 I 的螺绕环外套一个接有电流计 G 的导线回路，两者保持静止，无相对运动。当电流 I 变化时，螺绕环内的磁场将发生变化，通过导线回路的磁通量相应发生变化，回路中会出现感应电流。这种磁场变化引起感应电流的电动势称为**感生电动势**(induction electromotive force)。

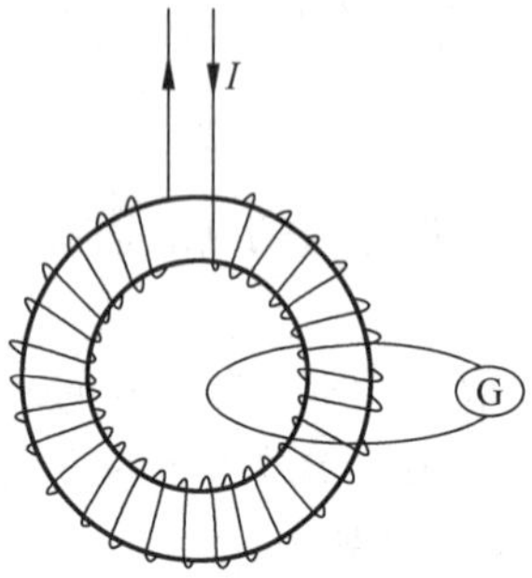

图 8-2-5

显然，该空间既无库仑力，也无洛伦兹力，究竟是什么非静电力使导体回路中的电子产生运动形成感应电流的呢？为了解释感生电动势的起源，麦克斯韦于 1861 年提出：变化的磁场会在其周围空间激发一种电场，称为**感生电场**(induced electric field)，又叫涡旋电场。正是这种感生电场力作为非静电力，产生电动势，使得回路内的自由电荷做定向运动。

设感生电场强度为 $\boldsymbol{E}_{\mathrm{k}}$，闭合导体回路中的感生电动势为

$$\varepsilon=\oint_L \boldsymbol{E}_{\mathrm{k}} \cdot \mathrm{d}\boldsymbol{l} \tag{8-2-3}$$

根据电磁感应定律，有

$$\varepsilon=-\frac{\mathrm{d}\Phi}{\mathrm{d}t}=-\frac{\mathrm{d}}{\mathrm{d}t}\int_S \boldsymbol{B} \cdot \mathrm{d}\boldsymbol{S} \tag{8-2-4}$$

当闭合回路不动时，对时间的微商和对曲面的积分可以交换顺序，由上述两式得

$$\oint_L \boldsymbol{E}_{\mathrm{k}} \cdot \mathrm{d}\boldsymbol{l}=-\int_S \frac{\partial \boldsymbol{B}}{\partial t} \cdot \mathrm{d}\boldsymbol{S} \tag{8-2-5}$$

由于感生电场是变化的磁场在其周围空间激发的，所以不管有无导体回路存在，变化的磁场所激发的感生电场总是客观存在的。存在闭合导体回路时，这种感生电场就显示为电流。

综上所述，空间可以有两种形式的电场：由电荷激发的电场和由变化磁场激发的感生电场。虽然两类电场对电荷都有力的作用，但由于产生机制不同，它们之间有本质的区别。静电场和感生电场的比较见表 8-2-1。

表 8-2-1 静电场和感生电场的不同

比较	电场	
	静电场(库仑场)	感生电场(涡旋电场)
产生原因	由静止电荷产生	由变化磁场产生
有源性	静电场线“有头有尾”，起于正电荷而止于负电荷，为有源场。$\oint_S \boldsymbol{E}_{\mathrm{e}} \cdot \mathrm{d}\boldsymbol{S}=\frac{1}{\varepsilon_0}\sum q_i$	感生电场线“无头无尾”，是闭合曲线，为无源场。$\oint_S \boldsymbol{E}_{\mathrm{k}} \cdot \mathrm{d}\boldsymbol{S}=0$
保守性	$\oint_L \boldsymbol{E}_{\mathrm{e}} \cdot \mathrm{d}\boldsymbol{l}=0$，为保守场	$\oint_L \boldsymbol{E}_{\mathrm{k}} \cdot \mathrm{d}\boldsymbol{l}=-\int_S \frac{\partial \boldsymbol{B}}{\partial t} \cdot \mathrm{d}\boldsymbol{S}$，为非保守场

例 8-2-3 如图 8-2-6 所示，在半径为 R 的圆柱内分布有均匀的轴向磁场 $\boldsymbol{B}$，其方向垂

直纸面向里。已知磁场对时间的变化率$\frac{d\boldsymbol{B}}{dt}$的大小为常数，方向和$\boldsymbol{B}$相同，图中导线$ab$长为$l$，求感生电场的空间分布情况以及导线$ab$中的感生电动势。

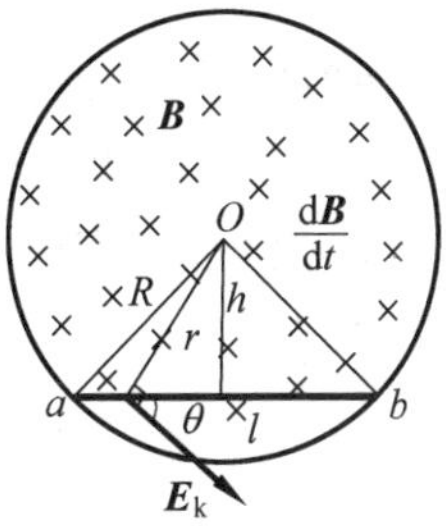

图 8-2-6

解：磁场分布具有轴对称性，可知在垂直于圆柱轴的截面上，在以柱轴O点为中心的圆周上各点感生电场大小相等，方向沿圆周切线方向。取半径为r的圆周为闭合回路L，指定顺时针方向为L绕行方向，与$\boldsymbol{B}$的方向（也就是L所围的曲面的正向）成右手螺旋关系，由式(8-2-5)得

$$\oint_L \boldsymbol{E}_k \cdot d\boldsymbol{l} = E_k \cdot 2\pi r = -\int_S \frac{\partial \boldsymbol{B}}{\partial t} \cdot d\boldsymbol{S} = -\frac{dB}{dt} \cdot S$$

$$E_k = -\frac{S}{2\pi r}\frac{dB}{dt}$$

当$r \leqslant R$时，

$$S = \pi r^2, \quad E_k = -\frac{r}{2}\frac{dB}{dt}$$

当$r \geqslant R$时，

$$S = \pi R^2, \quad E_k = -\frac{R^2}{2r}\frac{dB}{dt}$$

因为$\frac{d\boldsymbol{B}}{dt}$的方向和$\boldsymbol{B}$的方向相同，$\frac{dB}{dt}>0$，所以$E_k<0$，即$\boldsymbol{E}_k$沿圆周逆时针切线方向（应用楞次定律判断可得到同样的结果）。

在图 8-2-6 中，$\triangle Oab$的高为h，则有

$$h^2 + \left(\frac{l}{2}\right)^2 = R^2$$

在导线ab上距O点r处取一线元$d\boldsymbol{l}$，线元方向为$a \to b$，与该处感生电场的夹角为θ，则有$h = r\cos\theta$。于是导线ab中的感生电动势为

$$\varepsilon_{ab} = \int_a^b \boldsymbol{E}_k \cdot d\boldsymbol{l} = \int_a^b E_k \cdot dl \cdot \cos\theta$$

$$= \int_0^l \frac{r}{2}\frac{dB}{dt}\frac{h}{r}dl = \frac{h}{2}\frac{dB}{dt}l = \frac{l}{2}\sqrt{R^2 - \left(\frac{l}{2}\right)^2}\frac{dB}{dt}$$

$\varepsilon>0$表示电动势方向为从a到b，b点电势高。

【练习 8-2】

8-2-1 动生电动势是感应电动势的一种，因此计算动生电动势有两种方法：一是根据式(8-2-2)即$\varepsilon = \int_L (\boldsymbol{v} \times \boldsymbol{B}) \cdot d\boldsymbol{l}$求得；二是根据电磁感应定律$\varepsilon = -\frac{d\Psi}{dt}$求得。需要注意的是，计算$\Psi$时，常须设计一个闭合回路。设计闭合回路并应用电磁感应定律重新计算例 8-2-1 和例 8-2-2 的导线中产生的感应电动势。

8-2-2 直升机的螺旋桨长 3.5m，以 2.5r/s 的速度旋转。设地球磁场的垂直分量为5.0×10^{-5}T，求螺旋桨两端的动生电动势的大小。

8-2-3 如图 8-2-7 所示，长为L的金属细杆ab绕竖直轴O_1O_2以角速度ω在水平面内

旋转,转轴 O_1O_2 在离细杆 a 端 r 处。若磁感应强度为 $\boldsymbol{B}$ 的均匀磁场方向与轴平行向上,求金属细杆 ab 两端间的电势差 V_a-V_b。

8-2-4 如图 8-2-8 所示,直角三角形金属框架 abc 放在均匀磁场中,磁场 $\boldsymbol{B}$ 平行于 ab 边竖直向上,bc 边的长度为 l。当金属框架绕 ab 边以匀角速度 ω 转动时(此时 c 端向纸面内运动),求 abc 回路中的感应电动势 ε 和 a、c 两点间的电势差 V_a-V_c。

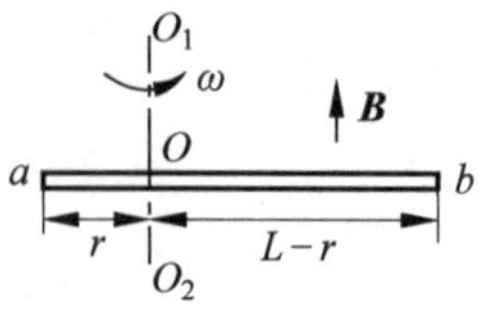

图 8-2-7

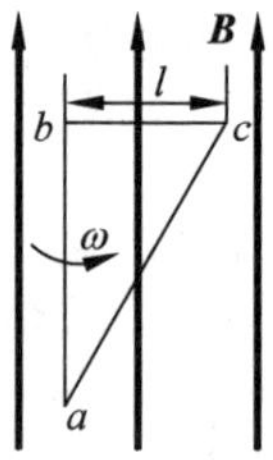

图 8-2-8

8-2-5 金属杆 AB 以匀速 $v=2\text{m/s}$ 平行于长直载流导线运动,杆 AB 与载流导线共面且相互垂直,如图 8-2-9 所示。已知长直导线载有电流 $I=40\text{A}$,求此金属杆中的感应电动势的大小,并判断哪端电势较高。

8-2-6 如图 8-2-10 所示,长直导线中通有向上的恒定电流 I。放置一半径为 b 的金属半圆环 MeN 与长直导线共面,且端点 M、N 的连线与长直导线垂直,半圆环圆心 O 与长直导线相距 a。设半圆环以速度 v 平行于长直导线向上平移,求半圆环内感应电动势的大小及 M、N 间的电势差 V_M-V_N。

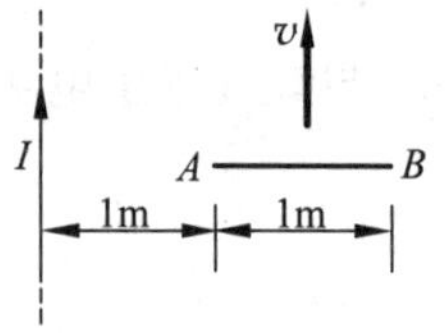

图 8-2-9

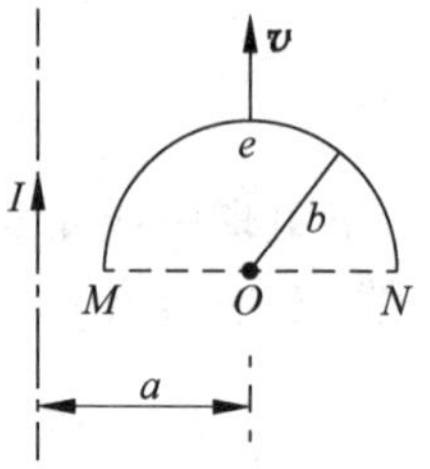

图 8-2-10

8-2-7 如图 8-2-11 所示,把一半径为 R 的半圆形导线 OP 置于磁感应强度为 $\boldsymbol{B}$ 的均匀磁场中,当导线 OP 以匀速率 v 向右移动时,求导线 OP 中感应电动势的大小,哪一端电势较高?

8-2-8 感生电动势也是感应电动势的一种,因此计算感生电动势也有两种方法:一是先确定感生电场 $\boldsymbol{E}_\text{k}$,再根据式(8-2-3) 即 $\varepsilon=\oint_L \boldsymbol{E}_\text{k}\cdot \text{d}\boldsymbol{l}$ 求得;二是根据电磁感应定律 $\varepsilon=-\dfrac{\text{d}\Psi}{\text{d}t}$ 求得,同样必须设计一个闭合回路。用电磁感应定律重新求解例 8-2-3 中导线 ab 中的感生电动势。

8-2-9 在例 8-2-3 中,如果导线 ab 延长至 c,如图 8-2-12 所示,求导线 ac 中的感生电动势的大小和方向。

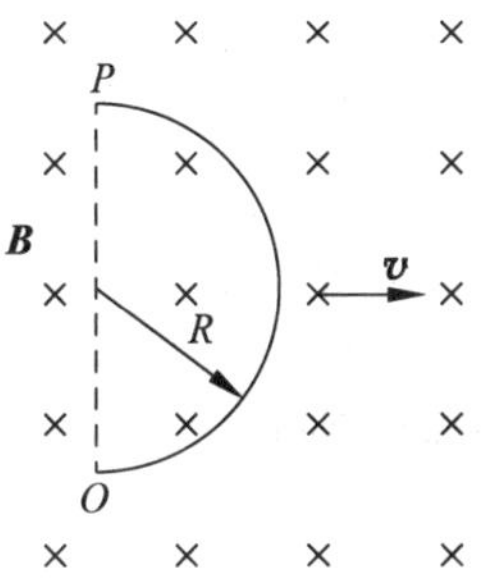

图 8-2-11

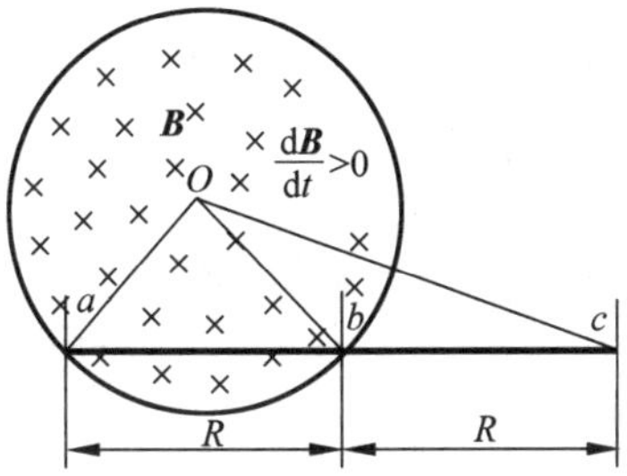

图 8-2-12

8.3 自感和互感

【思考 8-3】

(1) 观察图 8-3-1 所示电路,其中 A 和 B 是完全相同的灯泡,电阻 R 和线圈 L 的电阻值也一样。实验中可以看到这样的现象:

① 首先断开开关 K′,接通开关 K,可以看到 A 灯亮,B 灯则经过一段时间后才和 A 灯有同样亮度。

② 现在接通 K′,断开 K,灯 A 发出较原来更强的闪光,而后逐渐熄灭。

如何解释上述实验现象?

(2) 如图 8-3-2 所示,阴影部分为一导体薄片,位于与磁感应强度 $\boldsymbol{B}$ 垂直的平面上。

① 如果 $\boldsymbol{B}$ 突然改变,则在点 P 附近 $\boldsymbol{B}$ 的改变可不可以立即检查出来?为什么?

② 若导体薄片的电阻率为零,这个改变在 P 点是始终检查不出来的,为什么?

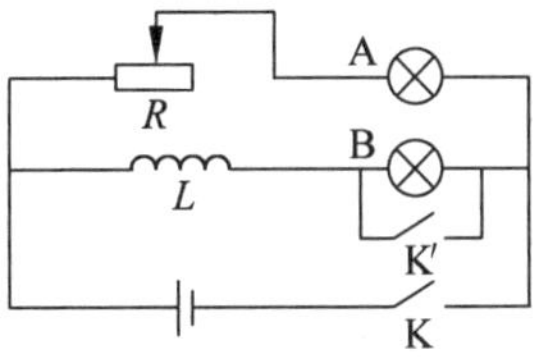

图 8-3-1

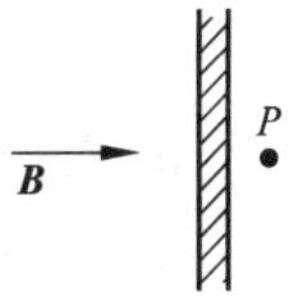

图 8-3-2

(3) 当断开电路时,开关的两触头之间常有火花发生,为什么会这样?大电感电路为什么不能突然拉闸?

8.3.1 自感

考虑图 8-3-3 中的 N 匝线圈,线圈中通有电流 I。根据毕奥-萨伐尔定律,线圈中的磁感应强度和其中的电流成正比,通过线圈所围面积的磁通量 Φ 及磁通链 $\Psi(=N\Phi)$ 也和 I 成正比,有

$$\Psi = LI \tag{8-3-1}$$

式中,比例系数 L 称为回路的**自感**(self-inductance)。根据电磁感应定律,如果电流 I 或线圈的大小、形状、周围的磁介质发生变化,穿过线圈的磁通量就会变化,从而在线圈中激起感

生电动势。

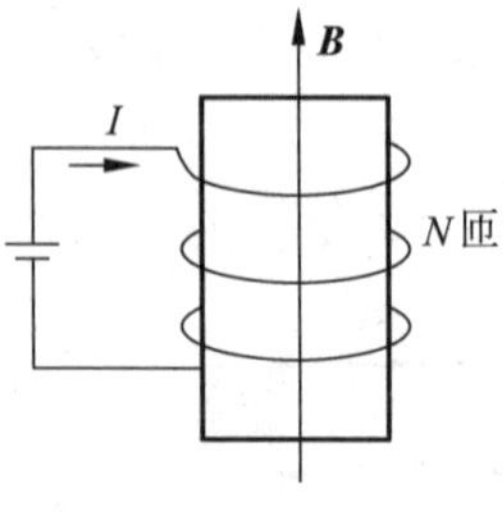

图 8-3-3

根据电磁感应定律,回路中的自感电动势为

$$\varepsilon_L = -\frac{\mathrm{d}\Psi}{\mathrm{d}t} = -L\frac{\mathrm{d}I}{\mathrm{d}t} - I\frac{\mathrm{d}L}{\mathrm{d}t} \tag{8-3-2}$$

如果保持回路的大小、形状、匝数和磁介质等因素不变,则自感 L 为常数。当只有电流 I 发生变化时,则有

$$\varepsilon_L = -L\frac{\mathrm{d}I}{\mathrm{d}t} \tag{8-3-3}$$

式中,负号表示自感电动势总是反抗回路中电流的改变。当电流增大时,自感电动势与原来的电流方向相反;当电流减小时,自感电动势与原来的电流方向相同。换句话说,回路中的自感现象有使回路保持原有电流不变的性质。这一特性与力学中的物体惯性相似,故自感 L 也可认为是描述回路"电磁惯性"(electromagnetic inertia)的一个物理量。自感现象在交流电路中有很多应用,如无线电技术和电工中常用的扼流圈、日光灯上用的镇流器等,但也要注意防止自感现象带来的损害。

在图 8-3-1 所示的电路中,断开 K′,接通 K,可以看到 A 灯亮,B 灯经过一段时间后才和 A 灯有同样亮度。这是因为线圈 L 中磁通量从无到有,产生了与原电流反向的自感电动势反抗电流的增长,因此灯泡 B 中的电流是逐渐增大的。同样可以对第二种情况进行分析,即接通 K′,断开 K,这时电源突然被切断,L 中的自感电动势瞬间可以达到很大的值,使灯 A 发出较原来更强的闪光,而后逐渐熄灭。

自感是表征回路自身属性的一个物理量,它的数值由回路的几何形状、大小、匝数及周围介质的磁导率所决定,当回路周围无铁磁质时,其值与通过的电流无关。在国际单位制中,自感的单位是**亨利**,简记为 H。

自感的计算有两种方法:一种是根据定义式(8-3-1),假设回路中通有电流 I,计算出通过线圈或导体回路的磁感应强度和磁通链 Ψ,代入 $L=\frac{N\Phi}{I}=\frac{\Psi}{I}$ 计算;另一种是利用式(8-3-3),通过电流的变化,获得回路中相应的自感电动势,然后利用 $L=-\frac{\varepsilon}{\mathrm{d}I/\mathrm{d}t}$ 求得自感 L,这种方法一般用于通过实验获得复杂系统的自感系数。

例 8-3-1 计算一长直螺线管的自感。设螺线管长度为 l,横截面积为 S,匝数为 N,其中充满磁导率为 μ 的均匀磁介质。

解:设长直螺线管中通有电流 I,螺线管内的磁感应强度 $\boldsymbol{B}$ 近似均匀,磁场方向与螺线管轴线平行。$\boldsymbol{B}$ 的大小为

$$B = \mu n I$$

式中,$n=N/l$ 为单位长度上线圈的匝数。穿过线圈的磁通链为

$$\Psi = NBS = N\mu n IS = \frac{\mu N^2 SI}{l}$$

由式(8-3-1)得

$$L = \frac{\Psi}{I} = \frac{\mu N^2 S}{l} = \mu n^2 V \tag{8-3-4}$$

式中，$V=Sl$ 为长直螺线管的体积。由式(8-3-4)可以看出，长直螺线管的自感由其自身长度、横截面积、匝数及其中的磁介质决定，而和通入的电流大小无关。

8.3.2 互感

考虑图 8-3-4 中两个彼此靠近的线圈，当一个线圈中的电流发生变化时，另一个线圈中的磁通量即发生变化，因而在该线圈中产生感应电动势。

设线圈 1 中的电流 I_1 在线圈 2 中引起的磁通链为 Ψ_{21}，根据毕奥-萨伐尔定律，Ψ_{21} 正比于 I_1，有

$$\Psi_{21}=M_{21}I_1 \tag{8-3-5}$$

同样，设电流 I_2 在线圈 1 中引起的磁通链为 Ψ_{12}，则有

$$\Psi_{12}=M_{12}I_2 \tag{8-3-6}$$

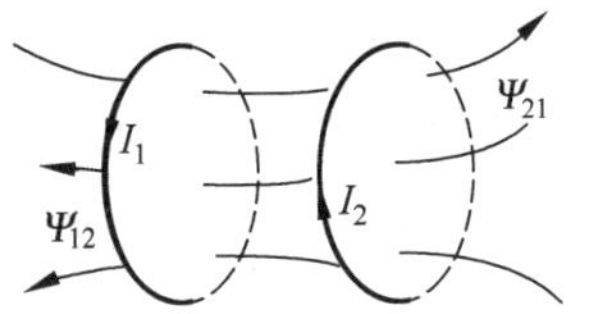

图 8-3-4

理论和实验都证明，当两线圈本身及其相对位置不变，且周围无铁磁质时，式(8-3-5)和式(8-3-6)中的比例系数 $M_{21}=M_{12}$，故可统一记为 M，称为两回路的**互感**(mutual inductance)。

假设回路周围不存在铁磁质，且回路大小、几何形状、相对位置以及介质分布均不随时间变化，则 M 是个与时间无关的常数。线圈 1 中的电流变化在线圈 2 中引起的感应电动势为

$$\varepsilon_{21}=-\frac{\mathrm{d}\Psi_{21}}{\mathrm{d}t}=-M\frac{\mathrm{d}I_1}{\mathrm{d}t} \tag{8-3-7}$$

线圈 2 中的电流变化在线圈 1 中引起的感应电动势为

$$\varepsilon_{12}=-\frac{\mathrm{d}\Psi_{12}}{\mathrm{d}t}=-M\frac{\mathrm{d}I_2}{\mathrm{d}t} \tag{8-3-8}$$

根据式(8-3-5)～式(8-3-8)可得互感的两种定义，即

$$M=\frac{\Psi_{21}}{I_1}=\frac{\Psi_{12}}{I_2} \tag{8-3-9}$$

$$M=-\frac{\varepsilon_{21}}{\mathrm{d}I_1/\mathrm{d}t}=-\frac{\varepsilon_{12}}{\mathrm{d}I_2/\mathrm{d}t} \tag{8-3-10}$$

在国际单位制中，互感和自感有相同的单位，即**亨利**(H)。互感也只和两线圈的形状、大小、相对位置及周围磁介质的磁导率有关。当周围不存在铁磁质时，M 与回路中通入的电流大小无关。

互感一般由实验测出，仅在一些特殊情况下才可进行理论计算。既然 $M_{12}=M_{21}$，那么为计算 M，给线圈 1 或线圈 2 通电均可。到底给哪个通电，可根据计算方便来选择。

如图 8-3-5(a)所示，由于无限长直导线的磁场以及该磁场通过矩形线圈的磁通量易求，因此可给无限长直导线通电，求出通过矩形线圈的磁通量，然后由定义式求出互感。如图 8-3-5(b)所示，由于小线圈中的磁场可视为大线圈电流在中心的磁场，近似视为均匀磁场，因此给大线圈通电，能够较方便地求出通过小线圈的磁通量，然后求出互感。在图 8-3-5(c)中，小线圈 2 中的磁场可视为大线圈 1 中电流在轴线上的磁场。因此给大线圈通电，求出线圈 2 中的磁通量，互感比较容易求得。

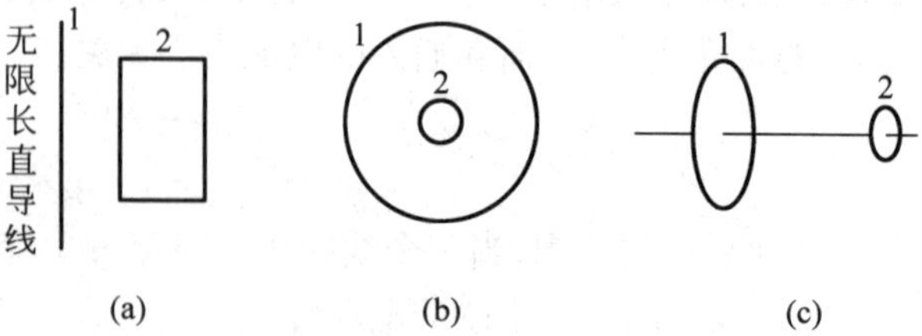

图 8-3-5

例 8-3-2 求两个共轴的长直圆螺线管的互感。如图 8-3-6 所示，设螺线管 C_1 和 C_2 的长度均为 l，半径分别为 R 和 $r(R>r)$，匝数分别为 N_1 和 N_2，其中充满磁导率为 μ 的磁介质。

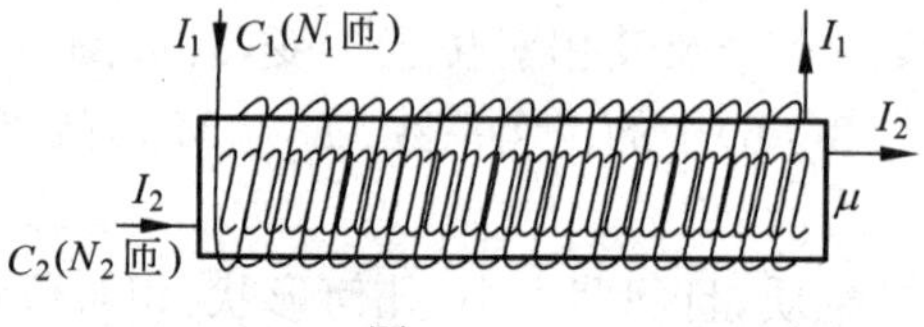

图 8-3-6

解：首先设在螺线管 C_1 中通有电流 I_1，I_1 在螺线管内产生的磁感应强度 $\boldsymbol{B}_1$ 近似均匀，磁场方向与螺线管轴线平行，其大小为

$$B_1=\mu\frac{N_1}{l}I_1=\mu n_1 I_1$$

通过 C_2 的磁通链为

$$\Psi_{21}=N_2B_1\cdot\pi r^2=n_2l\mu n_1I_1\cdot\pi r^2$$

由式(8-3-5)得

$$M_{21}=\frac{\Psi_{21}}{I_1}=\mu n_1n_2l\cdot\pi r^2$$

同样可以设在螺线管 C_2 中通有电流 I_2，I_2 产生的磁感应强度 $\boldsymbol{B}_2$ 在螺线管 C_2 内近似均匀，在两螺线管之间近似为零，磁场方向与螺线管轴线平行，大小为

$$B_2=\mu\frac{N_2}{l}I_2=\mu n_2I_2$$

通过 C_1 的磁通链为

$$\Psi_{12}=N_1B_2\cdot\pi r^2=n_1l\mu n_2I_2\cdot\pi r^2$$

同样可得互感为

$$M_{12}=\frac{\Psi_{12}}{I_2}=\mu n_1n_2l\cdot\pi r^2$$

可见 $M_{21}=M_{12}=M$。另外，由例 8-3-1 计算可知，螺线管 C_1 和 C_2 的自感分别为

$$L_1=\frac{\mu N_1^2S_1}{l}=\mu n_1^2l\cdot\pi R^2$$

$$L_2=\frac{\mu N_2^2S_2}{l}=\mu n_2^2l\cdot\pi r^2$$

所以，有关系式

$$M=\frac{r}{R}\sqrt{L_1L_2}$$

一般情况下有 $M=k\sqrt{L_1L_2}$，其中 $0\leqslant k\leqslant 1$，称为耦合系数。耦合系数由两线圈的相对位置即耦合程度确定，当 $k=1$ 时，称为完全耦合，这时每一个线圈自身的磁通链完全通过另一个线圈。

【练习 8-3】

8-3-1 如果要设计一个自感较大的线圈，应该从哪些方面考虑？

8-3-2 有的电阻元件是用电阻丝绕成的，为了使它只有电阻而没有自感，常采用双绕法，如图 8-3-7 所示。试说明这样做的原因。

8-3-3 一截面为长方形的螺绕管，其中充满磁导率为 μ 的磁介质，其尺寸如图 8-3-8 所示，共有 N 匝，求此螺绕管的自感。

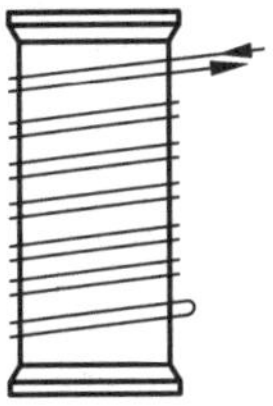

图 8-3-7

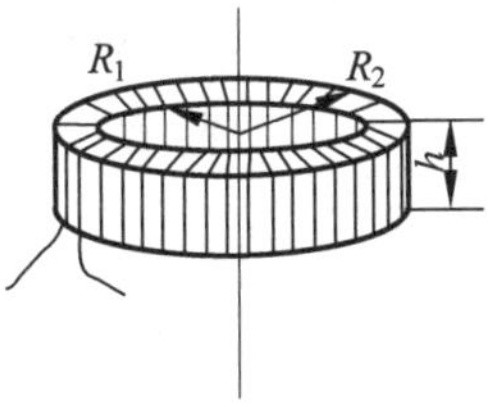

图 8-3-8

8-3-4 一无限长直导线与一矩形线圈共面放置，其长边与导线平行，位置如图 8-3-9 所示，求导线与线圈的互感。

8-3-5 如图 8-3-10 所示，两个共轴圆线圈，半径分别为 R 及 r，匝数分别为 N_1 和 N_2，相距为 d。设 r 很小，则小线圈所在处的磁场可视为均匀磁场。求两线圈的互感。

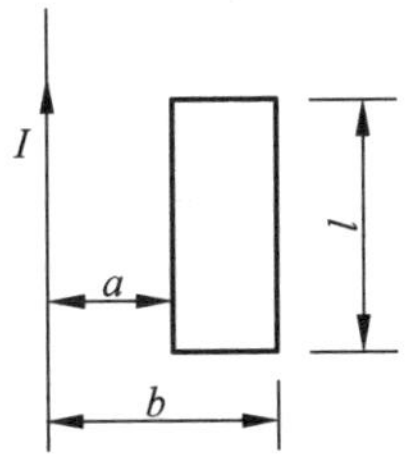

图 8-3-9

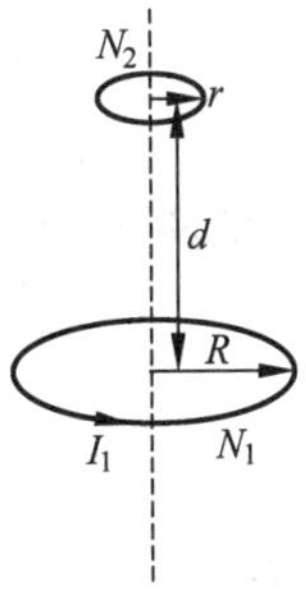

图 8-3-10

8-3-6 互感与哪些因素有关？怎样在两个线圈间获得较大的互感？

8-3-7 有两个线圈，长度相同，半径接近相等，在下列三种情况下，哪一种互感最大？哪一种互感最小？(1)一个线圈套在另一个线圈外面；(2)两个线圈靠得很近，轴线在同一条直线上；(3)两个线圈互相垂直，也靠得很近。

8.4 自感磁能　磁场的能量

磁场是运动电荷周围存在的一种物质，因此，磁场也具有物质的基本属性——能量。在第 6 章中讨论了电场的能量，本节从磁场建立过程中的电磁感应现象出发，根据磁场与电荷相互作用过程中的能量转换探讨磁场能量的来源、分布特征和计算方法。

8.4.1 自感磁能

图 8-4-1 所示为一个含有自感的闭合回路，其中线圈的自感为 L，电源的电动势为 ε，电阻为 R。当开关 K 接通时，回路中的电流 i 逐渐增加到稳定值 I。在这个过程中，线圈中会产生自感电动势 ε_L，即

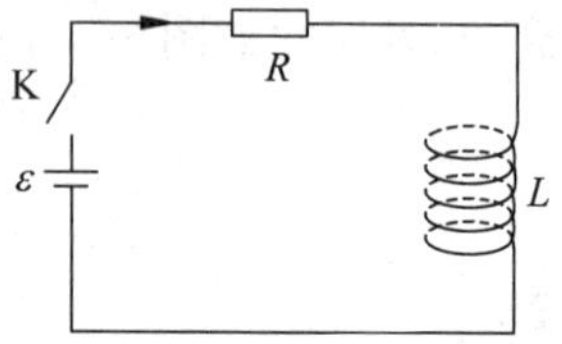

图　8-4-1

$$\varepsilon_L = -L\frac{\mathrm{d}i}{\mathrm{d}t}$$

式中，负号表示自感电动势阻碍电流的增长。根据全电路欧姆定律，有

$$\varepsilon - L\frac{\mathrm{d}i}{\mathrm{d}t} = iR \tag{8-4-1}$$

两边乘以 $i\mathrm{d}t$ 得

$$\varepsilon i\mathrm{d}t - Li\mathrm{d}i = i^2R\mathrm{d}t$$

设 $t=0$ 时，$i=0$；$t=t$ 时，$i=I$。对上式两边积分，得

$$\int_0^t \varepsilon i\mathrm{d}t - \int_0^I Li\mathrm{d}i = \int_0^t i^2R\mathrm{d}t \tag{8-4-2}$$

式(8-4-2)的左边第一项为电源在 $0\sim t$ 时间内所做的功，也就是电源提供的能量；第二项为电源反抗自感电动势所做的功；右边为在 $0\sim t$ 时间内回路中的电阻放出的焦耳热。在回路中的电流 i 从零逐渐增加到稳定值 I 的过程中，线圈中磁场也随之建立起来。正是电源反抗自感电动势所做的功转化为磁场的能量。由此可见，电源所提供的能量一部分转化为焦耳热，另一部分转化为磁场的能量。对式(8-4-2)左边的第二项积分，就得到自感为 L 的线圈中电流为 I 时磁场的能量，即

$$W_{\mathrm{m}} = \frac{1}{2}LI^2 \tag{8-4-3}$$

W_{m} 又称为线圈的自感磁能。

8.4.2 磁场的能量

式(8-4-3)给出的磁场能量可用场量来表示。如图 8-4-2 所示，设长直螺线管的体积为 V，由式(8-3-4)知自感 $L=\mu n^2V$，通入电流 I 时，长直螺线管中的磁感应强度为 $B=\mu nI$，则螺线管中的自感磁能可写为

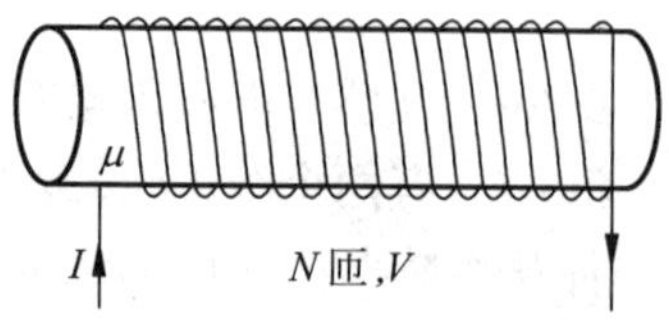

图　8-4-2

$$W_{\mathrm{m}} = \frac{1}{2}\mu n^2V\left(\frac{B}{\mu n}\right)^2 = \frac{B^2}{2\mu}V \tag{8-4-4}$$

由式(8-4-4)可以看出，磁场能量和磁场所占的体积成正比，这说明磁场能量存在于磁场的整个体积之中。

单位体积的磁场能量称为磁场能量密度(energy density of magnetic field)。

对载流长直螺线管中的均匀磁场，其磁场能量密度为

$$w_m = \frac{W_m}{V} = \frac{B^2}{2\mu} = \frac{1}{2}\mu H^2 = \frac{1}{2}BH \tag{8-4-5}$$

在真空中，式(8-4-5)变为

$$w_m = \frac{B^2}{2\mu_0} \tag{8-4-6}$$

事实上，由载流长直螺线管推出的磁场能量密度公式(8-4-5)也适用于其他磁场，其中 $\boldsymbol{B}$ 和 $\boldsymbol{H}$ 分别为考察点处的磁感应强度和磁场强度。对线性介质，有 $\boldsymbol{B}=\mu\boldsymbol{H}$。对均匀磁场可用式(8-4-5)或式(8-4-6)直接计算磁场能量，即 $W_m = w_m V$；对线性介质中的非均匀磁场，则需要进行积分，在体积 V 中的磁场能量为

$$W_m = \int_V w_m \mathrm{d}V = \int_V \frac{1}{2}\boldsymbol{B}\cdot\boldsymbol{H}\mathrm{d}V \tag{8-4-7}$$

例 8-4-1 半径为 R 的无限长圆柱形导体磁导率为 μ，其中通有电流 I，电流均匀分布在横截面上，求圆柱形导体内每单位长度所储存的磁能。

解：对给定的均匀电流，磁场分布具有轴对称性。如图 8-4-3 所示，取以 r 为半径的圆形路径 L，路径的正方向与电流流向成右手螺旋关系。根据安培环路定理，有

$$\oint_L \boldsymbol{H}\cdot\mathrm{d}\boldsymbol{l} = H\cdot 2\pi r = \frac{I}{\pi R^2}\cdot \pi r^2$$

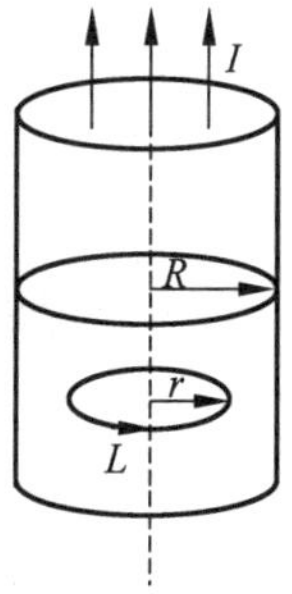

图 8-4-3

所以，导体内距圆柱轴线距离 r 处的磁场强度为

$$H = \frac{Ir}{2\pi R^2}$$

磁感应强度为

$$B = \mu H = \frac{\mu I r}{2\pi R^2}$$

磁场能量密度为

$$w_m = \frac{1}{2}BH = \frac{\mu I^2 r^2}{8\pi^2 R^4}$$

取一长度为 l、半径为 r、厚度为 $\mathrm{d}r$ 的薄层圆柱形体积元 $\mathrm{d}V = 2\pi r l \mathrm{d}r$，将 $\mathrm{d}V$ 和 w_m 代入式(8-4-7)，可得长度为 l 的导体内总的磁场能量为

$$W_m = \int_V w_m \mathrm{d}V = \int_0^R \frac{\mu I^2 r^2}{8\pi^2 R^4}\cdot 2\pi r l \mathrm{d}r = \frac{\mu I^2}{16\pi} l$$

圆柱形导体内每单位长度所储存的磁能为

$$\frac{W_m}{l} = \frac{\mu I^2}{16\pi}$$

【练习 8-4】

8-4-1 真空中有一根无限长直细导线通有电流 I，求距导线垂直距离为 a 的空间某点处的磁能密度。

8-4-2 假定从地面到海拔 6×10^6m 的范围内，地磁场为 5×10^{-5}T，试粗略计算在此区域内地磁场的总磁能(地球半径取 $R=6400$km，结果保留一位有效数字)。

8-4-3 一个同轴电缆由两无限长圆筒组成，如图 8-4-4 所示，内外圆筒的半径分别为 R_1 和 R_2，圆筒之间均匀充满磁导率为 μ 的磁介质，内外筒流过的电流大小相等，方向相反。求长为 l 的一段电缆储存的磁能。

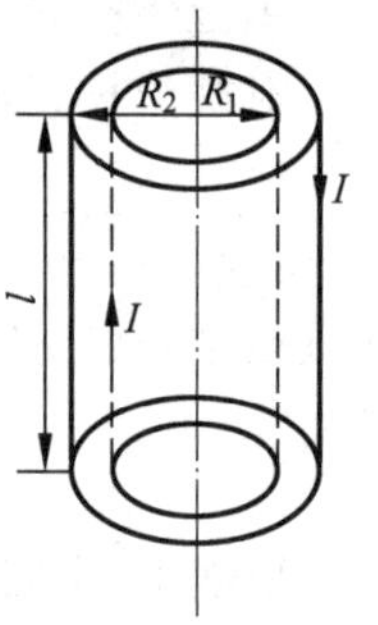

图 8-4-4

8.5 位移电流 麦克斯韦方程组

【思考 8-5】

本书第 5 章和第 7 章介绍的真空中的电磁场规律如下：

(1) 静电场的高斯定理和环路定理

$$\oint_S \boldsymbol{E}\cdot \mathrm{d}\boldsymbol{S}=q/\varepsilon_0 \tag{8-5-1}$$

$$\oint_l \boldsymbol{E}\cdot \mathrm{d}\boldsymbol{l}=0 \tag{8-5-2}$$

(2) 恒定磁场的高斯定理和安培环路定理

$$\oint_S \boldsymbol{B}\cdot \mathrm{d}\boldsymbol{S}=0 \tag{8-5-3}$$

$$\oint_l \boldsymbol{B}\cdot \mathrm{d}\boldsymbol{l}=\mu_0 I=\mu_0\int_S \boldsymbol{j}\cdot \mathrm{d}\boldsymbol{S} \tag{8-5-4}$$

式(8-5-4)中，I 为通过以 l 为边界的曲面 S 的电流；$\boldsymbol{j}$ 为曲面 S 上各点的电流密度矢量，其方向为该点正电荷的运动方向，其大小等于单位时间内通过该点垂直于正电荷运动方向的单位面积的电荷。

麦克斯韦假设，变化的磁场可以在周围激发感生电场，感生电场产生的感生电动势满足电磁感应定律，即

$$\oint_l \boldsymbol{E}_\mathrm{k}\cdot \mathrm{d}\boldsymbol{l}=-\oint_S \frac{\partial \boldsymbol{B}}{\partial t}\cdot \mathrm{d}\boldsymbol{S} \tag{8-5-5}$$

一般情况下的电场应包括由电荷激发的纵场 $\boldsymbol{E}_0$ 和变化磁场激发的横场 $\boldsymbol{E}_\mathrm{k}$ 两部分，即

$$\boldsymbol{E}=\boldsymbol{E}_0+\boldsymbol{E}_\mathrm{k}$$

式中，$\boldsymbol{E}_0$ 的环流等于零，所以一般情况下静电场的环路定理(式(8-5-2))应修改为

$$\oint_l \boldsymbol{E}\cdot \mathrm{d}\boldsymbol{l}=-\int_S \frac{\partial \boldsymbol{B}}{\partial t}\cdot \mathrm{d}\boldsymbol{S} \tag{8-5-6}$$

现在的问题是：对非恒定电流产生的变化的磁场，恒定磁场的安培环路定理式(8-5-4)还成立吗？

8.5.1 位移电流

如图 8-5-1 所示，闭合曲面由 S_1 和 S_2 两部分组成，曲线 l 为 S_1 和 S_2 的共同边界，且曲面 S_1 与 S_2 的正向均与 l 成右手螺旋关系。设通过曲面 S_1 和 S_2 的电流分别为 I_1 和 I_2，对曲面 S_1 和闭合路径 l 应用安培环路定理式(8-5-4)，得

$$\oint_l \boldsymbol{B} \cdot \mathrm{d}\boldsymbol{l} = \mu_0 I_1 = \mu_0 \int_{S_1} \boldsymbol{j} \cdot \mathrm{d}\boldsymbol{S} \tag{8-5-7}$$

对曲面 S_2 和闭合路径 l，有

$$\oint_l \boldsymbol{B} \cdot \mathrm{d}\boldsymbol{l} = \mu_0 I_2 = \mu_0 \int_{S_2} \boldsymbol{j} \cdot \mathrm{d}\boldsymbol{S} \tag{8-5-8}$$

式(8-5-7)和式(8-5-8)中左边磁感应强度 $\boldsymbol{B}$ 沿闭合曲线 l 的线积分是同一个量，应该取相同的值。对恒定电流，有 $I_1 = I_2$，从而有自洽的关系式

$$\oint_l \frac{\boldsymbol{B}}{\mu_0} \cdot \mathrm{d}\boldsymbol{l} = I_1 = I_2 = \oint_l \frac{\boldsymbol{B}}{\mu_0} \cdot \mathrm{d}\boldsymbol{l}$$

但是，对非恒定电流，有 $I_1 \neq I_2$，这样就会得到矛盾的关系式

$$\oint_l \frac{\boldsymbol{B}}{\mu_0} \cdot \mathrm{d}\boldsymbol{l} = I_1 \neq I_2 = \oint_l \frac{\boldsymbol{B}}{\mu_0} \cdot \mathrm{d}\boldsymbol{l}$$

这说明对恒定磁场安培环路定理式(8-5-4)需要进一步加以推广。

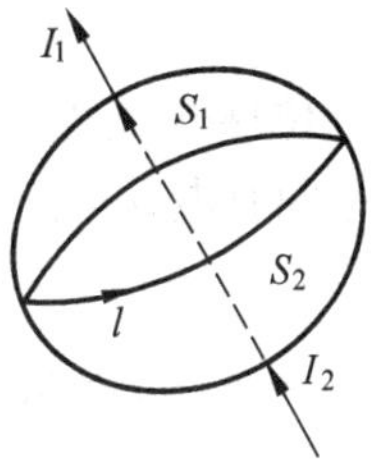

图 8-5-1

对恒定电流，有 $I_1 = I_2$，由式(8-5-7)和式(8-5-8)知对整个闭合曲面 S，有

$$\oint_{S_1} \boldsymbol{j} \cdot \mathrm{d}\boldsymbol{S} - \oint_{S_2} \boldsymbol{j} \cdot \mathrm{d}\boldsymbol{S} = \oint_{S_1 + S_2^-} \boldsymbol{j} \cdot \mathrm{d}\boldsymbol{S} = \oint_S \boldsymbol{j} \cdot \mathrm{d}\boldsymbol{S} = 0 \tag{8-5-9}$$

(其中 S_2^- 与 S_2 正方向相反，与 l 成左手螺旋关系)，这正是恒定电流的条件。对非恒定电流，有 $I_1 \neq I_2$，根据电荷守恒定律得

$$I_2 - I_1 = \frac{\mathrm{d}q}{\mathrm{d}t} \tag{8-5-10}$$

式中，q 为曲面 S 内包含的自由电荷。由式(8-5-10)及式(8-5-7)、式(8-5-8)中右边第二个等式可以得到关系式

$$\oint_S \boldsymbol{j} \cdot \mathrm{d}\boldsymbol{S} = -\frac{\mathrm{d}q}{\mathrm{d}t} \tag{8-5-11}$$

这正是电荷守恒定律的一般表达式。对恒定电流，$\frac{\mathrm{d}q}{\mathrm{d}t} = 0$，式(8-5-11)就成为式(8-5-9)。

为将恒定磁场的安培环路定理式(8-5-4)推广到一般情形，一个方案是结合高斯定理式(8-5-1)和电荷守恒定律式(8-5-11)，得到

$$\oint_S \boldsymbol{j} \cdot \mathrm{d}\boldsymbol{S} = -\oint_S \varepsilon_0 \frac{\partial \boldsymbol{E}}{\partial t} \cdot \mathrm{d}\boldsymbol{S}$$

即

$$\int_{S_1} \boldsymbol{j} \cdot \mathrm{d}\boldsymbol{S} - \int_{S_2} \boldsymbol{j} \cdot \mathrm{d}\boldsymbol{S} = -\int_{S_1} \varepsilon_0 \frac{\partial \boldsymbol{E}}{\partial t} \cdot \mathrm{d}\boldsymbol{S} + \int_{S_2} \varepsilon_0 \frac{\partial \boldsymbol{E}}{\partial t} \cdot \mathrm{d}\boldsymbol{S}$$

从而对曲面 S_1 和 S_2，有

$$\int_{S_1}\left(\boldsymbol{j}+\varepsilon_0\frac{\partial \boldsymbol{E}}{\partial t}\right)\cdot \mathrm{d}\boldsymbol{S}=\int_{S_2}\left(\boldsymbol{j}+\varepsilon_0\frac{\partial \boldsymbol{E}}{\partial t}\right)\cdot \mathrm{d}\boldsymbol{S}$$

这样,在一般情况下,恒定磁场的安培环路定理式(8-5-4)可以推广如下:

$$\oint_l \boldsymbol{B}\cdot \mathrm{d}\boldsymbol{l}=\mu_0(I+I_D)=\mu_0\int_S\left(\boldsymbol{j}+\varepsilon_0\frac{\partial \boldsymbol{E}}{\partial t}\right)\cdot \mathrm{d}\boldsymbol{S} \tag{8-5-12}$$

其中

$$I=\int_S \boldsymbol{j}\cdot \mathrm{d}\boldsymbol{S}$$

是由于电荷定向运动产生的,称为传导电流。对非恒定电流,电荷分布随时间变化,从而引起电场变化。麦克斯韦提出,电场的变化也可以激发磁场,即变化的电场等效于一种电流,称为**位移电流**(displacement current),就是式(8-5-12)中的 I_D:

$$I_D=\int_S \varepsilon_0\frac{\partial \boldsymbol{E}}{\partial t}\cdot \mathrm{d}\boldsymbol{S} \tag{8-5-13}$$

位移电流虽然在激发磁场方面和传导电流等效,但与传导电流有本质不同。传导电流表示空间有电荷的定向运动;而位移电流则表示空间电场的变化,位移电流的电流密度等于电位移矢量对时间的变化率。传导电流存在焦耳热效应,而位移电流在真空情况下不存在热效应。

8.5.2 麦克斯韦电磁场方程的积分形式　电磁场

麦克斯韦在全面总结前人研究成果的基础上,提出了"感生电场"假说,把静电场的环路定理(8-5-2)推广为一般情况下电场的环路定理(8-5-6);又提出了"位移电流"的概念,把恒定磁场的安培环路定理(8-5-4)推广为全电流安培环路定理(8-5-12)。加上式(8-5-1)和式(8-5-3),麦克斯韦就总结出了描述电磁场规律的基本方程组,称为麦克斯韦方程组。在考虑介质的情况下,除磁化电流外,当电场变化时,介质的极化强度 $\boldsymbol{P}$ 发生变化,产生另外一种电流,称为极化电流,

$$I_P=\int_S \frac{\partial \boldsymbol{P}}{\partial t}\cdot \mathrm{d}\boldsymbol{S}$$

这样,就得到了一般情况下麦克斯韦电磁场方程的积分形式:

$$\oint_S \boldsymbol{D}\cdot \mathrm{d}\boldsymbol{S}=\int_V \rho \mathrm{d}V=q \tag{8-5-14}$$

$$\oint_l \boldsymbol{E}\cdot \mathrm{d}\boldsymbol{l}=-\int_S \frac{\partial \boldsymbol{B}}{\partial t}\cdot \mathrm{d}\boldsymbol{S} \tag{8-5-15}$$

$$\oint_S \boldsymbol{B}\cdot \mathrm{d}\boldsymbol{S}=0 \tag{8-5-16}$$

$$\oint_l \boldsymbol{H}\cdot \mathrm{d}\boldsymbol{l}=\int_S\left(\boldsymbol{j}+\frac{\partial \boldsymbol{D}}{\partial t}\right)\cdot \mathrm{d}\boldsymbol{S} \tag{8-5-17}$$

麦克斯韦引入的感生电场和位移电流概念表明不仅变化的磁场可以激发电场,而且变化的电场也可激发磁场。这深刻地反映了电场、磁场之间相互依存、互相转换的关系,从而把电场和磁场统一为一个整体,称为电磁场,建立了完整的电磁场理论。

麦克斯韦电磁场理论的建立是物理学发展史上的一次重大突破。创立物理学理论的基本途径有两条:一是归纳的方法,就是在大量实验事实的基础上提出新的概念,总结出新的规律,创建与实验事实相符合的新的理论体系;二是演绎的方法,就是在原有理论的基础上提出合理的假设,对原有理论加以修正或扩充,保留原理论中经实验验证的合理成分,解决

原理论中的矛盾，做出新的预言，并通过对新预言的进一步实验验证，对假设的合理性加以验证。麦克斯韦电磁场理论是演绎法的典范。麦克斯韦方程组全面概括了电磁学领域已知的实验事实，全面揭示了电磁场的基本规律，并预言了电磁波的存在，指出光是一种电磁波等，后来的大量实验事实都验证了麦克斯韦电磁场理论的正确性。

电磁感应现象的发现和电磁场理论的建立是电磁学领域中最伟大的成就之一。它不仅揭示了电与磁之间的内在联系，而且为电与磁之间的相互转化奠定了理论基础，为人类获取巨大而廉价的电能和广泛利用电磁场开辟了道路，在实用上有重大意义。实践证明，电磁感应规律和电磁场理论在电力工业、电工学、电子技术、现代通信、信息技术等方面都有广泛应用，对推动社会生产力和科学技术的发展发挥了重要的作用。

【练习 8-5】

8-5-1 生活中哪些地方要用到电磁场？

8-5-2 分析不同波长的电磁波的特点及应用。

8.6 电磁感应的应用

8.6.1 交流发电机和交流(感应)电动机

1. 交流发电机原理

电磁感应最重要的应用就是发电。图 8-6-1 所示为一个最简单的交流发电机模型，其中线圈在均匀磁场中切割磁感线，产生感应电动势，输出电流。设共有 N 匝线圈，以匀角速度 ω 转动。设 $t=0$ 时，面积 S 的法线方向 $\boldsymbol{n}$ 与 $\boldsymbol{B}$ 之间的夹角 $\theta=0$。根据电磁感应定律，线圈中的感应电动势为

$$\begin{aligned}\varepsilon &= -N\frac{\mathrm{d}\Phi}{\mathrm{d}t} \\ &= -N\frac{\mathrm{d}}{\mathrm{d}t}(BS\cos\omega t) \\ &= (NBS\omega)\sin\omega t\end{aligned}$$

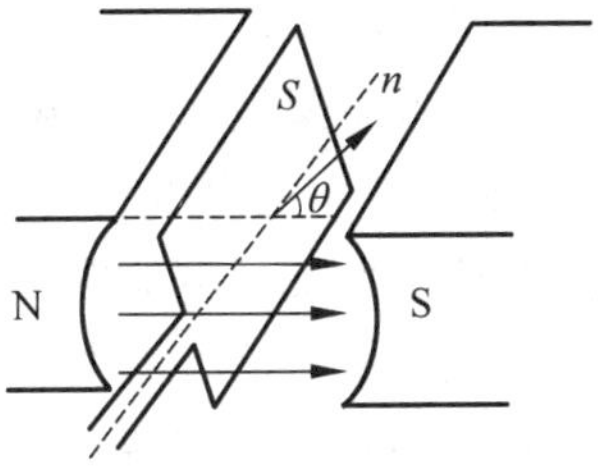

图 8-6-1

由上式可见，交流发电机作为电源，其电动势随时间作周期性变化，电路中的电流和电压也随时间作周期性变化。交流发电机的电动势、电流、电压分别称为交流电动势、交流电流、交流电压，一般统称为交流电。上述简单模型中所产生的交流电随时间作简谐变化，日常生活和一般工业动力用电所使用的都是这种类型的交流电。

实际电力生产中使用的交流发电机都非常复杂，并且在一般情况下线圈是固定的，而电磁铁在旋转，这种情况下也把线圈称为定子，把电磁铁称为转子。交流发电机在工作过程中需要有其他形式的能源来带动转子，所以交流电产生的过程也是其他形式的能量转化为电能的过程。如何高效、环保、安全地产生电力是全人类面临的重要课题。目前主要的发电形式有火力发电、水力发电、核能发电、太阳能等，利用风能、潮汐能等来产生电力都是绿色能源开发应用的重要方向。

2. 交流(感应)电动机

电动机是利用交流电输出机械能做功的装置，在工农业生产中应用非常广泛。

图 8-6-2 所示为一个交流(感应)电动机的原理图。其中转子放入旋转磁场中,实际中旋转磁场大多由通入三相交流电的线圈产生;转子上的导线切割磁感线产生感应电流;感应电流又受到旋转磁场的磁力矩,从而使转子随之旋转。

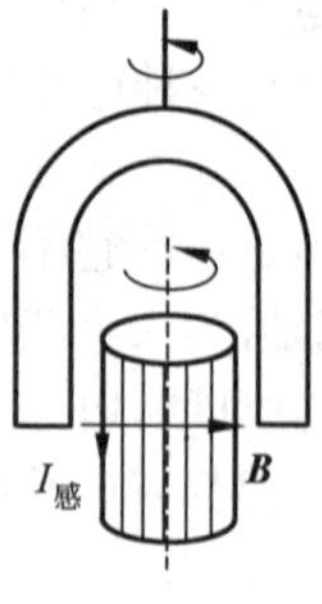

图 8-6-2

从上述工作原理可以看出,交流电动机具有如下特点:

(1) 转子的转向和旋转磁场转向一致(可根据楞次定律判断)。要使转子反转,需先使旋转磁场反转,这可以通过对换三相导线的两个接头的方法实现。

(2) 转子转速始终小于旋转磁场的转速,此种电动机又称为"异步机"。

(3) 交流电动机具有自动适应负载的能力。如果电动机在稳定转动时突然加大负载,转子转速就会下降,但旋转磁场的运动状态却没有发生变化,这时转子相对于磁场"切割"得更快,转子中的感应电流相应增大,电磁力矩增加,这样电动机就能够顺畅、持续地工作。

8.6.2 涡电流及其应用

如图 8-6-3 所示,在空心线圈中放入金属物体,在线圈中通入交流电。电流随时间变化,在线圈中产生交变磁场,变化的磁场会在金属物体内激发感生电场,导体中的电子在感生电场驱动下形成电流。这种在导体内形成的闭合电流称为**涡电流**(vortex flow)。

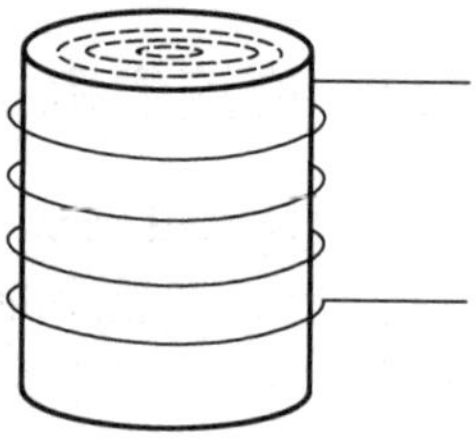
图 8-6-3

1. 涡流加热

当大块金属放入交变磁场中时,由于大块金属的电阻很小,金属内部处处可以构成回路,金属中产生的涡电流会产生大量焦耳热。涡电流强度和磁场变化率成正比,从而使得焦耳热和线圈中交变电流频率的二次方成正比。当线圈中电流频率很高时,可以在金属内部激起强大的涡电流。涡电流加热温度高、速度快、操作简单,且导体各处能够同时被加热,在工业上通常用来制造高频感应加热炉、冶炼特种合金等。现代厨房电器之一——电磁炉,也是采用这种感应加热的方法。

涡电流的热效应在许多情况下是有害的。例如变压器和电动机等设备的许多部件都有铁芯,铁芯处于变化磁场中时也会产生涡电流。这种情况下的涡电流不仅损失电能,其热效应甚至会烧毁设备。为减小涡电流,可以增加铁芯的电阻率,也可以将铁芯换成彼此绝缘的铁片组,切断涡电流在金属内部的回路。

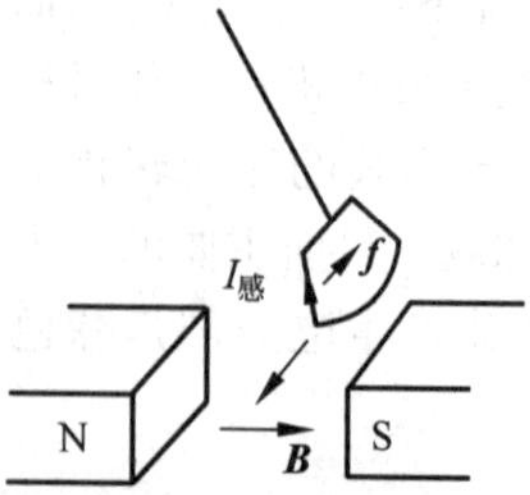

图 8-6-4

2. 电磁阻尼

涡电流还有机械效应。如图 8-6-4 所示,金属片在磁场中摆动时,切割磁感线,金属片中会产生涡电流。根据楞次定律,感应电流的效果总是反抗引起感应电流的原因。在这里,涡电流的效果就是反抗金属片相对于磁场的运动,从而阻碍金属片的运动,使摆很快停止。这种现象称为电磁阻尼。电磁阻尼有许多实际应用,如在各种指针式计量表中,可以用电磁阻尼使得指针较快地稳定在平衡位置上。

3. 金属探测仪

涡电流还可以用来探测金属。当金属物体被置于变化的磁场中时，金属导体内的涡流自身也会产生附加的磁场。根据楞次定律，附加磁场的方向与外磁场方向相反，削弱外磁场的变化。根据对磁感应强度变化的监测，就可以对邮件、行李、包裹及人体夹带的金属物品进行检测，也可以对隐藏于墙内、地下等不易直接探查物体中的金属物进行检测。因此，金属探测仪广泛地用在安全检查、矿物勘察等许多方面。

为了提高探测精度，准确判定金属物品的位置，金属探测仪有许多精密测量磁场变化的方法，比如有一种金属探测仪采用灵敏度极高的线性霍尔元件来检测磁场的变化，并且与计算机连接，对检测结果进行综合的分析判断，从而提高工作效率。

8.6.3 电子感应加速器

感生电场和静电场一样，对带电粒子有电场力的作用。电子感应加速器就是利用感生电场来加速电子的高能加速器。图 8-6-5 所示为电子感应加速器示意图。中间部分是一个环形真空室，需要加速的电子就在这里运动；在环形真空室所在的区域由电磁铁或高频交变电流产生轴对称的交变磁场。

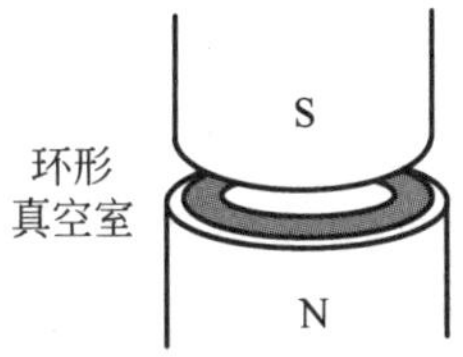

图 8-6-5

当磁场变化时，环形真空室中将产生感生电场 $\boldsymbol{E}_k$。设环形真空室的半径为 R，则感生电场的大小为(参见例 8-2-3)

$$E_k = \frac{R}{2}\frac{d\bar{B}}{dt}$$

$\bar{B}$ 是以环为边界的圆面上磁感应强度的空间平均值，感生电场的方向沿环形真空室的切线方向。设交变磁场的方向在图 8-6-5 中竖直向上，且大小逐渐增加时，则电子在真空室中做逆时针运动，并受到沿径向指向圆心的洛伦兹力，从而电子在真空室中做圆周运动，运动方程为

$$evB_R = \frac{mv^2}{R}$$

电子沿切向受 $\boldsymbol{E}_k$ 作用而加速，由牛顿定律得

$$eE_k = \frac{d(mv)}{dt}$$

由上述三式可得，为维持电子在恒定圆形轨道上的运动，需满足条件

$$B_R = \frac{1}{2}\bar{B}$$

即半径为 R 的轨道上的 B_R 等于轨道内 B 的平均值的一半时，电子能在稳定的圆形轨道上被加速。

欲使电子加速，要求$\frac{dB}{dt}>0$。如果使用高频交变电流激磁，为了保证电子沿同一方向加速回旋，只使用激磁电流起始的 1/4 周期加速电子，如图 8-6-6 所示，这时磁场方向向上，且符合前述要求。在第一个 1/4 周期末，要及时把电子引出。

8.6.4 磁流体发电机

前面介绍了交流发电机的原理，其中导电线圈在磁场中切割磁感线，线圈中会产生动生电动势，对外输出交流电。产生电动势的非静电力是运动电荷在磁场中受到的洛伦兹力。磁流体发电机的原理也是一样的，只不过切割磁感线产生电能的是导电流体，而不是固体的线圈绕组。

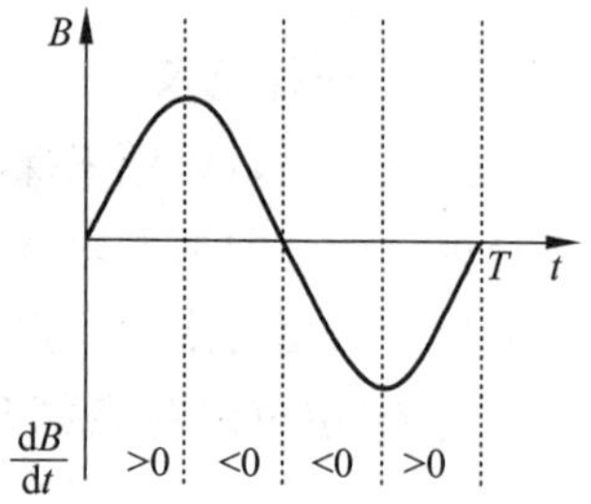

图 8-6-6

磁流体发电机的原理如图 8-6-7 所示。发电部分称作发电通道，发电通道外面加有磁场。带电的磁流体进入发电通道，切割磁感线而产生电能。

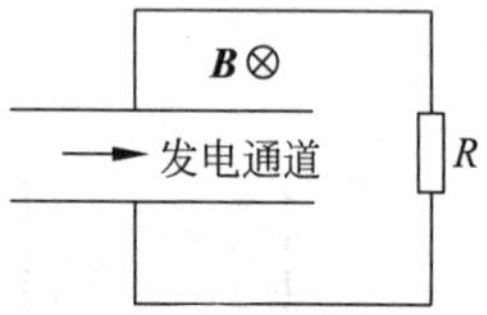

图 8-6-7

根据构成磁流体的物质不同，磁流体发电机主要分为两种：一种是高温等离子气体磁流体发电机，另一种是液态金属磁流体发电机。

高温等离子气体磁流体发电机中的磁流体为高温电离的导电气体。设外加磁场的方向垂直纸面向里，这些带电粒子高速进入发电通道后，在洛伦兹力的作用下，正、负离子分别向上、下极板偏转，上、下极板分别聚集正、负电荷，发电通道即成为一个电源。在发电通道内部，等离子体同时受到洛伦兹力和电场力的作用，但方向相反。当洛伦兹力小于电场力时，正、负离子继续偏转，两极间的电势差随之增大；当洛伦兹力和电场力相等时，正负离子匀速穿过磁场，两极间的电势差即为电源电动势。

液态金属磁流体发电机中的磁流体为液态金属，如 Pb 等。液态金属磁流体发电系统中一般存在两种流体：热动力学流体和电动力学流体。热动力学流体一般是沸点比较低的液体或气体，其主要作用是将热能转化成流体的机械能；电动力学流体就是液态金属，主要负责将流体的机械能转化成电能。发电通道中流体的流型可以有两种：一种是单相流动，即发电通道中只有液态金属；另一种是两相流动，发电通道中有液态金属和热动力学流体的两相流动。相应的发电系统也可以分成两种：单相流系统和两相流系统。

磁流体发电机的热源为石油、煤、天然气等，但液态金属磁流体发电机的热源也可以是核能、太阳能、工业废热等。和常规发电机相比，磁流体发电机具有许多优点。磁流体发电机的发电效率很高，如等离子气体磁流体发电机和蒸汽联合循环，发电效率可达 50%～60%，而我国煤电的平均效率仅为 29%。磁流体发电机还有对环境污染较少、可利用的热源范围广、可以输出直流电压、内电阻小、装置结构简单等优点，是今后能源开发利用的一个重要发展方向。

【练习 8-6】

8-6-1 查阅资料，了解磁悬浮列车的原理。

8-6-2 了解直流电动机的原理，并指出其与交流电动机的异同。

8-6-3 试举出其他一些电磁感应的应用实例。

8-6-4 查阅有关资料，了解电磁辐射的危害以及防护措施。

第3篇

热学

物理学中研究冷和热的本质，冷和热如何影响物质的状态、性质，以及物质状态和性质随冷热变化规律的这部分内容称为热学(heat)。

热学研究的对象是由大量微观粒子构成的宏观物理系统。当我们着重研究它的热学性质时，就把这样的系统称为热力学系统(thermodynamics system)。能够与所研究的热力学系统发生相互作用的其他系统称为外界。为了研究热学规律，首先需要描述热力学系统的状态。描述热力学系统状态有两种方法，一种是宏观描述(macroscopic description)，即用可以直接观测的宏观参量(如体积、压强、温度等)描述热力学系统的状态；另一种是微观描述(microscopic description)，即基于热力学系统是由大量微观粒子构成的这一基本事实，用描述微观粒子运动状态的微观量(如粒子的质量、速率、能量等)描述系统的状态。两种不同的描述方法就产生了热学的两门学科：一种是对热力学系统作宏观的描述，以观察和实验事实为基础，通过严密的逻辑推理的方法研究热力学系统的宏观状态变化规律，这部分内容称为热力学(thermodynamics)。另一种是对热力学系统作微观的描述，以每个微观粒子遵循的力学定律为基础，利用统计方法导出系统宏观的热力学规律，这部分内容称为统计物理学(statistical physics)。

本书第9章讨论气体分子运动论(气体动理论)，是统计物理学的初级理论，揭示了气体热现象的微观本质，具有统计规律，但这种方法的局限性在于数学上比较难于求解，需要不得不做出模型简化和假设，因此得出结果可能与实验不完全符合。第10章主要讨论热力学的宏观规律，由此得出的热力学规律以观察和实验事实为基础，具有普适性，但是不能揭示现象的微观本质。因此，对于热学，需要将宏观和微观两种方法结合起来共同研究。

从宏观层次上通过实验归纳和理论演绎得出热力学的基本定律，并且从微观上的统计分布去推导热现象的规律，建立宏观和微观之间的关系，这是一种统计性的描述方式。从力学到热学，描述的对象从质点和刚体发展为由大量原子、分子组成的热力学系统，描述的运动形态从机械运动上升为气体分子的热运动，描述的方式也相应地从一个层次提升到另一个更高的层次，物理思想方法与力学相比有了进一步的发展。

第9章 气体动理论

气体动理论是统计物理学的一个组成部分，以气体为研究对象，从气体分子运动论的观点出发，运用统计方法来研究大量气体分子的热运动规律，并对理想气体的热学性质给予微观说明，从而揭示气体所表现出来的宏观热现象的微观本质。

9.1 平衡态 理想气体状态方程

【思考 9-1】

(1) 日常生活中，人们根据经验对物体的冷热程度做出的判断客观吗？

(2) 如何给出温度的定义并建立相应的温标？

9.1.1 状态参量 平衡态

热学中，研究的对象是由大量原子、分子构成的系统，称为热力学系统（或工作物质），而与系统发生相互作用的外部环境称为外界。如果一个热力学系统与外界不发生任何物质和能量的交换，则称之为孤立系统（isolated system），这也是本章的重点研究对象。

力学中，用位置矢量和速度等物理量来描述一个质点的运动状态。在热学中，描述热力学系统状态的物理量称为状态参量（state parameter），在热力学中，每个分子的质量、速度、动量、能量等物理量是微观量（microscopic quantity），不能对微观量进行直接观察和测量。热力学宏观实验中能观察到的气体的体积（V）、压强（p）和温度（T）等状态参量称为宏观量（macroscopic quantity）。

气体的体积是指气体所能达到的空间。在国际单位制中，体积的单位是立方米，符号为 m^3，其他单位有升（L），换算关系为 $1m^3=10^3L$。体积为几何参量。

气体的压强是作用于容器器壁上单位面积的正压力，即 $p=\dfrac{F}{S}$。在国际单位制中，压强的单位是帕斯卡（Pa），$1Pa=1N/m^2$，其他常用压强单位有标准大气压（atm）、毫米汞柱（mmHg）等，在工程上常用标准大气压，其换算关系如下：$1atm=76cmHg=1.013\times10^5Pa$。压强为力学参量。

温度是热力学中非常重要和特殊的状态参量，是物体冷热程度的数值表示，但仅凭人们对冷热的主观感觉来定义温度是不客观的。温度的数值标定方法叫温标(thermometric scale),人们在生活和技术中常用摄氏温标(单位是摄氏度,记为℃)。利用水银热胀冷缩的性质可以制成水银温度计。首先把温度计放在冰水混合物中,达到平衡后在水银液面处刻一划痕,之后再把温度计放在沸水中达到平衡后重新刻一划痕,两刻痕之间划分百等份,就得到摄氏温度(℃)。用温度计确定的温度称为经验温标,经验温标具有局限性。选择不同的物质,或同一物质的不同属性做成的经验温标不会严格一致。热力学温标(thermodynamic scale)是一种不依赖测温物质的温标,是最基本的温标,用 T 表示热力学温度,单位是开尔文(K)。水的三相点,即冰、水、水蒸气同时存在,且达到平衡状态时的热力学温度定义为 273.16K。冰水混合物的温度定义为 0℃,热力学温度为 273.15K,摄氏温度与热力学温度之间的关系为 $T=273.15+t$。

对于一个孤立系统而言,如果在经过充分长的时间后系统各部分的压强相同、温度相同而且不再随时间改变,则此时系统所处的状态称为平衡态(equilibrium state)。平衡态可以用 p-V 图上的一个点来具体地表示。而不满足上述条件的系统状态称为非平衡态(nonequilibrium state)。

需要指出的是,平衡态只是一种宏观上的不变状态,而在微观上,构成系统的大量粒子仍处在不停的无规则运动中,只是它们的统计平均效果不变而已。因此,热力学系统的平衡态也称为**热动平衡**(thermodynamical equilibrium)。

当系统与外界交换能量时,它的状态就会发生变化,系统从一个状态不断地变化到另一个状态,其间所经历的过渡方式称为状态变化的过程。如果过程所经历的所有中间状态都无限接近平衡态,这个过程就称为准静态过程。准静态过程可以用 p-V 图上的一条曲线来具体表示。准静态过程的详细讨论可参考 10.1 节。

对处于平衡态或经历准静态过程的热力学系统,描述系统状态的所有宏观量都有唯一的确定值,其状态及状态变化的描述比较简单,因此本章的讨论主要针对处于平衡态或经历准静态过程的热力学系统。

9.1.2 理想气体状态方程

当质量一定的气体处于平衡态时,其三个参量 p、V、T 并不相互独立,而是存在一定的关系,其表达式称为气体的方程(equation of state),一般可表示为 $f(p,V,T)=0$。

一定质量的气体,在温度不太低、压强不太大的条件下,一般遵守玻意耳(R. Boyle)定律、盖-吕萨克(L. J. Gay-Lussac)定律和查理(J. A. C. Charles)定律。同时服从这三个实验定律和阿伏伽德罗定律的气体称为理想气体。虽然自然界中没有真正的理想气体,但所有气体在密度足够低,即它们的分子相距足够远,以至于各分子不发生相互作用的情况下,都可视为趋于理想状态。综合三个实验定律,可以得到描述理想气体的状态参量 p、V、T 三者之间关系的方程

$$pV=\frac{M}{\mu}RT \tag{9-1-1}$$

式中,M 为气体的质量;μ 为气体的摩尔质量;$\frac{M}{\mu}$ 为气体的物质的量;R 为摩尔气体常量,$R=8.31\mathrm{J/(mol\cdot K)}$。式(9-1-1)称为理想气体状态的方程,又称为克拉珀龙方程。

【讨论 9-1-1】

阿伏伽德罗(Avogadro)定律：在同样的温度和压强下，相同体积的气体含有相同数量的分子。或者说，当温度为 273.15K，压强为标准大气压 1.013×10^5 Pa 时，1mol 任何理想气体的体积均为 $V=22.4\times10^{-3}\text{m}^3$。

根据阿伏伽德罗定律和式(9-1-1)验证摩尔气体常量 R 的值。

【分析】

气体处于 $T_0=273.15$K，$p_0=1.013\times10^5$ Pa 时的状态称为标准状态(standard state)。根据式(9-1-1)，对于 1mol 任何气体，有 $R=\dfrac{pV}{T}$；在标准状态下，将 $p_0=1.013\times10^5$ Pa，$T_0=273.15$K，$V_0=22.4\times10^{-3}\text{m}^3$ 代入，可得 $R=8.31\text{J}/(\text{mol}\cdot\text{K})$。

【讨论 9-1-2】

设给定的理想气体的总分子数为 N，体积为 V，定义单位体积内的分子数$\dfrac{N}{V}$为分子数密度 n，即 $n=\dfrac{N}{V}$。按照阿伏伽德罗定律，1mol 任何气体中都含有相同的分子数，为阿伏伽德罗常数，记为 $N_\text{A}=6.023\times10^{23}\text{mol}^{-1}$。用分子数密度 n 改写式(9-1-1)。

对给定的理想气体，总分子数为 N，分子质量为 m，则气体总质量为 $M=Nm$；摩尔质量为 $\mu=N_\text{A}m$。代入式(9-1-1)得

$$pV=\frac{N}{N_\text{A}}RT$$

整理得

$$p=\frac{N}{V}\frac{R}{N_\text{A}}T=nkT$$

即

$$p=nkT \tag{9-1-2}$$

式中，$k=\dfrac{R}{N_\text{A}}=1.38\times10^{-23}$J/K，称为玻耳兹曼常量。式(9-1-2)是理想气体方程的另一种形式。

【摩尔和开尔文的单位新定义】

2018 年，第二十六届国际计量大会对千克、安培、开尔文和摩尔进行了重新定义。开尔文用玻耳兹曼常数进行定义，替代水的三相点定义。玻耳兹曼常数表示出系统的熵(S)与热力学概率(W)之间的关系，玻耳兹曼关系式为 $S=k\ln W$，其中 k 为玻耳兹曼常数。热力学概率越大，即某一宏观状态所对应的微观状态数目越多，系统内的分子热运动的无序性越大，熵值就越大。根据最新测算结果，玻耳兹曼常数为 $1.380\,649\times10^{-23}$J/K。定义系统的热力学能量改变 $1.380\,649\times10^{-23}$J 时，温度的变化为 1K。摩尔用阿伏伽德罗常数定义，1mol 物质中含有的基本粒子数量为 $6.022\,140\,76\times10^{23}$。四个国际基本单位的定义实现了与实物脱钩，具有划时代的意义。

【练习 9-1】

9-1-1 根据式(9-1-2)计算标准状态下的分子数密度，并说明热力学系统的分子数的大量性。

9-1-2 有一个电子管，其真空度(即电子管内气体压强)为 1.0×10^{-5}mmHg，求 27℃时管内单位体积的分子数。

9-1-3 一容积为 10cm^3 的电子管，当温度为 300K 时，用真空泵把管内空气抽成压强为 $5\times10^{-6}\text{mmHg}$ 的高真空，问此时管内有多少个空气分子？

9-1-4 证明理想气体方程式(9-1-1)除了可以写成式(9-1-2)，还可以写成另一种形式 $p=\dfrac{\rho}{\mu}RT$，其中 ρ 为气体的质量密度。

9-1-5 在英美等国经常使用华氏温标(温度用 t_F 表示，单位用℉表示)。查阅资料，了解华氏温标和摄氏温标及其温度间的关系式 $t_F=\dfrac{9}{5}t+32℃$，并计算人体的正常体温(37℃)和沸水为多少华氏度。

9-1-6 星际空间氢云内的氢原子数密度可达 10^{10}m^{-3}，温度可达 10^4K，求氢云内的压强。

9.2 理想气体的压强公式

【思考 9-2】

(1) 我们的世界丰富多彩，气象万千，万物种类繁多，形态各异，但是是否具有共性？共性在哪儿？隐藏于物质多样性背后的统一性只有到微观层次中去寻找。著名的物理学家费曼曾说过："假如在一次浩劫中所有的科学知识都被摧毁，只剩下一句话留给后代，什么语句可用最少的词包含最多的信息？我相信，这是原子假说。"关于分子运动有哪些基本观点？

(2) 讨论以下问题，理解统计规律。

① 扔几千、几万或者更多枚硬币到空中，落地时硬币国徽图案朝上和朝下的数目是否相等？若从统计的观点来看，国徽图案朝上和朝下的概率是否相等？

② 气体处于平衡态时，若没有外力场的作用，气体分子的分布是否均匀？

③ 气体处于平衡态时，若没有外力场的作用，分子向每一个方向运动的可能性是否相同？

(3) 关于气体的压强，思考以下问题：

① 气体压强是怎样产生的？气体某个方向的压强与分子哪个方向的动量变化有关？

② 理想气体的分子与器壁的碰撞遵循什么规律？分子如何运动？

(4) 在热学研究中为什么要引入"理想气体模型"？意义何在？

9.2.1 理想气体的微观模型

分子运动论的建立和完善是许多物理学家辛勤研究的结果，正是他们的努力，使人们摒弃了"热质说"。气体对容器壁有压强作用，气体的热运动剧烈程度与温度有关，这些都可以用分子运动论定量地加以解释。

1. 分子运动的基本概念

宏观物体由大量粒子(分子、原子)组成，分子在永不停息地做无规则热运动，分子间存在相互作用力。

2. 理想气体分子模型及力学性质假设

1) 理想气体分子可以视作质点

虽然没有绝对的理想气体，但如果气体足够稀薄，都趋于理想状态，则这时气体分子的大小相比气体分子之间的距离小得多，一般情况下，分子的线度 $d\approx10^{-10}\text{m}$，而分子间距

$r \approx 10^{-9}$ m，可见 $d \ll r$。因此，理想气体分子可视为质点。

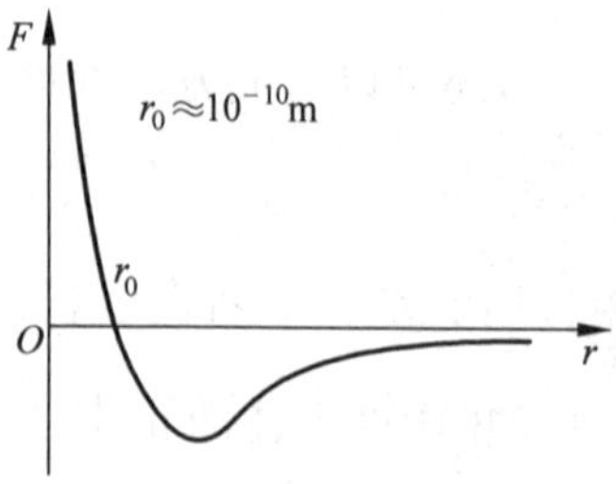

图 9-2-1

2) 除碰撞外，理想气体分子力可以略去不计

图 9-2-1 展示出分子之间的相互作用力，当 $r < r_0$ 时，分子力主要表现为斥力；当 $r > r_0$ 时，分子力主要表现为引力，r_0 的数量级约为 10^{-10} m，与原子的玻尔半径同数量级。当 $r \to 10^{-9}$ m 时，分子力 $F \to 0$。而理想气体分子间距 $r \approx 10^{-9}$ m，所以这时分子间的相互作用力可以忽略。

由于理想气体分子间距很大，除碰撞瞬间有力的作用外，分子间的相互作用力可以忽略，因此理想气体分子在相继两次碰撞之间做匀速直线运动。

3) 理想气体分子间及分子与器壁的碰撞可以看作完全弹性碰撞

综上所述，理想气体的分子模型可视为自由的、无规则运动的弹性质点。

气体由大量分子组成，由于分子之间的频繁碰撞，致使各个分子的运动毫无规律可言。在任意时刻，某个分子位于何处，具有怎样的速度、动量、能量，都有一定的偶然性，但是就大量分子的整体表现来看，却呈现出一种必然的规律性，这种大量事件在整体上呈现的规律称为统计规律(statistical theory)。例如：在平衡态下，各个分子的速率多大无法逐一去考察，故用统计方法求其平均速率。实验和理论都表明，宏观量是对应微观量的统计平均值。

相对其他规律，统计规律具有一些突出的特点：①统计规律只对大量偶然的事件才有意义，偶然事件越多，统计规律越稳定；②统计规律是不同于个体规律的整体规律；③统计规律总是伴随着涨落。

9.2.2 理想气体处于平衡态的统计规律

一定量的气体在不受外界影响下，经过一定的时间，系统达到一个稳定的宏观性质不随时间变化的状态称为平衡态。不过，处于平衡态的大量分子仍在做热运动，而且因为碰撞，每个分子的速度经常在变化，但是系统的宏观量不随时间改变，这称为动态平衡。

按照质点力学观点，如果能够给出每个分子的运动方程，理论上可以求解热力学系统的运动。但是，对于热力学系统，由于分子数目太多，根本无法解这么多的联立方程。即使能解也无用，因为碰撞太频繁，运动情况瞬息万变，因此可以用统计的方法来研究。

当理想气体处于平衡态时，若无外力场作用，则它遵循以下统计规律：

(1) 分子的速度各不相同，而且通过碰撞不断变化着。

(2) 当大量分子组成的气体处于平衡态时，分子按位置的分布是均匀的，即分子数密度 $n = \dfrac{\mathrm{d}N}{\mathrm{d}V} = \dfrac{N}{V}$ 到处一样，不受重力影响。

如果分子数密度不一样，则分子数密度大处的气体分子向分子数密度小处发生移动，这肯定不是平衡态，与假设平衡态矛盾。

(3) 平衡态时，分子的速度按方向的分布是各向均匀的，表现为分子速度沿各方向的分量的各种平均值相等。

定义分子速度沿某个方向的平均值为

$$\overline{v_i}=\frac{\sum_i v_i}{N},\quad i=x,y,z$$

式中，N 为分子总数；$\sum_i v_i$ 表示对所有分子速度沿 i 方向的分量求和。则有

$$\overline{\boldsymbol{v}_x}=\overline{\boldsymbol{v}_y}=\overline{\boldsymbol{v}_z}=\mathbf{0} \tag{9-2-1}$$

定义分子速度分量平方的平均值为

$$\overline{v_i^2}=\frac{\sum_i v_i^2}{N},\quad i=x,y,z$$

则有

$$\overline{v_x^2}=\overline{v_y^2}=\overline{v_z^2} \tag{9-2-2}$$

由于对每个分子都有 $v^2=v_x^2+v_y^2+v_z^2$，所以 $\overline{v^2}=\overline{v_x^2}+\overline{v_y^2}+\overline{v_z^2}$，于是有

$$\overline{v_x^2}=\overline{v_y^2}=\overline{v_z^2}=\frac{1}{3}\overline{v^2} \tag{9-2-3}$$

9.2.3 理想气体压强公式的推导

从分子运动的观点来看，构成气体的大量分子都在做无规则的热运动，因而它们将不断地与器壁碰撞，碰撞中将给器壁以冲力的作用。就单个分子来说，它何时与器壁碰撞，在何处碰撞，碰撞中给器壁以多大的作用力等，这些都是偶然的。所以从微观上看，器壁受到的应该是断续的、变化不定的冲力。但是，从大量分子的整体来看，气体作用在器壁上的却是一个持续的、不变的力。这种情形和雨点打在雨伞上的情形相似，少数雨点落在伞上，持雨伞者感受到的是一次次断续的作用力；大量的密集雨点落在伞上时，则将感受到一个持续的压力。气体对器壁的压强是大量分子对容器不断碰撞的统计结果。

气体的压强等于单位时间内与器壁相碰撞的所有分子垂直作用于器壁单位面积的总冲量。推导压强公式的基本思路是：按力学规律计算每个分子对器壁的作用，然后将所有分子对器壁的垂直作用进行统计平均得出理想气体压强公式的统计表述。

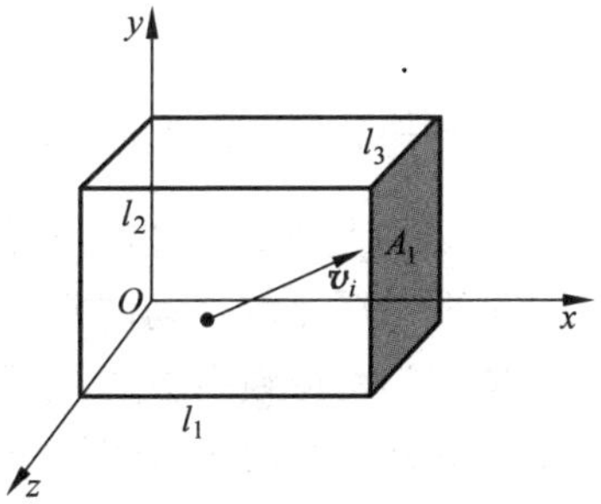

图 9-2-2

为简便起见，假设有一边长分别为 l_1、l_2、l_3 的长方形容器，贮有 N 个质量为 m 的同类理想气体分子。如图 9-2-2 所示，气体处在平衡态时器壁各处压强相同。任选器壁的一个面，例如选择与 x 轴垂直的 A_1 面，计算其所受压强。

在 N 个分子中，任选一个分子 i，设其速度为 $\boldsymbol{v}_i$，且 $\boldsymbol{v}_i=v_{ix}\boldsymbol{i}+v_{iy}\boldsymbol{j}+v_{iz}\boldsymbol{k}$。

1. i 分子与 A_1 面碰撞一次施予 A_1 面的冲量

分子 i 与器壁 A_1 发生的是完全弹性碰撞，则该分子在 x 方向的速度分量由 v_{ix} 变为 $-v_{ix}$，所以在碰撞过程中，该分子在 x 方向的动量增量为

$$\Delta p_{ix}=(-mv_{ix})-mv_{ix}=-2mv_{ix}$$

由动量定理知,它等于器壁施于该分子的冲量。又由牛顿第三定律知,分子 i 每次碰撞对器壁 A_1 面的冲量为 $2mv_{ix}$。

2. 单位时间内 i 分子对 A_1 面的冲量

分子 i 与 A_1 面碰撞后被反弹,沿 x 轴负向做匀速直线运动,并与其他分子相碰,由于两个质量相等的弹性质点完全弹性碰撞时交换速度,故可等价为 i 分子直接飞向 A_2 面,与 A_2 面碰撞后又做匀速直线运动回到 A_1 面再作碰撞。分子 i 相继两次与 A_1 面发生碰撞的时间间隔为 $\Delta t=\dfrac{2l_1}{v_{ix}}$,则单位时间内 i 分子对 A_1 面的碰撞次数 $Z=\dfrac{1}{\Delta t}=\dfrac{v_{ix}}{2l_1}$。故在单位时间内 i 分子对 A_1 面的冲量 $I=\dfrac{v_{ix}}{2l_1}2mv_{ix}$,根据动量定理,该冲量就是 i 分子对 A_1 面的平均冲力 $\bar{F}_{ix}$,即

$$\bar{F}_{ix}=\frac{v_{ix}}{2l_1}2mv_{ix}$$

3. A_1 面的压强

所有分子对 A_1 面的平均作用力为上式对所有分子求和:

$$\bar{F}_x=\sum_{i=1}^{N}\bar{F}_{ix}=\frac{m}{l_1}\sum_{i=1}^{N}v_{ix}^2$$

由压强的定义,A_1 面上的压强

$$p=\frac{\bar{F}_x}{S}=\frac{m}{l_1l_2l_3}\sum_{i=1}^{N}v_{ix}^2=m\frac{N}{V}\frac{\sum\limits_i v_{ix}^2}{N}=nm\overline{v_x^2}$$

平衡态时有 $\overline{v_x^2}=\overline{v_y^2}=\overline{v_z^2}=\dfrac{1}{3}\overline{v^2}$,故

$$p=\frac{1}{3}nm\overline{v^2}=\frac{2}{3}n\bar{\varepsilon}_{\mathrm{kt}} \tag{9-2-4}$$

式中,$\bar{\varepsilon}_{\mathrm{kt}}=\dfrac{1}{2}m\overline{v^2}$ 为分子的平均平动动能。

式(9-2-4)是理想气体的压强公式,它表明气体作用于器壁的压强正比于单位体积内的分子数 n 和分子平均平动动能 $\bar{\varepsilon}_{\mathrm{kt}}$。系统总粒子数增加,分子数密度增大,分子间以及分子与容器壁间的碰撞频率增高,压强增大;分子平均平动动能增大,则分子的运动速度增加,碰撞频率和碰撞时给予器壁的冲量都增加,所以系统的压强增大。压强公式建立了宏观量 p 和微观量的统计平均值 $\bar{\varepsilon}_{\mathrm{kt}}$ 之间的相互关系,表明压强是个统计量。由于单个分子对器壁的碰撞是不连续的,产生的压力起伏不定。只有在气体分子数足够大时,器壁所受到的压力才有确定的统计平均值,论及个别或少量分子压强是无意义的。

【讨论 9-2-1】 用气体的质量密度 ρ 改写压强表示式(9-2-4)。

【分析】

因为 $\rho=nm$,所以由式(9-2-4)得

$$p=\frac{2}{3}n\bar{\varepsilon}_{\mathrm{kt}}=\frac{1}{3}nm\overline{v^2}=\frac{1}{3}\rho\overline{v^2} \tag{9-2-5}$$

【练习 9-2】

9-2-1 证明 $\overline{v^2}=\overline{v_x^2}+\overline{v_y^2}+\overline{v_z^2}$。

9-2-2 为何在推导气体压强公式时不考虑分子间的相互碰撞？

9-2-3 在推导压强公式的过程中，用到了哪些统计假设？

9-2-4 若把空气封闭在一个容器中，然后压缩，那么空气对器壁的压强将会怎样变化？试从微观的角度加以解释。

9-2-5 对一定量的理想气体进行等温压缩和等体升温都能使其压强增大，从微观上来看，这两种增大压强的方式有何区别？

9-2-6 若某种理想气体分子的方均根速率 $(\overline{v^2})^{1/2}=450\text{m/s}$，气体压强为 $p=7\times 10^4\text{Pa}$，求该气体的密度 ρ。

9-2-7 已知一容器内的理想气体的温度为 273K，压强为 $1.0\times10^{-2}\text{atm}$，其密度为 $1.24\times10^{-2}\text{kg/m}^3$，求该容器单位体积内分子的总平动动能。（摩尔气体常量 $R=8.31\text{J/(mol}\cdot\text{K)}$）

9-2-8 $p=\dfrac{2}{3}n\bar{\varepsilon}_{\text{kt}}$ 和 $p=nkT$ 两式联立，会有什么结论？

9-2-9 查阅资料，了解其他的压强公式推导方法。

9.3 理想气体的温度公式

【思考 9-3】

(1) 能否用温度概念描述系统处于非平衡态时的状态？

(2) “单个分子的温度”有无意义？为什么？

(3) 温度所反映的运动是否包括系统的整体运动？

(4) 温度是热力学中特有的一个物理量，它在宏观上表征了物质冷热状态的程度，其微观本质是什么？

将理想气体的压强公式(9-2-4)与式(9-1-2)比较，可得

$$\bar{\varepsilon}_{\text{kt}}=\frac{3}{2}kT \tag{9-3-1}$$

式(9-3-1)给出了宏观量温度 T 与微观量 $\bar{\varepsilon}_{\text{kt}}=\dfrac{1}{2}m\overline{v^2}$ 之间的关系，即理想气体的温度是气体分子平均平动动能的量度。

由式(9-3-1)可以看出，$T\propto\bar{\varepsilon}_{\text{kt}}$，分子的平均平动动能越大，即分子热运动的强度越剧烈，则气体的温度就越高。宏观上看，温度的实质是分子热运动剧烈程度的表现。

式(9-3-1)是统计规律。也就是说，理想气体分子的平均平动动能是大量分子的统计结果，是大量分子的集体表现；对于个别分子或少量分子，说它们的温度是无意义的。

由式(9-3-1)还可知，如果各种气体分别处于平衡态且有相同的温度，则它们的分子平均平动动能均相等，与气体分子的种类无关。换句话说，如果分别处于平衡态的两种气体分

子的平均平动动能相等,那么这两种气体的温度必然也相等。若使这两种气体相接触,则两种气体间没有宏观的能量传递,它们各自处于热平衡状态,温度是表征气体处于热平衡状态的物理量。如果一种气体的温度高些,则这一种气体分子的平均平动动能要大些,按照这个观点,热力学温度零度将是理想气体分子热运动停止时的温度。然而实际上分子运动永远不会停息,热力学温度零度也永远不可能达到。而且近代量子理论证实,即使在热力学温度零度时,组成固体点阵的粒子也还保持着某种振动的能量,称为零点能量。至于(实际)气体,则在温度未达到热力学温度零度以前已变成固体或液体,式(9-3-1)也早就不能适用。

例 9-3-1 已知氢气与氧气分子的平均平动动能相同,但分子数密度不相等,比较两者的压强和温度。

解:压强不相等,温度相等。

例 9-3-2 定义$\sqrt{\overline{v^2}}$为分子热运动的**方均根速率**(root-mean-square speed),它表征大量分子做无规则运动的剧烈程度。试由式(9-3-1)推导其表达式。

解:由 $\bar{\varepsilon}_{kt}=\frac{1}{2}m\overline{v^2}=\frac{3}{2}kT$ 可得

$$\sqrt{\overline{v^2}}=\sqrt{\frac{3kT}{m}}=\sqrt{\frac{3RT}{\mu}} \tag{9-3-2}$$

在室温(300K)下一些分子的方均根速率见表 9-3-1。

表 9-3-1 在室温(300K)下一些分子的方均根速率

气体分子	氢气(H_2)	氦气(He)	水蒸气(H_2O)	氮气(N_2)	氧气(O_2)	二氧化碳(CO_2)	二氧化硫(SO_2)
摩尔质量/(10^{-3}kg/mol)	2.02	4.0	18.0	28.0	32.0	44.0	64.1
$\sqrt{\overline{v^2}}$/(m/s)	1920	1370	645	517	483	412	342

【练习 9-3】

9-3-1 温度的微观本质、宏观意义和统计意义分别是什么?

9-3-2 一定量的理想气体贮于某一容器中,温度为 T,气体分子的质量为 m。根据理想气体的分子模型和统计假设,求分子速度在 x 方向的分量平方的平均值和分量的平均值。

9-3-3 一瓶氢气和一瓶氧气温度相同。若氢气分子的平均平动动能为 $\bar{\varepsilon}_{kt}=6.21\times10^{-21}$J,试求:

(1) 该瓶氧气分子的平均平动动能和方均根速率;

(2) 该瓶氧气的温度。

9-3-4 在室温(300K)下,大气中氢气、氦气、氧气和二氧化碳等气体的方均根速率见表 9-3-1,根据这些数值,能否解释大气中为什么氢气、氦气的含量少,而氧气和二氧化碳的含量多?

9-3-5 由表 9-3-1 可知,气体分子运动得很快,可是当在房间内打开一个香水瓶后大约需要几分钟才能被房子中另一边的人闻到香味,为什么?

9-3-6 蒸发在任何温度都可进行吗？为什么？

9-3-7 根据 $\bar{\varepsilon}_{kt}=\frac{3}{2}kT$ 和平衡态的统计假设，当理想气体处于平衡态时，求在直角坐标系中 x 轴、y 轴、z 轴的理想气体的分子平均平动动能 $\frac{1}{2}m\overline{v_x^2}$、$\frac{1}{2}m\overline{v_y^2}$ 和 $\frac{1}{2}m\overline{v_z^2}$。

9-3-8 电子伏特(eV)是近代物理中常用的能量单位，在什么温度下，理想气体分子的平均平动动能等于 1eV？

9-3-9 利用多束激光和磁阱可将原子限制在极小的空间范围内，这一方法可使原子冷却。(1997 年的诺贝尔物理学奖授予了朱棣文等三人，以表彰他们在发展用激光冷却和囚禁原子的方法上做出的贡献。)在某次实验中，科学家运用此方法将钠原子的温度降低到 0.240mK，试计算此时钠原子的方均根速率。

9.4 能量均分定理 理想气体的内能

在前面的讨论中，我们把分子视为质点，即只考虑分子的平动，事实上多原子分子具有复杂的结构，除了平动之外，还有转动和分子内各原子的振动。在讨论气体的能量时，应该考虑所有这些运动形式的能量。为了说明分子无规则运动的能量所遵守的统计规律，并在此基础上研究理想气体的内能，需要引入自由度的概念。

9.4.1 自由度

1. 质点的自由度

确定一个物体在空间的位置时，需要引入的独立坐标的数目叫该物体的**自由度**(degree of freedoom)，用 i 表示。

质点在三维空间中自由运动，需要 3 个独立坐标 x、y、z 便可确定它的位置，即有三个自由度。限制在平面上运动的质点，需要两个独立坐标来确定它的位置，所以只有两个自由度；限制在直线或曲线上运动的质点，则只有一个自由度。如果把飞机、轮船和火车都看成质点，那么它们就分别具有三个、两个和一个自由度。一个做平面圆周运动的质点的自由度数是 1，虽然可以用 x、y 两个坐标来描述平面运动，但这两个坐标并不独立，它们之间满足轨道方程 $x^2+y^2=R^2$。可见，自由度反映了物体运动的自由程度。自由度越多，表明物体的运动自由程度越高。

2. 刚体的自由度

如图 9-4-1 所示，任意的自由的刚体的运动可看成质心的平动和绕过质心的某一直线转动的合成。确定质心 C 的位置需要三个独立坐标 x、y、z，即平动自由度 $t=3$；而一条直线的方位可用其与坐标轴的夹角 α、β、γ 来确定，这三个角度满足方程 $\cos^2\alpha+\cos^2\beta+\cos^2\gamma=1$，实际上只有两个是独立的；还需要一个独立坐标 θ 以确定刚体绕该直线转动的角度。综上所述，描述转动的刚体自由度 $r=2+1=3$。自由刚体有 6 个自由度，即 $i=t+r=6$(其

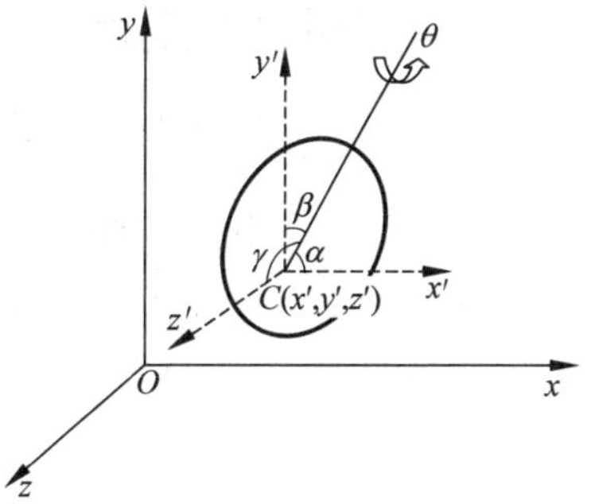

图 9-4-1

中 3 个平动自由度,3 个转动自由度)。

3. 气体分子的自由度

单原子分子可看成质点,即有 3 个平动自由度,$i=t=3$。

双原子分子气体,分子中的两个原子由一根化学键连接。如果两个原子之间的距离固定不变,则这种分子称为刚性双原子分子。例如,常温下的氧气分子(O_2)和氮气分子(N_2)。刚性双原子分子可看成刚性细杆,只需 5 个自由度($i=t+r=5$,其中 3 个平动自由度,2 个转动自由度)就可确定其空间方位。

对于三个原子以上的气体分子(例如,H_2O、NH_3、…),若分子间的距离固定不变,则可看成自由的刚体,有 6 个自由度,$i=t+r=6$。

以上讨论中把气体分子看作刚性分子。严格地说,双原子以上气体分子都不是刚性的,组成分子的原子还有振动,故还有相应的振动自由度。在常温时这种振动通常可以忽略,但在高温条件下必须考虑振动自由度。在经典理论中,作为统计概念的初步介绍一般不考虑振动自由度。

在低温或者常温下,对刚性气体分子不考虑其内部相对运动,其自由度如表 9-4-1 所示。

表 9-4-1　刚性气体分子的自由度

分子种类	平动自由度 t	转动自由度 r	总自由度 i
单原子分子(He、Ne、Ar、…)	3	0	3
双原子分子(O_2、H_2、CO、…)	3	2	5
多原子分子(例如,H_2O、NH_3、…)	3	3	6

【空间站机械臂具有 7 个自由度的优势】

空间站机械臂承担悬停飞行器捕获、辅助航天员舱外活动、舱外货物搬运、舱体状态检查等重要任务,这些都需要机械臂具备精准控制和强大的自由运动能力。空间站机械臂具有 7 个自由度,7 个自由度的优势在哪里?在机械臂的设计中,选择 7 个自由度而不是 6 个的原因与人体的生理结构有关。人体的手臂具有 7 个自由度,这使得我们的手臂具有极高的灵活性和操控能力。空间站机械臂本体有 7 个关节,肩部、肘部和腕部自由度个数分别为 3、1、3。6 个自由度的机械臂在空间中无法在保持末端机构的三维位置不变的情况下从一个构型变换到另一个构型,这意味着在某些操作中,末端机构的位置将在移动过程中发生改变。而 7 个自由度的机械臂则可以在保持末端机构的三维位置不变的情况下从一个构型变换到另一个构型,从而在空间中进行无死角的操作。虽然机械臂自由度越多,灵活性越高,但刚度会下降,所以机械臂的自由度如果是 8 个,那么其刚性会变差。

9.4.2　能量均分定理

由式(9-3-1)可知,理想气体处于温度为 T 的平衡态时,其分子的平均平动动能 $\bar{\varepsilon}_{kt}=\frac{1}{2}m\overline{v^2}=\frac{3}{2}kT$,式中 $\overline{v_x^2}=\overline{v_y^2}=\overline{v_z^2}=\frac{1}{3}\overline{v^2}$,由此得到分子在各个坐标轴方向(也是平动自由度)上的平均平动动能为

$$\frac{1}{2}m\overline{v_x^2}=\frac{1}{2}m\overline{v_y^2}=\frac{1}{2}m\overline{v_z^2}=\frac{1}{3}\left(\frac{1}{2}m\overline{v^2}\right)=\frac{1}{2}kT \tag{9-4-1}$$

式(9-4-1)表明,分子的每一个平动自由度的平均动能都相等,而且等于 $\frac{1}{2}kT$。在碰撞过程

中，动能不但在分子之间进行交换，而且还可以从一个平动自由度转移到另一个平动自由度上去。平均来讲，在各个平动自由度中并没有哪一个具有特别的优势，各平动自由度就具有相等的平动动能。这种能量的分配也可以推广到两原子以上分子的转动自由度上。也就是说，由于分子的频繁无规则碰撞，平动和转动自由度之间以及各转动自由度之间都可以交换能量。而且就能量来说，这些自由度中没有哪个是特殊的，由此得到**能量按自由度均分定理**(principle of the equipartition of energy)：在温度为 T 的平衡态下，气体分子每个自由度所对应的平均动能都等于 $\frac{1}{2}kT$。

按照能量均分定理，如果气体分子的自由度为 i，则分子的平均动能可表示为 $\bar{\varepsilon}_k=\frac{i}{2}kT$。对于刚性气体分子，分子的平均能量等于其平均动能，即有 $\bar{\varepsilon}=\frac{i}{2}kT$。

需要指出的是，能量均分定理是一个统计规律，只适用于平衡态下由大量分子组成的系统。就某单个分子或少数分子来说，其能量并不一定按自由度平均分配，而是可以从一个自由度转移到其他自由度上。

9.4.3 理想气体的内能

气体的内能是指它所包含的所有分子的动能和分子间因相互作用而具有的势能的总和。对于理想气体，由于分子之间的相互作用力忽略不计，分子之间无相互作用的势能，因而理想气体的内能(internal energy of ideal gases)就是所有分子的动能之和。

根据能量均分定理，当系统处在温度为 T 的平衡态时，若某种理想气体的分子自由度数为 i，则分子的平均动能为 $\frac{i}{2}kT$，1mol 气体中含有 N_A($N_A=6.022\times10^{23}\text{mol}^{-1}$)个分子，故 1mol 理想气体的内能为

$$E_0=\frac{i}{2}kTN_A=\frac{i}{2}RT \tag{9-4-2}$$

式中，$N_Ak=R$，R 为摩尔气体常量。

质量为 M、摩尔质量为 μ 的理想气体的内能

$$E=\frac{M}{\mu}\,\frac{i}{2}RT \tag{9-4-3}$$

由式(9-4-3)可知，一定量的某种理想气体的内能完全决定于气体的热力学温度 T，与气体的压强和体积无关。也就是说，一定量的某种理想气体的内能只是温度的单值函数，即内能是一个状态参量。对一定质量的某种理想气体，当温度改变 ΔT 时，其内能改变量为

$$\Delta E=\frac{M}{\mu}\,\frac{i}{2}R\Delta T \tag{9-4-4}$$

显然，内能的改变量只取决于始、末两状态的温度。如果温度的变化量相等，则它的内能的变化量相同，与过程无关。

【讨论 9-4-1】

对于单原子分子理想气体，讨论下面各式的物理意义(式中 R 为摩尔气体常量，k 为玻耳兹曼常量，T 为热力学温度)：

(1) $\frac{3}{2}RT$；(2) $\frac{3}{2}kT$；(3) $\frac{1}{2}kT$。

【分析】

(1) $\frac{3}{2}RT$ 表示 1mol 单原子分子理想气体的内能；

(2) $\frac{3}{2}kT$ 表示在温度为 T 的平衡态时，气体分子热运动的平均平动动能；

(3) $\frac{1}{2}kT$ 表示在温度为 T 的平衡态时，气体分子的每个自由度分配的平均动能。

例 9-4-1 体积为 $2\times10^{-3}\text{m}^3$ 的刚性双原子分子理想气体，其内能为 $6.75\times10^2\text{J}$。(1)求气体的压强；(2)设分子总数为 5.4×10^{22} 个，求分子的平均平动动能以及气体的温度。

解：(1) 由理想气体的内能公式 $E=\frac{M}{\mu}\frac{i}{2}RT$ 和理想气体的状态方程 $pV=\frac{M}{\mu}RT$ 可得 $E=\frac{i}{2}pV$，则

$$p=\frac{2E}{iV}=\frac{2\times6.75\times10^2}{5\times2\times10^{-3}}\text{Pa}=1.35\times10^5\text{Pa}$$

(2) 内能的$\frac{3}{5}$为所有分子的平动动能，内能的$\frac{2}{5}$为所有分子的转动动能，则分子的平均平动动能为

$$\bar{\varepsilon}_{\text{kt}}=\frac{3E}{5N}=7.5\times10^{\ 21}\text{J}$$

因为 $\bar{\varepsilon}_{\text{kt}}=\frac{3}{2}kT$，因此有

$$T=362\text{K}$$

【练习 9-4】

9-4-1 总结理想气体的各种定义(宏观定义、微观定义以及内能定义)，进而了解理想模型的研究方法。

9-4-2 在标准状态下，若氢气(视为刚性双原子分子的理想气体)和氦气的体积比 $V_1:V_2=1:4$，求其内能之比 $E_1:E_2$。

9-4-3 在相同的温度和压强下，求氢气(视为刚性双原子分子气体)与氦气的单位体积的内能之比和单位质量的内能之比；当两者的压强、体积和温度都相等时，求它们的质量比和内能比。

9-4-4 1mol 氧气(视为刚性双原子分子的理想气体)贮于一氧气瓶中，温度为 27℃，求这瓶氧气的内能和氧气分子的平均平动动能。

9.5 麦克斯韦气体分子速率分布律

【思考 9-5】

统计规律是大量偶然事件从整体上反映出来的一种规律。所谓**概率**(probability)，是指偶然事件出现可能性的大小。设各种事件发生的总次数为 N，事件 i 发生的次数为 N_i，

则事件 i 发生的概率 $P_i=\lim\frac{N_i}{N}$。你知道概率 P_i 的范围和归一化条件吗?

气体分子处于无规则的热运动之中,由于无规则的碰撞,每个分子的速度都在不断地改变。所以对某个分子来说,在某一时刻其速度的大小和方向完全是偶然的。然而就大量分子整体而言,在一定条件下,分子的速度和速率分布遵守一定的统计规律——气体分子速度和速率分布律。气体分子按速率分布的统计规律最早是由麦克斯韦在概率论的基础上导出的,后来玻耳兹曼由经典统计力学导出,斯特恩最早通过实验证实。

本节先介绍速率分布函数及测定气体分子速率分布的实验,然后介绍麦克斯韦速率分布函数及三个常用的统计速率。

9.5.1 速率分布函数

处于平衡态的气体,并非所有的分子都以方均根速率运动,方均根速率只是分子速率的一种统计平均值。实际上,分子速率通过碰撞不断改变,有的分子速率大,有的分子速率小,而且由于碰撞,分子速度的大小和方向不断改变,不好确定正处于哪个速率的分子数有多少。然而从大量分子的整体来看,平衡态时,分子的速率却遵循着一个完全确定的统计分布,这就是分子按速率的分布——气体速率分布律。

其使用的统计方法是,把速率分成很多相等的间隔 Δv,统计每个 Δv 间隔内的分子数 ΔN,然后计算每个单位速率间隔内的分子数占总分子数的比值$\frac{\Delta N}{N\Delta v}$。

1. 测定气体分子速率分布的实验

麦克斯韦速率分布函数在 19 世纪中期由麦克斯韦首先从理论上给出,但在当时的实验条件下无法由实验直接检验。到了 20 世纪初,随着真空技术和分子束技术的发展,德国的斯特恩于 1920 年率先用实验证实了麦克斯韦速度分布和速率分布律的正确性,随后有一系列实验都验证了麦克斯韦速率分布的正确性。1934 年我国物理学家葛正权也进行过分子速率的测定,测定气体分子速率分布的密勒-库什实验装置如图 9-5-1 所示。其中,O 为金属蒸气源;S 为分子束射出方向孔;R 是长为 l、刻有螺旋形细槽的铝钢制成的圆柱体(具体结构见图 9-5-1(b));D 为检测器,用来测定通过细槽的分子射线强度;φ 为细槽的入口和出口之间的夹角,等于 4.8°;r 为圆柱体半径。

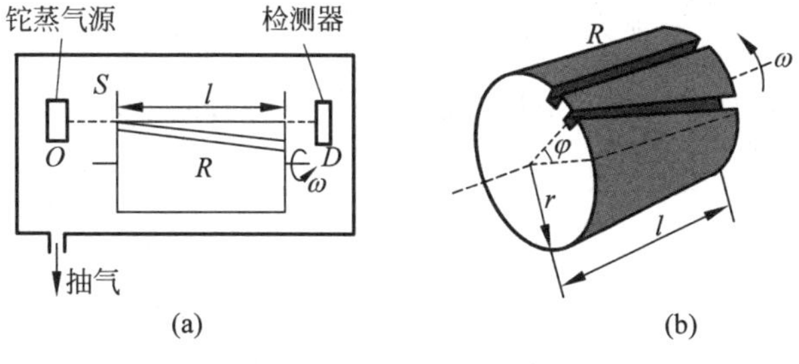

图 9-5-1

实验时,使金属蒸气源温度恒定,当 R 以匀角速度 ω 旋转时,虽然射线中各种速率的分子都能进入 R 上的细槽,但不能都通过细槽从出口飞出,只有那些速率 v 满足关系式$\frac{l}{v}=$

$\frac{\varphi}{\omega}$或$v=\frac{\omega}{\varphi}l$的分子才能通过细槽到达$D$,其他速率的分子将沉积在槽壁上,刻有螺旋形细槽的圆柱实际上是一个速率选择器。改变角速度ω的大小,可以使不同速率的分子通过细槽,由于细槽有一定宽度,则相应于一定的$\Delta\omega$,通过细槽的分子的速率并不严格相等,而是在$v \sim v+\Delta v$之间。使角速度依次为ω_1、ω_2,则通过R后沉积在D上的金属层将有不同厚度。用N表示到达D上的总分子数,ΔN表示角速度为ω时到达D上的分子数,也就是分布在速率$v \sim v+\Delta v$中的分子数。显然,$\frac{\Delta N}{N}$是速率在$v \sim v+\Delta v$中的分子数所占总分子数的百分率,即相对分子数,而相应的金属层厚度必定正比于$\frac{\Delta N}{N}$。测定对应于$\omega_1,\omega_2,\cdots$的各金属层厚度,就可以得到分布于速率间隔$v_1 \sim v_1+\Delta v, v_2 \sim v_2+\Delta v,\cdots$内的分子数的概率。

2. 速率分布函数

设速率大小位于某速率区间$[v,v+\Delta v]$内的分子数为ΔN,在$v \sim v+\Delta v$中的分子数所占的比率$\frac{\Delta N}{N}$与速率区间Δv成正比;当Δv减小至零时,单位速率区间内的相对分子数$\frac{\Delta N}{N}$关于速率v是连续分布的。定义函数

$$f(v)=\lim_{\Delta v\to 0}\frac{\Delta N}{N\Delta v}=\frac{\mathrm{d}N}{N\mathrm{d}v} \tag{9-5-1}$$

函数$f(v)$称为速率分布函数(function of distribution of speeds)。它反映了速率在v附近的单位速率区间的分子数占分子总数的概率,即概率密度。以v为横坐标、$f(v)$为纵坐标画出的曲线叫作气体分子速率分布曲线,如图9-5-2所示。

【讨论9-5-1】

设理想气体的分子总数为N,处于平衡态时,速率大小位于某速率区间$[v,v+\Delta v]$内的分子数为ΔN,速率大小位于某速率区间$[v,v+\mathrm{d}v]$内的分子数记为$\mathrm{d}N$。讨论以下各式的物理意义:

$f(v)\mathrm{d}v$; $\int_{v_1}^{v_2}f(v)\mathrm{d}v$; $\int_0^{\infty}f(v)\mathrm{d}v$; $vNf(v)\mathrm{d}v$; $\int_0^{\infty}vf(v)\mathrm{d}v$; $\int_0^{\infty}v^2f(v)\mathrm{d}v$。

【分析】

(1) 因为$f(v)\mathrm{d}v=\frac{\mathrm{d}N}{N}$,所以$f(v)\mathrm{d}v$表示速率分布在区间$v \sim v+\mathrm{d}v$内分子数占分子总数的比率。图9-5-2中,$f(v)\mathrm{d}v$对应于曲线下阴影部分的窄条面积。

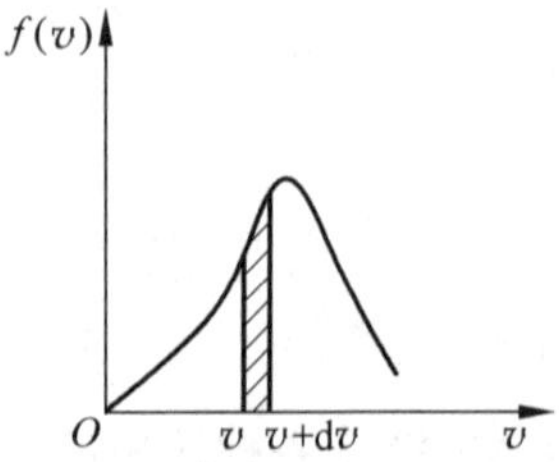

图 9-5-2

(2) $\int_{v_1}^{v_2}f(v)\mathrm{d}v=\int_{v_1}^{v_2}\frac{\mathrm{d}N}{N}=\frac{\int_{v_1}^{v_2}\mathrm{d}N}{N}=\frac{\Delta N_{v_1\sim v_2}}{N}$,则$\int_{v_1}^{v_2}f(v)\mathrm{d}v$表示速率分布在区间$v_1 \sim v_2$内分子数占分子总数的比率。

(3) $\int_0^{\infty}f(v)\mathrm{d}v=\int_0^{N}\frac{\mathrm{d}N}{N}=1$,$f(v)$对所有速率区间积分,得到所有速率区间的分子数占分子总数的比率等于1,称为速率分布函数的归一化条件(normalizing-condition)。所有分布函数都

须满足这一条件。图 9-5-2 中，$\int_0^{\infty} f(v)\mathrm{d}v$ 对应于整个曲线下的面积，即速率分布曲线下的面积恒为 1。

(4) 因为 $vNf(v)\mathrm{d}v = v\mathrm{d}N$，所以 $vNf(v)\mathrm{d}v$ 表示速率分布在区间 $v \sim v+\mathrm{d}v$ 内分子的速率之和。

(5) 由(4) 可知，$\int_0^{\infty} vNf(v)\mathrm{d}v = \int_0^{\infty} v\mathrm{d}N$ 表示所有分子的速率之和；$\int_0^{\infty} vf(v)\mathrm{d}v = \dfrac{\int_0^{\infty} vNf(v)\mathrm{d}v}{N}$ 则表示分子速率的平均值，又称分子的平均速率，记为 $\bar{v}$。

(6) $\int_0^{\infty} v^2 f(v)\mathrm{d}v = \dfrac{\int_0^{\infty} v^2 Nf(v)\mathrm{d}v}{N} = \dfrac{\int_0^{\infty} v^2\mathrm{d}N}{N}$ 表示分子速率平方的平均值，其平方根 $\sqrt{\int_0^{\infty} v^2 f(v)\mathrm{d}v}$ 即为 $\sqrt{\overline{v^2}}$，称为分子的方均根速率。

9.5.2 麦克斯韦气体分子速率分布律

1859 年，麦克斯韦从理论上导出了气体分子速率分布规律，称为麦克斯韦速率分布律，1877 年玻耳兹曼用统计力学的方法也得到了相同的公式，从而加强了麦克斯韦公式的理论基础，1920 年斯特恩首次通过实验验证了这条定律。理想气体处于温度为 T 的平衡态时，其气体分子的速率分布函数的数学表达式为

$$f(v) = 4\pi\left(\frac{m}{2\pi kT}\right)^{\frac{3}{2}} \mathrm{e}^{-\frac{mv^2}{2kT}} v^2 \tag{9-5-2}$$

式中，k 为玻耳兹曼常量；m 为气体分子的质量；T 为气体的热力学温度。气体分子的 $f(v)$-v 速率分布曲线如图 9-5-2 所示，它形象地表示出气体分子按速率分布的情况。曲线从原点出发，开始时，$f(v)$随 v 增大而增加，经过一个极大值之后，随着 v 继续增大，$f(v)$减小并逐渐趋于零。这说明速率很大或速率很小的分子数很少，大部分分子具有中等速率。麦克斯韦速率分布定律是只适用于处于平衡态的大量分子组成的系统的一条统计规律，它是经典物理中一个很重要的定律。

9.5.3 三种统计速率

1. 最概然速率 v_p

在速率分布曲线上，与速率分布函数 $f(v)$的极大值对应的速率叫作最概然速率(the most probable speed)，用 v_p 表示。v_p 的物理意义是，在一定温度下，如把气体分子的速率分成许多相等速率间隔，分布在最概然速率 v_p 附近的速率间隔内的相对分子数最多，也就是说，分子分布在 v_p 附近的概率最大，其值可由数学的极值条件求得。即由

$$\frac{\mathrm{d}f(v)}{\mathrm{d}v} = 0$$

得

$$v_p = \sqrt{\frac{2kT}{m}} \tag{9-5-3}$$

因为气体的摩尔质量 $\mu=mN_A$，摩尔气体常量 $R=N_Ak$，所以式(9-5-3)可写成

$$v_p=\sqrt{\frac{2RT}{\mu}}\approx1.41\sqrt{\frac{RT}{\mu}} \tag{9-5-4}$$

【讨论 9-5-2】

讨论最概然速率和分子质量、气体温度的关系。

【分析】

图 9-5-3 示出不同气体在相同温度的分子最概然速率。图 9-5-4 示出同种气体在不同温度的分子最概然速率。

由式(9-5-3)可知，温度相同的两种气体，气体分子质量越大，分子的最概然速率 v_p 越小，如图 9-5-3 所示。而对于同种气体，温度越高，其分子的最概然速率 v_p 越大，如图 9-5-4 所示。

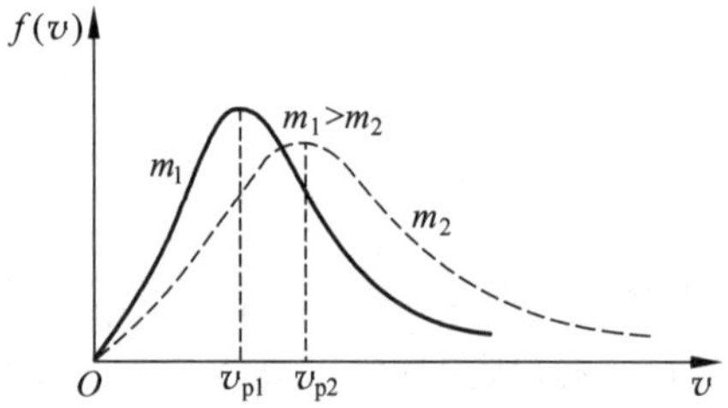

图 9-5-3

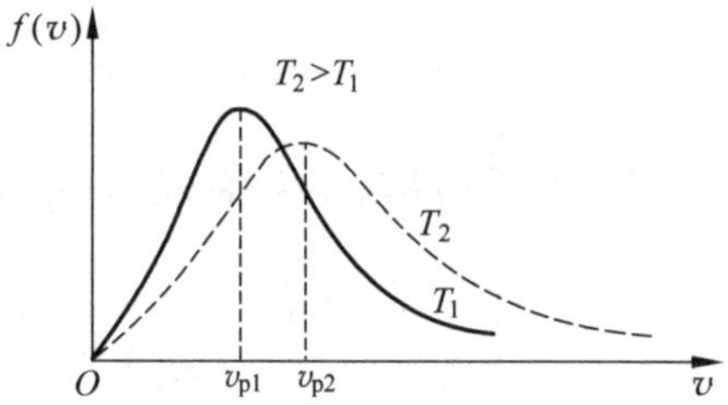

图 9-5-4

2. 方均根速率 $\sqrt{\overline{v^2}}$

根据气体分子平均平动动能与温度的关系，可求出给定气体在一定温度时分子运动速率平方的平均值，对此平方的平均值开平方根，称为气体分子的方均根速率(root mean square speed)。9.3 节中用温度公式已经求得，见式(9-3-2)。此结果也可根据【讨论 9-5-1】和式(9-5-2)求得

$$\overline{v^2}=\int_0^\infty v^2f(v)\mathrm{d}v=\frac{3kT}{m}=\frac{3RT}{\mu}$$

气体分子的方均根速率为

$$\sqrt{\overline{v^2}}=\sqrt{\frac{3kT}{m}}=\sqrt{\frac{3RT}{\mu}}\approx1.73\sqrt{\frac{RT}{\mu}} \tag{9-5-5}$$

由式(9-5-5)可知，方均根速率和气体的热力学温度的平方根 $\sqrt{T}$ 成正比，与气体的摩尔质量的平方根 $\sqrt{\mu}$ 成反比。对于同一气体，温度越高，方均根速率越大；在同一温度下，气体分子质量或摩尔质量越大，方均根速率越小。

3. 平均速率 $\bar{v}$

所有气体分子速率的算术平均值叫作气体分子的平均速率(average speed)，用 $\bar{v}$ 表示。根据【讨论 9-5-1】和式(9-5-2)可得

$$\bar{v}=\int_0^\infty vf(v)\mathrm{d}v=\sqrt{\frac{8kT}{\pi m}}=\sqrt{\frac{8RT}{\pi\mu}}\approx1.60\sqrt{\frac{RT}{\mu}} \tag{9-5-6}$$

【讨论 9-5-3】

为什么引入三种统计速率？比较三种速率的大小。

【分析】

三种速率都是统计速率，应用于由大量分子组成的气体系统，讨论气体的不同宏观规律时使用。在讨论速率分布时常用最概然速率 v_p；讨论与分子的平均平动动能有关的温度、压强等时要用方均根速率$\sqrt{\overline{v^2}}$；讨论分子的平均自由程、平均碰撞频率时则要用平均速率 $\bar{v}$。这三个速率值都和气体的热力学温度的平方根$\sqrt{T}$成正比，与气体的摩尔质量的平方根$\sqrt{\mu}$成反比；三者的大小关系为 $v_p<\bar{v}<\sqrt{\overline{v^2}}$。

例 9-5-1 图 9-5-5 中的两条 $f(v)$-v 曲线分别表示氢气和氧气在同一温度时的麦克斯韦速率分布曲线，分别求氢气分子和氧气分子的最概然速率。

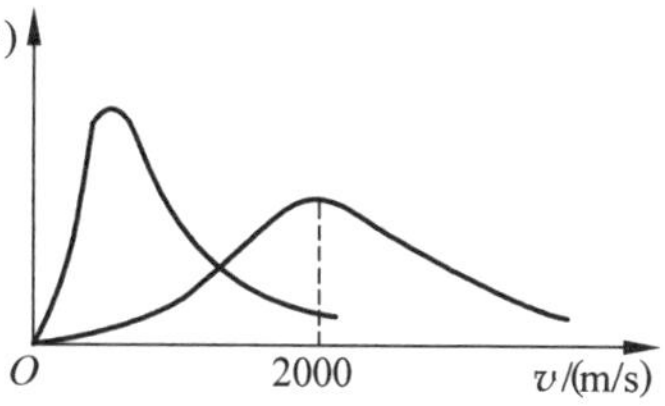

图 9-5-5

解：温度相同的两种气体，最概然速率与气体的摩尔质量的平方根$\sqrt{\mu}$成反比，分子质量越小，最概然速率 v_p 越大。因此，图 9-5-5 中，2000m/s 是氢气分子的最概然速率；而氧气分子的最概然速率 $v_{p(O_2)}=\sqrt{\dfrac{\mu_{H_2}}{\mu_{O_2}}}v_{p(H_2)}=\dfrac{v_{p(H_2)}}{4}=500\text{m/s}$。由这些结果可进一步计算出气体的温度，请读者自行计算。

例 9-5-2 运用磁场和激光可将稀薄的铷原子冷却到极低的温度，这样的原子称为冷原子。目前实验室中可以将冷原子的温度冷却至 10^{-7}K 的数量级，估算此温度下铷原子的平均速率。(铷原子的摩尔质量为 85g/mol)

解：根据平均速率的公式

$$\bar{v}=\sqrt{\frac{8RT}{\pi\mu}}\approx 1.60\sqrt{\frac{RT}{\mu}}$$

可得 $\bar{v}=5\times10^{-3}\text{m/s}$。

【练习 9-5】

9-5-1 相同温度下，当气体的摩尔质量 μ 增加时，最概然速率 v_p、速率分布曲线 $f(v)$-v 及 $f(v_p)$如何变化？当同种气体的热力学温度 T 升高时，最概然速率 v_p、速率分布曲线$f(v)$-v 及 $f(v_p)$又如何变化？为什么随着温度的升高，分子速率分布曲线将变得平坦？

9-5-2 将式(9-5-2) 代入$\overline{v^2}=\int_0^\infty v^2 f(v)\mathrm{d}v$ 和 $\bar{v}=\int_0^\infty vf(v)\mathrm{d}v$，参照有关的积分公式表，验证式$\overline{v^2}=\dfrac{3kT}{m}$ 和 $\bar{v}=\sqrt{\dfrac{8kT}{\pi m}}$。

9-5-3 已知理想气体处于平衡态时，气体的分子数为 N，分子质量为 m，速率分布函数 $f(v)$，写出下列情况的数学表达式：

(1) 速率在 $v_p\sim\bar{v}$(这里 $v_p<\bar{v}$)间的分子数；

(2) 速率在 $v_p \sim \infty$ 间所有分子动能之和；

(3) 分子的平均平动动能；

(4) 速率在 $v_p \sim \infty$ 间的分子平均平动动能。

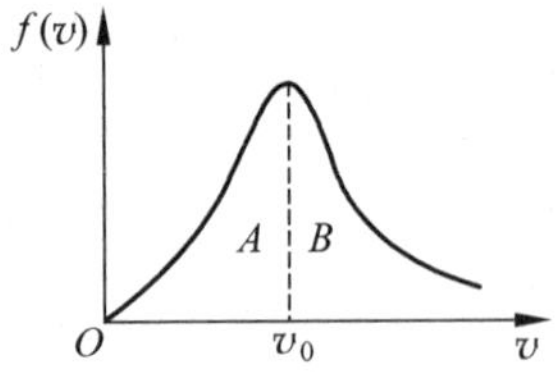

图 9-5-6

9-5-4 麦克斯韦速率分布曲线如图 9-5-6 所示，分别讨论下面各个情况表示的物理意义，并写出数学表达式：

(1) 图中 A 部分面积；

(2) 图中 B 部分面积；

(3) 图中 A、B 两部分面积之和；

(4) 图中 A 部分面积等于 B 部分面积。

9-5-5 容器中储有 27℃、1atm 的氧气，求氧气分子的平均速率、方均根速率和最概然速率。

9-5-6 10 个分子的速率分别为 2，3，4，…，11km/s，试问：

(1) 它们的平均速率是多少？

(2) 它们的方均根速率是多少？

9-5-7 22 个粒子具有的速率(N_i 代表具有速率 v_i 的粒子数)如表 9-5-1 所示。

表 9-5-1　22 个粒子具有的速率

N_i	2	4	6	8	2
v_i/(cm/s)	1.0	2.0	3.0	4.0	5.0

(1) 计算它们的平均速率；

(2) 计算它们的方均根速率；

(3) 表 9-5-1 中给出的 5 个速率，哪一个是最概然速率？

9-5-8 设有 N 个气体分子，其速率分布函数满足 $f(v)=\begin{cases} kv, & 0<v<v_0 \\ 0, & v>v_0 \end{cases}$，求速率介于 $0 \sim \frac{v_0}{2}$ 之间的气体分子数。

9-5-9 在金属自由电子理论中，把金属中自由电子看作限制在三维盒内、没有相互作用的费米气。设导体中共有 N 个自由电子，在绝对零度下电子气中电子最大速率为 v_F(称为费米速率)。电子速率分布在 $v \sim v+dv$ 的概率为

$$\frac{dN}{N}=\begin{cases} \frac{4\pi A}{N}v^2 dv, & 0<v<v_F \\ 0, & v>v_F \end{cases}$$

(1) 用 N、v_F 确定常数 A(提示：应用归一化条件)；

(2) 证明电子气中电子的平均平动动能为 $\bar{\varepsilon}_{kt}=\frac{3}{5}\varepsilon_F$。其中 $\varepsilon_F=\frac{1}{2}mv_F^2$，$m$ 为电子质量，ε_F 称为费米能。

9-5-10 查阅资料，了解斯特恩(德国)、葛正权(中国)验证麦克斯韦气体分子速率分布律的实验装置、实验方法及结果。

9.6 玻耳兹曼能量分布 重力场中粒子按高度的分布

【思考 9-6】

(1) 9.5 节介绍的麦克斯韦速率分布讨论的是在没有外力场作用时，处于平衡态的理想气体分子按速率的分布情况。处于平衡态时，气体分子在空间中的位置是均匀分布的，即单位体积内的分子数是一个常量。如果气体分子处于外力场(如重力场、电场或磁场)中，分子按速度矢量和空间位置的分布又将遵循什么规律?

(2) 大气中各种气体密度分布的趋势如何? 为什么氧气在大气中所占的比例较大，而氢气则在高空大气中占有主要地位?

9.6.1 玻耳兹曼能量分布

在麦克斯韦速率分布函数的指数因子 $e^{-mv^2/kT}$ 中，$\frac{1}{2}mv^2=\varepsilon_t$ 为气体分子的平动动能，所以分子的速率分布与它们的平动动能有关。实际上，麦克斯韦已导出了理想气体分子速度的分布律。在速度区间 $dv_x dv_y dv_z$ 的分子数与该区间内分子的平动动能 ε_t 有关，即

$$\frac{dN}{N}=\left(\frac{m}{2\pi kT}\right)^{\frac{3}{2}}e^{-\varepsilon_t/kT}dv_x dv_y dv_z$$

玻耳兹曼把麦克斯韦速度分布律推广到气体分子在任意场中的情形。考虑到分子的总能量 $\varepsilon=\varepsilon_k+\varepsilon_p$，其中 ε_k 为分子动能，ε_p 为分子在力场中的势能。可以证明，当理想气体在外力场中处于平衡态时，位置坐标分别在 $x\sim x+dx, y\sim y+dy, z\sim z+dz$，分子速率介于 $v_x\sim v_x+dv_x, v_y\sim v_y+dv_y, v_z\sim v_z+dv_z$ 之间的分子数为

$$dN=n_0\left(\frac{m}{2\pi kT}\right)^{\frac{3}{2}}e^{-\frac{\varepsilon_k+\varepsilon_p}{kT}}dx\,dy\,dz\,dv_x dv_y dv_z \tag{9-6-1}$$

式中，n_0 表示在零势能位置处单位体积内含有的分子数。这一结论称为玻耳兹曼能量分布律。式(9-6-1)表明，理想气体处在平衡态时，在确定的速率区间和空间各种速度区域中，分子的能量越大，分子数越少。从统计意义上看，即分子处于能量较低状态的概率比处于能量较高状态的概率大。

根据归一化条件，对式(9-6-1)中的整个速度区间进行积分，可得

$$\iiint_{\infty}\left(\frac{m}{2\pi kT}\right)^{\frac{3}{2}}e^{-\varepsilon_k/kT}dv_x dv_y dv_z=1$$

因此在空间区域($x\sim x+dx, y\sim y+dy, z\sim z+dz$)中的分子数

$$dN'=n_0e^{-\frac{\varepsilon_p}{kT}}dx\,dy\,dz$$

在空间坐标 x、y、z 附近单位体积内具有各种速率的分子数，即分子数密度为

$$n=n_0e^{-\frac{\varepsilon_p}{kT}} \tag{9-6-2}$$

此式即为玻耳兹曼密度分布律。

玻耳兹曼密度分布律不仅适用于有势场中的气体分子，也适用于任何有势场中的液体

和固体内的分子以及其他微观粒子，在固体物理、激光等近代物理学科中有着广泛的应用。

9.6.2 重力场中粒子按高度的分布

理想气体在重力场中，在温度为 T 时达到平衡态。这时的平衡态是分子参与两种不同趋向的运动达到平衡的结果。一是分子的无规则热运动，分子朝各个方向运动的概率是相同的，分子在空间各处的密度趋向相同；另一种是在重力场中每个分子都受到重力的作用，分子有朝地心向下的定向运动。由于分子同时参与无规则热运动和朝地心向下的定向运动，所以空间的分子既不会均匀分布于各处，也不会都落向地面，而是随高度的变化有一种非均匀稳定分布。根据玻耳兹曼分布律，可以确定气体分子在重力场中按高度分布的规律。如果取坐标 z 轴竖直向上，并设 $z=0$ 处重力势能为零，单位体积内的分子数为 n_0，则分布在 z 处(重力势能 $\varepsilon_p=mgz$)单位体积内的分子数为

$$n=n_0\mathrm{e}^{-mgz/kT} \tag{9-6-3}$$

式(9-6-3)给出了在重力场中气体分子数密度 n 按高度 z 的分布规律。该式表明，在重力场中气体分子数密度 n 随高度的增加按指数规律减少；而且，分子质量越大，重力的作用越显著，n 的减少就越迅速；气体的温度越高，分子无规则运动越剧烈，n 的减少就越缓慢。由此，可以解释氧气在大气中所占的比例较大，而氢气则在高层大气中占主要成分。需要指出的是，在实际的大气层中，由于各种因素(如风或对流等)的影响，大气分子并不处于平衡态，分子密度并不严格按式(9-6-3)的规律分布。

【练习 9-6】

9-6-1 设想有一封闭试管直立于地球表面，内装一种理想气体，处于温度为 T 的平衡态。根据理想气体方程 $p=nkT$ 以及气体压强公式 $p=p_0+\rho gh$ 重新推导出式(9-6-3)。

9-6-2 在登山运动和航空测量中，常用恒温气压公式 $Z=\dfrac{RT}{\mu g}\ln\dfrac{p_0}{p}$(式中 μ 为空气的摩尔质量，p_0 为 $z=0$ 处的压强，p 为高度为 z 处的压强)来估算高度(一种高度计的工作原理)。当然由于大气不是严格的理想气体，且不处于平衡态，严格地说，此式对大气是不成立的，但在精度要求不是很高的场合，用来进行估算是可行的。

(1) 试用式(9-6-3)推导出恒温气压公式 $Z=\dfrac{RT}{\mu g}\ln\dfrac{p_0}{p}$。

(2) 实验测得常温下距海平面不太高处，每升高 10m，大气压约降低 100Pa，试利用恒温气压公式验证此结果(假定海平面压强 $p_0=1.0\times10^5\,\mathrm{Pa}$，温度为 273K，空气的平均摩尔质量为 $\mu=28.97\,\mathrm{g/mol}$，忽略温度随高度的变化)。

(3) 利用恒温气压公式估算珠穆朗玛峰海拔 8848m 处的大气压强。假定 $p_0=1.0\times10^5\,\mathrm{Pa}$，温度为 273K，忽略温度随高度的变化。空气的平均摩尔质量为 $\mu=28.97\,\mathrm{g/mol}$，重力加速度取 $g=9.8\,\mathrm{m/s^2}$。

(4) 忽略温度随高度的变化，如果在某一山顶测得温度为 10℃，山顶气压为 630mmHg，已知海平面($z=0$)气压为 750mmHg，试利用恒温气压公式估算此山的高度。

9.7 气体分子的平均碰撞次数和平均自由程

常温下，气体分子热运动的速率很大，平均速率可达几百米每秒。根据这个速率来判

断，气体的扩散、热传导等过程似乎都应进行得很快。但实际情况并非如此，气体的扩散过程就进行得相当缓慢。例如，当打开一个香水瓶后，香味儿要经过几分钟的时间才能传到几米外的房子的另一边。其原因是，在分子由一处移至另一处的过程中，它要不断地与其他分子碰撞，这就使分子沿着迂回的折线前进。因此，气体的扩散、热传导过程等进行得快慢都与分子相互碰撞的频繁程度有关。

碰撞是气体分子运动的基本特征之一，分子之间通过碰撞来实现动量或动能的交换，使热力学系统由非平衡态向平衡态过渡，并保持平衡态的宏观性质不变。显然，气体分子与其他分子的碰撞是极其频繁的。就个别分子来说，它与其他分子何时何地发生碰撞，单位时间内与其他分子会发生多少次碰撞，每连续两次碰撞之间所经过的自由路程的长短等都是偶然的，不可预测的，不可能也没有必要一个一个地去确定这些距离和时间。但是对于处于平衡态由大量分子构成的气体系统来说，分子间的碰撞却遵循确定的统计规律。

9.7.1 分子的平均碰撞频率

单位时间内一个分子与其他分子发生碰撞的平均次数称为平均碰撞频率，简称碰撞频率(collision frequency)。

为了简化问题，假定每个分子都看成直径为 d 的弹性小球，分子间的碰撞为完全弹性碰撞。大量分子中，只有被考察的特定分子 A 以平均速率 $\bar{v}$ 运动，其他分子都看作静止不动。显然，在分子 A 运动的过程中，由于不断地与其他分子碰撞，其球心的轨迹为一条折线。设想以分子 A 球心的运动轨迹为轴线，以分子有效直径 d 为半径，作一个曲折的圆柱体，如图 9-7-1 所示。显然，只有分子球心在该圆柱面内的分子才能与分子 A 发生碰撞。

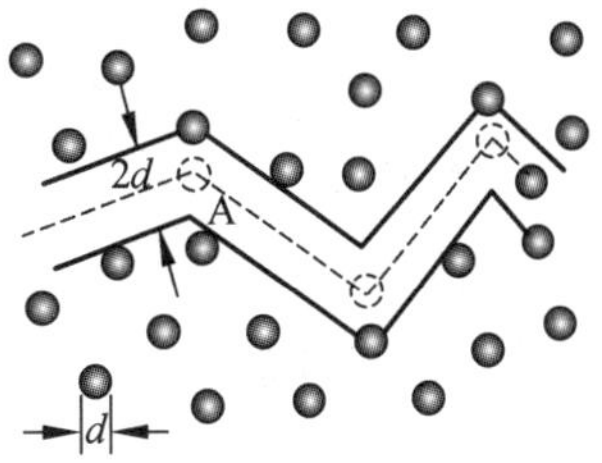

图 9-7-1

圆柱体的横截面积 πd^2 定义为分子的碰撞截面(collision-cross-section)，用 σ 表示。在 Δt 时间内，运动分子 A 平均走过的路程为 $\bar{v}\Delta t$，相应圆柱体的体积为 $\pi d^2\bar{v}\Delta t$。设分子数密度为 n，则此圆柱体内的分子数为 $n\pi d^2\bar{v}\Delta t$。这也是运动分子 A 在 Δt 时间内与其他分子碰撞的次数，则单位时间内分子的平均碰撞次数

$$\bar{Z}=\frac{n\pi d^2\bar{v}\Delta t}{\Delta t}=\pi d^2\bar{v}n$$

以上这个结论是假定在大量分子中，只有被考察的特定分子 A 以平均速率 $\bar{v}$ 运动，其他分子都看作静止不动的情况下得到的。实际上，所有的分子都在运动，而且各个分子的运动速率并不相同，故式中的平均速率应改为平均相对速率。考虑到分子之间的相对运动遵从麦克斯韦速率分布，根据统计物理学知识，从理论上可以证明平均相对速率是平均速率的$\sqrt{2}$倍。因此，考虑到所有分子都在运动时，分子的碰撞频率应是上式的$\sqrt{2}$倍，即

$$\bar{Z}=\sqrt{2}\,\pi d^2\bar{v}n \tag{9-7-1}$$

式(9-7-1)表明分子的平均碰撞频率 $\bar{z}$ 与分子数密度 n、分子的平均速率 $\bar{v}$ 以及分子有效直径 d 的平方成正比。

9.7.2 分子平均自由程

每两次连续碰撞之间，一个分子自由运动的平均路程称为分子平均自由程，用 $\bar{\lambda}$ 表示。在 Δt 时间内，平均速率为 $\bar{v}$ 的分子走过的路程的平均值为 $\bar{v}\Delta t$，碰撞的平均次数为 $\bar{z}\Delta t$，则分子平均自由程为

$$\bar{\lambda}=\frac{\bar{v}\Delta t}{\bar{z}\Delta t}=\frac{\bar{v}}{\bar{z}}=\frac{1}{\sqrt{2}\pi d^2 n} \tag{9-7-2}$$

式(9-7-2)表明分子平均自由程 $\bar{\lambda}$ 仅与分子数密度 n 及分子有效直径 d 的平方成反比。当气体处于温度为 T 的平衡态时，将 $p=nkT$ 代入式(9-7-2)得

$$\bar{\lambda}=\frac{kT}{\sqrt{2}\pi d^2 p} \tag{9-7-3}$$

式(9-7-3)表明，气体的温度一定时，气体分子的平均自由程与压强成反比。对于空气分子，标准状态下的平均碰撞频率 $\bar{z}=6.5\times10^9\,\mathrm{s}^{-1}$，即平均来说，一个分子与其他分子每秒碰撞65亿次。

【讨论 9-7-1】

保持温度不变，在一定量理想气体的体积增加过程中，分子的平均碰撞次数 $\bar{z}$ 和平均自由程 $\bar{\lambda}$ 如何变化？

【分析】

根据 $p=nkT$ 和等温过程方程式 $pV=C$ 可知，体积 V 增加时压强 p 减小，分子数密度 n 也随之减小。在等温过程中，一定量理想气体分子的平均速率 $\bar{v}$ 不变。因此，根据式(9-7-1)和式(9-7-2)知，分子的平均碰撞次数 $\bar{z}$ 减少，而平均自由程 $\bar{\lambda}$ 增大。

【练习 9-7】

9-7-1 在等压过程中，当一定量理想气体的体积增加时，分子的平均碰撞次数 $\bar{z}$ 和平均自由程 $\bar{\lambda}$ 如何变化？当体积不变而温度升高时，$\bar{z}$ 和 $\bar{\lambda}$ 又将如何变化？

9-7-2 一定量的某种理想气体，从初始状态(V,p)出发，先经等温过程使体积增加到$2V$，再经等体过程使压强变为$4p$，则分子的平均自由程变为原来的多少倍？

9-7-3 氮气在标准状态下的分子平均碰撞频率为 $5.42\times10^8\,\mathrm{s}^{-1}$，分子平均自由程为 $6\times10^{-6}\,\mathrm{cm}$。若温度不变，气压降为 0.1atm，求该状态时分子的平均碰撞频率。

9-7-4 氮分子的有效直径 $d=3.8\times10^{-10}\,\mathrm{m}$，求它在标准状态时的平均自由程和分子平均碰撞频率。

第10章 热力学基础

热力学与气体动理论一样，主要研究物质的热现象、热运动的规律性以及热运动和其他运动形式的转化。热力学的研究方法与气体动理论不同，热力学不考虑物体的微观结构和过程，以观察和实验事实为依据，从能量的观点来研究物态变化过程中有关热量、做功以及它们之间相互转换的关系和条件，属于宏观理论。

本章主要介绍准静态过程中热力学的两大定律。热力学第一定律是能量守恒定律在一切涉及热现象的宏观过程中的具体表现；热力学第二定律指出一切涉及热现象的宏观过程是不可逆的，阐明了在热力学过程中能量转换或传递的方向、条件和限度。

热力学是热工学和低温技术的基础，在生产技术中有广泛的应用，在化学、化工和冶金工业等方面都有重要应用。

10.1 准静态过程　功　内能　热量

【思考10-1】

(1) 根据生活经验可知：①登山运动员在高山上烧煮食物必须使用高压锅，否则得到的必然是一锅“夹生饭”。②夏日，当我们驾驶汽车在高速公路上奔驰时，车胎中的气体不能充得太足，以免在行驶过程中由于温度升高而发生车胎爆裂。用什么样的物理知识来解释这些现象？

(2) 历史上对“热”的本质的探索有怎样的认识历程？焦耳的热功当量实验的重要意义在哪里？

10.1.1 准静态过程

由于热力学系统与外界之间的相互作用，同时还伴随着能量的交换，系统会经历一系列的状态变化，从一个状态变化到另一个状态，其间所经历的过程称为热力学过程(thermodynamic process)。热力学过程进行的任一时刻，系统的状态并非都是平衡态。例如推进活塞快速压缩气缸内的气体，如图10-1-1(a)所示，气体的体积、密度、温度或压强都将发生变化，在这一过程中的任一时刻，气体各部分的密度、压强、温度并不完全相同。靠近活塞表面的气体密度大些，压强大些，温度也高些。

在热力学中,为能利用平衡态的性质来研究过程的规律,引入**准静态过程**(quasi-static process)的概念。所谓准静态过程是指过程进行得无限缓慢,在过程中任意时刻,每个中间状态都无限地接近平衡态。准静态过程是一个理想化的过程,是实际过程的近似。系统从非平衡态到平衡态的过渡时间,即弛豫时间为 10^{-3}s,活塞在气缸内压缩气体,如图 10-1-1(b)所示,如果压缩一次所用的时间为 1s,则这个过程可视为准静态过程。

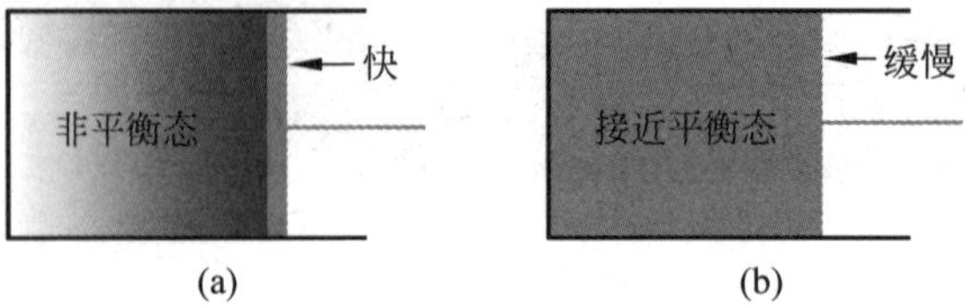

图 10-1-1

对于准静态过程,由于每个时刻系统都处在平衡态,而平衡态可以用参数空间的一个点表示,所以一个准静态过程就可用参数空间中的一条连续曲线描述,这样的曲线称为**过程曲线**(process curve)。

对于一定量的理想气体,其压强 p、体积 V 和温度 T 三个状态参量满足式(9-1-1),其中只有两个量是独立的。若取 p、V 为独立参量,则 p-V 图上的一条连续曲线就表示一个准静态过程。如图 10-1-2 所示,曲线(1)、(2)和(3)分别代表等压、等体和等温过程曲线。

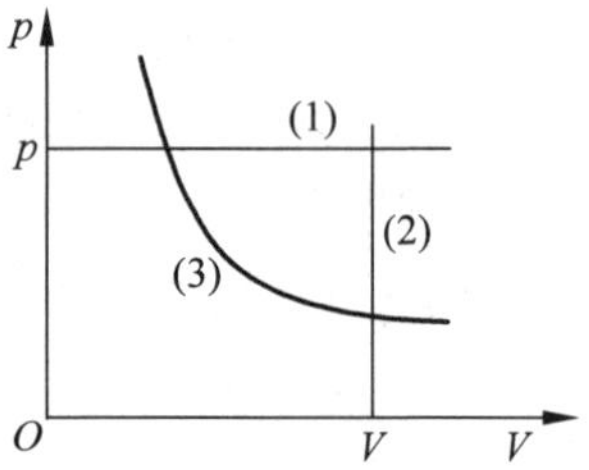

图 10-1-2

10.1.2 热力学第零定律

当两个冷热程度不同的物体(或热力学系统)接触时,它们之间会发生热量传递。经过一段时间后,两物体冷热程度达到一致,宏观性质不再发生变化,称这种状态为热平衡状态。

温度是衡量物体冷热程度的物理量。达到热平衡的两物体必定温度相同,因此达到热平衡是两物体温度相同的判据。如果要比较两物体的温度,还需要用到一个实验定律,即热力学第零定律:在与外界影响隔绝的条件下,如果处于确定状态下的物体 C 分别与物体 A、B 达到热平衡,则物体 A、B 也必定相互处于热平衡。处于热平衡的物体 A、B 分别存在一个状态函数 $g_1(p_1,V_1)=g_2(p_2,V_2)$,而且这两个状态函数的数值相等,这个状态函数就是温度。9.3 节中曾讨论,如果两种气体有相同的温度,则它们的分子平均平动动能相等,这是热力学第零定律的微观机理。

10.1.3 准静态过程的功 内能 热量

热力学系统状态的变化,总是通过外界对系统做功(work)或向系统传递热量(heat)来完成。

1. 功 W

热力学系统体积改变时就会对外界做功。以气体膨胀为例,如图 10-1-3 所示,一带有活塞的气缸,将气缸内的气体作为热力学系统,并假设系统状态的变化过程为准静态过程,F 为气体作用在活塞上的正压力,p 为气体的压强,S 为活塞的面积。设在气体压力 $F=$

pS 的作用下，活塞移动了 $\mathrm{d}l$ 距离，从而使气体的体积增加了 $\mathrm{d}V=S\mathrm{d}l$。系统在这一过程中对外界所做的元功

$$\mathrm{d}W=\boldsymbol{F}\cdot\mathrm{d}\boldsymbol{l}=pS\mathrm{d}l=p\mathrm{d}V \qquad (10\text{-}1\text{-}1)$$

若系统的体积由 V_1 变为 V_2，则系统对外界做功为

$$W=\int_{V_1}^{V_2}p\mathrm{d}V \qquad (10\text{-}1\text{-}2)$$

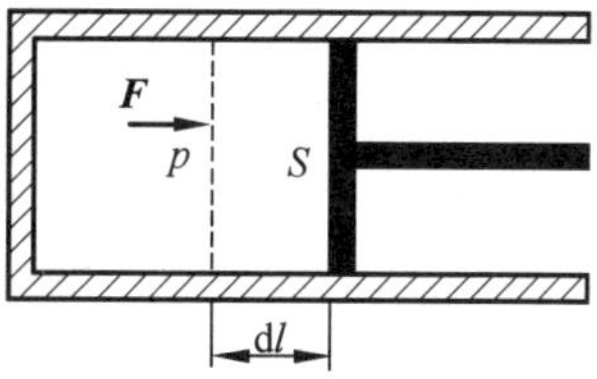

图 10-1-3

式(10-1-2)是通过图 10-1-3 的特例导出的，但它适用于气体系统的任何准静态过程。由该式可知，当气体膨胀时，气体对外界做功，$W>0$；气体被压缩时，外界对系统做功，$W<0$。

【讨论 10-1-1】

图 10-1-4 所示的曲线是 p-V 图上的一个气体系统的准静态过程曲线，分析曲线下的细窄长条的面积和曲线下面积的意义。

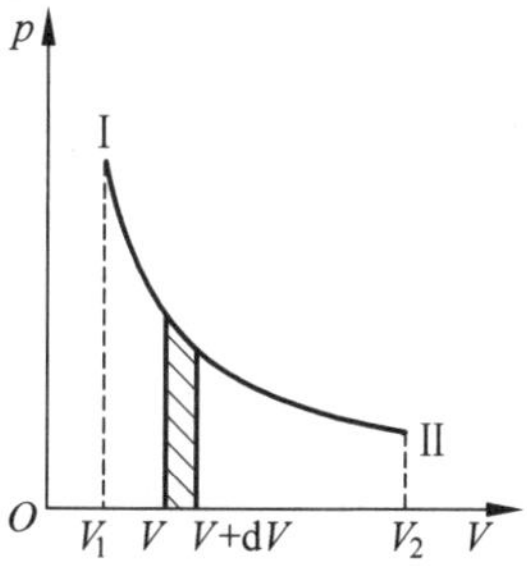

图 10-1-4

【分析】

在 p-V 图上，细窄长条的面积为 $p\mathrm{d}V$。式(10-1-1)表明，系统的体积由 V 变化到 $V+\mathrm{d}V$ 时系统对外所做的元功 $\mathrm{d}W=p\mathrm{d}V$。也就是说，系统的体积由 V 变化到 $V+\mathrm{d}V$ 时系统对外所做的元功在数值上就等于 p-V 图中过程曲线下细窄条的面积。显然，在气体体积从 V_1 变化到 V_2 的整个过程中，气体对外界所做的功在数值上等于 p-V 图中过程曲线下所围的面积。

从图 10-1-4 中可以看出，如果系统的初末状态不变，但过程曲线不同，则在过程曲线下的面积也不同，即经历不同的过程系统做功不同。因此系统做功与过程有关，功是一个过程量。

例 10-1-1 如图 10-1-5 所示，一定量理想气体从体积 V_1 膨胀到体积 V_2 分别经历 $A\to B$，$A\to C$ 和 $A\to D$ 三个过程，其中做功最多的是哪个过程？做功最少的是哪个过程？

解：在图 10-1-5 中，$A\to B$ 过程曲线下的面积最大，$A\to D$ 过程曲线下的面积最小。根据讨论 10-1-1 的结论可知，$A\to B$ 过程做功最多，$A\to D$ 过程做功最少。

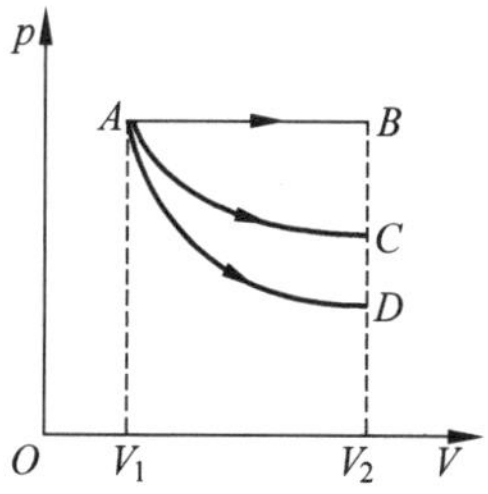

图 10-1-5

2. 内能

由 9.4 节讨论可知，质量为 M、摩尔质量为 μ 的理想气体，处于平衡态时的内能(internal energy)为

$$E=\frac{M}{\mu}\frac{i}{2}RT=\frac{i}{2}pV \qquad (10\text{-}1\text{-}3)$$

系统从初状态Ⅰ(p_1,V_1,T_1)变化到末状态Ⅱ(p_2,V_2,T_2)过程中的内能增量

$$\Delta E=\frac{M}{\mu}\frac{i}{2}R\Delta T \qquad (10\text{-}1\text{-}4)$$

式(10-1-3)和式(10-1-4)表明理想气体的内能 E 是一个状态量，其增量 ΔE 只取决于系统的始末状态，与过程无关。

3. 热量

温度不同的两个物体相互接触后，通过分子之间无规则运动引起相互碰撞进行能量传递，平均动能大的分子(气体温度高)会把无规则运动能量传递给平均动能小的分子(气体温

度低),冷的物体温度会升高,热的物体温度会降低。这种相互作用称为热传递。物体在热传递过程中所吸收或放出的能量称为热量(heat),用 Q 表示。在 SI 制中,热量的单位是焦耳(J)。热量不是系统的状态参数,而是一个与过程特征有关的过程量。

本书约定:系统吸收的热量 $Q>0$;系统放出的热量 $Q<0$。

【讨论 10-1-2】

比较功和热量两个物理量的异同和联系。

【分析】

(1) 两者都是过程量,与过程有关。

(2) 两者具有等效性。对于系统内能的改变,做功和热传递具有相同的效果。著名的焦耳热功当量实验指出:4.186J 的功能使系统增加的内能恰好与 1 卡(cal)的热量传递所增加的内能相同,即 1cal=4.186J。

(3) 功与热量改变系统热运动状态的物理本质不同。做功是通过机械运动把宏观的能量转化为气体分子热运动产生的内能,即把物体的有规则运动的能量转换为分子无规则运动的能量;热传递则是分子无规则运动的能量在不同物体之间或者物体的不同部分之间的传递。

【热功当量实验】

焦耳巧妙设计了热功当量的实验,其实验装置如图 10-1-6 所示。将绝热容器中盛满水,用温度计测量水温。器内壁装有若干块固定叶片,中央固定轴上装有可转动的若干桨片。当两边的重物下落时,绳索带动桨片在水中搅拌,使水温度升高。对水加热也可以使水的温度升高。通过重力做的功和加热使水升高相同温度时所需要的热量可计算热功当量值。热功当量实验使"热量"和"力做的功"联系在一起,使物理学对热的认识从"热质"走向了"热是一种运动"。热功当量的测定奠定了热力学的基础,并直接导致了热力学第一定律的建立。

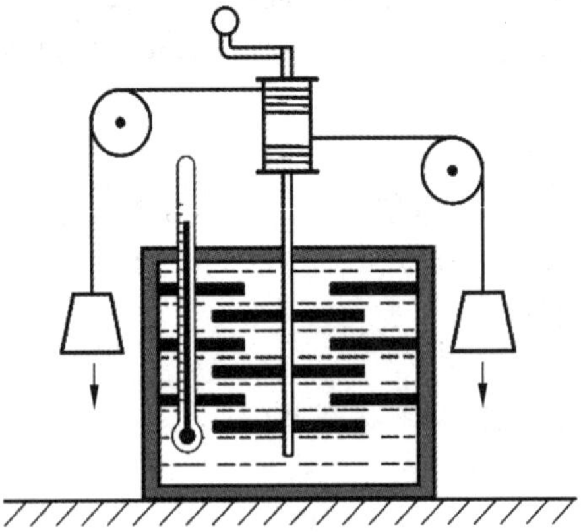

图 10-1-6

【练习 10-1】

10-1-1 压强为 p、体积为 V 的理想气体,若为单原子分子理想气体,其内能为多少?若为双原子刚性分子和多原子刚性分子理想气体呢?

10-1-2 两个相同的容器,一个盛氧气(视为刚性分子理想气体),一个盛氦气,开始时它们的压强和温度都相等。现将 3J 的热量传给氦气，使之升高到一定温度。若使氧气也升高相同温度，则应向氧气传递的热量是多少 J？

10-1-3 如图 10-1-7 所示，一定量的理想气体沿着图中直线从状态 a（压强 $p_1=4\text{atm}$，体积 $V_1=2\text{L}$）变化到状态 b（压强 $p_2=2\text{atm}$，体积 $V_2=4\text{L}$）。求在此过程中：

（1）气体做的功；

（2）气体的内能变化。

10-1-4 如图 10-1-8 所示，1mol 单原子分子理想气体从状态 A 出发经 $ABCDA$ 循环过程，回到初态 A 点。

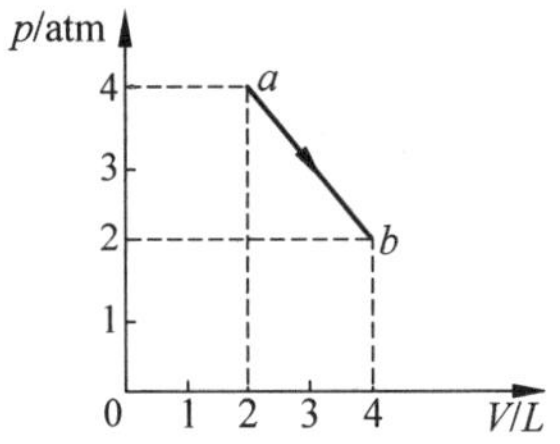

图 10-1-7

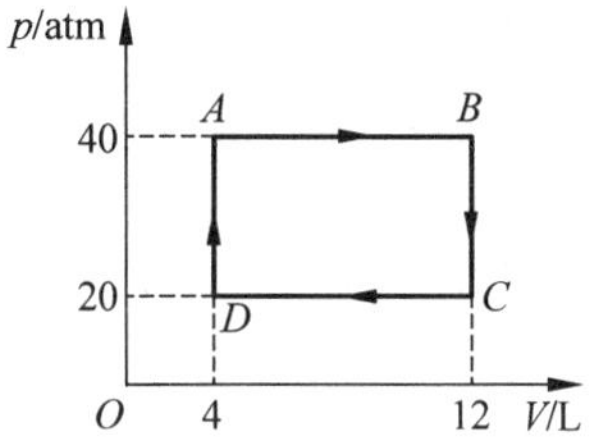

图 10-1-8

（1）求 AB 过程、BC 过程、CD 过程、DA 过程以及 $ABCDA$ 整个循环过程中气体做的功；

（2）求 AB 过程、BC 过程、CD 过程、DA 过程以及 $ABCDA$ 整个循环过程中气体的内能变化；

（3）分析 $ABCDA$ 整个循环过程中气体所做功的大小与矩形 $ABCD$ 面积的关系，以及 $ABCDA$ 整个循环过程中气体的内能变化特点。

10-1-5 一定量的理想气体，如果其体积和压强依照 $V=a/\sqrt{p}$ 规律变化，其中 a 为已知常量，试求：

（1）气体从体积 V_1 膨胀到 V_2 过程中所做的功；

（2）气体体积为 V_1 时的温度 T_1 与体积为 V_2 时的温度 T_2 之比。

10-1-6 1mol 单原子分子的理想气体，经历如图 10-1-9 所示的过程，已知曲线方程为 $p=p_0V^2/V_0^2$，c 点的温度为 T_0，压强和体积如图示。

（1）求 a 状态的温度和体积；

（2）试以 T_0、摩尔气体常量 R 表示该过程中气体所做的功。

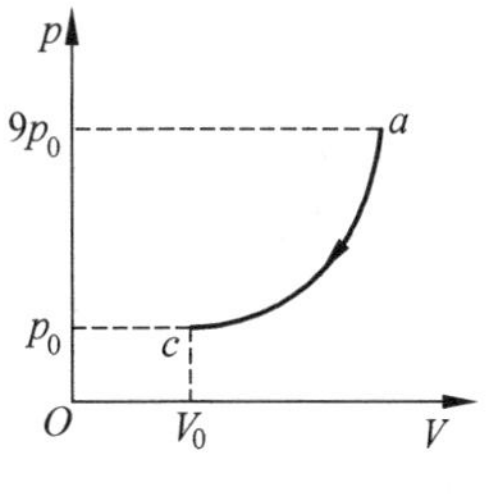

图 10-1-9

10-1-7 一定量的理想气体分别经历以下三个过程：等压过程、等温过程和等体过程。

（1）试根据理想气体方程推导出各过程特有的过程方程；

（2）理想气体从状态 1（压强 p_1、体积 V_1）到状态 2（压强 p_2、体积 V_2），推导出各过程中气体的做功表达式；

（3）写出各过程的内能增量的表达式。

10.2 热力学第一定律

【思考 10-2】

历史上很多人曾试图研制一种装置，这种装置不需要动力和燃料，但可以不断地对外做功。这种装置称为第一类永动机。你认为这种永动机能够制成吗？为什么？

热力学系统经历一个准静态的热力学过程，从一个状态过渡到另一个状态，其内能的变化既可以通过外界对系统做功的方式实现，也可以通过向系统传递热量的方式实现，还可以通过做功和热传递两者皆有的方式实现。大量的实践过程表明：在这个热力学过程中，若从外界吸收热量 Q，使系统的内能从初状态 E_1 变为末状态 E_2，同时对外做功 W，则有

$$Q=\Delta E+W \tag{10-2-1}$$

式(10-2-1)表明，系统所吸收的热量 Q 一部分使系统的内能增加，另一部分用于系统对外做功。式(10-2-1)是热力学第一定律(first law of thermodynamics)的数学表达式。

对于一个理想气体的元过程(无限小过程)，热力学第一定律可表示为

$$\mathrm{d}Q=\mathrm{d}E+p\mathrm{d}V \tag{10-2-2}$$

需要指出的是，本书对热量 Q、做功 W 和内能增量 ΔE 的符号约定如下：①系统从外界吸收热量时，$Q>0$；系统向外界放出热量时，$Q<0$。②系统对外界做功时，$W>0$；外界对系统做功时，$W<0$。③系统内能增加时，$\Delta E>0$；系统内能减少时，$\Delta E<0$。热力学第一定律是包括热现象在内的能量转化与守恒定律，适用于任何系统的任何过程(非准静态过程亦成立)。热力学第一定律是在19世纪50年代建立起来的，1847年，亥姆霍兹在《论力的守恒》一书中论述了能量守恒与转化方面的基本思想，他把能量的概念从机械运动推广到热、电、磁乃至生命过程，提出了普遍的能量守恒定律。能量守恒与转化定律这样一条普遍规律的建立，是许多人、许多学科共同完成的，除了物理学家的严谨，还需要其他学科特别是生命科学的配合，以开阔思维。在历史上，有人试图设计一种机器：这种机器使系统状态经过变化后又回到原始状态，即 $\Delta E=E_2-E_1=0$，同时在这一过程中无须外界任何能量的供给而能不断地对外做功。人们把这种假想的机器称为第一类永动机。很显然，第一类永动机违反了热力学第一定律，永远不可能实现。因此热力学第一定律也可表述为“第一类永动机是不可能实现的”。

【练习 10-2】

10-2-1 练习题 10-1-3 从状态 a 变到状态 b 是吸热还是放热？并计算其大小。

10-2-2 根据练习题 10-1-7 的结论和热力学第一定律，推导出理想气体在等压过程、等温过程和等体过程中吸热的表达式。

10-2-3 1mol 的某种理想气体分别经历等压过程和等体过程，温度都升高 1K，吸收的热量分别为多少？两者之差为多少？

10-2-4 将 1mol 理想气体等压加热，使其温度升高 72K，传给它的热量等于 1.60×10^3J，求气体所做的功 W 以及气体内能的增量 ΔE(已知普适气体常量 $R=8.31\mathrm{J/(mol\cdot K)}$)。

10-2-5 一定量的刚性双原子分子理想气体进行如图 10-2-1 所示的 $ABCA$ 循环过程，已知状态 A 的温度为 300K。

(1) 求状态 B、C 的温度；

(2) 计算各过程中气体所做的功；

(3) 计算各过程中气体内能的增量；

(4) 计算各过程中气体所吸收的热量；

(5) 分析 $ABCA$ 循环过程中的净功(各过程的总功的代数和)与$\triangle ABC$ 面积的关系。

(6) 分析 $ABCA$ 循环过程中的净功与净热量(各过程的热量的代数和)之间的关系，并分析其中的原因。

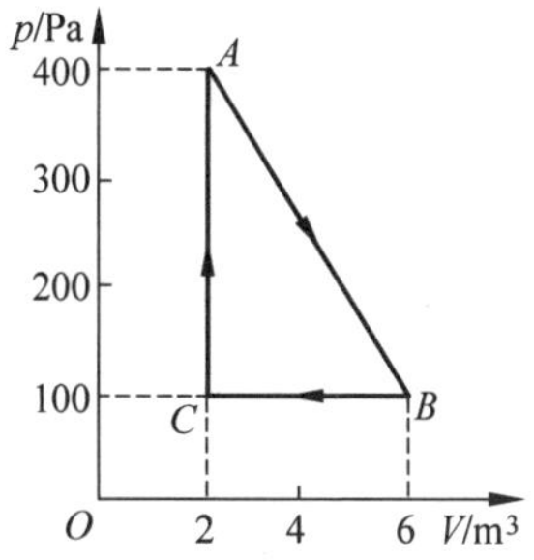

图 10-2-1

10.3 理想气体的摩尔定容热容和摩尔定压热容

【思考 10-3】

由练习 10-2-3 可知，1mol 的理想气体分别经历等压过程和等容(等体)过程，如果温度都升高 1K，吸收的热量分别为 $Q=\frac{i+2}{2}R$ 和 $Q=\frac{i}{2}R$。从中你能得到什么结论?

1mol 的理想气体分别经历等压过程和等容过程，温度都升高 1K，吸收的热量分别为 $Q=\frac{i+2}{2}R$ 和 $Q=\frac{i}{2}R$。这说明热量是一个与过程有关的物理量。同时也可以看到，摩尔数相同的任何单原子分子理想气体升高相同的温度所吸收的热量相同(对双原子刚性分子和多原子刚性分子的理想气体也有相同的结论)。而且，1mol 的任何理想气体温度都升高 1K 时，等压过程和等容过程吸收的热量之差为一个常量 R。

在中学物理中学过，质量相同的不同物质在温度升高(或者降低)1K 时吸收(或者放出)的热量不同，由此引入了物理量——比热容。摩尔数相同的不同物质温度升高(或者降低)1K 在等容过程和等压过程中吸收(或者放出)的热量也是不同的，为此我们引入相应的气体的摩尔热容以及热容比等物理量。

10.3.1 气体的摩尔热容

由比热容的定义，一物体升高温度或者降低温度时与外界所传递热量 Q 的计算公式为

$$Q=Mc(T_2-T_1) \tag{10-3-1}$$

式中，M 表示物体的质量；c 为比热容；T_2 和 T_1 表示传热前后物体的温度，Mc 叫作物体的热容(heat capacity)。如果取物质的量为 1mol，相应的热容就是 μc，称为摩尔热容(molar heat capacity)，用 C_m 表示。由于吸收(或者放出)热量与具体的过程有关，因此，摩尔热容也是一个过程量。传递热量的计算公式可表示为 $Q=\frac{M}{\mu}C_m(T_2-T_1)$。

系统在等容过程和等压过程中的热容分别称为摩尔定容热容(molar heat capacity at constant volume)和摩尔定压热容(molar heat capacity at constant pressure)，分别记为 $C_{V,m}$ 和 $C_{p,m}$，并定义为

$$C_{V,m}=\lim_{\Delta T\to 0}\frac{\Delta Q}{\nu\Delta T}\bigg|_V=\frac{dQ}{\nu dT}\bigg|_V \tag{10-3-2}$$

$$C_{p,\mathrm{m}}=\lim_{\Delta T\to 0}\left.\frac{\Delta Q}{\nu\Delta T}\right|_p=\left.\frac{\mathrm{d}Q}{\nu \mathrm{d}T}\right|_p \tag{10-3-3}$$

式中,ν 为气体的摩尔数;ΔQ 为 νmol 的气体在温度升高 ΔT 时所吸收的热量,下标 V 和 p 分别代表等容和等压过程。

10.3.2 摩尔定容热容 $C_{V,\mathrm{m}}$

1mol 理想气体在等容过程中温度升高 $\mathrm{d}T$ 时吸收的热量为 $\mathrm{d}Q_{V,\mathrm{m}}$,由于等容过程 $\mathrm{d}W=0$,根据热力学第一定律可知 $\mathrm{d}Q_{V,\mathrm{m}}=\mathrm{d}E=\frac{i}{2}R\mathrm{d}T$,则由式(10-3-2)得气体的摩尔定容热容

$$C_{V,\mathrm{m}}=\frac{\mathrm{d}Q_{V,\mathrm{m}}}{\mathrm{d}T}=\frac{i}{2}R \tag{10-3-4}$$

摩尔定容热容是一个只与分子的自由度有关的量。

10.3.3 摩尔定压热容 $C_{p,\mathrm{m}}$

1mol 理想气体在等压过程中温度升高 $\mathrm{d}T$ 时,吸收热量 $\mathrm{d}Q_{p,\mathrm{m}}$,根据热力学第一定律知 $\mathrm{d}Q_{p,\mathrm{m}}=\mathrm{d}E+p\mathrm{d}V$,又 $\mathrm{d}E=\frac{i}{2}R\mathrm{d}T$ 和 $p\mathrm{d}V=R\mathrm{d}T$(理想气体状态方程),得 $\mathrm{d}Q_{p,\mathrm{m}}=\frac{i+2}{2}R\mathrm{d}T$,则由式(10-3-3)得气体的摩尔定压热容

$$C_{p,\mathrm{m}}=\frac{\mathrm{d}Q_{p,\mathrm{m}}}{\mathrm{d}T}=\frac{i+2}{2}R=\frac{i}{2}R+R \tag{10-3-5}$$

由式(10-3-5)与式(10-3-4)可得

$$C_{p,\mathrm{m}}=C_{V,\mathrm{m}}+R \tag{10-3-6}$$

式(10-3-6)称为迈耶(J. R. Mayor)公式。该式说明摩尔定压热容 $C_{p,\mathrm{m}}$ 较摩尔定容热容 $C_{V,\mathrm{m}}$ 大一个恒量 $R=8.31\mathrm{J/(mol\cdot K)}$。也就是说,1mol 的理想气体温度升高 1K 时,经历等压过程要比等容过程多吸收 8.31J 的热量。这是因为升高相同的温度时,等容过程中吸收的热量全部转化为内能的增量,而等压过程中吸收的热量除了转化为与等容过程增量相同的内能外,还需要对外做功。

摩尔定压热容 $C_{p,\mathrm{m}}$ 与摩尔定容热容 $C_{V,\mathrm{m}}$ 的比值称为摩尔热容比(ratio of specific heat capacities),用 γ 表示:

$$\gamma=\frac{C_{p,\mathrm{m}}}{C_{V,\mathrm{m}}}=\frac{i+2}{i} \tag{10-3-7}$$

显然,摩尔热容比 $\gamma>1$。

【讨论 10-3-1】

表 10-3-1 分别给出单原子分子、双原子刚性分子和多原子刚性分子理想气体的摩尔定压热容、摩尔定容热容以及它们的摩尔热容比。

【分析】

具体见表 10-3-1。

表 10-3-1 单原子分子、双原子刚性分子和多原子刚性分子理想气体的摩尔定压热容、摩尔定容热容以及它们的摩尔热容比

物理量	理想气体种类		
	单原子分子	双原子刚性分子	多原子刚性分子
自由度 i	3	5	6
摩尔定容热容 $C_{V,\mathrm{m}}$	$\frac{3}{2}R$	$\frac{5}{2}R$	$\frac{6}{2}R=3R$
摩尔定压热容 $C_{p,\mathrm{m}}$	$\frac{5}{2}R$	$\frac{7}{2}R$	$\frac{8}{2}R=4R$
摩尔热容比 γ	$\frac{5}{3}=1.67$	$\frac{7}{5}=1.4$	$\frac{4}{3}=1.33$

需要说明的是，表 10-3-1 给出的是经典理论的结果。在实验中，对单原子分子、双原子分子气体，理论值与实验值符合较好；而对多原子分子气体，理论值与实验值差别较大。这种差别表明，理想气体模型只能近似地模拟实际气体。

【练习 10-3】

10-3-1 质量为 M、摩尔质量为 μ 的理想气体温度从 T_1 升高到 T_2，用摩尔定压热容 $C_{p,\mathrm{m}}$、摩尔定容热容 $C_{V,\mathrm{m}}$ 改写等压过程和等容过程的吸热以及内能增量的表达式。

10-3-2 已知某理想气体的摩尔定压热容与摩尔定容热容之比 $C_{p,\mathrm{m}}:C_{V,\mathrm{m}}=5:3$，求该理想气体的摩尔定压热容 $C_{p,\mathrm{m}}$ 和摩尔定容热容 $C_{V,\mathrm{m}}$。

10-3-3 测定气体摩尔热容比 $\gamma=\frac{C_{p,\mathrm{m}}}{C_{V,\mathrm{m}}}$ 的实验是在绝热容器中装一定量的气体，初始压强和体积分别为 p_0 和 V_0，用一根通有电流的电阻丝对其加热(设电阻不随温度改变，且不计电阻丝的热容量)。在加热的电流和时间都相同的条件下，第一次保持体积 V_0 不变，压强变为 p_1；第二次保持压强 p_0 不变，体积变为 V_1。试用实验结果求该气体的摩尔热容比。

10.4 理想气体的等容、等压、等温和绝热过程

【思考 10-4】

(1) 当自行车轮胎爆胎时，胎内剩余气体的温度是升高还是降低？为什么？

(2) 距高压锅喷嘴一定高度处，喷出的热气已没有想象中那样灼热烫人。将自行车轮胎上的气门芯拔掉，同时用手摸一下气门口的铜圈，会感到冰冷。当拧开刚从冰箱取出的啤酒瓶的盖子时，会发现白色的气雾从瓶内冒出。为什么会发生以上现象？

10.4.1 等容过程

气体体积保持不变，即 $V=$恒量的状态变化过程称为等容过程(isochoric process)。理想气体的准静态过程在 p-V 图中对应于一条平行于 p 轴的直线，如图 10-4-1 所示。

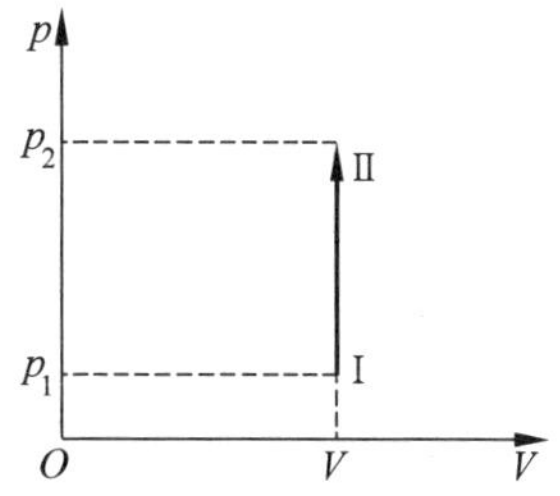

图 10-4-1

由于等容过程中 $\mathrm{d}V=0$，则 $\mathrm{d}W=0$，即等容过程气体对外

不做功。根据热力学第一定律得

$$dQ_V = dE + p\,dV = dE \tag{10-4-1}$$

式(10-4-1)表明,质量为 M、摩尔质量为 μ 的理想气体在等容过程中所吸收的热量全部转化为系统内能的增量。利用理想气体的摩尔定容热容公式,等容过程中气体吸收的热量和内能的增量可表示为

$$dQ_V = dE = \nu C_{V,m} dT$$

或

$$Q_V = \Delta E = \frac{M}{\mu}\frac{i}{2}R\Delta T = \nu\frac{i}{2}R\Delta T = \nu C_{V,m}\Delta T \tag{10-4-2}$$

式中,ν 为气体的摩尔数。

10.4.2 等压过程

等压过程(isobaric process)的特征是气体在状态变化时压强始终不变,即 $p=$恒量。等压过程曲线如图 10-4-2 所示,理想气体的准静态等压过程在 p-V 图中对应于一条平行于 V 轴的直线。

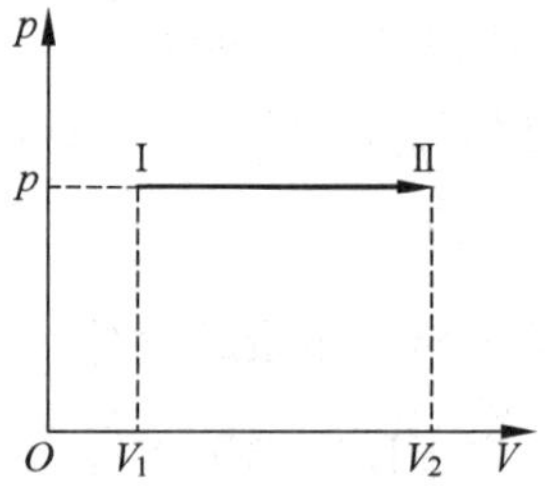

图 10-4-2

质量为 M、摩尔质量为 μ 的理想气体经历等压过程,设始末两状态的状态参量分别为(p_1,V_1,T_1)和(p_2,V_2,T_2),则等压过程中气体对外界所做的功为

$$W_p = \int_{V_1}^{V_2} p\,dV = p(V_2 - V_1) = \nu R(T_2 - T_1) = \nu R\Delta T \tag{10-4-3}$$

内能增量为

$$\Delta E = \frac{M}{\mu}\frac{i}{2}R\Delta T = \nu\frac{i}{2}R\Delta T = \nu C_{V,m}\Delta T \tag{10-4-4}$$

从外界吸收的热量为

$$Q_p = \Delta E + W_p = \nu\frac{i+2}{2}R\Delta T = \nu C_{p,m}R\Delta T \tag{10-4-5}$$

【讨论 10-4-1】

式(10-4-5)表明,在等压过程中,理想气体系统所吸收的热量一部分用来对外做功,另一部分增加系统的内能。试讨论在等压过程中气体对外界所做功和内能增量各占吸收热量的比例。

【分析】

将式(10-4-3)和式(10-4-4)分别代入式(10-4-5)得

$$\frac{W_p}{Q_p} = \frac{2}{i+2} \tag{10-4-6}$$

$$\frac{\Delta E_p}{Q_p} = \frac{i}{i+2} \tag{10-4-7}$$

对单原子分子理想气体,有

$$\frac{W_p}{Q_p} = \frac{2}{5},\quad \frac{\Delta E_p}{Q_p} = \frac{3}{5}$$

对双原子刚性分子理想气体,有

$$\frac{W_p}{Q_p}=\frac{2}{7},\quad \frac{\Delta E_p}{Q_p}=\frac{5}{7}$$

对多原子刚性分子理想气体,有

$$\frac{W_p}{Q_p}=\frac{1}{4},\quad \frac{\Delta E_p}{Q_p}=\frac{3}{4}$$

10.4.3 等温过程

等温过程(isothermal process)的主要特征是气体的温度保持不变(T=恒量)。理想气体的等温线是 p-V 图中位于第一象限的双曲线,如图 10-4-3 所示。

由于理想气体的内能只是温度的函数,故在等温过程中气体的内能保持不变,即 $dE_T=0$ 或者 $\Delta E_T=0$。

设理想气体在等温过程的始末两状态的状态参量分别为 (p_1,V_1,T) 和 (p_2,V_2,T),则根据理想气体的状态方程 $pV=\frac{M}{\mu}RT$,可得等温过程中气体对外做的功为

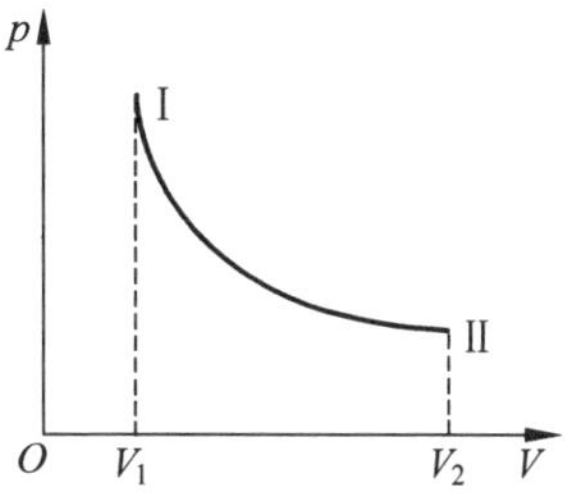

图 10-4-3

$$W_T=\int_{V_1}^{V_2}p\,dV=\int_{V_1}^{V_2}\frac{M}{\mu}RT\,\frac{1}{V}dV=\frac{M}{\mu}RT\ln\frac{V_2}{V_1}=p_1V_1\ln\frac{V_2}{V_1}\tag{10-4-8}$$

由于等温过程中 $dE_T=0$,则由热力学第一定律知 $dQ_T=dW_T$,或 $Q_T=W_T$,可得在等温过程中气体吸收(放出)的热量为

$$Q_T=W_T=\frac{M}{\mu}RT\ln\frac{V_2}{V_1}=\frac{M}{\mu}RT\ln\frac{p_1}{p_2}\tag{10-4-9}$$

由式(10-4-9)可见,在等温膨胀过程中,理想气体所吸收的热量全部转换为对外所做的功。

10.4.4 绝热过程

在状态变化过程中,系统与外界没有热量交换的过程叫作绝热过程(adiabatic process)。用绝热壁把系统和外界隔开就可以实现这种过程。实际上没有理想的绝热壁,因此只能实现近似的绝热过程。例如,在热水瓶里的气体的变化过程可以近似看作绝热过程。如果过程进行得很快,以致在过程中系统来不及和外界进行显著的热交换,那么这种过程也近似于绝热过程。例如蒸汽机或内燃机气缸内气体的急速压缩和膨胀,空气中声音传播时引起的局部膨胀或压缩,爆炸过程等。

绝热过程中 $dQ=0$,由热力学第一定律知 $dW=-dE$。理想气体从状态 1 经绝热过程变化到状态 2,系统所做的功

$$W_Q=-\Delta E_Q=-(E_2-E_1)=-\frac{M}{\mu}C_{V,m}(T_2-T_1)\tag{10-4-10}$$

式(10-4-10)表明,在绝热过程中,系统对外做功 W,完全以系统自身内能的减少为代价。虽然高压锅中的水蒸气温度非常高,但是一旦移去安全阀后气体会迅速膨胀,在此过程中由于系统还来不及与外界交换热量,因此是一个近似的绝热过程,气体迅速膨胀对外做功,以消

耗自身的内能为代价，因此气温急剧下降。若冲出气流的体积增大 5 倍，则气流的温度将为原来的 0.79 倍。因此，气流的“杀伤力”大大减弱。

下面推导绝热过程中理想气体遵循的方程——绝热方程。

由绝热过程的特点 $dW=-dE$ 和内能增量 $dE=\frac{M}{\mu}C_{V,m}dT$ 得

$$dW=p\,dV=-\frac{M}{u}C_{V,m}dT \tag{10-4-11}$$

将理想气体状态方程式(9-1-1)两边微分得

$$p\,dV+V\,dp=\frac{M}{\mu}R\,dT \tag{10-4-12}$$

将式(10-4-11)和式(10-4-12)联立消去 dT，得

$$(C_{V,m}+R)p\,dV=-C_{V,m}V\,dp$$

利用 $C_{p,m}=C_{V,m}+R$ 和 $\gamma=\frac{C_{p,m}}{C_{V,m}}$，分离变量 p 和 V 整理得

$$\gamma\frac{dV}{V}+\frac{dp}{p}=0$$

对上式积分得

$$pV^{\gamma}=C'(\text{恒量}) \tag{10-4-13}$$

利用理想气体状态方程，还可以把式(10-4-13)变换成

$$V^{\gamma-1}T=C''(\text{恒量}) \tag{10-4-14}$$

或

$$p^{\gamma-1}T^{-\gamma}=C'''(\text{恒量}) \tag{10-4-15}$$

式(10-4-13)～式(10-4-15)称为理想气体的绝热方程。

【讨论 10-4-2】

在 p-V 图上，与理想气体的绝热过程对应的曲线叫作绝热线。如图 10-4-4 所示，绝热线比等温线要陡一些，为什么？

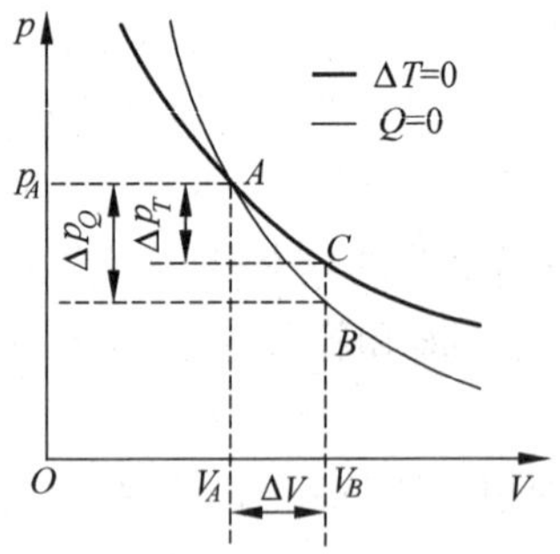

图 10-4-4

【分析】

对绝热方程 $pV^{\gamma}=C'$(恒量)两边微分得

$$\gamma pV^{\gamma-1}dV+V^{\gamma}dp=0$$

则有

$$\left(\frac{dp}{dV}\right)_Q=-\gamma\frac{p_A}{V_A}$$

同样，对等温过程方程 $pV=$常量两边微分得

$$p\,dV+V\,dp=0$$

则有

$$\left(\frac{dp}{dV}\right)_T=-\frac{p_A}{V_A}$$

因为摩尔热容比 $\gamma>1$，$\left|\left(\frac{dp}{dV}\right)_Q\right|>\left|\left(\frac{dp}{dV}\right)_T\right|$，所以绝热线的斜率大于等温线的斜率，绝热线比等温线更陡一些。

从气体动理论的角度，也很容易理解这一结果。假设气体从交点 A 起作等温膨胀，分子平均平动动能不变，但分子的数密度减小，则气体的压强将逐渐降低。若对同样的气体从交点 A 作绝热膨胀，则体积增大的同时还有降温，即不仅气体分子的数密度减小，而且气体对外做功，也消耗一部分分子的平均平动动能，这两种效应都会导致压强降低。因此，当体积改变相同时，绝热过程的压强变化 $|\Delta p|_Q$ 要大于等温过程的压强变化 $|\Delta p|_T$，因此绝热线更陡。

【讨论 10-4-3】

已知理想气体的初状态为 (p_0, V_0, T_0)，摩尔数为 ν，摩尔热容比为 γ，求在绝热过程中到末状态 (p, V, T) 时气体所做的功的表达式。

【分析】

由 $pV^\gamma = C'$（恒量）知 $pV^\gamma = p_0 V_0^\gamma$，则在绝热过程做功为

$$W = \int_{V_0}^{V} p\,\mathrm{d}V = p_0 V_0^\gamma \int_{V_0}^{V} V^{-\gamma}\,\mathrm{d}V = \frac{1}{1-\gamma} p_0 V_0^\gamma (V^{1-\gamma} - V_0^{1-\gamma}) = \frac{p_0 V_0^\gamma (V^{1-\gamma} - V_0^{1-\gamma})}{1-\gamma}$$

$$= \frac{pV - p_0 V_0}{1-\gamma} \tag{10-4-16}$$

将理想气体状态方程 $pV = \nu RT$ 代入，式(10-4-16)还可写为

$$W = \frac{p_0 V_0 \left[\left(\frac{V_0}{V}\right)^{\gamma-1} - 1\right]}{1-\gamma} = \frac{\nu R T_0 \left[\left(\frac{V_0}{V}\right)^{\gamma-1} - 1\right]}{1-\gamma} \tag{10-4-17}$$

【讨论 10-4-4】

对于理想气体系统，讨论以下各过程系统所吸收的热量、内能的增量和对外做功的正负。哪些过程都为正？哪些过程都为负？

(1) 等体升压和降压过程；(2) 等温膨胀和压缩过程；

(3) 等压膨胀和压缩过程；(4) 绝热膨胀和压缩过程。

【分析】

具体结果如表 10-4-1 所列。

表 10-4-1 具体结果

过　程	吸收的热量	内能的增量	对外做功
等体升压	正	正	0
等体降压	负	负	0
等温膨胀	正	0	正
等温压缩	负	0	负
等压膨胀	正	正	正
等压压缩	负	负	负
绝热膨胀	0	负	正
绝热压缩	0	正	负

由以上分析可知，在等压膨胀过程中，系统所吸收的热量、内能的增量和对外做功三者都为正；而在等压压缩过程中三者都为负。

【练习 10-4】

10-4-1 在下列理想气体各种过程中，哪些过程可能发生？哪些过程不可能发生？为

什么?

(1) 等体加热时,内能减少,同时压强升高;

(2) 等温压缩时,压强升高,同时吸热;

(3) 等压压缩时,内能增加,同时吸热;

(4) 绝热压缩时,压强升高,同时内能增加。

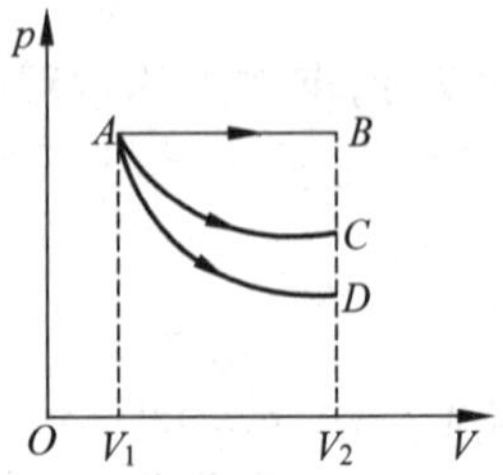

图 10-4-5

10-4-2 如图 10-4-5 所示,一定量的理想气体从状态 A 出发,由体积 V_1 膨胀到体积 V_2,分别经历的过程是: $A \to B$ 等压过程,$A \to C$ 等温过程,$A \to D$ 绝热过程。讨论哪个过程气体对外做功最大、哪个过程气体吸热最多、哪个过程内能改变最多、哪个过程温度改变最多。

10-4-3 温度为 25℃、压强为 1atm 的 2mol 刚性双原子分子理想气体,分别经等温过程和绝热过程,体积膨胀至原来的 3 倍,求这两个过程中气体对外所做的功。

10-4-4 10mol 的氦气(视为理想气体),温度由 17℃ 升为 27℃。若在升温过程中,(1)体积保持不变;(2)压强保持不变;(3)不与外界交换热量。试分别求气体内能的改变、吸收的热量和对外界所做的功。

10-4-5 一定量的某单原子分子理想气体装在封闭的汽缸中,此汽缸有可活动的活塞(活塞与汽缸壁之间无摩擦且无漏气)。已知气体的初压强 $p_1 = 1\text{atm}$,体积 $V_1 = 1\text{L}$,现将该气体在等压下加热直到体积为原来的 2 倍,然后在等体积下加热直到压强为原来的 2 倍,最后作绝热膨胀,直到温度下降到初温为止。

(1) 在 p-V 图上将整个过程表示出来;

(2) 试求在整个过程中气体内能的改变、所吸收的热量和气体所做的功。

10-4-6 利用绝热过程公式 $pV^{\gamma} = C'$(恒量)和理想气体状态方程推导出绝热过程的另外两个方程式 $V^{\gamma-1}T = C''$(恒量)和 $p^{\gamma-1}T^{-\gamma} = C'''$(恒量)。

10-4-7 对于理想气体等压、等体、等温和绝热过程四类典型准静态过程,可用一个式子表述,即

$$pV^n = C(\text{恒量}) \tag{10-4-18}$$

一般地,实际过程可能不是上述四类典型过程中的任何一种,但准静态过程中的理想气体过程方程仍可写为式(10-4-18)的形式,只是这时的 n 要取上述四类典型过程外的其他值,这样的过程称为**多方过程**(polytropic process)。

(1) 写出等压、等体、等温和绝热过程中 n 的取值;

(2) 如果理想气体的初状态为(p_0, V_0, T_0),末状态为(p, V, T),摩尔数为 ν,摩尔热容比为 γ,求在这个多方过程中的内能增量、做功和热量的表达式。

10.5 循环过程　卡诺循环

【思考 10-5】

(1)【练习题 10-2-5】中(5)和(6)的结论是否适用于任何循环?循环过程有哪些特点?

(2) 有人说,因为在循环过程中,工作物质对外所做净功的值等于 p-V 图中闭合曲线所

包围的面积，所以闭合曲线包围的面积越大，循环的效率就越高。这种说法对吗？

(3) 理想气体在等温过程中 $\Delta E=0$ 和在循环过程中 $\Delta E=0$ 有什么不同？

(4) 什么是卡诺循环？一个卡诺热机的工作效率取决于什么条件？怎样才能提高卡诺热机的工作效率？

(5) 一直敞开冰箱门能对整个房间制冷吗？

10.5.1 循环过程

历史上，热力学的发展是与人们研究热机、提高热机效率的实践密切联系的。在各种热机中，工作物质所经历的过程是循环过程(cycle process)。物质系统经历一系列的变化过程又回到原来出发时的状态，这种周而复始的变化过程叫作循环过程，简称循环。在循环过程中工作的物质系统叫作工作物质(working material)，简称工质。在 p-V 图上，理想气体系统的循环过程可用一条闭合曲线来表示。沿顺时针方向进行的循环称为正循环(positive cycle)，沿逆时针方向进行的循环称为逆循环(inverse cycle)。

循环过程的主要特征为

$$\Delta E=0,\quad Q_{净}=W_{净} \tag{10-5-1}$$

即一次循环过程中，内能不变，循环过程的净功(各过程做功的代数和)等于净热量(各过程热量的代数和)。

【讨论 10-5-1】

讨论正循环和逆循环过程中净功和净热的正负。

【分析】

如图 10-5-1 所示，$ACBDA$ 循环过程为一个正循环，可看成由 ACB 和 BDA 两个过程组成。其中 ACB 过程体积膨胀，系统对外做正功：

$$W_{ACB}=S_{曲线ACB下}>0$$

而 BDA 过程体积压缩，系统对外做负功：

$$W_{BDA}=-S_{曲线BDA下}<0$$

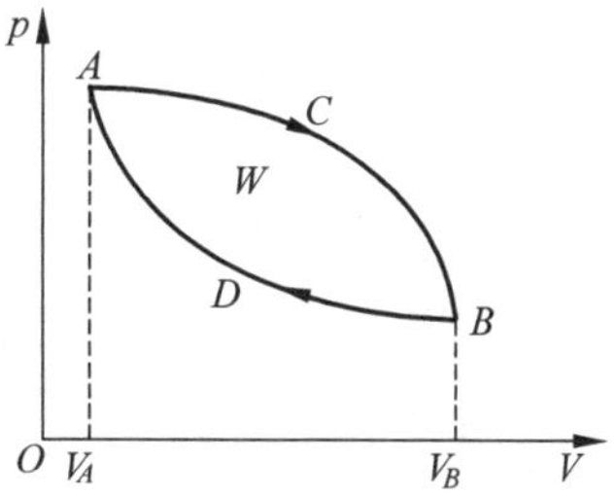

图 10-5-1

则 $ACBDA$ 循环过程，系统做的总功，即净功为

$$W_{净}=W_{ACB}+W_{BDA}=S_{曲线ACB下}-S_{曲线BDA下}=S_{曲线ACBDA围}>0$$

由于经历一次循环，$\Delta E=0$，根据热力学第一定律，循环过程的净热

$$Q_{净}=W_{净}>0 \tag{10-5-2}$$

式(10-5-2)表明在正循环过程中，系统使工作物质不断地从外界吸收热量，并不断地转换为对外做功。

通过类似的分析可知，在 $ADBCA$ 的逆循环过程中，系统做的净功和净热为

$$\begin{cases} W_{净}=W_{ADB}+W_{BCA}=S_{曲线ADB下}-S_{曲线BCA下}=-S_{曲线ACBDA围}<0 \\ Q_{净}=W_{净}<0 \end{cases} \tag{10-5-3}$$

即在逆循环过程中，系统通过外界对工作物质做功，不断地向外界放热。

需要强调的是，无论正循环还是逆循环，对于任何一个循环过程，系统所做净功的绝对值都等于 p-V 图上所示循环曲线所包围的面积。

需要指明的是，在循环过程中常常约定工作物质与高温热源交换的热量为 Q_1，与低温热源交换的热量为 Q_2，循环过程的净功用 W 表示。以后不再特别指出。需要注意的是，前面提到系统向外界放出热量为负数。但在这里，为了更为直观地表达物理意义，Q_1 和 Q_2 取交换热量的绝对值。

10.5.2 正循环与热机效率

由式(10-5-2)可知，在正循环过程中，系统的吸热 Q_1 有一部分转化为有用的功 W(即净功)，另一部分热量 Q_2 放回外界。正循环是一种通过工作物质使热量不断转换为功的循环过程，与热机(heat engine)的工作过程相对应。蒸汽机、内燃机和汽轮机等都是常用的热机。蒸汽机的工作原理如图 10-5-2 所示。被水泵 D 打入锅炉 A 中的水被加热，吸收热量 Q_1 后变为高温、高压的水蒸气进入气缸 B 并膨胀，推动活塞对外做功 W，水蒸气的内能变为机械能，变为低温低压的水蒸气，后再经过冷凝器 C 冷却，放热 Q_2 后液化为水，水经过水泵 D 做功再次进入锅炉，开启下一个循环。

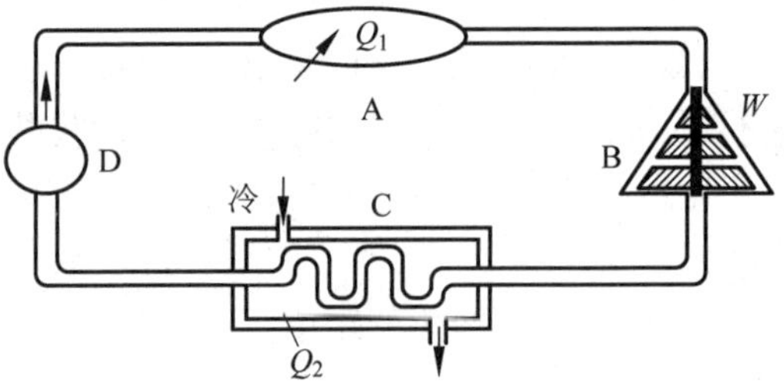

图 10-5-2 蒸汽机的工作原理图

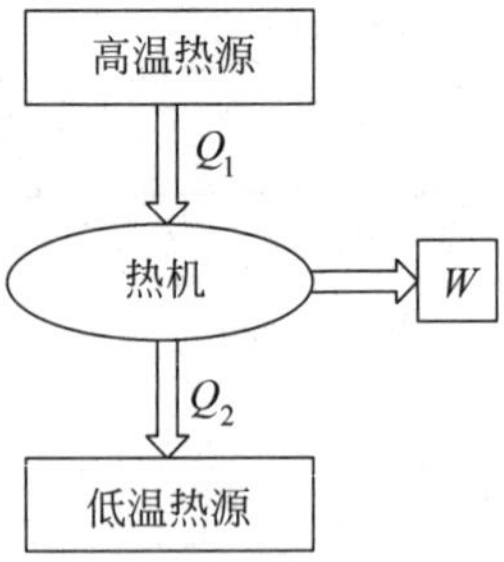

图 10-5-3

蒸汽机的工作物质是水蒸气，蒸汽机中的高温热源为锅炉，从中吸收的热量值为 Q_1；低温热源为冷凝器，向它放出的热量值为 Q_2。从能量转化角度看，热机的工作过程就是工作物质从高温热源吸热，增加内能，然后对外做功，使部分内能转化为机械功，另一部分内能在低温热源通过放热传给外界。经过这一系列过程，工作物质又回到原来的状态。其能量转换的示意图如图 10-5-3 所示，且有 $W=Q_1-Q_2$。

在某种汽车发动机中，工作物质是汽油与空气的混合物。要使热机持续不断地做功，工作物质就必须循环工作，即工作物质必须经过一连串叫作冲程的热力学过程组成的闭合系列，一次又一次地返回循环中的每一个状态。

为了描述热机的工作效率，引入循环效率(efficiency)的概念。在一次循环过程中，工作物质对外做的净功 W 与它从高温热源吸收的热量 Q_1 之比定义为循环效率，记为 η。若循环由几个过程组成，工作物质在各过程吸收热量之和的数值为 Q_1，放出热量总和的绝对值为 Q_2，对外做净功为 W，则热机的效率为

$$\eta=\frac{W}{Q_1}=\frac{Q_1-Q_2}{Q_1}=1-\frac{Q_2}{Q_1} \tag{10-5-4}$$

10.5.3 逆循环与制冷系数

由式(10-5-3)知，经历一次逆循环过程，系统的内能不变，外界对系统做功，系统向外界放热，与制冷机的工作过程对应。制冷机是通过外界做功，工作物质不断重复一系列的热力学过程，将能量从低温热源传到高温热源的装置。例如，家用冰箱就是通过一个电动压缩机做功，将能量从食物储存室(低温热源)传到房间(高温热源)的一种典型制冷机。

图 10-5-4 所示为制冷机能量转换的示意图。设整个循环过程工质从低温热源处吸收的热量值为 Q_2，向高温热源处放出的热量的绝对值为 Q_1。根据热力学第一定律，在整个循环过程中外界对工质所做的净功为 $W=Q_1-Q_2$。由此可见，逆循环过程中向高温热源放出的热量等于工质从低温热源中吸收的热量 Q_2 和外界对工质做的净功 W 之和。为描述制冷机的制冷效果，我们引入制冷系数(记为 ε)的概念，并定义为工质从低温热源中提取的热量 Q_2 占外界对工质做的净功 W 的比例，即

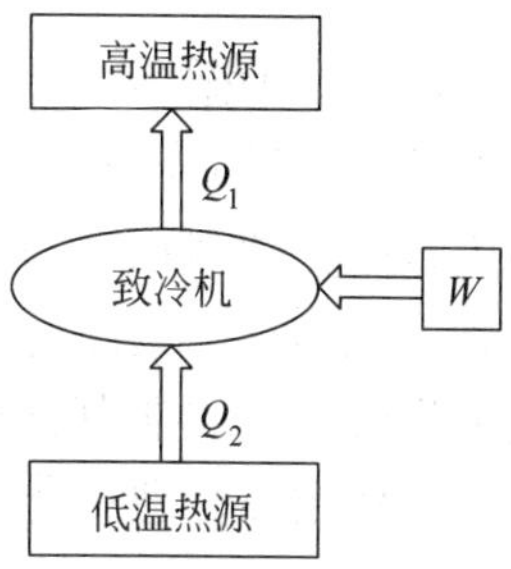

图 10-5-4

$$\varepsilon=\frac{Q_2}{W}=\frac{Q_2}{Q_1-Q_2} \tag{10-5-5}$$

一台既可以用于降温又可以供暖的制冷机就是通常所称的冷暖空调器，不同之处在于高温和低温热源的性质。夏天用来制冷时，低温热源是需要冷却的房间，高温热源为室外。而冬天用作热泵时，高温热源是房间，低温热源则是室外，使热量从室外传入房间，达到加热房间的目的。

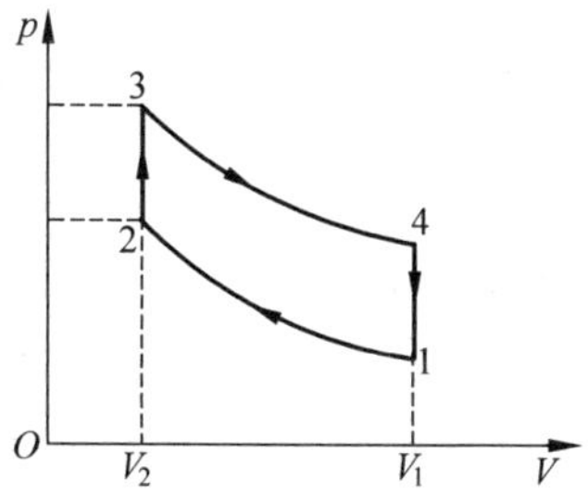

图 10-5-5

例 10-5-1 一理想气体的循环过程如图 10-5-5 所示。由状态 1 经绝热压缩到状态 2，再等体加热到状态 3，然后绝热膨胀到状态 4，再等体放热回到状态 1。设 V_1、V_2、γ 为已知，求此循环的效率。

解：为讨论方便，设理想气体为 1mol。

在此循环过程中，只有 2→3 的等体升压过程吸热，即

$$Q_1=Q_{23}=C_{V,\mathrm{m}}(T_3-T_2)$$

3→4 为绝热膨胀过程，系统对外做功；1→2 为绝热压缩过程，外界对系统做功；2→3 和 4→1 两等体过程不做功。则循环过程的净功为

$$W=W_{34}-|W_{12}|=|\Delta E_{34}|-|\Delta E_{12}|=C_{V,\mathrm{m}}(T_3-T_4)-C_{V,\mathrm{m}}(T_2-T_1)$$

(想想为什么是绝对值 $|\Delta E_{34}|-|\Delta E_{12}|$? 为什么是 T_3-T_4 和 T_2-T_1?)

由循环效率的定义式(10-5-4)得

$$\eta=\frac{W}{Q_1}=\frac{T_3-T_4-T_2+T_1}{T_3-T_2}=1-\frac{T_4-T_1}{T_3-T_2}$$

3→4 和 1→2 过程的绝热方程为

$$T_3V_3^{\gamma-1}=T_4V_4^{\gamma-1}$$

$$T_2V_2^{\gamma-1}=T_1V_1^{\gamma-1}$$

将 $V_2=V_3$ 和 $V_4=V_1$ 代入，上面两式相减得

$$(T_3 - T_2)V_2^{\gamma-1} = (T_4 - T_1)V_1^{\gamma-1}$$

即

$$\frac{T_4 - T_1}{T_3 - T_2} = (V_1/V_2)^{1-\gamma}$$

则循环效率为

$$\eta = 1 - \frac{T_4 - T_1}{T_3 - T_2} = 1 - \left(\frac{V_1}{V_2}\right)^{1-\gamma} = 1 - \left(\frac{V_2}{V_1}\right)^{\gamma-1}$$

以上这个循环称为奥托(Otto)循环。现代的汽车、卡车等使用的内燃机中大多采用奥托循环。奥托循环的一个周期由吸气过程、压缩过程、膨胀做功过程和排气过程这四个冲程构成,首先活塞向下运动使燃料与空气的混合体通过一个或者多个气门进入气缸,关闭进气门后,活塞运动压缩混合气体,然后在接近压缩冲程顶点时由火花塞点燃混合气体,燃烧空气爆炸所产生的推力迫使活塞运动,完成做功冲程,最后将燃烧过的气体通过排气门排出气缸。奥托循环是理想化的循环,其 p-V 图如图 10-5-5 所示,其效率决定于汽缸活塞的压缩比$\frac{V_1}{V_2}$。若取$\frac{V_1}{V_2}=7$,$\gamma=1.4$,则效率为 $\eta=1-7^{1-\gamma}\approx 55\%$。实际上,汽油机的效率只有约 25%。这是因为实际的循环并非由同一工作物质完成,而且还经过了燃烧,气缸内的气体发生了化学变化。

例 10-5-2 由两条等温线和两条绝热线构成的理想气体的循环过程叫卡诺循环(Carnot cycle),如图 10-5-6 所示。系统由状态 1 等温(温度为 T_1)膨胀到状态 2,再绝热膨胀到状态 3,然后等温(温度为 T_2)压缩到状态 4,再绝热压缩到状态 1。设 T_1、T_2 为已知,求此卡诺循环的效率。

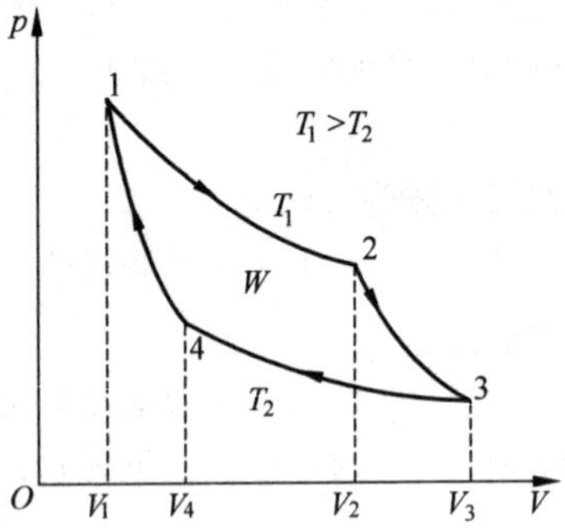

图 10-5-6

解:为讨论方便,设理想气体的质量为 M,摩尔质量 μ,则其摩尔数为 $\nu=\frac{M}{\mu}$。1、2、3 和 4 四个状态对应的体积分别为 V_1、V_2、V_3 和 V_4,如图 10-5-6 所示。

1→2 过程,理想气体与温度为 T_1 的高温热源接触作等温膨胀,体积由 V_1 增大到 V_2。它从高温热源吸收的热量为

$$Q_1 = \frac{M}{\mu}RT_1 \ln\frac{V_2}{V_1}$$

2→3 过程,理想气体和热源分开作绝热膨胀,温度降到 T_2,体积增大到 V_3,过程中无热量交换,但对外界做功。

3→4 过程,理想气体和温度为 T_2 的低温热源接触作等温压缩,体积由 V_3 缩小到 V_4,并使状态 4 和状态 1 位于同一条绝热线上。该过程中外界对气体做功,气体向温度为 T_2 的低温热源放出热量的绝对值 Q_2 为

$$Q_2 = \frac{M}{\mu}RT_2 \ln\frac{V_3}{V_4}$$

4→1 过程,理想气体和低温热源分开,经绝热压缩回到原来状态 1,完成一次循环。该过程中无热量交换,而外界对气体做功。根据循环效率的定义式(10-5-4)可得

$$\eta = 1 - \frac{Q_2}{Q_1} = 1 - \frac{T_2 \ln \frac{V_3}{V_4}}{T_1 \ln \frac{V_2}{V_1}}$$

对绝热过程 2→3 和 4→1 分别应用绝热方程，有

$$T_1 V_2^{\gamma-1} = T_2 V_3^{\gamma-1}, \quad T_1 V_1^{\gamma-1} = T_2 V_4^{\gamma-1}$$

两式相除得

$$\frac{V_2}{V_1} = \frac{V_3}{V_4}$$

代入效率公式，可得该循环的效率为

$$\eta = 1 - \frac{T_2}{T_1} = \frac{T_1 - T_2}{T_1} \tag{10-5-6}$$

例 10-5-3 一理想气体的循环过程由两条等温线和两条绝热线构成，是例 10-5-2 的逆循环，如图 10-5-7 所示。系统由状态 1 绝热膨胀到状态 4，再等温(温度为 T_2)膨胀到状态 3，然后绝热压缩到状态 2，再等温(温度为 T_1)压缩到状态 1。设 T_1、T_2 为已知，求此循环的制冷系数。

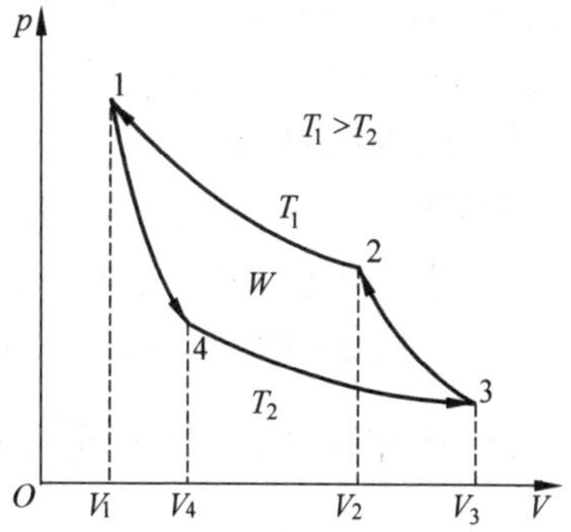

图 10-5-7

解：本循环对应的是制冷机，反映其制冷效果的物理量是制冷系数。下面求其循环的制冷系数。

为讨论方便，仍设理想气体的质量为 M，摩尔质量为 μ，则其摩尔数为 $\nu = \frac{M}{\mu}$。如图 10-5-7 所示，1、2、3 和 4 四个状态对应的体积分别为 V_1、V_2、V_3 和 V_4。

4→3 过程，理想气体和温度为 T_2 的低温热源接触作等温膨胀，体积由 V_4 增大到 V_3，从低温热源中吸收的热量值记为 Q_2，大小为

$$Q_2 = \frac{M}{\mu} R T_2 \ln \frac{V_3}{V_4}$$

2→1 过程，理想气体和温度为 T_1 的低温热源接触作等温压缩，体积由 V_2 缩小到 V_1，气体向高温热源放出的热量值记为 Q_1，大小为

$$Q_1 = \frac{M}{\mu} R T_1 \ln \frac{V_2}{V_1}$$

完成一次循环，气体对外做的净功

$$W = Q_1 - Q_2 = \frac{M}{\mu} R T_1 \ln \frac{V_2}{V_1} - \frac{M}{\mu} R T_2 \ln \frac{V_3}{V_4}$$

由制冷机的制冷系数的定义式(10-5-5)得

$$\varepsilon = \frac{Q_2}{|W|} = \frac{\frac{M}{\mu} R T_2 \ln \frac{V_3}{V_4}}{\frac{M}{\mu} R T_1 \ln \frac{V_2}{V_1} - \frac{M}{\mu} R T_2 \ln \frac{V_3}{V_4}}$$

同理，将关系式$\frac{V_2}{V_1}=\frac{V_3}{V_4}$（见例 10-5-2）代入，可得此循环的制冷系数

$$\varepsilon=\frac{T_2}{T_1-T_2} \tag{10-5-7}$$

10.5.4 卡诺循环

历史上，热力学是在研究热机、如何提高热机效率的过程中发展起来的。19 世纪上半叶，热机虽已在生产实践中得到广泛应用，但效率都普遍不高。如何进一步提高热机的效率就成了当时工程师和科学家共同关心的问题。1824 年，法国青年工程师卡诺(N. L. S. Carnot)决心从理论上研究问题的关键所在，他希望以普遍的形式，即撇开热机的任何机构和特殊的工作物质来进行考虑，为此他提出了一种理想循环，该循环过程中工质只与两个恒温热源交换热量，循环由两个准静态等温过程、两个准静态绝热过程构成，这样的循环叫作卡诺循环(Carnot cycle)。对应的热机称为**卡诺热机**（工作物质为理想气体，且假定没有任何散热漏气和摩擦等损耗，仅有向低温热源的热量流失）。

1. 卡诺热机及其效率

卡诺热机的工作物质从高温热源吸收热量 Q_1，一部分用于对外做功 W，一部分热量 Q_2 放给低温热源。其卡诺循环的 p-V 图如图 10-5-5 所示。例 10-5-2 分析的就是以理想气体为工质的卡诺热机所对应的卡诺循环。可以得到以下结论：

(1) 卡诺循环的效率只与两个热源温度有关，都是 $\eta=1-\frac{T_2}{T_1}$，同工作物质无关。

(2) 因为不能实现 $T_1=\infty$ 或 $T_2=0$，所以卡诺循环的效率总是小于 1，即不可能把从高温热源所吸收的热量全部用来对外界做功。

(3) 要完成一次卡诺循环必须有温度一定的高温和低温两个热源（也称为温度一定的热源和冷源）。

需要说明的是，法国工程师卡诺在研究热机循环效率时，还得到一个在热机理论中非常重要的定理——卡诺定理，其内容如下：

(1) 在相同的高温热源与相同的低温热源之间工作的一切可逆热机，其效率都等于 $\eta=1-\frac{T_2}{T_1}$，与工作物质无关。

(2) 在相同的高温热源与相同的低温热源之间工作的一切不可逆热机，其效率不可能大于可逆热机的效率。

这里的所谓可逆热机，是指工作物质的循环是由可逆过程①构成的，不可逆热机是指其工作物质的循环中包含有不可逆过程②。卡诺的研究指出了提高热机效率的关键和热机效率的界限，为后来热机的不断改进指明了方向。可逆卡诺循环的效率 $\eta=1-\frac{T_2}{T_1}$ 是一切实

---

① 一个系统通过某一过程，从某一状态变为另一状态，若存在另一过程，能使系统与外界同时复原，则原来的过程就是一个可逆过程。

② 一个系统通过某一过程，从某一状态变为另一状态，若系统与外界不能通过任何过程同时复原，则称原来的过程为不可逆过程。

际热机效率的上界，就过程而言，应使实际的不可逆热机尽量接近可逆热机，如减少摩擦、漏气、热损失等。就热源而论，应提高高温热源温度，降低低温热源温度，尽量提高两热源的温度差。在实际工作中，由于常把室温作为低温热源的温度，因此主要是设法提高高温热源温度。

2. 卡诺制冷机及其制冷系数

若卡诺循环按逆时针方向进行，则构成卡诺制冷机。工作物质为理想气体时，其 p-V 图如图 10-5-6 所示。对循环的每一过程的分析如例 10-5-3，制冷系数 $\varepsilon_{卡}=\dfrac{T_2}{T_1-T_2}$。显然，卡诺制冷机的制冷系数也只与两个热源的温度有关。与热机效率不同的是，高温热源温度越高，低温热源温度越低，则制冷系数越小，意味着从温度低的冷源中吸取相同的热量 Q_2，外界需要消耗更多的功 W。制冷系数可以大于 1，如一台 1.5W、12 566J 的空调，其制冷系数约为 2.3。

【练习 10-5】

10-5-1 一位发明者宣称已经造成一台热机，它在水的沸点和冰点之间运行时，具有 75%的效率，这可能吗？

10-5-2 一台低温热源的温度保持在 27℃ 的卡诺热机具有 40%的效率。要想使该热机的效率增加到 50%，高温热源的温度要提高多少？

10-5-3 一台卡诺热机具有 40%的效率，它工作在温差为 200℃的两个恒温热源之间，则两个热源的温度分别为多少？

10-5-4 一卡诺热机（可逆的），当高温热源的温度为 127℃、低温热源的温度为 27℃时，其每次循环对外做净功 8000J。今维持低温热源的温度不变，提高高温热源温度，使其每次循环对外做净功 1×10^4J。若两个卡诺循环都工作在相同的两条绝热线之间，求：

(1) 两个循环的热机效率；

(2) 第二个循环的高温热源的温度。

10-5-5 如图 10-5-8 所示，理想狄塞尔内燃机循环由两个绝热过程（$c\to d$ 和 $a\to b$）、一个等压过程（$b\to c$）和一个等容（$d\to a$）过程组成，试证明此热机的效率为

$$\eta=1-\frac{\left(\dfrac{V_3}{V_2}\right)^{\gamma}-1}{\gamma\left(\dfrac{V_3}{V_2}-1\right)}\left(\frac{V_1}{V_2}\right)^{\gamma-1}。$$

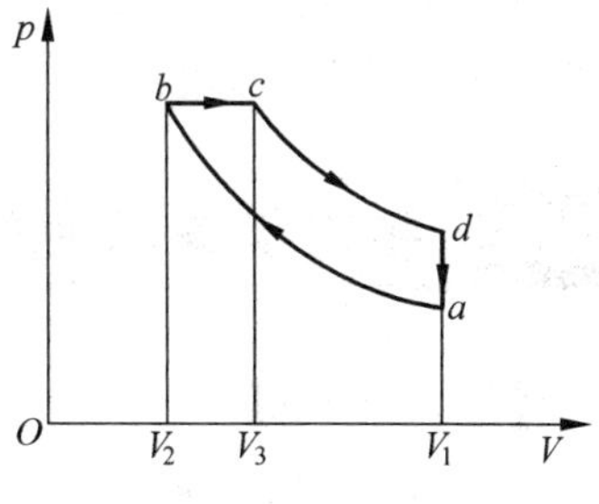

图 10-5-8

10-5-6 一定量的理想气体经历如图 10-5-9 所示的循环过程，其中 $A\to B$ 和 $C\to D$ 是等压过程，$B\to C$ 和 $D\to A$ 是绝热过程。温度 T_C 和 T_B 已知。求此循环的效率。

10-5-7 1mol 单原子分子的理想气体经历如图 10-5-10 所示的可逆循环，连接 a、c 两点的曲线的方程为 $p=p_0V^2/V_0^2$，a 点的温度为 T_0。求此循环的效率。

10-5-8 逆向斯特林制冷机的循环如图 10-5-11 所示，由等温压缩、等体降温、等温膨胀、等体升温四个准静态过程组成。证明此制冷机的制冷系数为 $\varepsilon=\dfrac{T_2}{T_1-T_2}$（因 $d\to a$ 过程

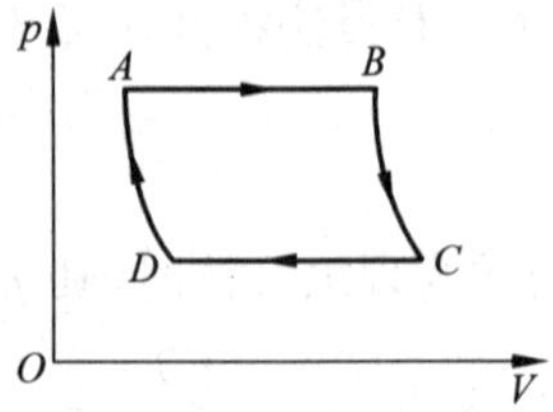

图 10-5-9

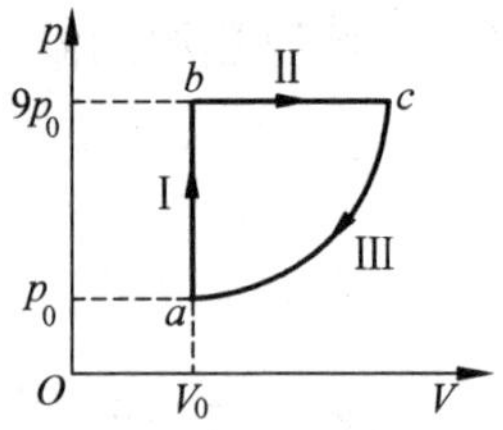

图 10-5-10

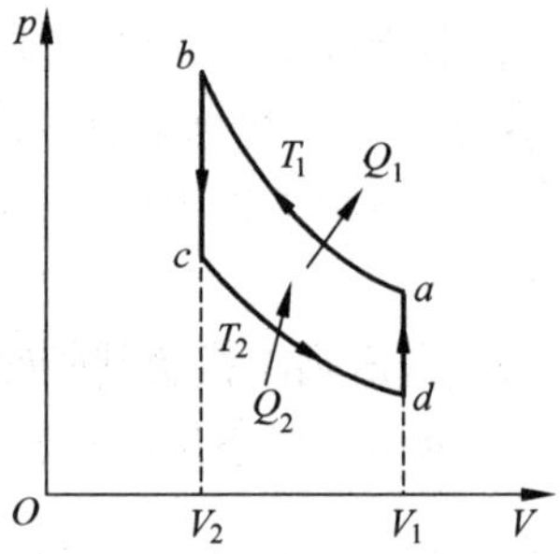

图 10-5-11

吸热量与 $b\rightarrow c$ 过程放热量相等,故不计入循环效率计算)。

10-5-9 若一台冰箱(其循环视为卡诺逆循环)为了从它的冷室移走 600J 的能量,需要做 200J 的功,问:

(1) 该冰箱的制冷系数是多少?

(2) 每一循环该冰箱向厨房放出多少热量?

10-5-10 查阅资料,了解卡诺定理的证明。

10-5-11 发明者的一个梦想是制造出一台完美的热机,即不向低温热源放出热量,工作物质从高温热源吸收热量全部用于对外做功。比如,在一艘远洋定期客轮上安装这样的一台热机,它就可以不断地从海水中吸收热量,用来驱动螺旋桨,而不耗费任何燃料;若在一辆汽车上安装这样的一台热机,它就可以不断地从周围空气中吸收热量,用来驱动汽车发动机,而不耗费任何燃料。发明者的另一个梦想是制造出一个完美的制冷机,即不用消耗任何功就能将热量从低温热源全部移到高温热源。发明者的这些梦想可能吗?为什么?

10-5-12 可以利用海水不同深度的温度差来制造热机,若已知表层海水的温度为 25℃,300m 深处的海水温度为 5℃,那么在这两个温度之间工作的卡诺热机的效率为多大?

10.6 热力学第二定律

【思考 10-6】

(1) 一次偶然掉进杯子中的鸡蛋破裂了。相反的过程,即破裂的鸡蛋重新形成一个完整的鸡蛋并跳回到伸展的手上是绝对不可能自动发生的。为什么这一过程不能像录像带倒放那样反过来呢?

(2) 自然界中的一切过程都必须遵守能量守恒定律,遵守能量守恒定律的过程是不是一定能够实现呢?

(3) 练习题 10-5-11 所说的完美热机和完美制冷机能否制成?其中蕴含着怎样的自然法则?

10.6.1 热力学过程的方向性

任何实际的热力学过程都必须满足能量守恒定律,即热力学第一定律,但是并非所有满足热力学第一定律的过程都能够发生,自然界的许多实际过程都具有方向性。

扩散过程具有方向性。将一滴墨水混入水中，墨水会自发地向周围扩散，经过足够长的时间，两种液体均匀混合。但是，它的逆过程，即这种混合体自发地分离为一滴墨水和清水，却永远不会实现。

热传导过程具有方向性。热量会自动地从高温物体传向低温物体。而相反的过程，即热量自动地从低温物体传向高温物体，尽管这样的过程不违背热力学第一定律，但从来就没有观察到过。因此，自然界中自发的热传导过程也具有方向性。

功热转换的方向性。功可以自动地转化为热，如著名的验证热功当量的焦耳实验，在图 10-6-1 中，重物下落，功全部转变成热使水的温度升高，并且不引起其他任何变化，过程可认为能“自动”发生；但是，水温自动降低，并产生水流推动叶片转动，从而提升重物，而不引起其他任何变化，这样的相反过程也从来不会自动发生。

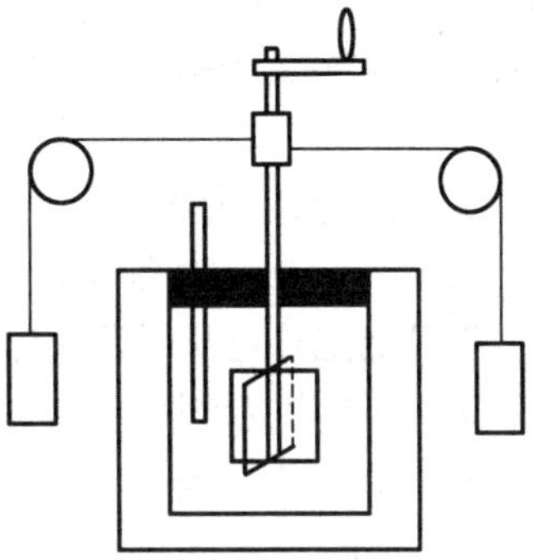

图 10-6-1

气体绝热自由膨胀具有确定的方向性。在绝热容器中分子因中间有隔板聚在左半部(这是一种非平衡态，因为容器内各处压强或密度不尽相同)。当隔板被抽去后分子将自动膨胀充满整个容器，最后达到平衡态。但相反的过程不会自动发生，即充满整个容器的气体不可能自动压缩回到原来的状态。

针对类似以上实际的自发过程具有方向性这一事实，引入不可逆过程和可逆过程的概念。经过一个过程，一个系统从某一状态到达另一状态，同时对外界产生影响；如果存在另一过程，使系统逆向复原原过程的每一状态而回到原来的状态，并同时消除了原过程对外界产生的影响，则原过程称为可逆过程(reversible process)。如果不存在任何过程使系统复原过程的每一状态回复到初态，或者虽然可以复原，但是不能消除原过程对外界产生的影响，这样的原过程称为不可逆过程(irreversible process)。

自发的热传导和扩散过程都是不可逆的。系统自发地从非平衡态过渡到平衡态，以及从平衡态到非平衡态的过渡却不会自动发生。通过摩擦使功变热的过程是不可逆的。实际的宏观过程都涉及热功转换、热传导和非平衡态向平衡态的转化。所以，自然界一切与热现象有关的实际宏观过程都是不可逆的。所谓可逆过程只是一种理想过程。只有无摩擦的，或者更严格地说，只有“无耗散效应”的准静态过程才能实现可逆过程。

自然界一切与热现象有关的实际宏观过程具有方向性，是其共同的本质，因此可任选一个自然过程来描述自然过程的方向性。热力学第二定律就是说明宏观过程这种方向性或不可逆性的规律。

10.6.2 热力学第二定律的表述

1. 开尔文表述

热力学第二定律是在研究热机和制冷机的工作原理以及如何提高它们的效能的基础上，逐渐被认识和总结出来的。由热机的效率 $\eta=1-\dfrac{Q_2}{Q_1}$ 可知，在一个完整的循环过程中，工作物质向低温热源放出的热量 Q_2 越少，热机的效率越高。可以设想，如果 $Q_2=0$，那么热机效率就可以达到100%,这就是说,系统只从单一热源吸取热量并完全用来对外做功。如果这种情况能够实现,那真是求之不得。例如巨轮出海可以不必携带燃料,而直接从海水中吸取热量转化为机械功作为轮船的动力,这并不违反热力学第一定律。能够实现只从单一热源吸取热量并完全转化为有用功的热机称为第二类永动机。但事实并非如此,任何热机必须工作在两个热源之间,在高温热源吸取的热量只有一部分能转化为有用的功,而另一部分则会在低温热源释放掉。对第二类永动机不可能制成的事实,1851年英国物理学家开尔文(Lord Kelvin,W. Thomson)表述为:**不可能制成一种循环动作的热机,只从单一热源吸热使之完全变为有用功,而其他物体不发生任何变化**。这称为热力学第二定律的开尔文表述。该表述否定了第二类永动机的存在,说明功变热的过程是不可逆的。

2. 克劳修斯表述

1850年,德国物理学家克劳修斯(R. Clausius)在对制冷机的工作原理进行研究时指出:**不可能把热量从低温物体传到高温物体而不产生其他影响**。这是热力学第二定律的又一种表述,称为克劳修斯表述。

克劳修斯表述也可以表述为:热量不能自动地从低温物体传向高温物体。这一说法表明热传导的过程是不可逆的。热量总是由高温物体自动传向低温物体,最终达到热平衡。

3. 两种表述的一致性

热力学第二定律的两种表述分别用到了两个不可逆过程,即热功转换和热传导的不可逆性,两者在形式上虽然不同,但其实质却是一致的。一种过程的方向性存在,则另一种过程的方向性也存在;一种过程的方向性消失,则另一种过程的方向性也必然消失。如果开尔文表述不成立,如图10-6-2所示,则可设计一台热机,从高温热源吸热 Q_1,将它全部变为功($W=Q_1$)而不产生其他影响。利用这个功可以驱动另外一台卡诺制冷机,使它从低温热源吸收 Q_2 的热量,连功一起泵入高温热源,即向高温热源放热 Q_1+Q_2。这两台机器联合的效果是:从低温热源吸收热量 Q_2,高温热源净得热量 Q_2,除此之外无其他影响,即热量自动地从低温热源传到了高温热源,这是违反热力学第二定律的克劳修斯表述的。反之,当克劳修斯的表述不成立时,同样可以证明开尔文表述也不成立。

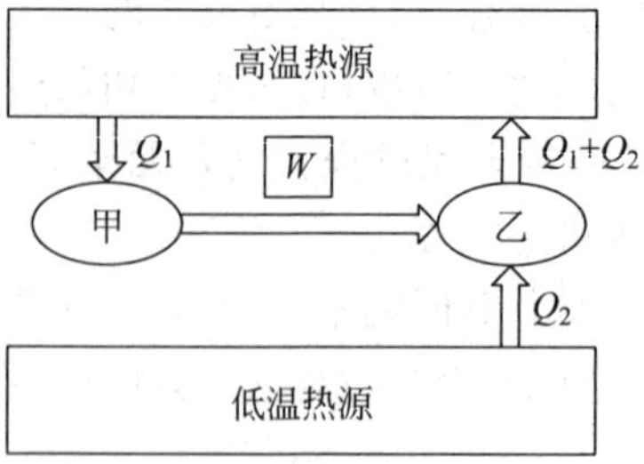

图 10-6-2

热力学第二定律除了开尔文说法和克劳修斯说法外,还有其他一些说法。事实上,凡是关于自发过程是不可逆的表述都可以作为热力学第二定律的一种表述。每一种表述都反映了同一客观规律的某一方面,它们的实质是一样的。之所以把这两种说法作为标准说法,主要是因为热功转换与热传导是热力学过程中最有代表性的典型事例;另一个原因是为了纪念这两位科学家,历史上是他们最先完整地分别把这两种过程作为热力学第二定律的表述。

热力学第一定律是守恒定律。热力学第二定律则指出,符合第一定律的过程并不一定都可以实现,自然过程都是有方向性的。这两个定律互相独立,它们一起构成了热力学理论的基础。

【讨论10-6-1】

(1) 功可以完全转换为热,而热不能完全转换为功;(2)热量能从高温物体传向低温物体，但不能从低温物体传向高温物体。

判断这两种说法是否正确。

【分析】

(1) 错。功可以完全转换为热，如摩擦生热；热也能完全转换为功，如等温膨胀过程，内能不变，吸收的热量全部转化为功，同时自身的体积膨胀。热力学第二定律的开尔文表述说的是，热量完全转换为功的循环过程是不存在的，即任何循环工作的热机必须工作在两个热源之间，在高温热源吸取的热量必须在低温热源释放掉一部分，这部分热量被耗散到周围的环境中，成为不可利用的能量。

(2) 错。热量能从高温物体传向低温物体，也能从低温物体传向高温物体。如制冷机就是把热量从低温热源传向高温热源的，不过这个过程不是自动进行的，必须有外界做功才能实现。正确的说法是，热量能从高温物体"自动"传向低温物体，但不能从低温物体"自动"传向高温物体。

【练习 10-6】

10-6-1 一个乒乓球瘪了(并不漏气)，放在热水中浸泡后重新鼓起来，这是否一个"从单一热源吸热的系统对外做功的过程"，违反热力学第二定律吗?

10-6-2 气体向真空中绝热自由膨胀的过程是可逆的吗?

10-6-3 为了提高热机效率，实际上总是设法提高高温热源温度，而不从降低低温热源的温度，为什么?

10-6-4 用热力学第二定律判定：

(1) 一条等温线与一条绝热线能否两次相交?

(2) 两条绝热线和一条等温线能否构成一个循环?

10-6-5 证明：在 p-V 图上两条绝热线不能相交于一点，也不能相交于两点。

10-6-6 应用联合热机，证明：克劳修斯说法不成立，则开尔文说法也不成立。

10.7 热力学第二定律的统计意义 熵增加原理

10.7.1 热力学第二定律的统计意义

设想一个绝热容器用一块隔板分成左右两半，左边储有理想气体，右边为真空，当抽开隔板后，左边气体就向右边自由膨胀，最终均匀分布于整个容器，这个过程称为理想气体绝热自由膨胀的过程。显然，理想气体绝热自由膨胀的过程是一个不可逆过程，因为相反的过程，即气体自动返回原态是不可能自动发生的。其不可逆性可由热力学第二定律从理论上严加证明。其不可逆过程的微观本质是什么呢?

1. 热力学概率

下面讨论在容器中分子位置的分布。我们把指出这个或那个分子处于左或右的一个具体分布称为一个微观状态，而左右两边各有多少个分子(而不管具体是哪些分子)的分布叫作一个宏观状态。先看最简单的一种情形，设容器中只有两个分子 a 和 b，它们在无规则运动中任一时刻可能处于左边或右边任意一边的微观状态和宏观状态(表 10-7-1)。从

表 10-7-1 中可以看出，其可能的微观状态数为 $2^2=4$ 种，其中分子左右两边均匀分布的微观状态(对应的一种宏观状态)是最多的，而分子全部位于左边的微观状态或者分子全部位于右边的微观状态都是 1 种，概率都为 $\frac{1}{2^2}=\frac{1}{4}$。这个结论可以推广。比如，若容器中有四个分子 a、b、c、d，每个分子的位置分布如表 10-7-2 所示，其可能的微观状态数为 $2^4=16$ 种。其中分子左右两边均匀分布的微观状态(对应的一种宏观状态)也是最多的，而分子全部位于左边的微观状态或者分子全部位于右边的微观状态都是 1 种，概率都为 $\frac{1}{2^4}=\frac{1}{16}$。

表 10-7-1 任意一边的微观状态和宏观状态

微观状态		宏观状态	一种宏观状态对应的微观状态数 Ω	所有分子位于左边的概率
左	右			
a	b	左 1 右 1	2	$\frac{1}{4}=\frac{1}{2^2}$
b	a			
a,b	无	左 2 右 0	1	
无	a,b	左 0 右 2	1	

表 10-7-2 四个分子 a、b、c、d 的位置分布

微观状态		宏观状态	一种宏观状态对应的微观状态数 Ω
左	右		
0	a,b,c,d	左 0 右 4	1
a	b,c,d	左 1 右 3	4
b	a,c,d		
c	a,b,d		
d	a,b,c		
a,b	c,d	左 2 右 2	6
a,c	b,d		
a,d	b,c		
b,c	a,d		
b,d	a,c		
c,d	a,b		
a,b,c	d	左 3 右 1	4
a,b,d	c		
a,c,d	b		
b,c,d	a		
a,b,c,d	0	左 4 右 0	1

同样的分析表明，如果共有 N 个分子，则其可能的微观状态数为 2^N 种，其中分子左右两边均匀分布的微观状态(对应的宏观状态)是最多的，概率是最大的；而分子全部位于左边的微观状态或者分子全部位于右边的微观状态都是 1 种，概率都为 $\frac{1}{2^N}$。

由于每一微观状态出现的概率相等，所以对应的可能微观状态越多的宏观状态出现的概率就越大。因此，与分子左右均匀分布的微观状态对应的宏观状态出现的概率最大。N

非常大时，这种分子数在容器两边均匀分布的宏观状态，系统实现概率几乎为 100%，这种宏观状态也就是系统的平衡态。所以孤立系统的平衡态就是含有微观状态数最多的宏观状态。

由于气体中所含分子数 N 是如此之大，以至于这些分子全部位于左边的概率为$\frac{1}{2^N}\rightarrow 0$，实际上这是不会实现的。因此自由膨胀的不可逆性实质上反映了这个系统内部发生的过程总是由概率小的宏观状态向概率大的宏观状态进行；也就是说，由包含微观状态数目少的宏观状态向包含微观状态数目多的宏观状态进行；或者说，从非平衡状态到平衡状态的变化过程。这一结论对于孤立系统中进行的一切不可逆过程，如热传导、热功转化等过程都是成立的。不可逆过程的实质是一个从概率较小的状态到概率较大的状态的变化过程。

在热力学中，定义一个宏观状态中包含的微观状态数为这个宏观状态的热力学概率（记为 Ω）。按照这个定义，不可逆过程的实质是从热力学概率小的宏观状态向热力学概率大的宏观状态的进行过程，平衡态具有最大的热力学概率。

2. 有序和无序

对不可逆过程的方向性也可用“有序和无序”来描述。

功热转换是机械能（或电能）转变为内能的过程，是由与物体的定向运动相联系的机械能（如动能）转化为与构成物体的大量分子的无序运动相联系的内能。因此，功可以自动地变为热，在微观上意味着大量分子的有序运动可以自动地转化为无序运动；而相反的过程，即大量分子的无序运动自动地转化为有序运动的过程是不可能实现的。

对于热传导，使温度不同的两个物体相互接触，热量会自动地从高温物体流向低温物体，两物体最终将达到温度相同的热平衡状态。从微观的角度看，初态时，温度高的物体分子平均平动动能大，温度低的物体分子平均平动动能小。尽管两物体各自的分子运动是无序的，但还能按分子平均平动动能的大小区分为温度不同的两个系统。到了末态，两物体温度相同，它们的分子平均平动动能也相同，再也无法用分子平均平动动能来区分它们。因此可以说两物体构成的系统的末态比初态更加无序。因此，热传导的不可逆性就意味着分子总是朝更加无序的方向进行；而相反的过程，即两物体的分子运动从平均动能完全相同的无序状态自动地向两物体分子平均平动动能不同的、较为有序的状态进行的过程是不可能实现的。

气体的绝热自由膨胀过程是气体分子从占有较小体积的初态迅速扩充至占有较大体积的末态。气体体积越大，气体分子在空间的可能位置就越多，确定气体分子在空间的位置就越困难，即气体分子在空间分布的无序程度随体积的增大而增加。所以气体绝热自由膨胀的不可逆性，在微观上就意味着分子运动总是朝更加无序的方向进行；而相反的过程，即分子运动自动地从无序向较为有序的方向进行，是不可能实现的。

由于自然界中的实际宏观过程都与功热转换、热传导、绝热膨胀等有关，因此，一切自然的宏观过程都朝着分子热运动无序性增大的方向进行。

3. 热力学第二定律的统计意义小结

热力学第二定律的实质就是包括热现象的过程的不可逆问题。因此，根据上面的分析，可得出热力学第二定律的统计意义：对于孤立系统，其内部发生的不可逆过程总是从热力学概率小的宏观状态向热力学概率大的宏观状态进行，由非平衡状态向平衡状态进行，朝着分子热运动无序性增大的方向进行。

10.7.2 熵 熵增加原理

根据卡诺定理可知，工作于高温热源 T_1 和低温热源 T_2 间的一切可逆卡诺热机，其效率均为 $\eta=1-\frac{Q_2}{Q_1}=1-\frac{T_2}{T_1}$，或者写成 $\frac{Q_1}{T_1}-\frac{Q_2}{T_2}=0$，若考虑到 Q_2 自身的负号，又可写为

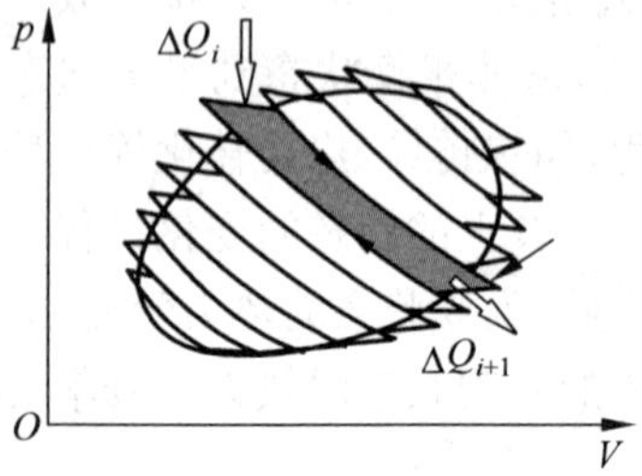

图 10-7-1

$$\frac{Q_1}{T_1}+\frac{Q_2}{T_2}=0 \tag{10-7-1a}$$

此式表明在整个可逆卡诺循环中，热温比的代数和 $\frac{Q}{T}=0$。对于任意的可逆循环，可将其分割成许多个可逆卡诺循环，如图 10-7-1 所示。每一个可逆卡诺循环都满足上式。故对于被分割成 n 个微小的可逆卡诺循环的任一可逆循环，有

$$\sum_i \frac{\Delta Q_i}{T_i}=0 \tag{10-7-1b}$$

当 $n\to\infty$ 时，式(10-7-1b)可写成

$$\oint \frac{dQ}{T}=0 \tag{10-7-1c}$$

式(10-7-1c)对任意可逆循环均成立，被称为克劳修斯等式(Clausius equality)。它说明，对任一系统，沿任意可逆循环一周，$\frac{dQ}{T}$ 的积分值为零。

一个参数是状态参数的充要条件是该参数的微分一定是全微分，而全微分的循环积分为零，式(10-7-1c)说明 $\frac{dQ}{T}$ 一定是某一状态参数的全微分。1865 年克劳修斯将这一状态参数定名为熵(entropy)。以符号 S 表示，于是有

$$dS=\frac{dQ}{T} \tag{10-7-2}$$

式(10-7-2)给出了熵的物理意义：熵的变化表征可逆过程中热交换的方向和大小。当可逆系统从外界吸收热量时，$dQ>0$，系统熵增大；当可逆系统向外界放热时，$dQ<0$，系统熵减少；在可逆绝热过程中，系统熵不变。

根据卡诺定理可知，在相同的高温热源与相同的低温热源之间工作的一切不可逆热机，其效率不可能大于可逆热机的效率，对于不可逆循环，有

$$\eta=1-\frac{Q_2}{Q_1}<1-\frac{T_2}{T_1}$$

对于不可逆过程，克劳修斯等式(10-7-1c)应修改为

$$\oint \frac{dQ}{T}<0 \tag{10-7-3}$$

对于由一个不可逆过程 $A\to B$ 和可逆过程 $B\to A$ 组成的不可逆循环过程，由式(10-7-3)得

$$\oint \frac{dQ}{T}=\left(\int_A^B \frac{dQ}{T}\right)_{\text{不可逆}}+\left(\int_B^A \frac{dQ}{T}\right)_{\text{可逆}}=\left(\int_A^B \frac{dQ}{T}\right)_{\text{不可逆}}-\left(\int_A^B \frac{dQ}{T}\right)_{\text{可逆}}<0$$

即

$$\left(\int_A^B \frac{\mathrm{d}Q}{T}\right)_{不可逆} < \left(\int_A^B \frac{\mathrm{d}Q}{T}\right)_{可逆}$$

对可逆过程，由式(10-7-2)得$\left(\int_A^B \frac{\mathrm{d}Q}{T}\right)_{可逆} = \int_A^B \mathrm{d}S = S_B - S_A$，将之代入上式得

$$S_B - S_A > \left(\int_A^B \frac{\mathrm{d}Q}{T}\right)_{不可逆}$$

此式表示不可逆过程中 $\mathrm{d}Q/T$ 的积分总是小于初、末状态熵的增量。

如果是孤立系统，那么从 A 到 B 的不可逆过程的 $\mathrm{d}Q$ 总是为零，即$\left(\int_A^B \frac{\mathrm{d}Q}{T}\right)_{不可逆}=0$，结合可逆和不可逆过程，有

$$S_B - S_A \geqslant 0 \tag{10-7-4}$$

式(10-7-4)称为熵增加原理。式(10-7-4)取"$>$"号时，用于不可逆过程；式(10-7-4)取"$=$"号时，用于可逆过程。其物理意义为：孤立系统所进行的自然过程总是沿着熵增加的方向进行。孤立系统所进行的自然过程总是从有序向无序过渡。因此，熵 S 是孤立系统的无序度的量度(平衡态的熵最大)。熵与能量不同，它没有守恒性，它在体系随时间演化中可以由小到大，被自发地制造出来。

【玻耳兹曼】

玻耳兹曼(Ludwig Eduard Boltzman，1844—1906)，奥地利理论物理学家，经典统计物理学的奠基人之一。他提出的玻耳兹曼能量分布律是经典统计物理学的基础；他提出著名的玻耳兹曼关系式，给热力学第二定律以统计解释；玻耳兹曼还从更广泛和更深入的非平衡态的分子动力学出发，建立了玻耳兹曼方程(Boltzmann equation)，又称玻耳兹曼输运方程(Boltzmann transport equation)；他还用热力学定律从理论上推导出黑体辐射的斯忒藩-玻耳兹曼定律。

玻耳兹曼的思想和成果对后世物理学、宇宙学甚至社会科学都有深远影响。由于统计力学是研究宏观现象的微观本质，所以玻耳兹曼是原子论的坚定维护者，在对反原子论的论战中发挥了重要作用。他的思想和工作对1900年普朗克提出量子论有重要影响。玻耳兹曼关系式的原始形式是 $S=k\log W$，这个永载史册的公式就刻在玻耳兹曼的墓碑上。这个公式其实并不是由玻耳兹曼亲自写出的，而是普朗克写出的，但大家把它归功于玻耳兹曼，因为这个公式最早蕴含在玻耳兹曼的工作中。这里的 k 就是著名的玻耳兹曼常数，是自然界重要的基本常数之一。熵这个概念的应用范围更是远超物理学，应用于信息及社会科学中。玻耳兹曼方程广泛应用于物理学各个方面，包括用于宇宙学研究。由于研究对象的极端困难复杂，加之玻耳兹曼的思想过于超前，他的研究成果不断受到指责和批评。玻耳兹曼把批评指责当作动力，不断推动研究进一步发展。随着时代的发展，他的思想和成果的重要性越发显现。

【练习 10-7】

10-7-1 一个盒子含有 1mol 气体。考虑两个组态：(a)盒子的每一半都含有一半的分子；(b)盒子的每 1/3 都含有$\frac{1}{3}$的分子。其中哪一个组态对应更多的微观状态？

10-7-2 一杯开水置于空气中,它总会冷却到与周围环境相同的温度。在此过程中,水的熵减少了,这不与熵增加原理矛盾吗?

10-7-3 自然界发生的不可逆过程总是朝着分子热运动无序性增大的方向进行。若在一定条件下,系统内部也会自发地发生由无序变为有序的现象,则这种现象称为自组织现象。比利时自由大学教授普利高津(Prigogine)认真分析了发生在生物和非生物界的自组织现象,于1967年创立了耗散结构理论。这个理论对自组织现象形成的解释是:开放系统在达到远离平衡态的非线性区时,一旦某参量变化而达到某一阈值,就有可能通过涨落而发生非平衡相变的突变,使原本无序的状态转变为时间、空间或功能上有序的状态。系统只要不断地与外界交换物质与能量,系统的这种有序的新状态就不会因外界的微小扰动而消失,从而形成稳定的自组织。在远离平衡态形成的这种稳定有序结构叫作**耗散结构**(dissipative structure)。查阅有关资料,详细了解耗散结构理论以及在生命科学和社会科学中的应用。

10.8 热学的应用

10.8.1 温室效应

屋顶用透明玻璃建造的温室内的气温明显高于室外。人们常用这种效应在室内栽培花卉或农作物,保证植物生长的环境温度。这种效应就是温室效应,又称"花房效应"。其原因是太阳辐射的电磁波能顺利透过玻璃直接射入温室内,被室内地面和物体所吸收,从而提高室内的温度。与此同时,室内各物体也会辐射电磁波,其波长主要集中在中远红外波段,而这部分热辐射的能量极少能透过玻璃射出室外,它们大多被温室玻璃所吸收又重新以热辐射的形式辐射回温室内。大气能使太阳光中的短波辐射到达地面,但地表向外放出的长波热辐射线却被大气吸收,这样就使地表与低层大气温度升高,因其作用类似于栽培花卉、农作物的温室,故名"温室效应"(greenhouse effect)。温室效应加剧主要是由于现代化工业社会过多地燃烧煤炭、石油和天然气。这些燃料燃烧后放出大量的二氧化碳气体进入大气层,二氧化碳气体具有吸热和隔热的功能,具有类似于上面所说的玻璃房的特性。它在大气中增多的结果是形成一种无形的玻璃罩,使太阳辐射到地球上的热量无法向外层空间发散,从而使地球表面变热。因此,二氧化碳也被称为温室气体。人类向大气中排放的二氧化碳等吸热性强的温室气体逐年增加,大气的温室效应也随之增强,已引起全球气候变暖等一系列严重问题,引起了全世界各国的关注。

10.8.2 热泵技术

热泵是一种热回收装置。利用热泵可对房间进行供暖。热泵和制冷机的工作原理相同,都是逆循环过程。但是两者的工作目的不同,制冷机是利用逆循环从低温热源吸热,达到进一步降低低温热源温度的目的;而热泵的目的在于把低温热源的热量输送到高温热源,从而升高高温热源的温度。

利用热泵对房间进行供暖时,循环在供暖房间温度 T_1(即高温热源温度)和大气温度 T_2(即低温热源温度)之间工作。输入功 W,从大气取得热量 Q_2,送给供暖房间的热量为 $Q_1=Q_2+W$,以维持供暖房间的温度高于大气温度且恒定不变。而制冷循环则要求从冷藏

室取走热量 Q_2，以维持冷藏室温度低于大气温度且恒定不变。热泵循环与制冷循环本质上都是逆循环，只是高低温热源的着眼点不同而已。

热泵循环的经济性指标为供热系数，表示为

$$\varepsilon'=\frac{Q_1}{W}=\frac{Q_2+W}{W}=1+\varepsilon$$

不难看出，制冷系数越高，则供热系数越高。热泵与其他供暖装置相比，其优越之处就在于消耗同样多的能量，可比其他方法提供更多的热量。这是因为电加热器至多只能将电能全部转化为热能，而热泵循环不止如此，还可将取自大气的热量 Q_2 一起送给供暖房间。

10.8.3 低温技术

在物理学中，"低温"是指低于液态空气的温度(81K)。低温环境可以保存生物活体、使某些材料具有超导性质，空气在低温液化后可以通过分馏而得到氧气、氮气、氢气等工业气体。

低温技术的发展和其他技术一样，经历了漫长的岁月。早先，人们只知道利用天然冰，依赖大自然的恩赐。3000 多年前，我国已开始构筑冰窖，贮存冰块。古希腊人在陶瓶里面盛满水，利用水在蒸发时吸热的道理，选择夜晚风凉的时候，在通风良好的地方不断向陶瓶泼水，水不断蒸发，也不断吸热，瓶子里的水渐渐冷下来，而且越来越冷，渐渐凝固成冰块。至今这种原理还应用在火力发电厂建造喷淋式的冷却塔上。随着产业革命的兴起，人们开始探索、寻找新的制冷方法，由此逐步形成了低温技术这门学科。

低温技术通常是将氧、氮、氢、氦等气体经过压缩、膨胀和节流效应获得低温，主要应用于工业气体的分离与液化，在航天、能源、工农业生产以及医学等方面已得到广泛应用。采用绝热去磁及稀释制冷的原理获得极低温，主要应用于基础理论研究和某些特殊实验的需要。获得低温的常用低温液体有液氮、液氢、液氦等。

液化气体是获得低温的一种方法。最初低温是通过空气的液化获得的，用氢气做工质的制冷机，可以获得 90～12K 的低温。空气液化后，可以用分馏的方法得到液氧和液氮，在很多实验中都用液氮来维持所需的低温。当气体可逆绝热膨胀时，对活塞或涡轮叶片做功而使自身温度降低，也是液化气体获得低温的一种方法。还有一种液化气体的方法是利用气体经过节流膨胀会降温的效应。实际上常把节流膨胀和可逆绝热膨胀联合起来使用。先用可逆绝热膨胀使气体温度降低到所需的温度，然后再通过节流使之变成液体，液氮一般就是这样制取的，可达到 4.2K 的低温。液体蒸发时会吸热，如果这时外界不供给热量，液体本身温度就会降低。利用这种方法可以使液态气体温度进一步降低。

更低的温度是用顺磁质的绝热退磁而得到的。顺磁质的每个分子都具有固有的磁矩，它的行为像一个微小的磁体一样，在磁场的作用下会沿磁场排列起来。此时若将顺磁质和外界绝热隔离，当撤去外磁场时，由于它的内能减小，温度就会降低。采用这种方法可以使温度降到 10^{-2}K 甚至 10^{-3}K。如果在这样的低温下，再用类似的步骤使原子核进行绝热退磁，就可以得到更低的温度。著名的华裔女物理学家吴健雄在实验中就是用绝热退磁法得到所需的低温，从而证实了李政道、杨振宁提出的弱相互作用下宇称不守恒的预言。

稀释制冷可以获得更低的温度，其原理需用量子力学来说明。

【人类对极低温的挑战】

温度没有上限，却有下限，温度的下限就是热力学温标的绝对零度。绝对零度是一个理想的、无法达到的最低温度。长期以来,科学家们向着这个目标发起了一次又一次挑战。运用磁场和激光可将稀薄的铷原子冷却到极低的温度,这样的原子称为冷原子,目前在实验室可以将冷原子的温度冷却至0.1μK的数量级。2021年7月,中国科学院物理研究所自主研发的无液氦稀释制冷机成功实现绝对零度以上0.01℃极低温运行,这标志着我国在高端极低温仪器研制上取得了突破性的进展。

10.8.4 热处理技术

热处理是将材料放在一定的介质内加热、保温、冷却,通过改变材料表面或内部的组织结构,控制其性能的一种综合工艺过程。热处理涵盖的范围很广,从钢化玻璃到橡胶塑料,从钢材到各种有色金属以及碳、硅等非金属都有广泛的热处理应用。以金属材料的热处理应用范围最广,最为常见。普通热处理是单纯利用温度变化来改善金属的组织与性能的热处理方法,包括退火、正火、淬火和回火。

退火是将工件加热到预定温度,保温一定的时间后缓慢冷却的金属热处理工艺。退火的目的在于:改善或消除钢铁在铸造、锻压、轧制和焊接过程中所造成的各种组织缺陷以及残余应力,防止工件变形、开裂;软化工件以便进行切削加工;细化晶粒,改善组织以提高工件的机械性能;为最终热处理(淬火、回火)做好组织准备。常用的退火工艺有完全退火、球化退火、等温退火、再结晶退火、石墨化退火、扩散退火、去应力退火等。

正火是将工件加热到适当温度,保温一段时间后从炉中取出在空气中冷却的金属热处理工艺。正火与退火的不同点是正火冷却速度比退火冷却速度稍快,因而正火组织比退火组织更细一些,其机械性能也有所提高。另外,正火炉外冷却不使用设备,生产率较高,因此生产中尽可能采用正火来代替退火。

淬火是将金属工件加热到某一适当温度并保持一段时间,随即浸入淬冷介质中快速冷却的金属热处理工艺。常用的淬冷介质有盐水、水、矿物油、空气等。淬火可以提高金属工件的硬度及耐磨性,因而广泛用于各种工、模、量具及要求表面耐磨的零件(如齿轮、轧辊、渗碳零件等)。另外,淬火还可使一些特殊性能的钢获得一定的物理化学性能,如淬火使永磁钢增强其铁磁性、不锈钢提高其耐蚀性等。淬火工艺主要用于钢件。

回火是将经过淬火的工件重新加热到低于临界温度的适当温度,保温一段时间后在空气或水、油等介质中冷却的金属热处理工艺。钢铁工件在淬火后力学性能不能满足要求,淬火后一般都要经过回火。淬火与不同温度的回火配合,可以大幅度提高金属的强度、韧性及疲劳强度,并可获得这些性能之间的配合,以满足不同的使用要求。回火可以提高组织稳定性、消除内应力以及调整钢铁的力学性能以满足使用要求。回火之所以具有这些作用,是因为温度升高时,原子活动能力增强,钢铁中的铁、碳和其他合金元素的原子可以较快地进行扩散,实现原子的重新排列组合,从而使不稳定的不平衡组织逐步转变为稳定的平衡组织。内应力的消除还与温度升高时金属强度降低有关。一般钢铁回火时,硬度和强度下降,塑性提高。回火温度越高,这些力学性能的变化越大。有些合金元素含量较高的合金钢,在某一温度范围回火时会析出一些颗粒细小的金属化合物,使强度和硬度上升。这种现象称为二次硬化。热学还有很多的应用和工业技术,有兴趣的读者可以阅读专业的书籍来获取这方面的知识。

部分习题答案

【练习 1-2 答案】

1-2-1 $16e^{-1}$。

1-2-2 $v=\sqrt{x+x^3}$。

1-2-3 (1) $\frac{1}{v}=\frac{1}{v_0}+Kt$；(2) $x=\frac{1}{K}\ln(v_0Kt+1)$；(3) $v=v_0\exp(-Kx)$。

1-2-4 $v=b\alpha e^{-\alpha t}$；$a=-b\alpha^2e^{-\alpha t}=-\alpha v$；$x_0=a-b, v_0=b\alpha, a_0=-b\alpha^2$；$x_\infty=a, v_\infty=0, a_\infty=0$；运动的总距离为 b。

1-2-5 $\frac{x^2}{a^2}+\frac{y^2}{b^2}=1$。

1-2-6 取物体抛出点为坐标原点，在纸面内以同样的速率 v_0 沿各个不同方向(不同 θ)同时抛出物体，物体运动的参数方程为 $x=v_0t\cos\theta$ 和 $y=v_0t\sin\theta-\frac{1}{2}gt^2$。消去式中参数 θ 得到的是一个圆周方程。

【练习 1-3 答案】

1-3-2 (1) $\omega=16\text{rad/s}, \beta=12\text{rad/s}^2$；

(2) $v=1.4\text{m/s}, a_\tau=1.2\text{m/s}^2, a_n=9.8\text{m/s}^2$，总加速度的大小为

$$a=\sqrt{a_\tau^2+a_n^2}=9.87\text{m/s}^2$$

$\boldsymbol{a}$ 与$\boldsymbol{v}$ 的夹角为

$$\alpha=\arctan\frac{a_n}{a_\tau}=83.0°$$

1-3-3 $\sqrt{\frac{R}{c}}-\frac{b}{c}$。

1-3-4 (1) 变化；不变；(2) 变化；(3) 最高点，$a_\tau=g\sin\alpha, a_n=g\cos\alpha, \rho=\frac{v_0^2}{g\cos\alpha}$。

1-3-6 $\sqrt{4\pi/\beta}$，$\sqrt{1+16\pi^2}R\beta$。

1-3-7 $\frac{a_n}{a_\tau}=2\theta$。

1-3-8 $\frac{1}{k\omega_0}$；$\ln2/k$。

1-3-9 $a_n=\frac{v^2}{r}=8.5g$；非常危险。

【练习 2-3 答案】

2-3-1 $\boldsymbol{v}=(6t^2+4t+6)\boldsymbol{i}, x=2t^3+2t^2+6t+5$。

2-3-2 $v=\sqrt{6k/(mA)}$。

2-3-3 $\boldsymbol{v}=v_x\boldsymbol{i}+v_y\boldsymbol{j}=e^{-kt}\left[v_0\cos\theta\boldsymbol{i}+\left(v_0\sin\theta+\frac{g}{k}-\frac{g}{k}e^{kt}\right)\boldsymbol{j}\right]$。

运动方程为 $\boldsymbol{r}=x\boldsymbol{i}+y\boldsymbol{j}=\frac{v_0\cos\theta}{k}(1-\mathrm{e}^{-kt})\boldsymbol{i}+\left[\frac{g+kv_0\sin\theta}{k^2}(1-\mathrm{e}^{-kt})-\frac{g}{k}t\right]\boldsymbol{j}$，

轨迹方程为 $y=\left(\frac{g}{k}+v_0\sin\theta\right)\frac{x}{v_0\cos\theta}+\frac{g}{k^2}\ln\left(1-\frac{kx}{v_0\cos\theta}\right)$。

2-3-7 $v=\sqrt{v_0^2+2gl(\cos\theta-1)}$；$T=m\left(\frac{v_0^2}{l}-2g+3g\cos\theta\right)$。

2-3-8 $N=m\frac{v^2}{R}+mg$（桥底）；$N=m\frac{v^2}{R}-mg$（桥顶）。

2-3-9 提示：$y=\frac{\omega^2}{2g}x^2$（旋转抛物面）。

2-3-10 $v=\sqrt{\frac{gR}{\mu_s}}$，与乘客的体重没有关系。

2-3-14 提示：参考《大学物理学(下)》第 11 章(机械振动)。

2-3-15 提示：可分小角度和大角度两种情况讨论。参考《大学物理学(下)》第 11 章(机械振动)。

【练习 3-2 答案】

3-2-1 $-\frac{k}{\omega}$。

3-2-2 5m/s。

3-2-3 (1) 9.0kg·m/s；(2) 3000N，4500N；(3) 20m/s。

3-2-4 24.49m/s；2449N。

3-2-5 4.44×10^5N。

3-2-6 8750N。

3-2-7 1 万倍。

3-2-8 $(1+\sqrt{2})m\sqrt{gy_0}$；$mv_0^2/2$。

3-2-9 $2mv\sin\frac{\theta}{2}$。

3-2-10 (1) $ml\omega^2$；(2) $2\pi/\omega$；(3) 0；(4) $mgT=\frac{2\pi}{\omega}mg$，竖直向下；(5) $\frac{2\pi}{\omega}mg$，竖直向上。

3-2-11 $\frac{m}{M-m}v_0$。

【练习 3-3 答案】

3-3-1 $\mu mg(b-a)\left[1-\frac{k}{2}(a+b)\right]$。

3-3-2 $\frac{F_0}{k}$。

3-3-3 $v=\sqrt{\frac{2k}{m}\left(\frac{1}{l}-\frac{1}{l_0}\right)}$；$a=-\frac{k}{ml^2}$。

3-3-4 -43.96J。

3-3-5 $\frac{1}{2}m\omega^2(A^2-B^2)$。

3-3-6 $-4kB^2t^2$；$-2Bkl^2$。

3-3-7 $W=\frac{1}{2}mv_0^2(\mathrm{e}^{-\frac{2b}{m}t}-1)$。

【练习 3-4 答案】

3-4-1 （1）$GMm\left(\frac{1}{R+H}-\frac{1}{R}\right)$；（2）$v_0=\sqrt{2GM\frac{H}{(R+H)R}}$。

3-4-2 （1）$-2GMm/(3R)$；（2）$E_k=\frac{GMm}{6R}$，$E_p=-\frac{GMm}{3R}$，$E=E_k+E_p=-\frac{GMm}{6R}$；（3）略。

3-4-3 $\frac{2}{k}(F-\mu mg)^2$。

3-4-4 $d=v\sqrt{\frac{m}{k}}$。

3-4-5 $\sqrt{\frac{3mg}{a}}$。

3-4-6 $\frac{1}{2}kx^2$。

3-4-7 参看《大学物理学（下）》第 11 章（机械振动）。

【练习 3-5 答案】

3-5-1 （1）5.34m/s；（2）此力为保守力。

3-5-2 $H-L-\frac{mg}{k}\left(1+\sqrt{1+\frac{2Lk}{mg}}\right)$。

3-5-3 0.1m。

3-5-4 （1）动量守恒，机械能不守恒；（2）动量守恒，机械能不守恒；（3）动量和机械能都守恒。

3-5-5 $\frac{m+M}{m}\sqrt{2g(l-\sqrt{l^2-s^2})}$，计算过程参看例 3-6-1。

3-5-6 $v_1=\frac{(m_1-m_2)v_{10}+2m_2v_{20}}{m_1+m_2}$，$v_2=\frac{(m_2-m_1)v_{20}+2m_1v_{10}}{m_1+m_2}$；进一步讨论参看本书 3.6.1 节。

【练习 3-6 答案】

3-6-1 $\Delta x=\frac{m}{M}x_0+\sqrt{\frac{m^2x_0^2}{M^2}+\frac{2m^2hx_0}{M(M+m)}}=x_0+\sqrt{x_0^2+hx_0}$。

3-6-2 $\frac{m^2gh}{M+m}+\frac{M^2g^2}{2k}$。

3-6-3 （1）碰后 A 球与 $\boldsymbol{v}$ 的夹角 $\alpha=26°34'$；（2）不能。

3-6-4 $\frac{2}{3}$。

3-6-5 (1) $|\Delta\bar{p}|=\dfrac{2mMv}{m+M}$；(2) $|\Delta \boldsymbol{p}|=\dfrac{2mM(v+V)}{m+M}$。

【练习 4-1 答案】

4-1-1 $\omega=7.27\times10^{-5}\text{rad/s}$；$r=4.22\times10^{7}\text{m}$；$v=3.07\times10^{3}\text{m/s}$。

4-1-2 (1) 2.68rad/s；(2) 0.34m/s^2。

4-1-3 4.0rad/s；6.0rad/s^2。

4-1-4 $3\times10^4\text{r}$。

4-1-5 $\omega=\dfrac{\pi n}{30}$。

4-1-6 无限小的角位移可以看作一个矢量，但有限大的角位移不是矢量。因为矢量不仅有大小和方向，而且相加遵从平行四边形法则。按这一定义，请自行验证。

【练习 4-2 答案】

4-2-1 $\dfrac{W}{4}$。

4-2-2 $\dfrac{J\ln2}{k}$。

4-2-3 $\dfrac{1}{2}\mu mgl$。

4-2-4 (1) $a_A=a_B=\dfrac{m_Bg}{m_A+m_B+m_C/2}$；$F_{水平}=\dfrac{m_Am_Bg}{m_A+m_B+m_C/2}$；

$$F_{竖直}=\frac{(m_A+m_C/2)m_Bg}{m_A+m_B+m_C/2}；$$

(2) $v=\sqrt{2ay}=\sqrt{\dfrac{2m_Bgy}{m_A+m_B+m_C/2}}$；(3) 略。

4-2-5 (1) $\dfrac{3g\cos\theta}{2l}$；(2) $\dfrac{3g}{2l}$，$\sqrt{\dfrac{3g\sin\theta}{l}}$。

【练习 4-3 答案】

4-3-1 (1) $T=\dfrac{mv_0^2}{R_0}$；(2) $L=mv_0R_0$；(3) $E_k=\dfrac{1}{2}mv_0^2$；(4) $E_k=2mv_0^2$；

(5) $v=\dfrac{v_0R_0}{R_0-vt}$。

4-3-2 (1) 15.4rad/s；(2) 15.4rad；(3) 略。

4-3-3 周期减小为原来的 1/4。

4-3-4 一天将延长约 0.8s。

4-3-10 $8.11\times10^3\text{m/s}$；$6.31\times10^3\text{m/s}$。

【练习 4-4 答案】

4-4-1 (1) 动量和角动量都守恒，机械能不守恒；(2) 动量不守恒，角动量守恒，机械能不守恒；(3) 动量不守恒；对 O' 角动量不守恒，对 O 角动量守恒；机械能守恒。

4-4-2 3∶1。

4-4-3 $-\frac{3J\omega_0^2}{8}$。

4-4-4 (1) $\omega=\frac{mv_0}{\left(\frac{1}{3}M+m\right)l}$；(2) $\theta_{\max}=\arccos\left[1-\frac{m^2v_0^2}{(M+2m)\left(\frac{1}{3}M+m\right)gl}\right]$。

4-4-5 (1) $M=3m$；(2) $\theta=\arccos\frac{1}{3}$。

【练习 5-1 答案】

5-1-3 质量不具有相对论不变性。

【练习 5-2 答案】

5-2-1 $Q=-\left(\frac{2\sqrt{2}+1}{4}\right)q$。

5-2-2 $x=(3+2\sqrt{2})$ m。

5-2-3 $4l\sin\theta\sqrt{\pi\varepsilon_0 mg\frac{\sin\theta}{\cos\theta}}$ 或 $2l\theta\sqrt{4\pi\varepsilon_0 mg\theta}$。

【练习 5-3 答案】

5-3-1 $E=\frac{qd}{4\pi\varepsilon_0(2\pi R-d)R^2}$；方向为从 O 点指向缺口中心点。

5-3-2 $\boldsymbol{E}=-\lambda\sin\theta/(2\pi\varepsilon_0 R)\boldsymbol{j}$。

5-3-3 $\boldsymbol{E}=\frac{\lambda}{4\pi\varepsilon_0 R}(\boldsymbol{i}+\boldsymbol{j})$，其中 x 轴水平向右，y 轴竖直向上。

5-3-4 $x=\frac{\sqrt{2}}{2}R$ 处，$E_{\max}=\frac{q}{6\sqrt{3}\pi\varepsilon_0 R^2}$。

5-3-5 (2) $x\ll R$，$\boldsymbol{E}=\frac{\sigma}{2\varepsilon_0}\boldsymbol{i}$；$x\gg R$，$\boldsymbol{E}=\frac{\sigma R^2}{4\varepsilon_0 x^2}\boldsymbol{i}=\frac{\sigma\pi R^2}{4\pi\varepsilon_0 x^2}\boldsymbol{i}$。

5-3-6 $\boldsymbol{E}=\frac{\sigma}{4\varepsilon_0}\boldsymbol{i}$，坐标轴 Ox 沿半球面的对称轴向外为正。

5-3-7 提示：无限大带电平面可视为由无限多个无限长带电直线组成，也可视为由半径从 0～∞的无限多个圆环组成。

5-3-8 (1) 两平面间 $E=\frac{\sigma}{\varepsilon_0}$，方向由带正电平面垂直指向带负电平面；两平面外侧 $E=0$。

(2) 两平面间 $E=0$；两平面外侧 $E=\frac{\sigma}{\varepsilon_0}$，方向垂直带电平面向外。

(3) 两平面间 $E=\frac{3\sigma}{2\varepsilon_0}$，方向由带正电平面垂直指向带负电平面；$+\sigma$ 平面外侧 $E=\frac{\sigma}{2\varepsilon_0}$，方向垂直带电平面向内；$-2\sigma$ 平面外侧 $E=\frac{\sigma}{2\varepsilon_0}$，方向垂直带电平面向内。

【练习 5-4 答案】

5-4-2 $\frac{q}{6\varepsilon_0}$；$\frac{q}{24\varepsilon_0}$。

5-4-3 $\boldsymbol{E}=\frac{\rho}{3\varepsilon_0}\boldsymbol{a}$，$\boldsymbol{a}$ 表示空腔中心 O' 相对于带电球体中心 O 的位置矢径。

5-4-4 (1) $0,\frac{Q_1}{4\pi\varepsilon_0 r^2},\frac{Q_1+Q_2}{4\pi\varepsilon_0 r^2}$；(2) $0,\frac{Q_1}{4\pi\varepsilon_0 r^2},0$。方向沿径向。

5-4-5 (1) Q；(2) $r\leqslant R,E=\frac{Q}{4\pi\varepsilon_0 R^3}\left(4r-\frac{3r^2}{R}\right)$；$r>R,E=\frac{Q}{4\pi\varepsilon_0 r^2}$。

5-4-6 (1) $0,\frac{\lambda_1}{2\pi\varepsilon_0 r},\frac{\lambda_1+\lambda_2}{2\pi\varepsilon_0 r}$；(2) $0,\frac{\lambda_1}{2\pi\varepsilon_0 r},0$。方向：垂直于圆柱轴线。

5-4-7 $r\leqslant R,E=\frac{Ar^2}{3\varepsilon_0}$；$r>R,E=\frac{AR^3}{3\varepsilon_0 r}$。

5-4-8 $v=\sqrt{\frac{q\lambda}{2\pi\varepsilon_0 m}}$。

【练习 5-6 答案】

5-6-1 $\frac{3\sqrt{3}q}{4\pi\varepsilon_0 a}$。

5-6-2 $\frac{q}{4\pi\varepsilon_0}\left(\frac{1}{r}-\frac{1}{R}\right)$。

5-6-3 $V=\frac{Q}{4\pi\varepsilon_0 R}$。

5-6-4 $V=\frac{q}{4\pi\varepsilon_0 R}$。

5-6-6 $V=\frac{\sigma}{2\varepsilon_0}(\sqrt{x^2+R^2}-x)$，其中 x 为所求点沿轴线到圆盘圆心的距离。

5-6-7 $V=\frac{Q}{2\pi\varepsilon_0 R}-\frac{Q}{4\pi\varepsilon_0 R^3}\left(2r^2-\frac{r^3}{R}\right),r\leqslant R$；$V=\frac{Q}{4\pi\varepsilon_0 r},r>R$。

5-6-8 (1) $V_a=\frac{q}{8\pi\varepsilon_0 l},V_b=0,V_c=\frac{ql\cos\theta}{4\pi\varepsilon_0 r^2}$；(2) $W=-\frac{qq_0}{8\pi\varepsilon_0 l}$。

5-6-9 $\sqrt{v_B^2-\frac{2qV_A}{m}}$。

【练习 5-7 答案】

5-7-3 $V_A=\frac{1}{4\pi\varepsilon_0}\frac{ql\cos\theta}{r^2}=\frac{ql}{4\pi\varepsilon_0}\frac{x}{(x^2+y^2)^{3/2}}$；

$E_x=-\frac{ql}{4\pi\varepsilon_0}\frac{y^2-2x^2}{(x^2+y^2)^{5/2}},E_y=\frac{ql}{4\pi\varepsilon_0}\frac{3xy}{(x^2+y^2)^{5/2}}$；

$E=\sqrt{E_x^2+E_y^2}=\frac{ql}{4\pi\varepsilon_0}\frac{(4x^2+y^2)^{1/2}}{(x^2+y^2)^2}$。

【练习 6-1 答案】

6-1-1 (1) $\sigma_1=\sigma_4=\dfrac{q_1+q_2}{2S}$；$\sigma_2=-\sigma_3=\dfrac{q_1-q_2}{2S}$其中$\sigma_1$ 和σ_2 为带 q_1 电平板两表面的面密度，σ_3 和σ_4 为带 q_2 电平板两表面的面密度。

取垂直平板水平向右为场强正方向时，$E_{左}=-\dfrac{q_1+q_2}{2\varepsilon_0 S}$；$E_{间}=\dfrac{q_1-q_2}{2\varepsilon_0 S}$；$E_{右}=\dfrac{q_1+q_2}{2\varepsilon_0 S}$。

(2) 是。

【练习 6-3 答案】

6-3-2 $E=\dfrac{\sigma}{\varepsilon_0\varepsilon_r}$；$\Delta V=\dfrac{\sigma}{\varepsilon_0\varepsilon_r}d$。

【练习 6-4 答案】

6-4-1 (1) $E=\dfrac{\sigma}{\varepsilon_0\varepsilon_r}=9.8\times10^6\,\mathrm{V/m}$，方向指向外；(2) $U=Ed=5.1\times10^{-2}\,\mathrm{V}$。

6-4-2 $\Delta d=0.152\mathrm{mm}$。

6-4-3 $C=\dfrac{4\pi\varepsilon_0 R_A R_B}{R_B-R_A}\approx\dfrac{\varepsilon_0 S}{d}$，其中 $S=4\pi R_A^2$ 为极板面积，d 为极板间距。

6-4-4 $\ln\dfrac{R_B}{R_A}=\ln\left(1+\dfrac{R_B-R_A}{R_A}\right)\approx\dfrac{R_B-R_A}{R_A}$，$C=\dfrac{2\pi\varepsilon_0 l}{\ln\dfrac{R_B}{R_A}}\approx2\pi\varepsilon_0 l\dfrac{R_A}{R_B-R_A}=\dfrac{\varepsilon_0 S}{d}$，

其中 $S=2\pi lR_A$ 为极板面积，d 为极板间距。

6-4-5 $C=\dfrac{\pi\varepsilon_0}{\ln\dfrac{d}{a}}$。

6-4-6 (1) $C=\varepsilon_0 S/(d-t)$；(2) 无影响。

6-4-10 C

6-4-11 $s_1=76.3\mathrm{m}^2$，$s_2=0.76\mathrm{m}^2$；$V_1=1.9\times10^{-2}\mathrm{m}^3$；$V_2=1.9\times10^{-6}\mathrm{m}^3$；$V_1:V_2=10\,000:1$。

【练习 6-5 答案】

6-5-3 $\dfrac{Q^2}{8\pi\varepsilon_0}\left(\dfrac{1}{R_1}-\dfrac{1}{R_2}\right)$。

6-5-4 $\dfrac{\lambda^2}{4\pi\varepsilon_0}\ln\dfrac{R_2}{R_1}$。

6-5-5 $\dfrac{Q^2}{8\pi\varepsilon_0 R}$。

6-5-6 外力的功等于抽出铜板前后该电容器电能的增量，$\dfrac{1}{2}\dfrac{\varepsilon_0 Sd'}{(d-d')^2}U^2$。

6-5-7 875J。

6-5-8 (1) 0.9F；(2) $5.4\times10^{-8}\mathrm{J/m}^3$，$1.4\times10^9\mathrm{J}$。

【练习 7-2 答案】

7-2-1 $\left(1+\frac{\sqrt{2}}{2}\right)\times10^{-5}$T,方向垂直于纸面向外。

7-2-2 $6\pi\times10^{-6}$T。

7-2-3 $\frac{\mu_0 ev}{4\pi r^2}$。

7-2-4 2.1×10^{-5}T,方向垂直于纸面向里。

7-2-5 $(\sqrt{2}R/a)^3 B_0$。

7-2-6 $\frac{\mu_0 I}{2\pi a}\ln\frac{a+b}{b}$。

7-2-7 1.8×10^{-4}T。

7-2-8 $B=\frac{\mu_0\lambda\omega}{2}$,$\boldsymbol{B}$ 的方向与 y 轴正向一致。

7-2-9 $\frac{n_1}{n_2}=\frac{R_3-R_2}{R_2-R_1}$。

【练习 7-3 答案】

7-3-2 (1) -0.24Wb;(2) 0;(3) 0.24Wb。

7-3-3 1∶1。

【练习 7-4 答案】

7-4-1 $\oint_a \boldsymbol{B}\cdot \mathrm{d}\boldsymbol{l}=\mu_0 I$;$\oint_b \boldsymbol{B}\cdot \mathrm{d}\boldsymbol{l}=0$;$\oint_c \boldsymbol{B}\cdot \mathrm{d}\boldsymbol{l}=2\mu_0 I$。

7-4-2 $\frac{\mu_0 Ir}{2\pi R^2}$;$\frac{\mu_0 I}{2\pi r}$;$\frac{\mu_0 I}{2\pi r}\frac{R_3^2-r^2}{R_3^2-R_2^2}$;0。

7-4-3 $\pi\times10^{-3}$T。

7-4-4 $\Phi=\frac{\mu_0 I}{4\pi}+\frac{\mu_0 I}{2\pi}\ln 2$。

【练习 7-5 答案】

7-5-1 $R_1/R_2=m_1/m_2$。

7-5-2 2.14×10^{-8} Wb。

7-5-3 9.34×10^{-19} A·m^2。

7-5-4 3.1×10^{-13} J。

7-5-5 1.1×10^{19}。

7-5-6 1.57×10^{-8}s。

【练习 7-6 答案】

7-6-1 aIB。

7-6-2 $2BIR$;方向竖直向下。

7-6-3 $F=\frac{\mu_0 I_1 I_2}{2\pi}\ln\frac{d+l}{d}$;$\boldsymbol{F}$ 的方向竖直向上。

7-6-4 $M_m=\frac{1}{2}\pi IBR^2$；磁力矩方向竖直向上。

7-6-5 0。

【练习 8-1 答案】

8-1-1 1.57×10^{-5} V；7.9×10^{-3} A。

8-1-2 $\frac{\mu_0 i_0 l}{\pi T}\ln\frac{a+b}{a}$；顺时针方向。

8-1-3 vBl。

8-1-4 $\varepsilon=3Kv^2t^2\tan\theta$。

8-1-5 $\varepsilon=\frac{\mu_0 I_0 lv}{2\pi}\left(\frac{1}{a+vt}-\frac{1}{a+b+vt}\right)\sin(\omega t)-\frac{\mu_0 I_0 l\omega}{2\pi}\ln\frac{a+b+vt}{a+vt}\cos(\omega t)$

$\varepsilon>0$,顺时针方向；$\varepsilon<0$,逆时针方向。

【练习 8-2 答案】

8-2-2 4.8×10^{-3} V。

8-2-3 $-\frac{1}{2}\omega BL(L-2r)$。

8-2-4 $\varepsilon=0$；$V_a-V_c=-\frac{1}{2}B\omega l^2$。

8-2-5 1.11×10^{-5} V,A 端高。

8-2-6 $\frac{\mu_0 Iv}{2\pi}\ln\frac{a+b}{a-b}$,$V_M-V_N=\frac{\mu_0 Iv}{2\pi}\ln\frac{a+b}{a-b}$。

8-2-7 $2vBR$,P 端电势高。

8-2-9 $\left(\frac{\sqrt{3}}{4}R^2+\frac{\pi}{12}R^2\right)\frac{\mathrm{d}B}{\mathrm{d}t}$；方向 $a\rightarrow c$。

【练习 8-3 答案】

8-3-3 $L=\frac{\mu N^2 h}{2\pi}\ln\frac{R_2}{R_1}$。

8-3-4 $\frac{\mu_0 l}{2\pi}\ln\frac{b}{a}$。

8-3-5 $\frac{\mu_0 N_1 N_2 \pi r^2 R^2}{2(R^2+d^2)^{3/2}}$。

【练习 8-4 答案】

8-4-1 $\frac{1}{2\mu_0}\left(\frac{\mu_0 I}{2\pi a}\right)^2$。

8-4-2 7×10^{18} J。

8-4-3 $\frac{\mu I^2 l}{4\pi}\ln\frac{R_2}{R_1}$。

【练习 9-1 答案】

9-1-1 $n_0=2.69\times10^{25}\ \mathrm{m^{-3}}$。

9-1-2 $3.2\times10^{17}\,\mathrm{m}^{-3}$。

9-1-3 1.61×10^{12}。

9-1-5 人体的正常体温为 98.6℉；沸水温度为 212℉。

9-1-6 $1.38\times10^{-9}\,\mathrm{Pa}$。

【练习 9-2 答案】

9-2-6 $\rho=\dfrac{3p}{\overline{v^2}}=1.04\,\mathrm{kg\cdot m^{-3}}$。

9-2-7 $1.5\times10^{3}\,\mathrm{J}$。

【练习 9-3 答案】

9-3-1 气体的温度是分子平均平动动能的量度；温度的高低反映物质内部分子运动剧烈程度的不同；气体的温度是大量气体分子热运动的集体表现，具有统计意义。

9-3-2 $\overline{v_x^2}=kT/m$；$\overline{v_x}=0$。

9-3-3 (1) $6.21\times10^{-21}\,\mathrm{J}$，$483\,\mathrm{m/s}$；(2) $T=2\bar{\varepsilon}_{kt}/(3k)=300\,\mathrm{K}$。

9-3-8 7729K。

9-3-9 $\sqrt{\overline{v^2}}=0.510\,\mathrm{m/s}$。

【练习 9-4 答案】

9-4-2 5∶12。

9-4-3 5∶3，10∶3；1∶2，5∶3。

9-4-4 $6.2\times10^{3}\,\mathrm{J}$，$6.21\times10^{-21}\,\mathrm{J}$。

【练习 9-5 答案】

9-5-3 (1) $\int_{v_p}^{\bar{v}} Nf(v)\mathrm{d}v$；(2) $\int_{v_p}^{\infty}\frac{1}{2}mv^2Nf(v)\mathrm{d}v$；(3) $\int_0^{\infty}\frac{1}{2}mv^2f(v)\mathrm{d}v$；

(4) $\dfrac{\int_{v_p}^{\infty}\frac{1}{2}mv^2Nf(v)\mathrm{d}v}{\int_{v_p}^{\infty}Nf(v)\mathrm{d}v}$。

9-5-4 (1) 速率分布在区间 $0\sim v_0$ 内的分子数(或者说速率小于 v_0 的分子数)占分子总数的百分比，即$\int_0^{v_0}f(v)\mathrm{d}v$；

(2) 速率分布在区间 $v_0\sim\infty$ 内的分子数(或者说速率大于 v_0 的分子数)占分子总数的百分比，即$\int_{v_0}^{\infty}f(v)\mathrm{d}v$；

(3) 全部分子占分子总数的百分比，恒等于 1，即$\int_0^{\infty}f(v)\mathrm{d}v=1$；

(4) 速率大于和小于 v_0 的分子数各占一半，即$\int_0^{v_0}f(v)\mathrm{d}v=\int_{v_0}^{\infty}f(v)\mathrm{d}v$。

9-5-5 $\bar{v}=445.5\,\mathrm{m/s}$；$\sqrt{\overline{v^2}}=483.4\,\mathrm{m/s}$；$v_p=394.7\,\mathrm{m/s}$。

9-5-6 (1) 6.5km/s；(2) 7.1km/s。

9-5-7 提示：利用平均速率 $\bar{v}=\sum N_i v_i / \sum N_i$ 和方均根速率 $(\overline{v^2})^{1/2}=\sqrt{\dfrac{\sum N_i v_i^2}{\sum N_i}}$ 求得。$\bar{v}=3.18\text{cm/s}$；$\sqrt{\overline{v^2}}=3.38\text{cm/s}$；$v_{\text{p}}=4.0\text{cm/s}$。

9-5-8 先由速率分布函数的归一化条件求得 $k=\dfrac{2}{v_0^2}$，再求速率介于 $0\sim\dfrac{v_0}{2}$ 之间的气体分子数为 $\Delta N=\dfrac{N}{4}$。

9-5-9 （1）$A=\dfrac{3N}{4\pi v_{\text{F}}^3}$；（2）$\overline{v^2}=\int_0^{\infty} v^2 f(v)\mathrm{d}v=\int_0^{v_{\text{F}}} v^2\dfrac{3v^2}{v_{\text{F}}^3}\mathrm{d}v=\dfrac{3}{5}v_{\text{F}}^2$。

【练习 9-6 答案】

9-6-2 （3）$3.3\times10^4\text{Pa}$；（4）1442m。

【练习 9-7 答案】

9-7-2 2。

9-7-3 $5.42\times10^7\text{s}^{-1}$。

9-7-4 $\bar{\lambda}=5.8\times10^{-8}\text{m}$，$\bar{z}=7.8\times10^9\text{s}^{-1}$。

【练习 10-1 答案】

10-1-1 单原子分子理想气体的内能为 $\dfrac{3}{2}pV$；双原子刚性分子为 $\dfrac{5}{2}pV$；多原子刚性分子为 $3pV$。

10-1-2 5J。

10-1-3 （1）做正功 608J；（2）内能变化 $\Delta E=0$。

10-1-4 （1）$W_{BC}=W_{DA}=0$，$W_{AB}=3.2\times10^4\text{J}$，$W_{CD}=-1.6\times10^4\text{J}$，$W_{ABCDA}=1.6\times10^4\text{J}$；

（2）$\Delta E_{AB}=4.86\times10^4\text{J}$，$\Delta E_{BC}=-3.65\times10^4\text{J}$，$\Delta E_{CD}=-2.43\times10^4\text{J}$，$\Delta E_{DA}=1.22\times10^4\text{J}$；

（3）$W_{ABCDA}=S_{ABCDA}$，$\Delta E_{ABCDA}=0$。

10-1-5 （1）$W=a^2\left(\dfrac{1}{V_1}-\dfrac{1}{V_2}\right)$；（2）$\dfrac{T_1}{T_2}=\dfrac{V_2}{V_1}$。

10-1-6 （1）$V_a=3V_0$，$T_a=27T_0$；（2）$W_{ac}=-8.7RT_0$。

10-1-7 （1）等压过程 $\dfrac{V}{T}=C_1$，等温过程 $pV=C_2$，等体过程 $\dfrac{p}{T}=C_3$；

（2）等压过程 $W_p=p_1\Delta V=p_1(V_2-V_1)=p_2(V_2-V_1)$，

等温过程 $W_T=p_1V_1\ln\dfrac{V_2}{V_1}=p_2V_2\ln\dfrac{V_2}{V_1}=p_1V_1\ln\dfrac{p_1}{p_2}$，

等体过程 $W_V=0$；

（3）$\Delta E=\dfrac{M}{\mu}\dfrac{i}{2}R\Delta T=\dfrac{i}{2}(p_2V_2-p_1V_1)$。

【练习 10-2 答案】

10-2-1 吸热；608J。

10-2-2 等压过程 $Q_p=\dfrac{i+2}{2}p_1(V_2-V_1)$；等体过程 $Q_V=\dfrac{i}{2}(p_2V_2-p_1V_1)$；

等温过程 $Q_T=p_1V_1\ln\frac{V_2}{V_1}=p_2V_2\ln\frac{V_2}{V_1}=p_1V_1\ln\frac{p_1}{p_2}$。

10-2-3 等压过程 $Q_p=\frac{i+2}{2}R$；等体过程 $Q_V=\frac{i}{2}R$；R。

10-2-4 $W=p\Delta V=R\Delta T=598\text{J}$；$\Delta E=Q-W=1.00\times10^3\text{J}$。

10-2-5 (1) $T_C=T_A\frac{p_C}{p_A}=75\text{K}, T_B=T_C\frac{V_B}{V_C}=225\text{K}$；

(2) $W_{AB}=1000\text{J}, W_{BC}=-400\text{J}, W_{CA}=0$；

(3) $\Delta E_{AB}=-500\text{J}, \Delta E_{BC}=-1000\text{J}, \Delta E_{CA}=1500\text{J}$；

(4) $Q_{AB}=500\text{J}, Q_{BC}=-1400\text{J}, Q_{CA}=1500\text{J}$；

(5) $|W_{ABCA}|=S_{\triangle ABC}$；

(6) $Q_{ABCA}=W_{ABCA}$，原因是 $\Delta E_{ABCA}=0$。

【练习 10-3 答案】

10-3-1 等压过程 $Q_p=\frac{M}{\mu}\frac{i+2}{2}R(T_2-T_1)=\frac{M}{\mu}C_{p,\text{m}}(T_2-T_1)$；

等容过程 $Q_V=\frac{M}{\mu}\frac{i}{2}R(T_2-T_1)=\frac{M}{\mu}C_{V,\text{m}}(T_2-T_1)$；

内能的增量 $\Delta E=\frac{M}{\mu}\frac{i}{2}R(T_2-T_1)=\frac{M}{\mu}C_{V,\text{m}}(T_2-T_1)$。

10-3-2 $C_{p,\text{m}}=\frac{5}{2}R$；$C_{V,\text{m}}=\frac{3}{2}R$。

10-3-3 $\gamma=\frac{C_{p,\text{m}}}{C_{V,\text{m}}}=\frac{(p_1-p_0)V_0}{(V_1-V_0)p_0}$。

【练习 10-4 答案】

10-4-1 只有过程(4)可能发生，其他过程都不可能发生。

10-4-2 都是 $A\to B$ 过程。

10-4-3 $W_T=2RT\ln3=5.44\times10^3\text{J}$；$W_Q=\frac{3^{1-\gamma}-1}{1-\gamma}\times2RT=4.40\times10^3\text{J}$。

10-4-4 (1) 等体 $W=0, Q=\Delta E=1246.5\text{J}$；

(2) 定压 $\Delta E=1246.5\text{J}, W=831\text{J}, Q=2077.5\text{J}$；

(3) 绝热 $Q=0, \Delta E=1246.5\text{J}, W=-\Delta E=-1246.5\text{J}$。

10-4-5 (1) 图略；(2) $\Delta E=0, W=Q=5.6\times10^2\text{J}$。

10-4-7 (1) 等压过程 $n=0$，等体过程 $n\to\infty$，等温过程 $n=1$，绝热过程 $n=\gamma$；

(2) $\Delta E=\nu\frac{i}{2}R\Delta T=\nu C_{V,\text{m}}(T-T_0)$

$$W=\frac{p_0V_0-pV}{n-1}=\frac{\nu R(T_0-T)}{n-1},\quad Q=\frac{n-\gamma}{n-1}\nu C_{V,\text{m}}(T-T_0)$$

【练习 10-5 答案】

10-5-1 只有 27%；不可能。

10-5-2 100K。

10-5-3 300K；500K。

10-5-4 (1) 25%,29.4%；(2) 425K。

10-5-6 $1-\dfrac{T_C}{T_B}$。

10-5-7 16.3%。

10-5-9 (1) $\varepsilon=3$；(2) 800J。

10-5-12 6.7%。

【练习 10-7 答案】

10-7-1 盒子的每一半都含有一半的分子的组态对应更多的微观状态。

10-7-2 不矛盾。熵增加原理适用于孤立系统，杯中的水不是孤立系统。

参考文献

[1] 马文蔚.物理学[M].7版.北京：高等教育出版社，2020.

[2] 毛骏健，顾牡.大学物理学[M].3版.北京：高等教育出版社，2020.

[3] 吴百诗.大学物理[M].西安：西安交通大学出版社，2008.

[4] 哈里德，瑞斯尼克.物理学基础：第6版[M].张三慧，李椿，译.北京：机械工业出版社，2005.

[5] 费恩曼，莱顿.费恩曼物理学讲义(第1卷)[M].郑永令，华宏鸣，译.上海：上海科学技术出版社，2005.

[6] 费恩曼，莱顿.费恩曼物理学讲义(第2卷)[M].李江芳，王子辅，译.上海：上海科学技术出版社，2005.

[7] 费恩曼，莱顿.费恩曼物理学讲义(第3卷)[M].潘笃武，李洪芳，译.上海：上海科学技术出版社，2005.

[8] 上海交通大学物理教研室.大学物理学[M].上海：上海交通大学出版社，2007.

[9] 张达宋.物理学基本教程(电子教材)[M].北京：高等教育出版社，2002.

[10] 蒲利春，张雪峰.大学应用物理[M].北京：科学出版社，2007.

[11] 赵凯华，罗蔚茵.新概念物理教程 力学[M].2版.北京：高等教育出版社，2004.

[12] 赵凯华，罗蔚茵.新概念物理教程 热学[M].2版.北京：高等教育出版社，2004.

[13] 漆安慎，杜婵英.力学[M].北京：高等教育出版社，1982.

[14] 马文蔚.物理学第四版习题分析与解答[M].北京：高等教育出版社，2000.

[15] 冯杰.大学物理专题研究[M].北京：北京大学出版社，2011.

[16] 马文蔚.物理学原理在工程技术中的应用[M].3版.北京：高等教育出版社，2006.

[17] 黄祝明，吴锋.大学物理学[M].北京：化学工业出版社，2006.

[18] 王青，戴剑锋.物理原理与工程技术[M].北京：国防工业出版社，2008.

[19] 龚艳春.物理学与军事高新技术[M].北京：国防工业出版社，2006.

[20] 丁光宏，王盛章.力学与现代生活[M].2版.上海：复旦大学出版社，2008.

[21] 上海工程技术大学物理教学部.大学物理学习指导[M].北京：清华大学出版社，2011.

[22] 上海工程技术大学物理教学部.大学物理作业[M].北京：清华大学出版社，2011.

[23] 徐红霞，任莉，邵辉丽，等.大学物理学(上)[M].北京：清华大学出版社，2013.

[24] 胡飞，王文渊，卢超.数显金属探测器的设计[J].电脑知识与技术，2010，6：728-729.

[25] 刘洋，沈秀中，陈可.液态金属磁流体发电系统[J].发电设备，2002，5：45-48.